Gabbert/Raecke
Technische Mechanik
für Wirtschaftsingenieure

Ulrich Gabbert / Ingo Raecke

Technische Mechanik
für Wirtschaftsingenieure

5., aktualisierte Auflage

Mit 301 Abbildungen, 16 Tabellen, 83 Beispielen
sowie einer CD-ROM

 Fachbuchverlag Leipzig
im Carl Hanser Verlag

Autoren:
Prof. Dr.-Ing. habil. Dr. h. c. *Ulrich Gabbert*
Dr.-Ing. *Ingo Raecke*
Otto-von-Guericke-Universität Magdeburg
Institut für Mechanik, Lehrstuhl Numerische Mechanik

Bibliografische Information der Deutschen Nationalbibliothek

Die Deutsche Nationalbibliothek verzeichnet diese Publikation in der Deutschen
Nationalbibliografie; detaillierte bibliografische Daten sind im Internet
über http://dnb.d-nb.de abrufbar.

ISBN 978-3-446-42213-1

Fachbuchverlag Leipzig im Carl Hanser Verlag
© 2010 Carl Hanser Verlag München
www.hanser.de
Projektleitung: Dipl.-Phys. Jochen Horn
Herstellung: Renate Roßbach
Druck und Bindung: Druckhaus „Thomas Müntzer" GmbH, Bad Langensalza
Printed in Germany

Vorwort

Die Lehrveranstaltung Technische Mechanik gehört zu den unverzichtbaren Grundlagenfächern eines jeden Ingenieurstudiums an Universitäten und an Fachhochschulen. Die Technische Mechanik basiert auf wenigen akzeptierten physikalischen Grundgesetzen sowie einer Vielzahl von experimentell abgesicherten Annahmen, durch die aus einer realen technischen Problemstellung ein mechanisches Idealsystem – ein Modell – gebildet wird, das erst die Lösung des technischen Problems ermöglicht. Verletzt man aus Unkenntnis den oft engen Gültigkeitsbereich dieser Annahmen, so hat die Lösung meist nur noch wenig mit dem realen Ausgangsproblem zu tun, was in der Praxis zu schweren Havarien und Unglücksfällen mit hohen menschlichen und materiellen Verlusten führen kann. Beispiele dafür gibt es leider mehr als genug.

Daher müssen Ingenieure über ein gesichertes Basiswissen, die notwendigen Orientierungsgrundlagen und eine zuverlässige Denkfähigkeit verfügen, die es ihnen erst ermöglichen, richtige Entscheidungen treffen zu können – Entscheidungen, die häufig mit der Verantwortung für die Sicherheit und die Zuverlässigkeit von Ingenieurprodukten verknüpft sind und von denen häufig genug auch die Umsätze und die Gewinne des Unternehmens in entscheidendem Maße abhängig sind.[1] Deshalb sollten gerade Wirtschaftsingenieure über eine besondere Kompetenz in der Beurteilung technischer Lösungen verfügen.

Der Inhalt des vorliegenden Lehrbuchs orientiert sich an dieser Zielrichtung und entspricht vom Umfang her einer zweisemestrigen Lehrveranstaltung mit einem Gesamtstundenumfang von 8 Semesterwochenstunden (2 Stunden Vorlesung und 2 Stunden Übung pro Woche), wie sie heute üblicherweise an Universitäten und Fachhochschulen für den Studiengang Wirtschaftsingenieurwesen angeboten wird. Die von uns vorgenommene Stoffauswahl erhält den Gesamtzusammenhang der Technischen Mechanik und umfasst die auch für alle anderen Ingenieurstudiengänge im Grundstudium üblichen drei Gebiete Statik, Festigkeitslehre und Dynamik, allerdings in einem reduzierten Umfang. Die beigefügte CD-ROM enthält den

---

[1] Siehe dazu auch „Denkschrift zur Didaktik der Mechanik", erarbeitet von einem Ausschuss der Gesellschaft für Angewandte Mathematik und Mechanik (GAMM) unter Leitung von E. Stein, Deutsches Komitee für Mechanik, April 1999

Buchinhalt in Form einer PowerPoint-Präsentation, in der die Lehrinhalte Schritt für Schritt entwickelt werden, wobei über das Buch hinausgehende farbige Darstellungen, Animationen und Videos den Lernprozess unterstützen. In dem Buch werden 83 Beispiele vorgerechnet, da nach unseren Erfahrungen Beispiele wesentlich zum Verständnis und zum aktiven Anwenden des vermittelten Wissens beitragen.

Das Buch ist, wie bereits der Titel verdeutlicht, für die Studierenden des Studienganges Wirtschaftsingenieurwesen an Universitäten und an Fachhochschulen geschrieben worden. Es ist aber natürlich auch geeignet für alle anderen Ingenieurstudiengänge, wie Maschinenbau, Verfahrenstechnik, Elektrotechnik, Energietechnik, Logistik, Berufsschullehrer für Technik, Chemieingenieurwesen, Sport und Technik, Medizintechnik, Biomechanik u. a.

Die freundliche Aufnahme, die das Buch gefunden hat, machte eine weitere Auflage erforderlich. Die vorliegende fünfte Auflage ist inhaltlich mit der vierten Auflage identisch.

Die Autoren bedanken sich bei all denen, die zur Verbesserung des Buches und zur Beseitigung von Schreibfehlern und anderen kleinen Mängeln beigetragen haben. Unser besonderer Dank gilt Dr.-Ing. Harald Berger, Dr.-Ing. Joachim Grochla und Dr.-Ing. Heinz Köppe für ihre wertvollen Hinweise zur inhaltlichen Verbesserung des Buches. Dem Verlag sei für seine stetigen Bemühungen um dieses Buch gedankt.

Magdeburg, im Januar 2010   Ulrich Gabbert, Ingo Raecke

Inhaltsverzeichnis

1   Statik

Was ist Technische Mechanik?

Die Mechanik ist die Lehre von der Wirkung von Kräften auf Körper. Sie ist ein Teilgebiet der Physik. Die Technische Mechanik wendet physikalische Gesetze auf technische Probleme an und entwickelt dabei grundlegende Methoden und Berechnungswege, um das mechanische Verhalten von realen technischen Systemen untersuchen, beschreiben und beurteilen zu können.

Die Technische Mechanik unterteilt man nach der Beschaffenheit der betrachten Körper in die Mechanik fester, flüssiger und gasförmiger Körper. Das vorliegende Buch behandelt ausschließlich die Technische Mechanik fester Körper (Festkörpermechanik). Dieses Gebiet wird üblicherweise weiter unterteilt in

- **Statik**
- **Festigkeitslehre** und
- **Dynamik**

Diese Unterteilung liegt auch dem vorliegenden Buch zu Grunde.

Die Statik – genauer die Statik fester Körper – der wir uns im *Kapitel 1* zuwenden, ist die Lehre von der Wirkung von Kräften auf starre Körper im Gleichgewichtszustand. Die Beanspruchung der betrachteten Körper wird dabei als zeitlich unveränderlich vorausgesetzt. Es ist das Ziel der Statik, Bedingungen (Gleichgewichtsbedingungen) für die angreifenden Kräfte zu formulieren, unter denen ein Körper oder ein Körpersystem in Ruhe bleibt.

1.1   Grundlagen

1.1.1   Starrer Körper

Von einem starren Körper sprechen wir dann, wenn der Abstand zwischen zwei Punkten auf dem Körper bei beliebigen Belastungen unverändert bleibt. In der Statik vernachlässigen wir also die Verformung eines Körpers unter der Wirkung von Kräften.

Ein starrer Körper ist die Idealvorstellung eines Körpers, der unter Krafteinwirkung keine Verformung erfährt.

Natürlich ist ein realer Körper niemals ein starrer Körper. Das Modell eines starren Körpers ist aber in vielen Fällen eine für technische Bauteile und Konstruktionen zweckmäßige Annahme. Diese Annahme muss aber unbedingt kritisch überprüft werden, um die Gültigkeit der daraus folgenden Berechnungsergebnisse sicherzustellen. Die Annahme ist zulässig, wenn die Verformungen infolge der Einwirkung von äußeren Kräften so gering sind, so dass die Lageänderung der angreifenden Kräfte im Rahmen der Rechengenauigkeit vernachlässigt werden kann. Jeder reale Körper unter der Wirkung von äußeren Belastungen, der sich in Ruhe – d. h. im Gleichgewicht – befindet, kann gedanklich in einen starren Körper verwandelt werden (*Erstarrungsprinzip*).

1.1.2   Kraft

Der zentrale Begriff der Statik ist die Kraft. Als Urbilder der Kraft können die Gewichtskraft und die Muskelkraft angesehen werden. Die Muskelkraft kann erfahrungsgemäß an einem Körper im Schwerefeld der Erde Gleichgewicht herstellen. Ein Körper ist im Gleichgewicht, wenn er in Ruhe ist bzw. nicht beschleunigt wird. Der Kraftbegriff in der Statik kann daher folgendermaßen definiert werden.

Jede physikalische Größe, die sich mit der Gewichtskraft ins Gleichgewicht setzen lässt, ist eine Kraft.

Aus der Erfahrung ist auch bekannt, dass eine Kraft in der Lage ist, eine ruhende Masse in Bewegung zu versetzen oder den Bewegungszustand von Körpern zu ändern. Mit derartigen Fragen befassen wir uns im *Kapitel 3 Dynamik*. Die Wirkung von Kräften auf Körper führt zu Deformationen an diesen Körpern, deren Berechnung Gegenstand des *Kapitels 2 Festigkeitslehre* ist.

Weitere Beispiele für Kräfte sind: magnetische und elektrische Kräfte, Druckkräfte von Flüssigkeiten und Gasen, Windkräfte, Federkräfte usw. Kräfte sind Vektoren und daher durch die Größen

- Betrag
- Richtung
- Richtungssinn und
- Angriffspunkt

bestimmt. Zur Kennzeichnung von Vektoren in Formeln wird das entsprechende Symbol mit einem Vektorpfeil versehen. Der Kraftvektor wird üblicherweise durch $\vec{F}$ (von force) gekennzeichnet. Der Betrag des Kraftvektors wird durch $|\vec{F}| = F$ dargestellt (eventuell wird F mit einem Index versehen, der den Angriffspunkt und/oder die Richtung kennzeichnet).

Für die maßstäbliche zeichnerische Darstellung der Kraft benötigt man die Richtung (auch als Wirkungslinie WL bezeichnet) des Kraftvektors $\vec{F}$, den Angriffspunkt AP der Kraft, und die Vektorlänge e. Die Pfeilspitze legt den Richtungssinn auf der Wirkungslinie WL fest (). Um den Betrag von $\vec{F}$ als Vektor-länge e darstellen zu können, muss man

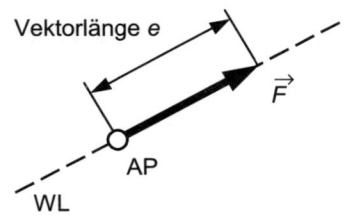

Bild 1.1 Zeichnerische Darstellung eines Vektors

einen Maßstabsfaktor m_F festlegen. Mit dem Maßstabsfaktor ergibt sich die zeichnerische Vektorlänge e zu

$$e = \frac{1}{m_F} F \qquad \text{mit} \quad F \text{ in N} \quad \text{und} \qquad m_F \text{ in } \frac{\text{N}}{\text{mm}}$$

Die Einheiten der Kraft (gesetzlich verbindlich) lautet:

$$1 \ \text{N} = \quad 1 \ \text{kg m s}^{-2}$$
$$1 \ \text{kN} = 1000 \ \text{N} \qquad\qquad\quad (\text{alt:} \qquad 1 \ \text{kp} = 9{,}81 \ \text{N})$$

In dem vorliegenden Buch verzichten wir auf die Erläuterung von grafischen Verfahren zu Ermittlung von Kräften. Unsere Skizzen sind daher nicht streng maßstäblich und dienen im wesentlichen der prinzipiellen Darstellung von Kräften. Das Pfeilbild einer Kraft gibt die Lage, die Richtung und den Richtungssinn an und wird durch die Angabe des Betrages F und des Richtungswinkels α ergänzt (siehe *Bild 1.2*).

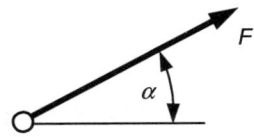

Bild 1.2 Skizze eines Kraftvektors

In der Mechanik unterscheiden wir

- räumlich verteilte Kräfte (z. B. Gewichtskraft, elektrische und magnetische Kräfte),
- flächenhaft verteilte Kräfte (z. B. Druckkräfte von Flüssigkeiten und Gasen) sowie
- Einzelkräfte

Eine Einzelkraft ist ein idealisierter Grenzfall. Sie kann z. B. durch eine Seilkraft veranschaulicht werden, bei der der Angriffsbereich eine sehr kleine Querschnittsfläche des Seiles ist. Eine Einzelkraft kann am starren Körper als ein linienflüchtiger Vektor angenommen werden. Es gilt der folgende Satz (wichtiges Axiom der Statik der starren Körper):

> An einem starren Körper kann eine Einzelkraft beliebig entlang ihrer Wirkungslinie verschoben werden, ohne dass sich ihre Wirkung auf den starren Körper ändert.

1.1.3   Wechselwirkungsprinzip

Das Wechselwirkungsprinzip geht auf NEWTON[1] (1687) zurück, der die Gleichheit von Wirkung und Gegenwirkung postulierte.

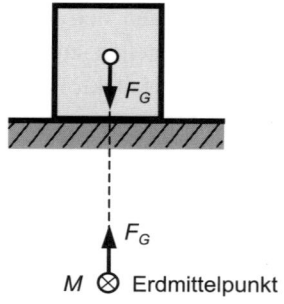

> Zu jeder Kraft gehört auf der gleichen Wirkungslinie eine Gegenkraft von gleichem Betrag aber mit entgegengesetztem Richtungssinn.

Eine Kraft tritt also niemals allein auf, sondern es gehört zu jeder Kraft eine gleich große Gegenkraft (siehe *Bild 1.3*). Das gilt beispielsweise auch für Kräfte,

Bild 1.3 Wechselwirkungsprinzip

die an Körpern wirken, die sich nicht berühren (z. B. Gravitationskräfte zwischen Himmelskörpern, magnetische Kräfte).

1.1.4   Schnittprinzip

Ein Körper kann mittels eines gedachten Schnittes von seiner Umgebung befreit werden. Die dadurch verlorengegangene gegenseitige Beeinflussung zwischen Körper und Umgebung muss danach durch geeignet gewählte Kräfte ersetzt werden, die den ursprünglichen Ruhezustand (oder Bewegungszustand, siehe *Kapitel 3 Dynamik*) des Körpers wieder herstellen. Durch dieses grundlegende Prinzip wird es möglich, innere Kräfte eines technischen Systems sichtbar und damit berechenbar zu machen. Im *Bild 1.4* wurde beispielsweise der Körper aus *Bild 1.3* von seiner Unterlage befreit und die Wirkung der Unterlage auf den Körper sowie die Wirkung des Körpers auf seine Unterlage durch die Kraft F_N ersetzt.

---

[1] ISAAC NEWTON (1643 – 1727), englischer Mathematiker, Physiker und Astronom

1.1.5   Reaktionskräfte und eingeprägte Kräfte

Durch Lagerungen oder Abstützungen kann ein starrer Körper erfahrungsgemäß in seiner Lage fixiert werden – der Körper ist dann an seine Lage gebunden. Kräfte, die bei der Anwendung des Schnittprinzips die Wirkung der Lager oder der Stützen ersetzen, nennt man *Reaktionskräfte* (oder auch *Bindungskräfte*). Der Angriffspunkt und die Wirkungslinie einer Reaktionskraft werden durch die von der zugehörigen Bindung verhinderten Bewegung des Körpers bestimmt (vgl. *Kapitel 1.4.2*).

Alle Kräfte, die nicht durch starre Bindungen (Lagerungen, Abstützungen) bedingt sind, heißen *eingeprägte Kräfte*.

1.1.6   Gleichgewicht

Das Gleichgewichtsprinzip der Statik sagt aus, dass ein starrer Körper dann im Gleichgewicht ist, wenn er sich im Zustand der Ruhe (oder der gleichförmigen Bewegung) befindet.

In diesem Sinne wurde der Begriff schon in den vorhergehenden Kapiteln gebraucht. Wenn wir einen starren Körper aus der Umgebung freischneiden, alle Bindungen durch Reaktionskräfte ersetzen und auch die eingeprägten Kräfte antragen, liegt ein geometrisch bekannter Körper unter der Wirkung von Kräften vor. Wenn die Kräfte den Zustand der Ruhe oder der gleichförmigen Bewegung nicht verändern, befindet sich der Körper im Gleichgewicht.

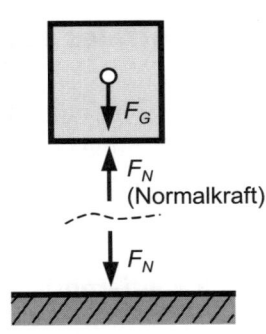

Bild 1.4 Schnittprinzip und Gleichgewicht

Der einfachste Fall einer Gleichgewichtsgruppe von Kräften liegt offensichtlich vor, wenn ein Körper unter der Wirkung von nur zwei Kräften steht (*Bild 1.4*). Dann herrscht Gleichgewicht, wenn die beiden Kräfte

1. die gleiche Größe (gleichen Betrag) haben,
2. entgegengesetzt zueinander gerichtet sind und
3. auf der gleichen Wirkungslinie liegen.

Diese durch die Erfahrung bestätigte Erkenntnis kann auf die Wirkung von beliebig vielen Kräften verallgemeinert werden (siehe *Kapitel 1.2*).

1.1.7   Äquivalenz von Kräften

Der Begriff Gleichgewicht soll noch durch den dualen Begriff Äquivalenz ergänzt werden.

> Eine Gruppe von Kräften nennt man äquivalent (mechanisch gleichwertig) zu einer zweiten Gruppe von Kräften, wenn beide für sich an demselben starren Körper die gleiche mechanische Wirkung hervorrufen.

Für einen starren Körper sind unendlich viele Kräftegruppen denkbar, die zu einer gegebenen Kräftegruppe äquivalent sind. So sind beispielsweise zwei nach Betrag und Richtungssinn gleiche Kräfte auf der gleichen Wirkungslinie mit unterschiedlichem Angriffspunkt am starren Körper äquivalent.

Aus dem Gleichgewichts- bzw. Äquivalenzprinzip werden wir in den folgenden Kapiteln mathematische Gleichgewichts- bzw. Äquivalenzbedingungen ableiten, aus denen wir unbekannte Kräfte berechnen können.

1.2   Zentrales ebenes Kraftsystem

> Eine Gruppe von Kräften, die an einem starren Körper angreift und in einer Ebene liegt, heißt zentrales ebenes Kraftsystem, wenn sich die Wirkungslinien aller Kräfte in einem Punkt schneiden.

1.2.1   Resultierende

Eine Gruppe von Kräften ($\vec{F}_1, \vec{F}_2, \ldots, \vec{F}_n$) lässt sich durch eine äquivalente Kraft, die so genannte *Resultierende* $\vec{F}_R$, ersetzen. Die Resultierende ist den Kräften ($\vec{F}_1, \vec{F}_2, \ldots, \vec{F}_n$) äquivalent.

Grafische Lösung[2]

Wir betrachten zunächst nur zwei Kräfte $\vec{F}_1$ und $\vec{F}_2$. Das *Bild 1.5 a)* zeigt den Lageplan, der die Angriffspunkte, die Lage der Wirkungslinien und die Richtung der beiden Kräfte zeigt. Der Lageplan wird üblicherweise unter Verwendung eines Längenmaßstabes gezeichnet, in den die Winkel der Wirkungslinien korrekt

---

[2] Die Anwendung grafischer Methoden dient nachfolgend vorwiegend zur Veranschaulichung. Die Lösung von Aufgaben erfolgt stets analytisch.

eingetragen werden. Im Kräfteplan (*Bild 1.5 b*) werden Betrag und Richtung der Kräfte unter Nutzung eines Kraftmaßstabes gezeichnet, wobei hier die Lage der Kräfte nicht mehr erfasst werden kann.

> ***Parallelogrammsatz:***[3] Zwei Kräfte lassen sich im Kräfteplan grafisch zu einer Resultierenden zusammenfassen, die nach Größe und Richtung durch die Diagonale in einem Parallelogramm bestimmt wird, dessen Seiten von den beiden (maßstäblich gezeichneten) Kräften aufgespannt werden.

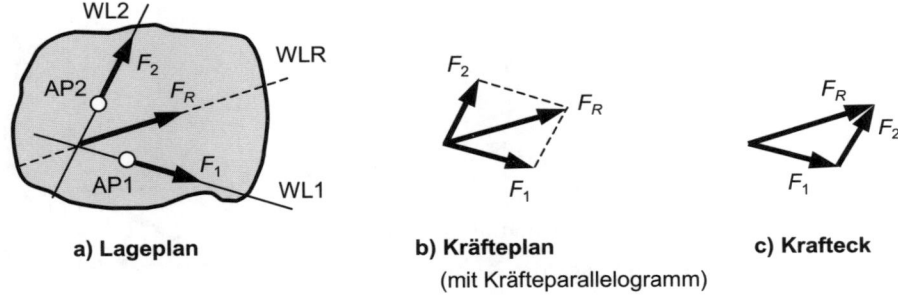

a) Lageplan   **b) Kräfteplan**   **c) Krafteck**
                          (mit Kräfteparallelogramm)

Bild 1.5 Lageplan, Kräfteplan, Krafteck

Der Parallelogrammsatz der Statik entspricht mathematisch dem Additionsgesetz von Vektoren, das wir nachfolgend für die analytische Ermittlung der Resultierenden benutzen werden. Das *Bild 1.5 b)* zeigt den Kräfteplan mit dem Kräfteparallelogramm.

Das Krafteck in *Bild 1.5 c)* ist eine Vereinfachung des Kräfteparallelogramms, bei dem die Reihenfolge der Kräfte beliebig ist.

Nach der beschriebenen grafischen Ermittlung der Resultierenden im Kräfteplan wird diese auf der resultierenden Wirkungslinie (WLR) in den Lageplan eingezeichnet.

> Eine Umkehrung der Aufgabe, d. h. die Zerlegung einer Kraft in beliebig viele Komponenten ist nicht möglich. Eine Kraft kann in der Ebene eindeutig nur in zwei Komponenten zerlegt werden!

---

[3] Der Parallelogrammsatz ist ein Axiom, das weder bewiesen noch auf einfachere Aussagen zurückgeführt werden kann. Seine Richtigkeit hat sich dadurch bestätigt, dass alle Folgerungen aus diesem Axiom zu widerspruchsfreien, mit der Praxis übereinstimmenden Ergebnissen geführt haben.

Analytische Lösung[4]

Wie bereits erwähnt, können auf Kräfte die Regeln der Vektorrechnung angewandt werden. Für die Zusammensetzung von n Kräften zu einer Resultierenden gilt folglich:

$$\vec{F}_R = \sum_{i=1}^{n} \vec{F}_i = \vec{F}_1 + \vec{F}_2 + \ldots \vec{F}_i + \ldots \vec{F}_n \tag{1.1}$$

In Komponentenschreibweise bezogen auf ein (x,y)-Koordinatensystem (*Bild 1.6*) gilt für die Resultierenden in x-Richtung F_{Rx} und in y-Richtung F_{Ry}[5]

$$F_{Rx} = \sum_{i=1}^{n} F_{ix} \qquad\qquad F_{Ry} = \sum_{i=1}^{n} F_{iy} \tag{1.2}$$

Sind die Kräfte $\vec{F}_i$ mit ihren Beträgen F_i und den Winkeln α_i (Winkel zwischen der positiven x-Achse und den Kräften $\vec{F}_i$ im mathematisch positiven Sinn, d. h. für die Lage des Koordinatensystems in *Bild 1.6* im Gegenuhrzeigersinn) gegeben, so kann man die Kräfte in ihre Komponenten in Richtung der x-Achse und der y-Achse zerlegen und erhält

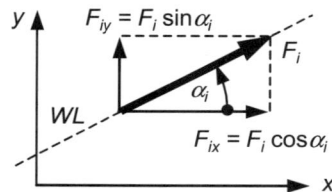

Bild 1.6 Komponenten einer Kraft

$$F_{Rx} = \sum_{i=1}^{n} F_i \cos\alpha_i \qquad\qquad F_{Ry} = \sum_{i=1}^{n} F_i \sin\alpha_i \tag{1.3}$$

Hinweis: Verwendet man die oben angegebene Definition für die Winkel α_i (Winkel zwischen der positiven x-Achse und den Kräften $\vec{F}_i$ im mathematisch positiven Sinn), so wird in *Gleichung (1.3)* das richtige Vorzeichen der Kraftkomponenten automatisch über die Winkelfunktionen berücksichtigt.

Für die Resultierende ergibt sich dann

$$F_R = \sqrt{F_{Rx}^2 + F_{Ry}^2} \tag{1.4}$$

---

[4] Die Anwendung grafischer Methoden dient nachfolgend vorwiegend zur Veranschaulichung. Die Lösung von Aufgaben erfolgt stets analytisch.
[5] Kraftkomponenten werden mitunter auch nach der Richtung, in der sie liegen, indiziert. Zum Beispiel H für eine horizontal liegende Kraftkomponente und V für eine vertikal liegende Kraftkomponente. Nachteil: Es muss eine eindeutige Festlegung getroffen werden, wann so indizierte Kraftkomponenten positiv sind.

Die Lage der Resultierenden wird durch den Winkel α_R bestimmt, der sich aus

$$\tan\alpha_R = \frac{F_{Ry}}{F_{Rx}} \tag{1.5}$$

ergibt. Da für α_R noch zwei Quadranten möglich sind, bildet man für die Eindeutigkeit des Richtungssinns noch

$$\sin\alpha_R = \frac{F_{Ry}}{F_R} \tag{1.6}$$

Beispiel 1.1 Resultierende zweier Kräfte

Für die im Lageplan des *Bildes 1.7* dargestellten zwei Kräfte F_1 und F_2 soll die Resultierende ermittelt werden.

Wir wollen hier zunächst die Berechnung der Resultierenden nach den oben angegebenen allgemeinen Gleichungen vornehmen, um dann als weitere Möglichkeit die Berechnung vorzustellen, wie sie für praktische Belange meist zweckmäßiger ist.

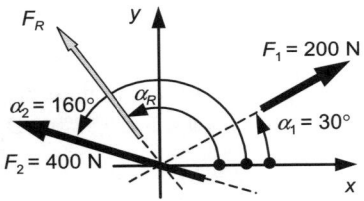

Bild 1.7 Resultierende zweier Kräfte

Berechnung mit den Gleichungen (1.3) – (1.6)

Da die Winkel zur Beschreibung der Lage der Kräfte im (x,y)-Koordinatensystem nach obiger Definition bekannt sind, folgen unmittelbar aus *Gleichung (1.3)* die Komponenten der resultierenden Kraft zu

$$F_{Rx} = \sum_{i=1}^{n=2} F_i \cos\alpha_i = F_1 \cos\alpha_1 + F_2 \cos\alpha_2 = \left(200\cdot\cos 30° + 400\cdot\cos 160°\right)\text{N}$$

$$\underline{F_{Rx} = \left(173{,}2-375{,}9\right)\text{N} = -202{,}7\,\text{N}}$$

bzw.

$$F_{Ry} = \sum_{i=1}^{n=2} F_i \sin\alpha_i = F_1 \sin\alpha_1 + F_2 \sin\alpha_2 = \left(200\cdot\sin 30° + 400\cdot\sin 160°\right)\text{N}$$

$$\underline{F_{Ry} = \left(100+136{,}8\right)\text{N} = 236{,}8\,\text{N}}$$

Der Betrag der Resultierenden ergibt sich aus *Gleichung (1.4)*

$$\underline{\underline{F_R = \sqrt{F_{Rx}^2 + F_{Ry}^2} = \sqrt{\left(-202{,}7\right)^2 + 236{,}8^2}\ \text{N} = 311{,}7\text{N}}}$$

und für den Winkel der Resultierenden in Bezug auf das (x,y)-Koordinatensystem erhalten wir aus *Gleichung (1.5)*

$$\tan\alpha_R = \frac{F_{Ry}}{F_{Rx}} = \frac{236{,}8\,\text{N}}{-202{,}7\,\text{N}} = -1{,}168 \quad \Rightarrow \quad \text{zwei Lösungen für } \alpha_R$$

$$\alpha_{R,1} = -49{,}43$$

$$\alpha_{R,2} = 180° + \alpha_{R,1} = 130{,}57°$$

Für die Eindeutigkeit des Winkels berechnen wir noch mit *Gleichung (1.6)*

$$\sin\alpha_R = \frac{F_{Ry}}{F_R} = \frac{236{,}8\,\text{N}}{311{,}7\,\text{N}} = 0{,}7597 \quad \Rightarrow \quad \text{zwei weitere Lösungen für } \alpha_R$$

$$\alpha_{R,3} = 49{,}43$$

$$\alpha_{R,4} = 180° - \alpha_{R,3} = 130{,}57°$$

Der gesuchte Winkel α_R muss die beiden *Gleichungen (1.5)* und *(1.6)* erfüllen. Das trifft nur für den Winkel von $130{,}57°$ zu. Damit hat die Resultierende den Richtungswinkel

$$\alpha_R = 130{,}57°$$

Die Resultierende kann jetzt auf einer Wirkungslinie durch den Schnittpunkt der beiden Wirkungslinien von F_1 und F_2 mit dem Richtungswinkel α_R eingezeichnet werden (siehe *Bild 1.7*).

Weitere Berechnungsmöglichkeit:

Die 2. Berechnungsmöglichkeit beruht darauf, dass zunächst nur die Beträge der Kraftkomponenten – in der Regel aus Winkeln zwischen 0 und $\pi/2$ zu einer der Koordinatenachsen – berechnet werden. Das richtige Vorzeichen der Kraftkomponenten für das Aufschreiben der *Gleichung (1.2)* muss dann aus der Anschauung gewonnen werden. Für dieses Beispiel erhalten wir (vgl. Kraftzerlegung in *Bild 1.8*):

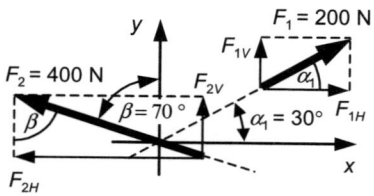

Bild 1.8 Komponenten von F_1 und F_2

$$\underline{F_{Rx}} = F_{1H} - F_{2H} = F_1\cos\alpha_1 - F_2\sin\beta = (173{,}2 - 375{,}9)\,\text{N} = \underline{-202{,}7\,\text{N}}$$

$$\underline{F_{Ry}} = F_{1V} + F_{2V} = F_1\sin\alpha_1 + F_2\cos\beta = (100 + 136{,}8)\,\text{N} = \underline{236{,}8\,\text{N}}$$

Wie man sieht, erhält man die gleichen Komponenten für die Resultierende. Die Rechnung wird dann wie oben fortgesetzt. Bei der Berechnung des Richtungswinkels α_R kann man sich auf die *Gleichung (1.5)* beschränken, wenn der richtige Winkel von den zwei möglichen wiederum aus der Anschauung (Beurteilung der Vorzeichen von F_{Rx} und F_{Ry}) gewonnen wird. Da in diesem Beispiel F_{Rx} negativ und F_{Ry} positiv ist, kann die Resultierende nur unter dem Winkel von $\alpha_R = 130{,}57°$ verlaufen. Die andere Lösung aus *Gleichung (1.5)* mit $\alpha_R = -49{,}43°$ würde bedeuten, dass F_{Rx} positiv und F_{Ry} negativ sein müssten (Kraft genau entgegengesetzt zu F_R), was hier nicht der Fall ist.

1.2.2   Gleichgewicht von Kräften

Das Kraftgleichgewicht ist, wie wir bereits im *Kapitel 1.1.6* festgestellt haben, die Bedingung für die Ruhe bzw. für die gleichförmige Bewegung eines Systems.

> Eine zentrale ebene Kräftegruppe ist im Gleichgewicht, wenn ihre Resultierende gleich null ist.

Analytische Lösung

Wir fordern, dass die Summe aller Kräfte in zwei beliebigen Richtungen – meist nutzen wir dazu die x-Richtung (Index x) und die y-Richtung (Index y) oder die horizontale Richtung (Index H) und die vertikale Richtung (Index V) – und schreiben

$$F_{Rx} = 0 \quad \text{bzw.} \quad F_{RH} = 0 \quad \text{oder symbolisch:} \quad \rightarrow : \tag{1.7}$$

$$F_{Ry} = 0 \quad \text{bzw.} \quad F_{RV} = 0 \quad \text{oder symbolisch:} \quad \uparrow : \tag{1.8}$$

Da das Gleichgewicht in jeder beliebigen Richtung aufgeschrieben werden kann, gibt es unendlich viele Gleichgewichtsbedingungen. Da von diesen jedoch nur zwei linear unabhängig sind, können nur zwei Unbekannte berechnet werden. Weitere Gleichgewichtsbedingungen können gegebenenfalls zur Kontrolle benutzt werden.

1.2.3   Lagerungsbedingungen[6]

Seile, Stäbe und reibungsfreie Auflagen sind wichtige technische Realisierungen der Lagerung von starren Körpern. Wenn wir einen starren Körper mit Hilfe des Schnittprinzips von seinen Lagerungen befreien, werden die Lagerkräfte sichtbar.

Seile und Stäbe

Seile und Stäbe können nur Kräfte in Längsrichtung aufnehmen. Wir führen einen Schnitt durch das Seil oder den Stab und tragen eine Zugkraft (Zugkräfte sind dann

---

[6] Weitere Lagerungsbedingungen werden im *Kapitel 1.4.2* behandelt.

nach dieser Festlegung immer positive Kräfte) an das Schnittufer in Längsrichtung an (siehe *Bild 1.9*).

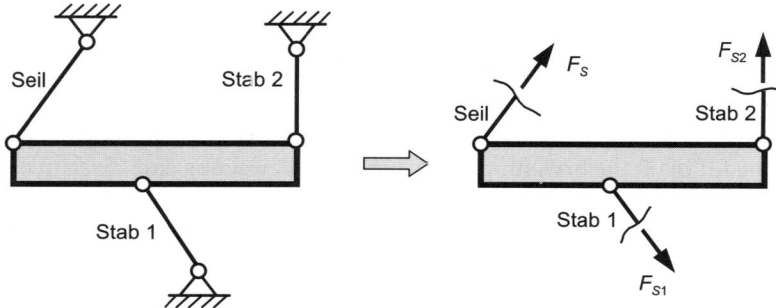

Bild 1.9 Lagerung durch Seile und Stäbe

Hinweis: Ein Seil kann nur Zugkräfte übertragen!

Ein Stab, der am Körper und an einem Festpunkt gelenkig befestigt ist, kann sowohl Zug- als auch Druckkräfte übertragen. Wenn wir in der Rechnung für die Stabkraft ein negatives Vorzeichen erhalten, d. h. $F_S < 0$, wird der Stab auf Druck beansprucht.

Reibungsfreie (ideal glatte) Berührung zwischen Körper und Unterlage

Beispiele für diese Lagerungsvariante sind die Lagerung einer Kugel in einer starren Rinne (siehe *Bild 1.10*) bzw. die Lagerung eines starren Körpers auf einer glatten Kante oder Schneide.

Durch einen Schnitt wird der Körper von der Unterlage befreit und üblicherweise eine Druckkraft F_N normal (senkrecht) zur gemeinsamen Tangentialebene von Körper und Unterlage angetragen. Wenn die Berechnung der Lagerkraft das Ergebnis $F_N < 0$ liefert, bedeutet das ein Abheben des Körpers von der Unterlage.

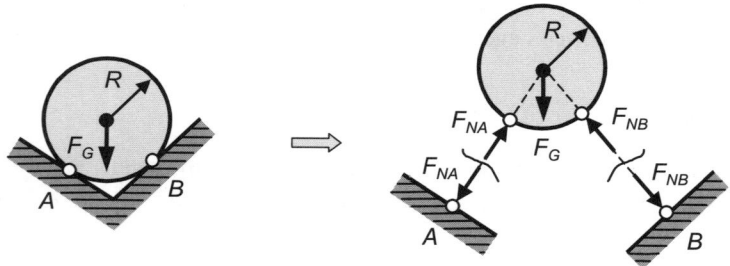

Bild 1.10 Reibungsfreie Berührung zwischen Körper und Unterlage

Wir erkennen daran, dass das Vorzeichen einer Kraft von der Definition der positiven Kraftrichtung abhängt. Natürlich ist bei einer korrekten Anwendung der Gleichgewichtsbedingungen das Ergebnis unabhängig von der gewählten positiven Kraftrichtung.

Beispiel 1.2 Berechnung der Stabkräfte eines Stabzweischlages   *Video 2*

Wir wollen die Stabkräfte in einem so genannten Stabzweischlag berechnen (siehe *Bild 1.11 a*). Die beiden Stäbe 1 und 2 sind an einem Ende gelenkig miteinander verbunden (z. B. durch ein Scharnier) und an dem anderen Ende jeweils durch ein Gelenk an einer starren Wand fixiert. Der Stabzweischlag wird durch eine Kraft F belastet.

Gegeben: F, α, β

Gesucht: Stabkräfte F_{S1} und F_{S2}

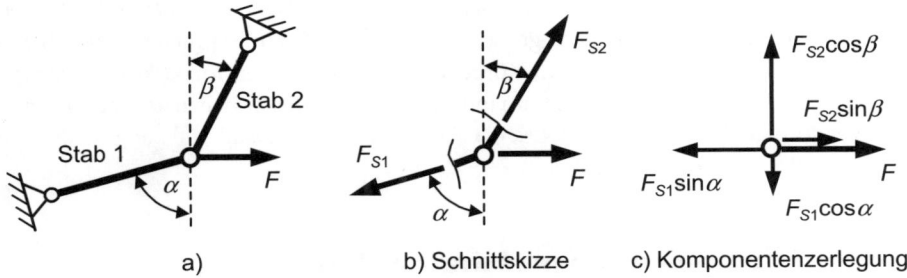

a)   b) Schnittskizze   c) Komponentenzerlegung

Bild 1.11 Berechnung der Stabkräfte eines Stabzweischlages

Zur Lösung schneiden wir das Verbindungsgelenk frei und tragen an den beiden Schnittstellen der Stäbe die Stabkräfte an (siehe *Bild 1.11 b*). Wir erhalten ein zentrales ebenes Kraftsystem, das sich im Gleichgewicht befinden muss. Die Gleichgewichtsbedingungen *(1.7)* und *(1.8)* liefern (vergleiche *Bild 1.11 c*)

$$\rightarrow : \quad -F_{S1}\sin\alpha + F_{S2}\sin\beta + F = 0 \qquad (1)$$
$$\uparrow : \quad -F_{S1}\cos\alpha + F_{S2}\cos\beta = 0 \qquad (2)$$

Das sind zwei Gleichungen für die beiden Unbekannte F_{S1} und F_{S2}. Aus der *Gleichung (2)* folgt

$$F_{S2} = F_{S1}\frac{\cos\alpha}{\cos\beta} \qquad (3)$$

Einsetzen in die *Gleichung (1)* liefert:

$$-F_{S1}\sin\alpha + F_{S1}\frac{\cos\alpha \cdot \sin\beta}{\cos\beta} + F = 0$$

$$F_{S1} \frac{\sin\alpha \cdot \cos\beta - \cos\alpha \cdot \sin\beta}{\cos\beta} = F$$

Mit dem Additionstheorem $\sin\alpha \cdot \cos\beta - \cos\alpha \sin\beta = \sin(\alpha - \beta)$ ergibt sich daraus

$$F_{S1} = \frac{\cos\beta}{\sin(\alpha - \beta)} F \qquad\qquad (4)$$

Einsetzen von *Gleichung (4)* in *Gleichung (2)* liefert

$$F_{S2} = \frac{\cos\alpha}{\sin(\alpha - \beta)} F \qquad\qquad (5)$$

Damit sind die Stabkräfte bekannt.

Diskussion der Lösung

Für $\alpha = \beta$ liegen die Stäbe auf einer Geraden. Aus den *Gleichungen (4)* und *(5)* ergeben sich dann rechnerisch unendlich große Stabkräfte. Dieser Widerspruch resultiert hier aus der Modellannahme eines starren Körpers. Lässt man die Verformbarkeit der Stäbe zu, dann stellt sich im Gleichgewichtszustand ein kleiner Winkel zwischen den Stäben ein, was zu endlich großen Stabkräften führt, die allerdings sehr groß sind und zur Zerstörung der Konstruktion führen können.

1.3   Allgemeines ebenes Kraftsystem

Ein allgemeines ebenes Kraftsystem ist eine Gruppe von Kräften mit beliebigen Wirkungslinien (WL), die sich nicht alle in einem Punkt schneiden.

Wir suchen nach den Bedingungen für das Gleichgewicht einer solchen beliebigen Kräftegruppe an einem starren Körper. Als Vorbetrachtung wollen wir nachfolgend zunächst die Resultierende zweier paralleler Kräfte ermitteln.

1.3.1   Ermittlung der Resultierenden zweier paralleler Kräfte

In *Bild 1.12 a)* haben wir zwei parallele Kräfte F_1 und F_2 an einem Körper angetragen. Wir wollen eine grafische Lösungsmöglichkeit diskutieren und ergänzen dazu die beiden Kräfte um eine Gleichgewichtsgruppe von zwei Hilfskräften F_H. Anschließend bilden wir grafisch mit dem Parallelogrammsatz die Resultierenden F_1^* und F_2^* und danach die Resultierende F_R dieser beiden Kräfte (siehe *Bild 1.12 b*).

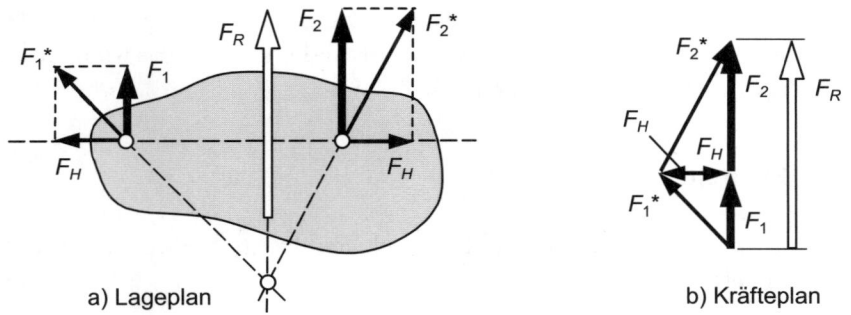

a) Lageplan   b) Kräfteplan

Bild 1.12 Resultierende zweier paralleler Kräfte

Wir haben hier die Resultierende und deren Lage (Wirkungslinie) mit einem Kunstgriff ermittelt, indem wir des Kraftsystems durch zwei sich gegenseitig aufhebende Hilfskräfte F_H auf der gleichen Wirkungslinie[7] ergänzt haben.

Wir wollen jetzt den Fall betrachten, dass F_2 den gleichen Betrag wie F_1 hat, aber auf einer parallelen Wirkungslinie entgegengesetzt zu F_1 gerichtet ist (*Bild 1.13*).

Die beiden Kräfte bilden ein so genanntes *Kräftepaar*.

> Ein *Kräftepaar* ist eine Kräftegruppe aus zwei gleichgroßen entgegengesetzt gerichteten Kräften auf parallelen Wirkungslinien.

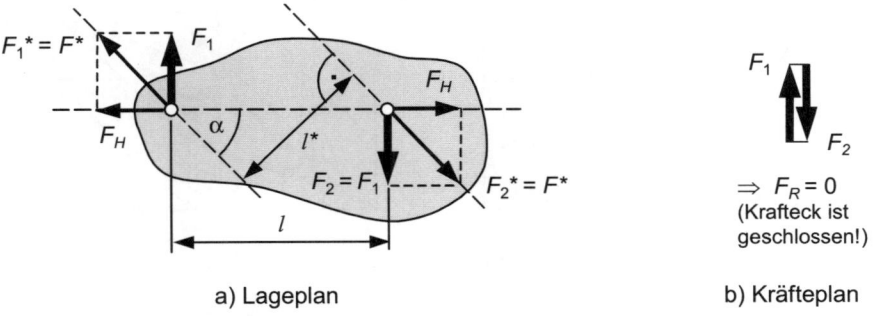

a) Lageplan   b) Kräfteplan

Bild 1.13 Parallele entgegengesetzt gerichtete Kräfte mit gleichem Betrag (Kräftepaar)

Wegen $F_1 = F_2$ folgt $F_1^* = F_2^*$ und mit $l^* = l \cdot \sin\alpha$ und $F_1 = F_1^* \cdot \sin\alpha$ ergibt sich $F_1 \cdot l = F_1^* \cdot l^*$. Es ergeben sich also zwei neue entgegengesetzt gleiche Kräfte F^* auf parallelen Wirkungslinien mit exakt dem gleichen Produkt von Kraft × Abstand wie

---

[7] Die Ergänzung zweier sich gegenseitig aufhebender Kräfte kann auf beliebigen Wirkungslinien, die nicht parallel zu F_1 und F_2 sein dürfen, vorgenommen werden. Allerdings ist eine Lage der Wirkungslinien für die zu ergänzenden Kräfte senkrecht zu F_1 und F_2 zu empfehlen.

das der Ausgangskräfte mit dem Abstand *l*. Offenbar ist bei Wirkung eines Kräftepaares auf einen starren Körper das Produkt aus Abstand und Kraft, das wir als *Moment* bezeichnen, eine adäquate mechanische Größe.

1.3.2   Moment

> Ein Kräftepaar kann nicht durch eine resultierende Kraft ersetzt werden! Ein Kräftepaar liefert ein *Moment*!

Als Maß für die Wirkung eines Kräftepaares (siehe *Bild 1.14*) dient sein Moment

$$M = F \cdot l \qquad \text{mit der Einheit: N m (N cm, kN m).} \qquad (1.9)$$

Die Wirkung eines Momentes auf einen starren Körper besteht in dem Bestreben, ihn um eine Achse senkrecht zu der vom Kräftepaar gebildeten Ebene zu drehen (z. B. Lenkrad, Schraubendreher). Daraus folgt auch die symbolische Darstellung durch einen den Drehsinn symbolisierenden gekrümmten Pfeil (in der Regel für ebene Probleme) bzw. durch einen Doppelpfeil (bei allgemeiner Lage der Drehachse).

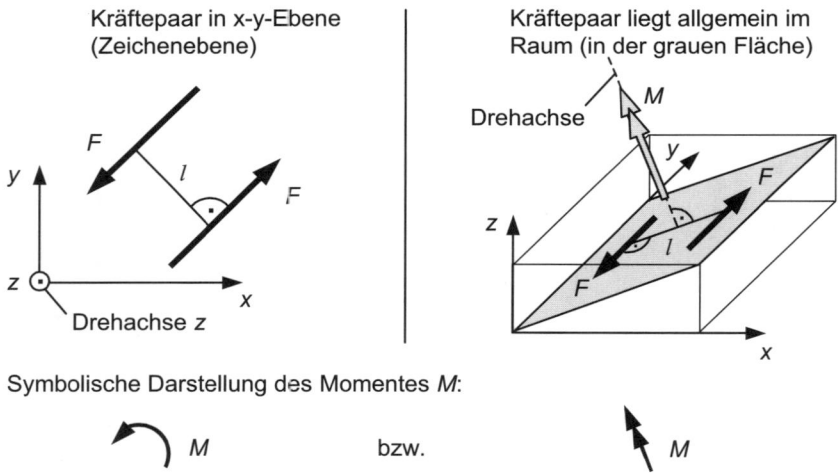

Bild 1.14 Kräftepaar und Moment mit symbolischer Darstellung

Das Moment *M* ist wie die Kraft *F* ein Vektor, was symbolisch durch $\vec{M}$ ausgedrückt wird. Der Momentenvektor $\vec{M}$ steht senkrecht auf der durch die beiden Kräfte des Kräftepaares aufgespannten Ebene (*Bild 1.14*). Liegt das Kräftepaar, welches das Moment bildet, in der Zeichenebene, so steht der Momentenvektor senkrecht auf der Zeichenebene.

Bei ebenen Problemen ist zur Kennzeichnung des Drehsinns der gekrümmte Pfeil ausreichend. Für allgemeine Lagen des Momentenvektors wird zweckmäßig die Darstellung als Doppelpfeil gewählt, wobei für die Zuordnung der Doppelpfeilrichtung, die den Drehsinn um die Drehachse festlegt, die rechte Hand-Regel (Rechtsschraube) benutzt wird (*Bild 1.15*).

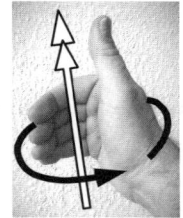

Satz: Das Moment am starren Körper ist ein freier Vektor.

Bild 1.15

Der Momentenvektor kann also am starren Körper, im Unterschied zum Kraftvektor, auch senkrecht zu seiner Wirkungslinie verschoben werden ohne dass sich seine Wirkung auf den starren Körper verändert!

1.3.3 Versetzungsmoment

Was passiert, wenn wir eine Kraft am starren Körper auf eine parallele Wirkungslinie „*versetzen*"?

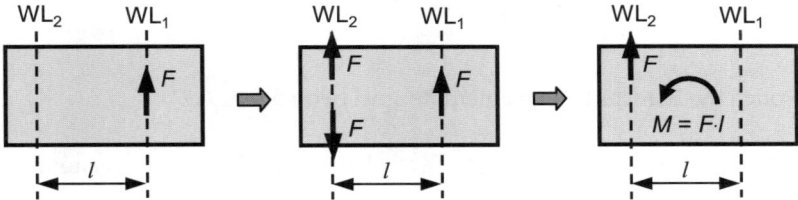

Bild 1.16 Versetzungsmoment beim parallelen Versetzen einer Kraft

Wir betrachten zur Klärung dieser Frage einen Körper mit den beiden parallelen Wirkungslinien WL_1 und WL_2 im Abstand l unter der Wirkung einer Kraft F auf der Wirkungslinie WL_1 (siehe *Bild 1.16*). Wir tragen jetzt auf der Wirkungslinie WL_2 zwei gleich große, sich gegenseitig aufhebende Kräfte F an. Damit ergibt sich ein Kräftepaar mit dem Abstand l, das durch ein Moment $M = F \cdot l$ – das so genannte *Versetzungsmoment* – ersetzt werden kann.

Wenn wir eine Kraft parallel zu ihrer Wirkungslinie verschieben, müssen wir das *Versetzungsmoment* berücksichtigen.

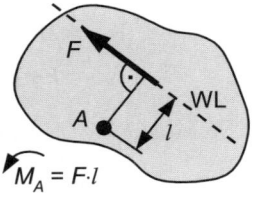

Als *statisches Moment* einer Kraft F bezüglich eines beliebigen Punktes A bezeichnen wir das Versetzungsmoment M_A, das beim Versetzen der Kraft F auf eine

Bild 1.17 Statisches Moment einer Kraft F bezüglich A

parallele, durch A verlaufende Wirkungslinie entsteht (siehe *Bild 1.17*).

1.3.4   Rechnerische Ermittlung der Resultierenden (Lösungskonzept)

Für die Ermittlung der resultierenden Wirkung einer beliebigen Anzahl von Kräften an einem starren Körper bezüglich eines Punktes A versetzen wir sämtliche Kräfte durch Parallelverschiebung in den Punkt A und ermitteln das resultierende Versetzungsmoment. Die Kräfte können dann, wie beim zentralen Kraftsystem gezeigt, zu einer Resultierenden F_R zusammengefasst werden (siehe *Gleichungen (1.3)* und *(1.4)*). Für das resultierende Moment ergibt sich (vergleiche *Bild 1.18*)

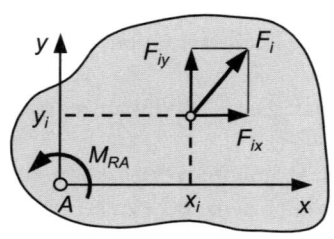

Bild 1.18 Bildung des resultierenden Momentes

$$M_{RA} = \sum_{i=1}^{n} M_{iA} = \sum_{i=1}^{n} \left(F_{iy} x_i - F_{ix} y_i \right) \tag{1.10}$$

Wir wollen die Berechnung an einem Beispiel betrachten.

Beispiel 1.3 Ermittlung der Resultierenden eines ebenen Kräftesystems

An einem starren Körper greifen drei Kräfte an (*Bild 1.19*). Wir suchen die Größe und die Richtung der Resultierenden F_R und deren Lage, die durch den Abstand x charakterisiert ist.

Gegeben: F, a

Gesucht: F_R sowie F_{RH} und F_{RV}, α, x

Zuerst berechnen wir mit den *Gleichungen (1.2)* und *(1.4)* die Größe der Resultierenden F_R.

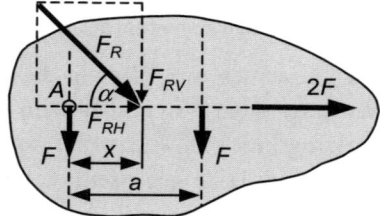

Bild 1.19 Berechnung der Resultierenden

$$\left.\begin{array}{l} \rightarrow: \quad F_{RH} = 2F \\[4pt] \downarrow: \quad F_{RV} = F + F = 2F \end{array}\right\} \quad F_R = \sqrt{F_{RH}^2 + F_{RV}^2} = \sqrt{8F^2} = 2\sqrt{2}\, F$$

Aus *Gleichung (1.5)* folgt der Richtungswinkel α zu:

$$\tan\alpha = \frac{F_{RV}}{F_{RH}} \quad \Rightarrow \quad \tan\alpha = \frac{2F}{2F} = 1 \quad \Rightarrow \quad \underline{\underline{\alpha = 45°}}$$

Wir ermitteln jetzt das Versetzungsmoment der Kräfte bezogen auf den Punkt A und erhalten

$$\overset{\curvearrowright}{A} : \quad M_{RA} = F \cdot a$$

Die vertikale Komponente F_{RV} der Resultierenden muss bezogen auf den Punkt A das gleiche Moment hervorrufen (die Wirkungslinie von F_{RH} geht direkt durch A und liefert daher kein Versetzungsmoment). Daraus folgt

$$F_{RV} x = M_{RA} \quad \Rightarrow \quad x = \frac{M_{RA}}{F_{RV}} = \frac{Fa}{2F}$$

$$\underline{\underline{x = \frac{1}{2} a}}$$

Die Wirkungslinie der Resultierenden schneidet die Horizontale durch den Punkt A im Abstand von $0,5a$.

1.3.5 Gleichgewicht von Kräften und Momenten

Satz: Eine allgemeine ebene Kräftegruppe ist im Gleichgewicht, wenn die resultierende Kraft F_R und das resultierende Moment M_R gleich null sind.

Damit lauten die Gleichgewichtsbedingungen am ebenen starren Körper mit A als Bezugspunkt für das Momentengleichgewicht:

$$\rightarrow : \quad \sum_{i=1}^{n} F_{ix} = 0 \tag{1.11}$$

$$\uparrow : \quad \sum_{i=1}^{n} F_{iy} = 0 \tag{1.12}$$

$$\overset{\curvearrowright}{A} : \quad \sum_{i=1}^{n} M_{iA} = 0 \tag{1.13}$$

Diese Bedingungen müssen für jede Kraftrichtung und jeden beliebigen Punkt A erfüllt sein. Es gibt daher unendlich viele Gleichgewichtsbedingungen. Da im ebenen Fall von diesen jedoch nur drei linear unabhängig sind, können nur drei Unbekannte berechnet werden. Davon dürfen allerdings nur zwei Gleichgewichtsbedingungen für die Kräfte formuliert werden (z. B. die beiden Kraftgleichgewichtsbedingungen in horizontaler und in vertikaler Richtung). Alle weiteren Kraftgleichgewichtsbedingungen (z. B. bezogen auf andere Richtungen) sind Linearkombinationen der ersten beiden Gleichungen und können daher bestenfalls für Kontrollrechnungen benutzt werden. Gleichgewichtsbedingungen für die Momente lassen sich für beliebig viele

Punkte angeben, so dass beispielsweise auch drei Gleichgewichtsbedingungen für Momente (deren Bezugspunkte dann jedoch nicht alle auf einer Geraden liegen dürfen) zur Ermittlung von drei unbekannten Kräften genutzt werden können. Mit Hilfe weiterer Momentengleichgewichtsbedingungen können die Lösungen ebenfalls kontrolliert werden. Wir wollen die Berechnung nachfolgend an einem ersten einfachen Beispiel demonstrieren.

Beispiel 1.4 Gleichgewicht an einer Umlenkrolle

Im *Bild 1.20* ist eine bei *A* reibungsfrei mit zwei Stäben gelagerte
Umlenkrolle dargestellt, über die
ein bei *B* festgemachtes Seil geführt
ist, an dem am anderen Ende eine
Kraft *F* angreift. Für das freigeschnittene System mit drei unbekannten Kräften müssen die
Gleichgewichtsbedingungen *(1.11)*
bis *(1.13)* erfüllt sein. Aus dem
Momentengleichgewicht bezogen

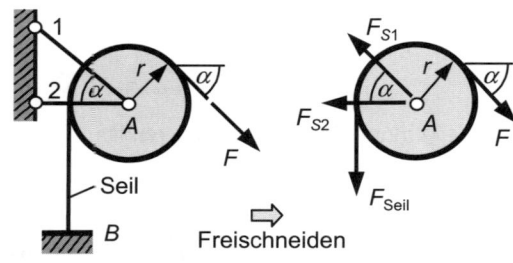

Bild 1.20 Gleichgewicht an einer Umlenkrolle

auf den Punkt *A* erhalten wir unabhängig von anderen Gleichgewichtsbedingungen sofort die Seilkraft F_{Seil}:

$$A : \quad -F_{Seil} \cdot r + F \cdot r = 0$$

$$\underline{\underline{F_{Seil} = F}}$$

Die Kraftgleichgewichtsgleichung in vertikaler Richtung liefert:

$$\uparrow : \quad F_{S1} \sin\alpha - F_{Seil} - F \sin\alpha = 0$$

Mit F_{Seil} folgt daraus

$$\underline{\underline{F_{S1} = F\left(1 + \frac{1}{\sin\alpha}\right)}}$$

Die Kraftgleichgewichtsgleichung in horizontaler Richtung liefert:

$$\leftarrow : \quad F_{S1} \cos\alpha + F_{S2} - F \cos\alpha = 0$$

Mit der Lösung für F_{S1} folgt daraus die dritte unbekannte Größe zu

$$\underline{\underline{F_{S2} = -F\frac{\cos\alpha}{\sin\alpha}}}$$

1.3.6 Bindungen, Freiheitsgrad und statische Bestimmtheit einer starren Scheibe

Liegen alle eingeprägten Lasten und alle Stützreaktionen eines starren Körpers in einer Ebenen, so nennt man diesen Körper auch *starre Scheibe*. Das idealisierte Modell *starre Scheibe* findet in der Statik häufig Verwendung, z. B. zur Berechnung der Lagerreaktionen von Kranbahnen, Brücken, Kraftfahrzeugen, Bauträgern usw.

Zur eindeutigen Angabe der Lage einer starren Scheibe in der Ebene sind drei Koordinaten notwendig. Die freie starre Scheibe hat in der Ebene folglich $f = 3$ *Freiheitsgrade*, d. h. ihre Lage ist durch drei Koordinaten in der Ebene eindeutig bestimmt (siehe *Bild 1.21*).

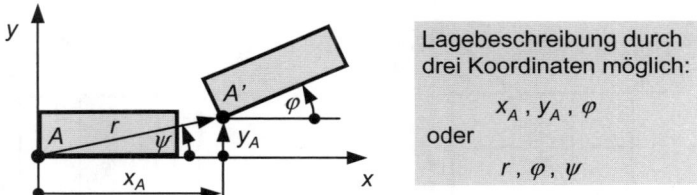

Bild 1.21 Mögliche Lagebeschreibungen einer starren Scheibe

Durch Lagerungen und Abstützungen (*Bindungen b*) wird die Anzahl der Freiheitsgrade f der starren Scheibe verringert. Eine starre Scheibe kann beispielsweise durch Seile, Stäbe oder reibungsfreie Auflager in ihrer Lage fixiert werden. Diese Lagermöglichkeiten binden jeweils einen Freiheitsgrad und heißen deshalb *einwertige Lager*. Die starre Scheibe mit drei einwertigen Lagern ist unbeweglich, d. h. sie hat $f = 0$ Freiheitsgrade.[8]

Mit Hilfe des Schnittprinzips lassen sich die Lagerkräfte freischneiden. An dem freigeschnittenen starren Körper müssen drei Gleichgewichtsbedingungen (z. B. *Gleichungen (1.11)* bis *(1.13)*) erfüllt sein, aus denen die Größe von drei Lagerkräften eindeutig bestimmt werden kann. Eine solche Lagerung heißt statisch bestimmte Lagerung.

Nachfolgend wollen wir ausführlich ein Beispiel zur Berechnung von Lagerreaktionen für eine statisch bestimmt gelagerte starre Scheibe behandeln.

---

[8] Beachte: Es gibt Ausnahmen, bei der eine starre Scheibe nicht statisch bestimmt gelagert ist, auch wenn sie durch drei Lager gestützt ist. Das ist immer dann der Fall, wenn sich die Wirkungslinien der drei Lagerkräfte in einem Punkt schneiden. Es entsteht ein Mechanismus, der sich auch dann ergibt, wenn ein Lager die erforderliche Lagerkraft gar nicht aufnehmen kann und deshalb unwirksam ist (z. B. ein Seil, das eine Druckkraft aufnehmen soll).

Beispiel 1.5 Berechnung der Lagerreaktionen an einer starren Scheibe

Das *Bild 1.22* zeigt eine starre Rechteckscheibe, die durch einen Stab (kann Zug- und Druckkräfte aufnehmen) ein Seil (kann nur Zugkräfte aufnehmen) und eine Auflagerkante (kann nur Druckkräfte aufnehmen) gelagert ist. Die Scheibe wir durch die Kraft F_G belastet, die in der Mitte der Scheibe angreift (Eigengewicht). Zur Lösung schneiden wir die Lager frei und tragen die Lagerkräfte an. Die von uns gewählte positive Definition dieser Kräfte ist *Bild 1.22* zu entnehmen, wobei wir dabei beachtet haben, dass das Seil nur Zugkräfte und die Kante nur Druckkräfte aufnehmen kann. Falls sich durch die Rechnung für diese beiden Lagerkräfte negative Vorzeichen ergeben, bedeutet das, dass die Lagerungen die starre Scheibe nicht in der vorgegebenen Lage fixieren können. Das System ist in diesem Fall nicht mehr statisch bestimmt gelagert!

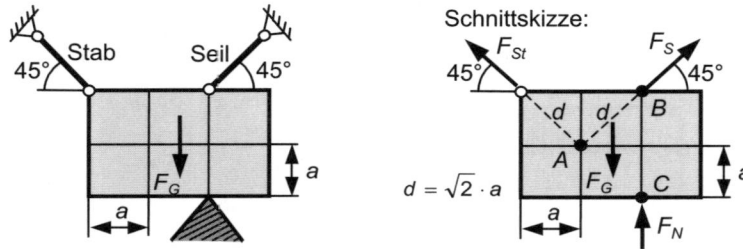

Bild 1.22 Lagerreaktionen an einer starren Scheibe

Für die Ermittlung der Lagerkräfte schreiben wir die Momentengleichgewichte um die drei im *Bild 1.22* dargestellten Punkte A, B und C auf. Aus jeder dieser Gleichungen können wir direkt eine Lagerkraft berechnen, da die jeweils anderen beiden Kräfte nicht in die Gleichungen eingehen (der Abstand ihrer Wirkungslinien zum Bezugspunkt – auch Hebelarm genannt – ist null). Natürlich gibt es auch alternative Möglichkeiten, drei geeignete Gleichgewichtsbedingungen zu formulieren und daraus die unbekannten Lagerkräfte zu berechnen. Das Ergebnis ist natürlich unabhängig von der Wahl der Gleichungen. Wir erhalten:

$$\curvearrowright A: \quad F_G \frac{1}{2}a - F_N a = 0 \qquad \Rightarrow \quad F_N = \frac{1}{2}F_G$$

$$\curvearrowright B: \quad F_{St}d - F_G \frac{1}{2}a = 0 \qquad \Rightarrow \quad F_{St} = \frac{a}{2d}F_G = \frac{a}{2\sqrt{2}\cdot a}F_G = \frac{1}{4}\sqrt{2}F_G$$

$$\curvearrowright C: \quad F_S d - F_G \frac{1}{2}a = 0 \qquad \Rightarrow \quad F_S = \frac{a}{2d}F_G = \frac{1}{4}\sqrt{2}F_G$$

Eine Kontrolle der Lösung kann z. B. mit Hilfe des Kraftgleichgewichts erfolgen:

$$\uparrow: \quad F_{St}\sin 45° + F_S \sin 45° - F_G + F_N = 2 \cdot \frac{1}{4}\sqrt{2}F_G \cdot \frac{1}{2}\sqrt{2} - F_G + \frac{1}{2}F_G = 0$$

Das Kraftgleichgewicht in senkrechter Richtung ist erfüllt.

1.4 Ebene Tragwerke

1.4.1 Grundbegriffe

Die Grundelemente von Tragwerken sind Idealisierungen von Bau- und Maschinen-bauelementen. Dazu gehören unter anderem Linientragwerke (Seil, Stab, Balken, Bögentäger) und Flächentragwerke (Scheibe, Platte, Schale).

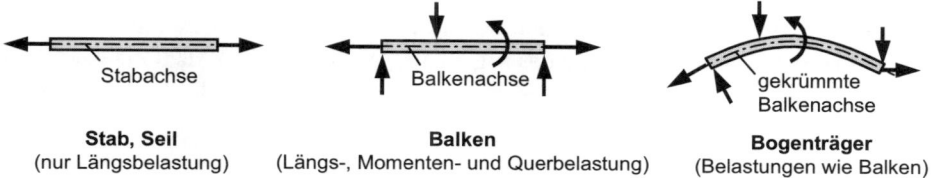

Stab, Seil
(nur Längsbelastung)

Stabachse

Balken
(Längs-, Momenten- und Querbelastung)

Balkenachse

Bogenträger
(Belastungen wie Balken)

gekrümmte Balkenachse

Bild 1.23 Linientragwerke

Bei Linientragwerken ist die Länge groß gegenüber den Abmessungen des Quer-schnitts (siehe *Bild 1.23*). Von Stäben und Balken sprechen wir, wenn die Stablängs-achse[9] eine Gerade ist. Ein Stab wird nur auf Zug/Druck belastet (Kräfte wirken nur in der Stabachse), während ein Balken zusätzlich auch durch Kräfte senkrecht zur Stabachse (Balkenachse) und durch Momente belastet werden kann. Wenn die Stablängsachse gekrümmt ist, sprechen wir von einem Bogenträger oder einem gekrümmten Träger.[10]

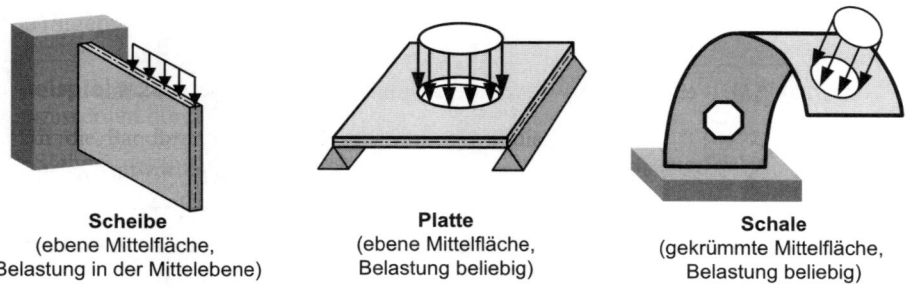

Scheibe
(ebene Mittelfläche,
Belastung in der Mittelebene)

Platte
(ebene Mittelfläche,
Belastung beliebig)

Schale
(gekrümmte Mittelfläche,
Belastung beliebig)

Bild 1.24 Flächentragwerke

Bei Flächentragwerken (siehe *Bild 1.24*) ist die Flächenausdehnung groß gegenüber der Dicke. Wir unterscheiden auch hier zwischen ebenen und gekrümmten Flächen-tragwerken. Bei einem ebenen Flächentragwerk ist die Mittelfläche eine Ebene. Nach

---

[9] Verbindungslinie der Flächenschwerpunkte
[10] Dabei wird häufig noch zwischen schwach und stark gekrümmten Trägern unterschieden.

der Art der Belastung unterscheiden wir zwischen Scheiben (Belastung erfolgt ausschließlich in der Mittelfläche, siehe *Bild 1.24*) und Platten (Belastung erfolgt vorrangig senkrecht zur Mittelfläche, kann aber auch zusätzlich in der Mittelfläche erfolgen, siehe *Bild 1.24*). Wenn die Mittelfläche gekrümmt ist, sprechen wir von einer Schale (siehe *Bild 1.24*). Es gibt noch weitere Modellannahmen, die in technischen Anwendungen zu finden sind. Derartige Modellannahmen werden getroffen, da sich dadurch wesentlich einfachere Berechnungsmöglichkeiten im Vergleich zum allgemeinen dreidimensionalen Fall ergeben. Die Ergebnisse der Berechnungen stimmen um so besser mit der Realität überein, je besser die Modellannahmen erfüllt sind. Es ist eine wichtige Aufgabe des Ingenieurs, sicherzustellen, dass die gewählten Modellannahmen korrekt sind und die daraus resultierenden Fehler im Hinblick auf die Zielstellung der Berechnung vernachlässigbar klein werden.

1.4.2   Lagerung starrer Scheiben

Ein Lager bindet eine Scheibe an eine unbewegliche Umgebung. Für eine durch Lager gebundene starre Scheibe gilt, wenn b_{ges} die Summe aller Lagerbindungen ist:

- die starre Scheibe ist statisch bestimmt gelagert, wenn für die Anzahl der Bewegungsfreiheitsgrade $f = 3 - b_{ges} = 0$ gilt,
- die starre Scheibe ist beweglich, wenn für die Anzahl der Bewegungsfreiheitsgrade $f = 3 - b_{ges} > 0$ gilt,
- die starre Scheibe ist statisch überbestimmt gelagert, wenn für die Anzahl der Bewegungsfreiheitsgrade $f = 3 - b_{ges} < 0$ gilt. Wenn das System statisch überbestimmt gelagert ist, reichen die Gleichgewichtsbedingung zur Bestimmung der Lagerreaktionen nicht aus. Die Annahme eines starren Körpers muss dann fallen gelassen werden (siehe *Kapitel 2*).

Neben den schon im *Kapitel 1.3.6* erwähnten einwertigen Lagern gibt es noch eine Reihe anderer Lager, die die Anzahl der Freiheitsgrade f der starren Scheibe einschränken. Wir wollen nachfolgend die üblichen Lager genauer betrachten und die dafür in Rechnungen üblichen symbolischen Darstellungen einführen.

a) **Loslager:** Die Anzahl der Bindungen ist $b = 1$, d. h. das Lager ist einwertig. Praktische Beispiele für Loslager sind
   - die Stabstütze (Pendelstütze),
   - das Seil,
   - das reibungsfreie Auflager,
   - die reibungsfreie Gleithülse.

Von diesen einwertigen Lagern können Stabstützen und reibungsfreie Gleithülsen sowohl Zug- als auch Druckkräfte aufnehmen. Seile können nur Zugkräfte und reibungsfreie Auflager nur Druckkräfte übertragen. Die üblichen symbolischen Darstellungsformen dieser Loslager sind in *Bild 1.25* zusammengestellt.

Stabstütze (Pendelstütze):

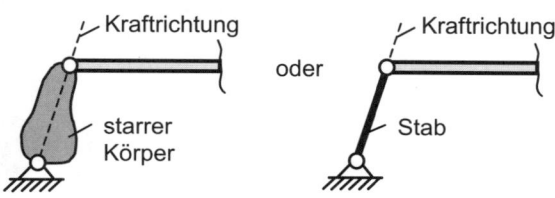

Reibungsfreie Auflager: **Reibungsfreie Gleithülse:**

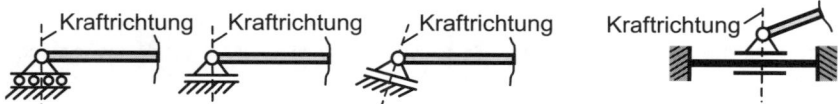

Bild 1.25 Darstellung einwertiger Lager (Loslager); gestrichelt = Richtung, in der Kräfte aufgenommen werden

Das Foto in *Bild 1.26* zeigt die reale Ausführung eines einwertigen Brückenlagers, welches als reibungsfreies Auflager idealisiert werden kann.

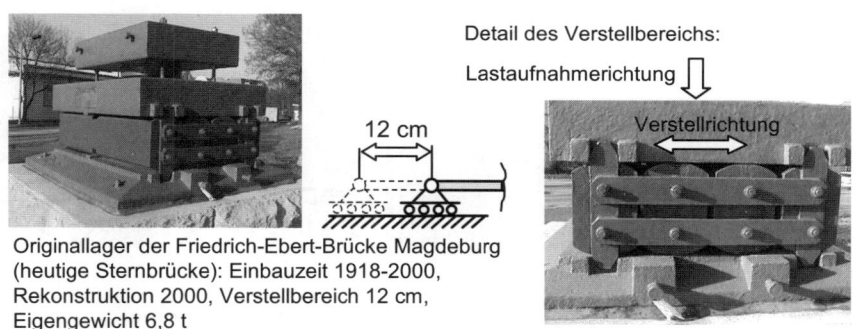

Originallager der Friedrich-Ebert-Brücke Magdeburg (heutige Sternbrücke): Einbauzeit 1918-2000, Rekonstruktion 2000, Verstellbereich 12 cm, Eigengewicht 6,8 t

Bild 1.26 Reale Ausführung eines Brückenlagers der Bauart: 4-gliedriges Stelzenlager

b) **Festlager:** Die Anzahl der Bindungen ist $b = 2$, d. h. das Lager ist zweiwertig. Praktische Beispiele für Festlager sind
   - reibungsfreies Gleitlager (Scharnier, Gelenk),
   - Auflage mit Haftung,
   - Schnittpunkt der Stabachsen zweier Pendelstützen.

Die üblichen symbolischen Darstellungsformen von Festlagern und der Ersatz von zwei Pendelstützen durch ein Festlager sind in *Bild 1.27* dargestellt.

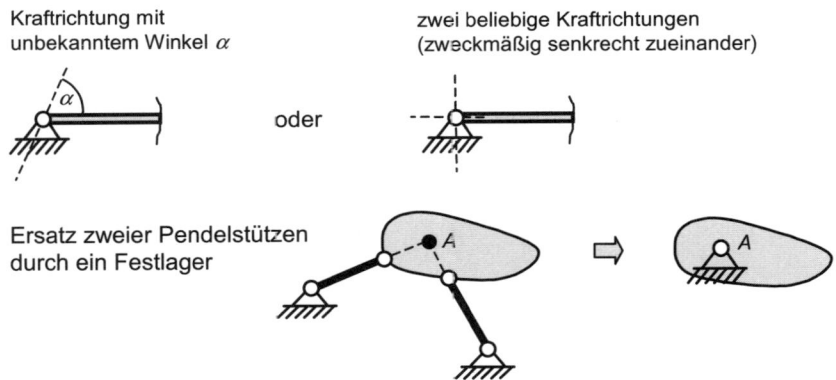

Bild 1.27 Darstellung zweiwertiger Lager (Festlager); gestrichelt = Richtung, in der Kräfte aufgenommen werden

c) **Einspannung:** Die Anzahl der Bindungen ist $b = 3$, d.h. das Lager ist dreiwertig. Neben zwei Lagerkräften (wie beim Festlager) nimmt das Lager auch ein Biegemoment auf. Praktische Anwendungsfälle sind

  – an eine starre Platte angeschweißter Träger,
  – in eine Mauer eingefügter Träger (siehe *Bild 1.28 a*),
  – durch Schrauben oder Niete mit einer starren Platte verbundener Träger.

Die übliche symbolische Darstellung einer Einspannung ist in *Bild 1.28* dargestellt.

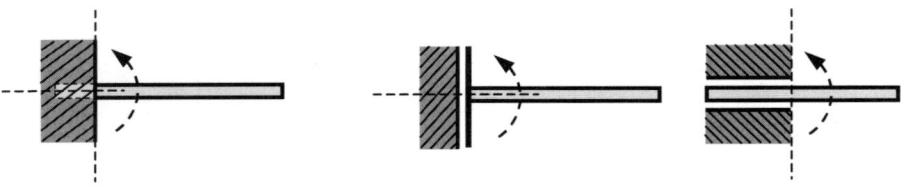

a) **Einspannung:**
Zwei beliebige Kraftrichtungen
(gestrichelt; senkrecht zueinander
zweckmäßig) und ein Moment

b) **Bewegliche Einspannungen:**
Eine Kraftrichtung
(Richtung gestrichelt)
und ein Moment

Bild 1.28 Darstellung einer Einspannung ($b = 3$) und von beweglichen Einspannungen ($b = 2$)

Hinweis: Eine starre Einspannung ist ein Idealfall, bei dem die Elastizität der Lagerung vernachlässigt wird. So weisen reale Lager in Abhängigkeit von der Ausführung des Lagers eine mehr oder weniger stark ausgeprägte Lagerelastizität auf, die gegebenenfalls das Ergebnis entscheidend beeinflussen kann und daher in praktischen Anwendungsfällen genauer untersucht werden muss. Teilweise liegen für reale Lager Messungen der Lagerelastizitäten vor, die bei der Berechnung berücksichtigt werden können. Beispielsweise stellen Schrauben- oder Nietverbindungen im Stahlbau typische elastische Verbindungselemente dar, deren Elastizität in den meisten Fällen jedoch unberücksichtigt bleibt. Ob allerdings diese Modellannahme gerechtfertigt ist, muss im Einzelfall gesondert untersucht werden.

Es gibt aber auch bewegliche Einspannungen, die zwar ein Lagermoment aufnehmen können, das Tragwerk aber nur in einer Richtung fixieren. Die Anzahl der Bindungen ist in diesem Fall $b = 2$. Ein typisches Beispiel ist ein mit Führungen derart an einer starren Mauer befestigter Träger, dass er sich nur in vertikaler Richtung bewegen kann oder eine Welle, die längsverschieblich in einer starren Hülse geführt wird (siehe *Bild 1.28 b*).

1.4.3   Streckenlasten

1.4.3.1   Definition von Streckenlasten

Streckenlasten sind auf eine Linie bezogene verteilte Lasten (siehe *Bild 1.29*), wie sie beispielsweise durch das Eigenwicht eines Trägers, durch Schüttlasten, durch Windlasten, durch Schneelasten u. ä. hervorgerufen werden.

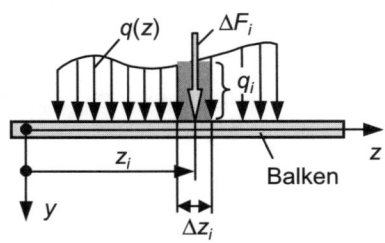

Bild 1.29 Streckenlast

Man kann sich eine Streckenlast als sehr viele unterschiedlich große Kräfte ΔF_i vorstellen, die auf den Träger wirken. Die Intensität der Streckenlast an der Stelle z_i ergibt sich zu

$$q_i = q(z_i) = \frac{\Delta F_i}{\Delta z_i} \qquad \Rightarrow \qquad \Delta F_i = q(z_i)\Delta z_i \tag{1.14}$$

Wenn wir zu differentiell kleinen Größen übergehen, erhalten wir statt *(1.14)*

$$q(z) = \frac{\mathrm{d}F}{\mathrm{d}z} \qquad \Rightarrow \qquad \mathrm{d}F = q(z)\mathrm{d}z \tag{1.15}$$

Die Streckenlast hat die Intensität $q(z)$ mit der Einheit Kraft pro Länge. Die Einheit ist N/m (kN/m, N/mm).

Beispiel 1.6 Eigengewicht eines Balkens als Streckenlast

Als Beispiel ermitteln wir die Streckenlast $q(z)$, die durch das Eigengewicht eines Balkens mit der Dichte ρ und der konstanten Querschnittsfläche A hervorgerufen wird (siehe *Bild 1.30*).

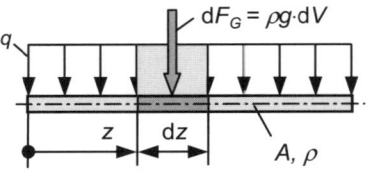

Es bedeuten:

ρ - Dichte
g - Erdbeschleunigung
A - Querschnittsfläche
dV - Volumenelement, $dV = A \cdot dz$

Bild 1.30 Eigengewicht eines Balkens als Streckenlast

Aus der Gewichtskraft des differentiell kleinen Balkenabschnitts der Länge dz ergibt sich eine differentiell kleine Einzelkraft der Größe

$$dF_G = \rho g \cdot dV = \underbrace{\rho g A}_{q(z)} \cdot dz$$

Der Vergleich mit *Gleichung (1.15)* bzw. Einsetzen von dF_G in *(1.15)* liefert:

$$\underline{q(z) = \rho g A}$$

In ähnlicher Weise lassen sich die Intensitäten von Streckenlasten infolge Schneelast, Schüttgut o. ä. berechnen.

1.4.3.2 Ermittlung der Resultierenden einer Streckenlast

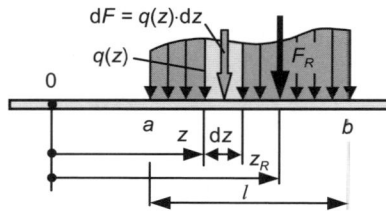

Bild 1.31 Resultierende einer Streckenlast

Die Resultierende einer Streckenlast ergibt sich durch Aufsummieren, d. h. Integrieren, der differentiellen Einzelkräfte *(1.15)* über die Länge l des Balkens, auf der die Last wirkt. Damit ergibt sich mit den in *Bild 1.31* angegebenen Bezeichnungen

$$F_R = \int\limits_{(l)} dF = \int\limits_{z=a}^{z=b} q(z) dz \tag{1.16}$$

Hinweis: An der *Gleichung (1.16)* erkennt man, dass die Resultierende F_R formal aus der „Fläche", die durch $q(z)$ und durch die Länge $l = (b - a)$ aufgespannt wird, berechnet werden kann.

Wir wollen nun die Lage der Resultierenden ermitteln. Dazu bestimmen wir zunächst das Moment der Streckenlast bezüglich des Punktes 0. Es ergibt sich aus der Summe der Momente der differentiellen Kräfte dF, die jeweils den Hebelarm z bezüglich des Punktes 0 besitzen

$$M_0 = \int_{(l)} \mathrm{d}M = \int_{(l)} z\,\mathrm{d}F = \int_a^b z\,q(z)\mathrm{d}z \qquad (1.17)$$

Mit dem Moment der Resultierenden bezogen auf den Punkt 0

$$M_0 = F_R z_R \qquad (1.18)$$

können wir durch Gleichsetzen der beiden *Gleichungen (1.17)* und *(1.18)* den Angriffspunkt z_R der Resultierenden berechnet. Wir erhalten

$$\int_a^b q(z)z\,\mathrm{d}z = F_R \cdot z_R \qquad\Rightarrow\qquad z_R = \frac{1}{F_R}\int_a^b q(z)z\,\mathrm{d}z \qquad (1.19)$$

Hinweis: An der *Gleichung (1.19)* erkennt man, dass F_R durch den Flächenschwerpunkt der durch $q(z)$ und der Länge $l = (b-a)$ aufgespannten Fläche verläuft (vgl. *Kapitel 1.10.3*).

Das *Bild 1.32* zeigt die Ergebnisse für die Größe und die Lage der Resultierenden einer konstanten und einer linear veränderlichen Streckenlast (Dreiecklast), wie man sie nach den Gleichungen *(1.16)* und *(1.19)* bzw. mit Hilfe der obigen allgemeinen Hinweise zur Größe und Lage der Resultierenden einer Streckenlast ermitteln kann.

Rechtecklast

Dreiecklast

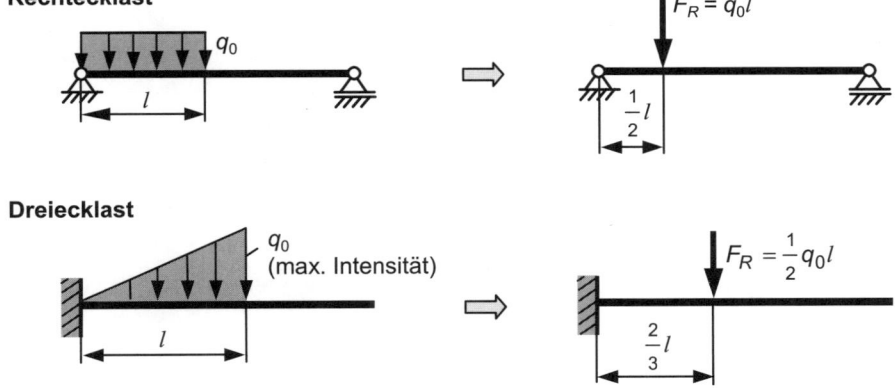

Bild 1.32 Resultierende einer Rechtecklast und einer linear veränderlichen Last (Dreiecklast)

1.4.4   Beispiele

Beispiel 1.7 Balken auf zwei Stützen mit Einzellast

In *Bild 1.33* sind ein Balken auf zwei Stützen mit einer Einzelkraft und die notwendige Schnittskizze zur Berechnung der Lagerreaktionen mit Hilfe der Gleichgewichtsbedingungen (vgl. *Kapitel 1.3.5*) dargestellt.

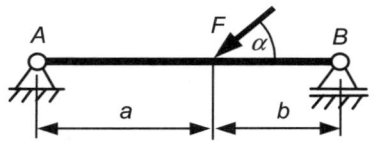
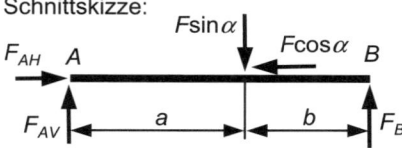

Bild 1.33 Balken auf zwei Stützen mit Einzellast

Gleichgewichtsbedingungen:

$\rightarrow:\quad F_{AH} - F\cos\alpha = 0$ $\Rightarrow\quad \underline{\underline{F_{AH} = F\cos\alpha}}$

$\overset{\curvearrowright}{A}:\quad (F\sin\alpha)a - F_B(a+b) = 0$ $\Rightarrow\quad \underline{\underline{F_B = \dfrac{a\sin\alpha}{a+b}F}}$

$\overset{\curvearrowright}{B}:\quad F_{AV}(a+b) - (F\sin\alpha)b = 0$ $\Rightarrow\quad \underline{\underline{F_{AV} = \dfrac{b\sin\alpha}{a+b}F}}$

Kontrolle:

$\uparrow:\quad F_{AV} - F\sin\alpha + F_B = 0$

Setzen wir hier die Ergebnisse der Lagerreaktionen ein, so folgt

$\dfrac{b\sin\alpha}{a+b}F - F\sin\alpha\dfrac{a+b}{a+b} + \dfrac{a\sin\alpha}{a+b}F = 0$ $\Rightarrow\quad \underline{\underline{0 = 0}}$

Beispiel 1.8 Eingespannter Kragbalken mit Kräftepaar

Der eingespannte Balken und die Schnittskizze sind im *Bild 1.34* dargestellt. Die Gleichgewichtsbedingungen am freigeschnittenen Balken liefern:

$\rightarrow:\quad \underline{\underline{F_{AH} = 0}}$

$\uparrow:\quad F_{AV} - F + F = 0$ $\Rightarrow\quad \underline{\underline{F_{AV} = 0}}$

$\overset{\curvearrowright}{A}:\quad M_A + Fa - F(a+b) = 0$ $\Rightarrow\quad \underline{\underline{M_A = Fb}}$

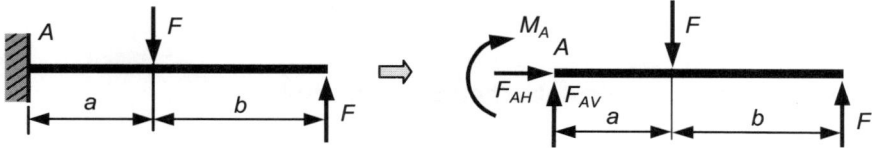

Bild 1.34 Eingespannter Kragbalken mit Kräftepaar

Die Aufgabe zeigt, dass bei Wirkung eines Kräftepaares nur das Moment des Kräftepaares in das Lagermoment eingeht und der Abstand des Kräftepaares vom Lager keine Rolle spielt. Das ist eine Bestätigung des im *Kapitel 1.3.2, Seite 27* aufgestellten Satzes, dass das Moment (Kräftepaar) am starren Körper ein freier Vektor ist.

Beispiel 1.9 Verzweigter Träger mit Dreiecklast

Das *Bild 1.35* zeigt einen verzweigten Träger, der bei A mit einem Festlager gelagert ist und durch ein Seil, das am Punkt B des Trägers und bei C befestigt ist, gehalten wird. Zur Berechnung der Auflagerreaktionen und der Seilkraft schneiden wir den Träger frei und tragen die Kräfte an. Die Schnittskizze ist in *Bild 1.35* dargestellt.

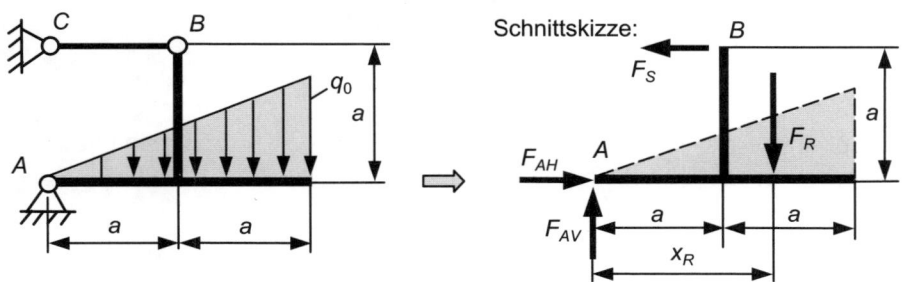

Bild 1.35 Verzweigter Träger mit Dreiecklast

Bevor wir die Gleichgewichtsbedingungen aufschreiben, wird die Streckenlast durch ihre resultierende Kraft ersetzt (siehe *Kapitel 1.4.3.2, Bild 1.32*). Danach gilt:

$$F_R = \frac{1}{2}q_0 \cdot 2a = q_0 a \qquad \text{und} \qquad x_R = \frac{2}{3} \cdot 2a = \frac{4}{3}a$$

Die Gleichgewichtsbedingungen liefern mit F_R und x_R:

$$\uparrow: \quad F_{AV} - F_R = 0 \qquad\qquad \Rightarrow \quad \underline{\underline{F_{AV} = q_0 a}}$$

$$\curvearrowright A: \quad F_R \cdot x_R - F_S a = 0 \qquad \Rightarrow \quad \underline{\underline{F_S = \frac{4}{3}q_0 a}}$$

$$\rightarrow: \quad F_{AH} - F_S = 0 \qquad\qquad \Rightarrow \quad \underline{\underline{F_{AH} = F_S = \frac{4}{3}q_0 a}}$$

1.5   Scheibenverbindungen

1.5.1   Ermittlung der statischen Bestimmtheit

Wir betrachten ein allgemeines ebenes Tragsystem, das aus n starren Scheiben (*Bild 1.36*) besteht und stellen die Frage, ob das System statisch bestimmt gelagert ist.

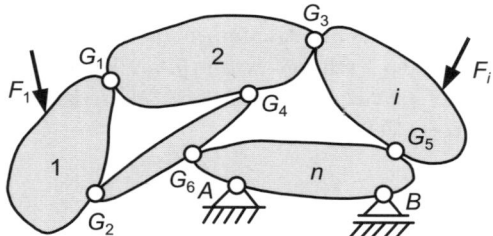

Bild 1.36 Scheibenverbindung

Für die folgenden Überlegungen wenden wir auf die Scheibenverbindung das Schnittprinzip an und befreien jede einzelne Scheibe von allen Bindungen.

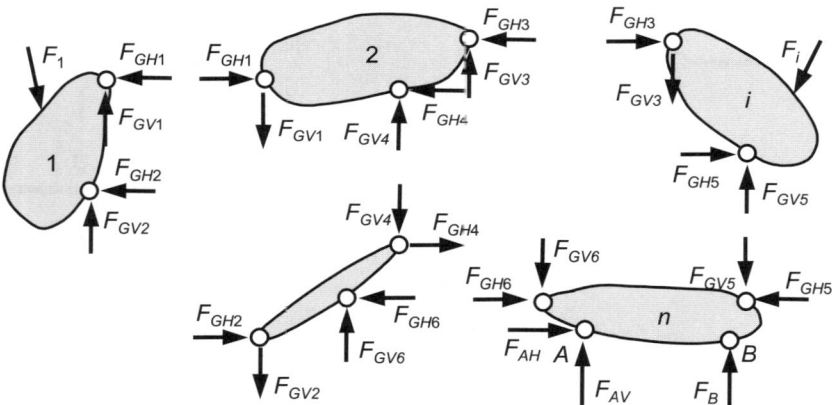

Bild 1.37 Freigeschnittene Scheibenverbindung

Überlegung: Ist jede einzelne der n Scheibe ungefesselt (siehe *Bild 1.37*), so hat das System insgesamt $f = 3n$ Freiheitsgrade. Die Anzahl der Freiheitsgrade wird durch die Bindungen verringert. Bezeichnen wir die Summe der Wertigkeiten aller Bindungen (Lager und Verbindungen) mit b, so gibt es b unbekannte Kräfte und Momente. Wir benötigen also b Gleichgewichtsbedingungen, um diese Größen eindeutig bestimmen zu können.

In unserem konkreten Beispiel (siehe *Bild 1.36* und Schnittbild *Bild 1.37*) gibt es sechs Gelenke mit insgesamt zwölf Gelenkkräften. Dazu kommen noch insgesamt drei

Auflagerkräfte bei A und B. Es gibt also insgesamt *fünfzehn unbekannte Kräfte*! Das Tragwerk besteht aus fünf starren Scheiben. An jeder starren Scheibe müssen drei Gleichgewichtsbedingungen erfüllt sein. Damit ergeben sich *fünfzehn Gleichungen* und es lassen sich alle unbekannten Kräfte eindeutig berechnen.

> *Satz:* Eine Scheibenverbindung ist im Gleichgewicht, wenn jede starre Scheibe für sich im Gleichgewicht ist.

An jeder ebenen starren Scheibe stehen drei Gleichgewichtsbedingungen zur Verfügung. Bei n Scheiben gibt es also insgesamt $3n$ linear unabhängige Gleichgewichtsbedingungen. Die notwendige Bedingung für die statische Bestimmtheit eines Systems aus n ebenen starren Scheiben mit b Bindungen lautet damit

$$b = 3n \tag{1.20}$$

> *Beachte:* Diese Bedingung ist notwendig, jedoch nicht hinreichend![11]

Analog zur einzelnen starren Scheibe gilt für den Freiheitsgrad einer Scheibenverbindung aus n starren Scheiben

$$f = 3n - b \tag{1.21}$$

Für $b < 3n$ ist die Scheibenverbindung ein Mechanismus, d. h. die Anzahl der Bindungen reicht nicht aus, um das Tragwerk eindeutig in seiner Lage zu fixieren. Für $b = 3n$ ist der Freiheitsgrad $f = 0$ und die b unbekannten Größen lassen sich aus den Gleichgewichtsbedingungen ermitteln. Ist $b > 3n$, so ist $f = 0$ möglich, aber die Gleichgewichtsbedingungen reichen für die Berechnung der Lager- und Verbindungsreaktionen nicht aus!

Beispiel 1.10 Ermittlung der statischen Bestimmtheit

In den folgenden Beispielen zur Bestimmung der statischen Bestimmtheit von Scheibenverbindungen bedeuten in den Bildern

- römische Zahl: Nummer der starren Scheibe
- arabische Zahl: Wertigkeit der Bindung

---

[11] Beachte: Es gibt Sonderfälle (unzulässige Anordnung der Lager und Gelenke), bei denen die Gleichung *(1.20)* zwar erfüllt wird, das System aber nicht statisch bestimmt ist. Zum Beispiel ein Dreigelenkbogen, bei dem das Verbindungsgelenk auf der Verbindungslinie der beiden Festlager liegt (siehe *Kapitel 1.5.2*) bzw. ein Gerberträger mit unzulässiger Anordnung der Lager und Gelenke (siehe *Kapitel 1.5.3*).

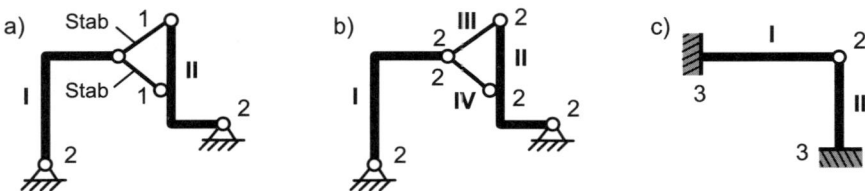

Bild 1.38 Beispiele zur Ermittlung der statischen Bestimmtheit

Hinweis: Die *Bilder 1.38 a)* und *b)* veranschaulichen unterschiedliche Zählweisen für das gleiche Tragwerk. Bei der Zählweise in *Bild 1.38 a)* fassen wir die Verbindungen zwischen der Scheibe I und II als Stäbe (Pendelstützen) auf. Bei der Zählweise in *Bild 1.38 b)* sehen wir diese Verbindungen als Scheiben an. Auf diese Scheiben III und IV können dann auch eingeprägte Lasten wirken. Die Scheiben I, III und IV sind durch ein Zweifachgelenk der Gesamtwertigkeit vier verbunden. Dieses Zweifachgelenk kann konstruktiv unterschiedlich ausgeführt werden. Zwei mögliche Konstruktionen sind in *Bild 1.39* angedeutet.

Für die drei in *Bild 1.38* dargestellten Tragwerke gilt nach *Gleichung (1.21)*:

 a) $n = 2, b = 6$ $\rightarrow f = 3n - b = 0$ $\Rightarrow$ Tragwerk ist statisch bestimmt gelagert.
 b) $n = 4, b = 12$ $\rightarrow f = 3n - b = 0$ $\Rightarrow$ Tragwerk ist statisch bestimmt gelagert.
 c) $n = 2, b = 8$ $\rightarrow f = 3n - b = -2$ $\Rightarrow$ Tragwerk ist statisch unbestimmt gelagert.

2 Gelenke an der Scheibe I   Scheiben I, III und IV auf
mit kleinem Abstand zueinander   einer Achse gelenkig verbunden

Bild 1.39 Mögliche Konstruktionen von Zweifachgelenken

1.5.2 Dreigelenkträger

Ein Dreigelenkträger (Dreigelenkbogen, Dreigelenkrahmen) ist ein sehr häufig anzutreffendes Tragwerk, das aus zwei Scheiben besteht, die miteinander durch ein Gelenk verbunden sind (siehe *Bild 1.40*). Jede der Scheiben ist durch ein Festlager fixiert. Ein Dreigelenkträger ist ein statisch bestimmt gelagertes Tragwerk. Die rechnerische Überprüfung mit *Gleichung (1.21)* liefert für $b = 6$ und $n = 2$ den Freiheitsgrad $f = 3n - b = 3 \cdot 2 - 6 = 0$.

Beachte: Die beiden Festlager und das Verbindungsgelenk zwischen den zwei Scheiben des Dreigelenkträgers dürfen nicht auf einer Geraden liegen. Die notwendige Bedingung für die statische Bestimmtheit *(1.20)* ist zwar formal erfüllt, das System ist aber nicht mehr statisch bestimmt! Man erkennt das daran, dass die Lagerreaktionen nicht alle berechenbar sind.

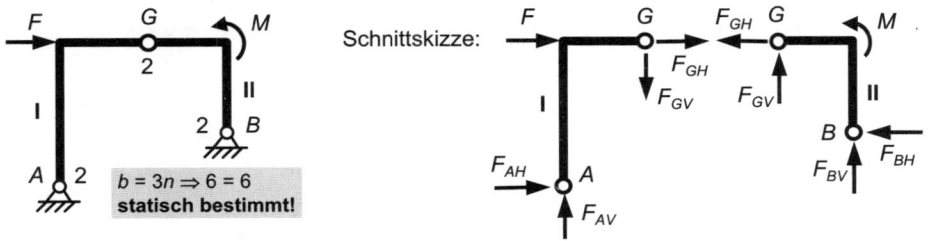

Bild 1.40 Dreigelenkbogen mit Schnittskizze

Allgemeines Berechnungskonzept:

Für die Berechnung der Gelenk- und der Lagerkräfte bei G bzw. A und B in dem in *Bild 1.40* dargestellten Dreigelenkbogen ist folgender Lösungsweg zweckmäßig:

1. Freischneiden der beiden Scheiben des Dreigelenkbogens bei A, B und G.
2. Scheibe I: $\overset{\frown}{A}$:   liefert eine Gleichung (1) für F_{GH} und F_{GV}
3. Scheibe II: $\overset{\frown}{B}$:   liefert eine weitere Gleichung (2) für F_{GH} und F_{GV}
4. Ermittlung von F_{GH} und F_{GV} aus den beiden *Gleichungen (1)* und *(2)*.
5. Scheibe I: $\rightarrow$:   liefert F_{AH} und $\uparrow$:   liefert F_{AV}
6. Scheibe II: $\rightarrow$:   liefert F_{BH} und $\uparrow$:   liefert F_{BV}
7. Kontrollmöglichkeiten: Zum Beispiel Momentengleichgewichte um den Gelenkpunkt G an jedem der beiden Teilsysteme.

Hinweis: Im Gleichgewichtsfall darf man jedes System und jedes Teilsystem wie einen starren Körper behandeln (Erstarrungsprinzip, siehe *Kapitel 1.1.1*).

Daher gelten die Gleichgewichtsbedingungen auch für das Gesamtsystem, so dass diese Gleichungen ebenfalls für die Berechnung der Lagerreaktionen genutzt werden können. Im obigen Fall lassen sich diese Gleichungen zu Kontrollzwecken benutzen.

Nachfolgend wird ein alternativer Lösungsweg für das in *Bild 1.40* skizzierte Beispiel diskutiert, der es ermöglicht, aus Gleichgewichtsbedingungen am Gesamtsystem, ohne Schnittführung im Gelenk, zwei Auflagerreaktionen zu berechnen.

Alternatives Lösungskonzept:

Wir führen ein (x,y)-Koordinatensystem so ein, dass die x-Achse auf der Verbindungsgeraden der Lager A und B liegt. Dann schneiden wir den Dreigelenkbogen an den Auflagern frei und tragen die Lagerreaktionen bezogen auf das (x,y)-Koordinatensystem an (siehe *Bild 1.41*).

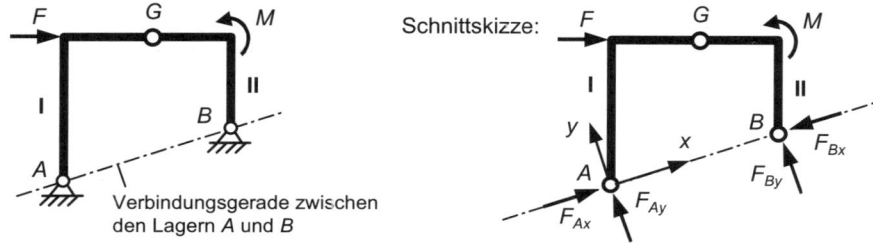

Bild 1.41 Teilweise Berechnungen von Lagerreaktionen am Gesamtsystem

Aus den Momentengleichgewichten um die Punkte A und B ergeben sich unmittelbar die Lagerreaktionen F_{Ay} und F_{3y}. Aus dem Kraftgleichgewicht in x-Richtung erhält man eine Gleichung, in die die beiden Lagerkomponenten F_{Ax} und F_{Bx} eingehen. Alle noch fehlenden Größen, d. h. die beiden Gelenkkräfte und die Lagerreaktion in x-Richtung, lassen sich nach Schnittführung durch das Gelenk entweder am linken oder am rechten Teilsystem gewinnen.

Hinweis zur Vereinfachung: Ist eine der beiden starren Scheiben eines Dreigelenkträgers unbelastet, so kann diese Scheibe als eine so genannte *Pendelstütze* behandelt werden, die nur eine Kraft auf der Verbindungslinie zwischen dem Gelenkpunkt und dem Lagerpunkt aufnimmt (siehe *Bild 1.42*). Die Richtigkeit dieser Aussage kann sehr leicht unter Nutzung der Gleichgewichtsbedingungen überprüft werden.

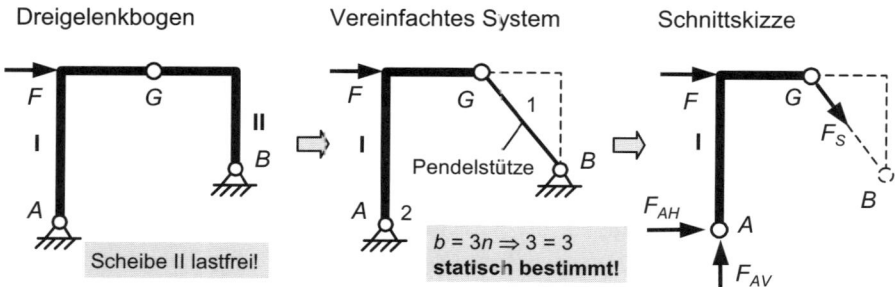

Bild 1.42 Vereinfachung bei einer unbelasteten Scheibe des Dreigelenkbogens

Beispiel 1.11 Lagerreaktionen und Gelenkreaktionen für einen Dreigelenkbogen

Für den Dreigelenkbogen nach *Bild 1.43* sind die Lager- und Gelenkreaktionen gesucht. Die Belastung und die Geometrie werden als bekannt angenommen. Wir wollen die Lösung dieser Aufgabe nach dem allgemeinen Berechnungskonzept für einen Dreigelenkbogen vornehmen (siehe *Seite 45*). Im ersten Schritt werden die zwei Scheiben des Dreigelenkbogens bei *A*, *B* und *G* freigeschnitten (siehe *Bild 1.43*).

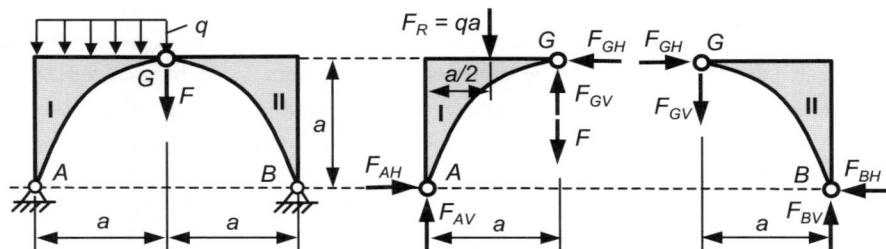

Bild 1.43 Lager- und Gelenkreaktionen für einen Dreigelenkbogen

Hinweis: Beim Schneiden im Gelenk *G* stellt sich die Frage: Wie behandelt man die dort angreifende Einzelkraft? Theoretisch darf man die Einzelkraft zu beliebigen Anteilen auf die beiden Scheiben im Gelenkpunkt aufteilen. Praktisch sinnvoll ist jedoch eigentlich nur, jeweils die Hälfte der Kraft auf beide Scheiben oder die gesamte Einzelkraft nur auf eine Scheibe (gleichgültig auf welche) aufzuteilen. Wir setzen hier die gesamte Kraft auf die Scheibe I, weil dadurch die Rechnung etwas einfacher wird (an der Scheibe II greift dann keine äußere Belastung an).

Scheibe I: $\overset{\curvearrowright}{A}$: $\quad qa \cdot \dfrac{1}{2}a + Fa - F_{GH}a - F_{GV}a = 0 \qquad (1)$

Scheibe II: $\overset{\curvearrowright}{B}$: $\quad F_{GH}a - F_{GV}a = 0 \qquad (2)$

Aus den *Gleichungen (1)* und *(2)* folgt: $\quad \Rightarrow \quad \underline{\underline{F_{GH} = F_{GV} = \dfrac{1}{2}F + \dfrac{1}{4}qa}}$

Scheibe I: $\rightarrow$: $\quad F_{AH} - F_{GH} = 0 \qquad \Rightarrow \quad \underline{\underline{F_{AH} = F_{GH} = \dfrac{1}{2}F + \dfrac{1}{4}qa}}$

$\uparrow$: $\quad F_{AV} - qa - F + F_{GV} = 0 \qquad \Rightarrow \quad F_{AV} = qa + F - F_{GV}$

$\quad \Rightarrow \quad \underline{\underline{F_{AV} = \dfrac{1}{2}F + \dfrac{3}{4}qa}}$

Scheibe II: $\rightarrow$: $\quad -F_{BH} + F_{GH} = 0 \qquad \Rightarrow \quad \underline{\underline{F_{BH} = F_{GH} = \dfrac{1}{2}F + \dfrac{1}{4}qa}}$

$\uparrow$: $\quad F_{BV} - F_{GV} = 0 \qquad \Rightarrow \quad \underline{\underline{F_{BV} = F_{GV} = \dfrac{1}{2}F + \dfrac{1}{4}qa}}$

Hinweis: Zur Kontrolle der Lösung bzw. zur Übung kann man für diese einfache Aufgabe das obige alternative Lösungskonzept zur Berechnung der vertikalen Lagerreaktionen

anwenden und die Aufgabe lösen, indem die lastfreie Scheibe II als Pendelstütze vereinfacht wird (*F* muss dafür auf der Scheibe I im Gelenkpunkt *G* angenommen werden).

1.5.3   Gerberträger

Ein gerader Träger, der an $(2 + k)$ Lagerpunkten gestützt ist (davon ist ein Lager ein
Festlager, die übrigen Lager sind Loslager, deren Lagerkräfte nicht in Richtung der
Trägerlängsachse fallen dürfen),[12] ist wegen $f = 3n - b = 3 - (2 + 1 + k) = -k$ ein Träger,
der *k*-fach statisch unbestimmt gelagert ist. Nach einem Vorschlag von HEINRICH
GERBER[13] kann man den Träger durch den Einbau von *k* Gelenken statisch bestimmt
machen. Diese Art von Trägern, die beispielsweise beim Bau von Eisenbahnbrücken
vielfach verwendet wurden, nennt man *Gerberträger*. Man findet das Prinzip des
Gerberträgers aber nicht nur im Bauwesen sondern auch im Maschinenbau und
Fahrzeugbau (z. B. bei Gelenkwellen von Antriebssträngen).

An einem Durchlaufträger mit vier Stützen
(*Bild 1.44*) wollen wir die Vorgehensweise der
Bildung eines Gerberträgers veranschaulichen. Der in *Bild 1.44* dargestellte Durchlaufträger mit $2 + k = 4$ Stützen ist $k = 2$-fach
statisch unbestimmt gelagert. Er kann durch
den Einbau von zwei Gelenken in vier
verschiedene statisch bestimmte Gerberträger
verändert werden (*Bild 1.45*).

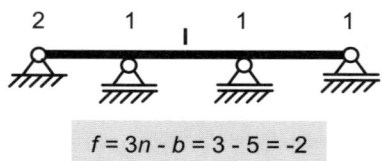

$$f = 3n - b = 3 - 5 = -2$$

Bild 1.44 Durchlaufträger mit vier Stützen

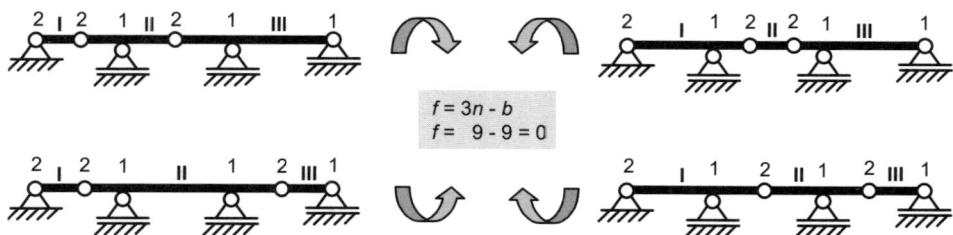

$$f = 3n - b$$
$$f = 9 - 9 = 0$$

Bild 1.45 Mögliche Gerberträger für einen Durchlaufträger nach Bild 1.44

Bei der Gestaltung eines Gerberträgers dürfen die Gelenke und Lager nicht willkürlich
angeordnet werden, sondern es müssen bestimmte Bedingungen eingehalten werden,
damit der Träger statisch bestimmt ist.

---

[12] Solche Träger werden auch als Durchlaufträger bezeichnet.
[13] HEINRICH GERBER (1832 - 1912), deutscher Bauingenieur, erfand 1866 den Gerberträger (Gelenkträger)

Bedingungen: Zwischen zwei Lagern dürfen höchstens zwei Gelenke eingeführt werden, und jedes Teilsystem (starre Scheibe) des Gerberträgers darf höchstens zwei Lager aufweisen.

Beispiel 1.12 Berechnung eines Gerberträgers mit vier Stützen

Für einen Gerberträger, der im mittleren Teil durch eine Streckenlast $q_0 =$ konstant belastet wird (*Bild 1.46*), sollen die Lager- und Gelenkkräfte berechnet werden.

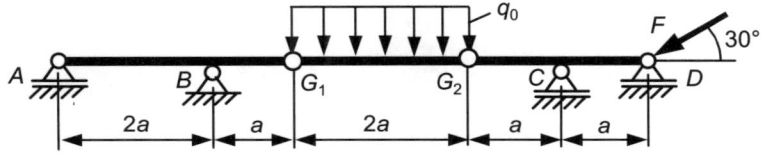

Bild 1.46 Gerberträger mit vier Stützen

Zur Berechnung der Lager- und Gelenkkräfte schneiden wir den Träger an den Gelenken und Lagern frei und erhalten die drei in *Bild 1.47* dargestellten Teilsysteme mit den folgenden neun unbekannten Auflager- und Gelenkkräften:

$$F_A, F_{BH}, F_{BV}, F_{GH1}, F_{GV1}, F_{GH2}, F_{GV2}, F_C, F_D .$$

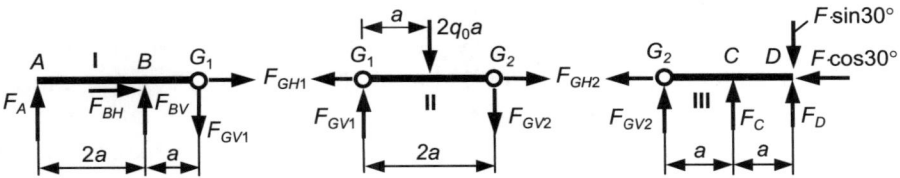

Bild 1.47 Teilsysteme nach dem Freischneiden des Gerberträgers von *Bild 1.46*

An jedem der drei Teilsysteme stehen uns drei Gleichgewichtsbedingungen zur Verfügung. Aus diesen insgesamt neun Gleichungen lassen sich die neun Unbekannten eindeutig berechnen. Zunächst können wir aus drei Kraftgleichgewichtsgleichungen die horizontalen Lager- und Gelenkkräfte berechnen:

Teilsystem III: $\quad \rightarrow : \quad -F_{GH2} - F\cos30° = 0 \qquad \Rightarrow \quad F_{GH2} = -\frac{1}{2}\sqrt{3}\,F$

Teilsystem II: $\quad \rightarrow : \quad -F_{GH1} + F_{GH2} = 0 \qquad \Rightarrow \quad F_{GH1} = -\frac{1}{2}\sqrt{3}\,F$

Teilsystem I: $\quad \rightarrow : \quad F_{BH} + F_{GH1} = 0 \qquad \Rightarrow \quad F_{BH} = \frac{1}{2}\sqrt{3}\,F$

Durch das Aufschreiben von sechs Momentengleichgewichtsbedingungen in der nachfolgenden Reihenfolge lassen sich nacheinander alle noch fehlenden Unbekannten ermitteln, wobei aus jeder Gleichung sofort eine weitere Unbekannte berechnet werden kann.[14]

Teilsystem II: $\overset{\curvearrowright}{G_1}$: $2q_0a\cdot a + F_{GV2}\,2a = 0$ $\Rightarrow$ $\underline{\underline{F_{GV2} = -q_0a}}$

              $\overset{\curvearrowright}{G_2}$: $F_{GV1}\,2a - 2q_0a\cdot a = 0$ $\Rightarrow$ $\underline{\underline{F_{GV1} = q_0a}}$

Teilsystem I: $\overset{\curvearrowright}{A}$: $-F_{BV}\,2a + F_{GV1}\,3a = 0$ $\Rightarrow$ $\underline{\underline{F_{BV} = \dfrac{3}{2}q_0a}}$

             $\overset{\curvearrowright}{B}$: $F_A\,2a + F_{GV1}\,a = 0$ $\Rightarrow$ $\underline{\underline{F_A = -\dfrac{1}{2}q_0a}}$

Teilsystem III: $\overset{\curvearrowright}{C}$: $F_{GV2}\,a + (F\sin 30°)\,a - F_D\,a = 0$ $\Rightarrow$ $\underline{\underline{F_D = -q_0a + \dfrac{1}{2}F}}$

             $\overset{\curvearrowright}{D}$: $F_{GV2}\,2a + F_C\,a = 0$ $\Rightarrow$ $\underline{\underline{F_C = 2q_0a}}$

1.5.4   Ebene Fachwerke

Ein Fachwerk ist ein Stabsystem aus gelenkig miteinander verbundenen geraden Stäben, das nur durch Kräfte in den Gelenken (Knoten) belastet wird. Fachwerke haben eine große praktische Bedeutung: Sie werden häufig benutzt, um Leichtbautragwerke auszuführen, da es durch die in Einzelstäbe aufgelöste Bauweise geling, mit geringem Materialeinsatz große Lasten aufzunehmen und große Spannweiten zu überbrücken. Fachwerke werden daher zum Beispiel häufig für Dachkonstruktionen, Hochspannungsmasten, Kranausleger, Brückenträger, Raumfahrtstrukturen u. ä. eingesetzt. Ein Fachwerksystem, das aus Stäben und Verbindungsknoten besteht (siehe *Bild 1.48*), muss folgende Voraussetzungen erfüllen:

1. Ein Knoten ist eine gelenkige (reibungsfreie) Verbindung von *i* Stäben, wobei sich die Längsachsen[15] aller *i* Stäbe genau in einem Punkt, dem Knotenpunkt treffen. An jedem Knoten liegt somit ein zentrales Kraftsystem vor.

2. Ein Fachwerk wird nur an den Knoten durch Einzelkräfte belastet.

3. Zwischen zwei Knoten kann sich nur jeweils ein Stab befinden.

---

[14] Natürlich können sowohl alternative Gleichgewichtsbedingungen als auch eine andere Reihenfolge der Berechnung der Unbekannten benutzt werden.

[15] Verbindungslinie der Schwerpunkte der Querschnittsflächen des Stabes.

Diese Annahmen sichern, dass die Längsachse jedes Stabes identisch ist mit der Wirkungslinie der Stabkraft und es außer diesen Stablängskräften keine weiteren Schnittgrößen, vor allem keine Biegemomente, in den Stäben gibt.

Hinweis: Natürlich sind diese Annahmen in keinem realen Fachwerk exakt erfüllt, sondern gelten nur näherungsweise. So bestehen die Knoten häufig aus Knotenblechen, an die Stäbe angeschweißt oder angeschraubt sind. Ein solches Knotenblech entspricht einer biegesteifen Verbindung, die auch Momente überträgt. Man kann aber zeigen, dass diese Momente bei realen Fachwerken mit schlanken Stäben im Vergleich zu den Längskräften klein sind, wenn sich die Mittellinien der Stäbe in einem Punkt schneiden. Deshalb werden diese Knoten häufig als kugelförmige Elemente ausgeführt, in die Stäbe (z. B. in Form von Rohrprofilen) so eingeschraubt sind, dass sich die Mittelachsen der Rohre in einem Punkt treffen. Außerdem wirken in der Realität nicht nur Lasten auf die Knoten, sondern die Stäbe werden auch durch verteilte Belastungen (z. B. Wind und Eigengewicht) beansprucht.

Wir setzen voraus, dass die Annahme eines idealen Fachwerkes zu Abweichungen in den Ergebnissen führt, die vernachlässigt werden können. Ob die Annahme eines Fachwerkes tatsächlich gerechtfertigt ist, muss im Einzelfall überprüft werden. Das Modell Fachwerk ermöglicht eine einfache Berechnung der Stabkräfte und eine Dimensionierung[16] der Stäbe.

1.5.4.1   Überprüfung der statischen Bestimmtheit von Fachwerken

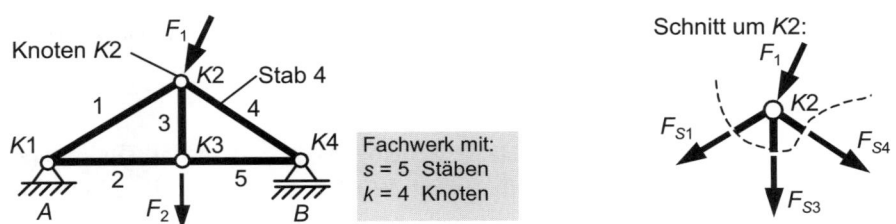

Bild 1.48 Einfaches Fachwerk mit Schnitt um den Knoten *K*2

Zur Überprüfung der statischen Bestimmtheit stellen wir folgende Überlegung an: An jedem Knoten (siehe z. B. Schnitt um den Knoten $K = 2$ in *Bild 1.48*) liegt ein zentrales Kraftsystem vor, für das zwei linear unabhängige Gleichgewichtsbedingun-

---

[16] Bei der Dimensionierung erfolgt eine Festlegung der Stabquerschnitte für jeden einzelnen Stab, so dass das gesamte Fachwerk der gegebenen äußeren Belastung ohne Schaden zu nehmen standhält (zur Dimensionierung siehe *Kapitel 2 Festigkeitslehre*)

gen aufgeschrieben werden können. Die Anzahl der Unbekannten des gesamten Fachwerks ist die Summe aus der Anzahl der Stäbe und der Bindungen (Wertigkeiten) der Lagerung des Fachwerks. Durch Gleichsetzen der Anzahl der Unbekannten und der möglichen Zahl der Gleichungen erhält man die *notwendige Bedingung* für die statische Bestimmtheit von ebenen Fachwerken.

Ein ebenes Fachwerk ist statisch bestimmt, wenn folgende Bedingung erfüllt ist:[17]

$$s + b = 2k \qquad \text{mit } \begin{array}{l} s \text{ - Anzahl der Fachwerkstäbe} \\ b \text{ - Summe der Wertigkeiten der Lager} \\ k \text{ - Anzahl der Knoten} \end{array} \tag{1.22}$$

1.5.4.2 Arten von Fachwerken

Fachwerk mit einfachem Aufbau

Das Grundelement eines Fachwerkes mit einem einfachen Aufbau ist ein Dreieck, das aus drei Stäben gebildet wird. An jeden Stab kann durch schrittweises Hinzufügen von jeweils zwei weiteren Stäben und einem Knoten eine beliebige Erweiterung des Fachwerks erreicht werden (siehe *Bild 1.49*).

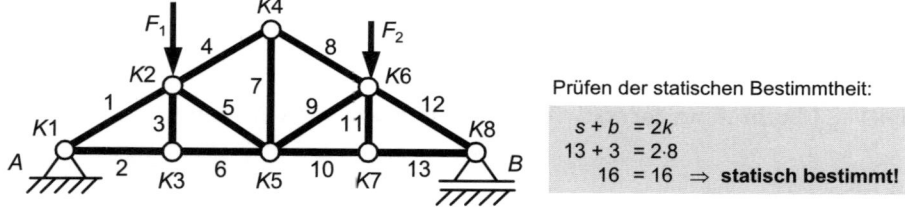

Prüfen der statischen Bestimmtheit:

$$s + b = 2k$$
$$13 + 3 = 2 \cdot 8$$
$$16 = 16 \Rightarrow \textbf{statisch bestimmt!}$$

Bild 1.49 Fachwerk mit einfachem Aufbau

Jedes Dreieck stellt für sich eine starre Scheibe dar, so dass das Gesamtsystem schließlich ebenfalls eine starre Scheibe ergibt. Wird diese starre Fachwerkscheibe an beliebigen Knoten statisch bestimmt gelagert, entsteht ein insgesamt statisch bestimmtes Fachwerk. Ein solches Fachwerk hat, wie man leicht überprüfen kann, stets k Knoten ($k \geq 3$), $s = 2k - 3$ Stäbe und $b = 3$ Lagerbindungen, so dass die *Gleichung (1.22)* erfüllt ist.

---

[17] Diese Bedingung ist deshalb nicht auch hinreichend, weil sich Fachwerke angeben lassen, die diese Bedingung erfüllen, ohne dass sich aus den Gleichgewichtsbedingungen allein sämtliche Stabkräfte sowie die Lagerreaktionen ermitteln lassen.

Fachwerk mit nicht einfachem Aufbau

Ein Fachwerk, das nicht ausschließlich aus Stabdreiecken besteht, bezeichnet man als Fachwerk mit nicht einfachem Aufbau. Bei solchen Fachwerken treten zahlreiche Sonderfälle[18] auf, die hier nicht alle diskutiert werden können. In *Bild 1.50 a)* ist ein statisch bestimmtes Fachwerke mit nicht einfachem Aufbau dargestellt. Die *Gleichung (1.22)* ist mit $s = 4$, $b = 4$ (vier einwertige Lagerstäbe) und $k = 4$ erfüllt:

$$s + b = 2k \quad \Rightarrow \quad 4 + 4 = 2 \cdot 4$$

Beachte: Bei Fachwerken, die nicht wie Fachwerke mit einfachem Aufbau aufgebaut sind, muss besonders darauf geachtet werden, dass nicht statisch unbestimmte Ausnahmefälle entstehen, auf die hier nicht im Einzelnen eingegangen werden kann. Als Beispiel ist in *Bild 1.50 b)* ein solcher Ausnahmefall dargestellt, der nur geringfügig von dem statisch bestimmten Fachwerk in *Bild 1.50 a)* abweicht. Für diesen Ausnahmefall ist die *Gleichung (1.22)* mit $s = 4$, $b = 4$ (vier einwertige Lagerstäbe) und $k = 4$ ebenfalls erfüllt. Das Fachwerk ist aber ein statisches unbestimmtes System, da sich der Stab 2 in horizontaler Richtung um ein differentiell kleines Stück bewegen kann.

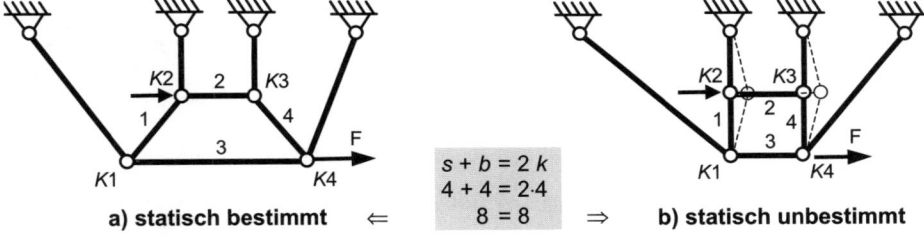

a) statisch bestimmt $\Leftarrow$ $\begin{aligned} s + b &= 2\,k \\ 4 + 4 &= 2 \cdot 4 \\ 8 &= 8 \end{aligned}$ $\Rightarrow$ **b) statisch unbestimmt**

Bild 1.50 Fachwerk mit nicht einfachem Aufbau: a) statisch bestimmt, b) statisch unbestimmter Ausnahmefall

1.5.4.3 Berechnungsmethoden für Fachwerke

Knotenschnittverfahren

Grundidee: Jeder Knoten des Fachwerks wird „freigeschnitten". Es entstehen k zentrale Kraftsysteme, an denen $2k$ Gleichgewichtsbedingungen für die $s + b = 2k$ unbekannten Stabkräfte und Lagerreaktionen aufgeschrieben werden können.

---

[18] Siehe z. B. [6] GÖLDNER/HOLZWEISSIG

Praktische Vorgehensweise für Fachwerke mit einfachem Aufbau:

Man beginnt bei einem Knoten (Startknoten) mit nur zwei unbekannten Stabkräften (eventuell vorher Lagerreaktionen berechnen), schneidet diesen frei und berechnet die zwei Stabkräfte aus den zwei Gleichgewichtsbedingungen des zentralen Kraftsystems am Knoten. Dann geht man zum nächsten Knoten mit wiederum nur zwei unbekannten Stabkräften über, um diese, wie am ersten Knoten, durch Freischneiden zu berechnen. So kann man von Knoten zu Knoten fortschreitend durch das Fachwerk gehen, bis alle Stabkräfte und eventuell alle Lagerreaktionen berechnet sind.[19]

Hinweis: Das Knotenschnittverfahren ist auch anwendbar für Fachwerke mit nicht einfachem Aufbau. Allerdings entstehen hier stärker gekoppelte lineare Gleichungssysteme.

Beispiel 1.13 Anwendung des Knotenschnittverfahrens

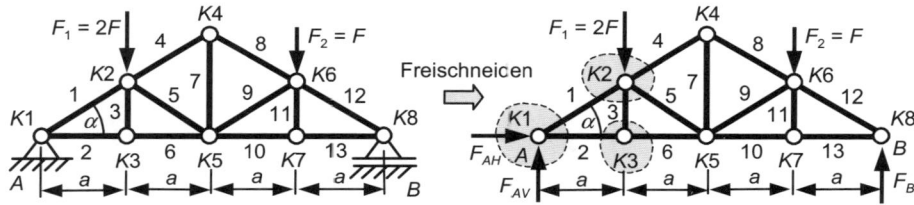

Bild 1.51 Fachwerk (links) und Schnittbild (rechts) mit angedeuteten Knotenschnitten

Für das in *Bild 1.51* dargestellte Fachwerk sollen alle Stabkräfte ermittelt werden. Da es bei dem Fachwerk keinen Knoten (Startknoten, siehe oben) mit nur zwei unbekannten Stabkräften gibt, schneiden wir zunächst das Fachwerk an den Lagern A und B frei und tragen die Lagerreaktionen an. Aus den Gleichgewichtsbedingungen am Gesamtsystem können wir dann die Lagerreaktionen ermitteln:

$$\overset{\curvearrowleft}{A}: \quad F_1 a + F_2 3a - F_B 4a = 0 \qquad\qquad \Rightarrow \quad F_B = \frac{1}{4}\left(F_1 + 3F_2\right) = \frac{5}{4}F$$

$$\overset{\curvearrowright}{B}: \quad -F_1 3a - F_2 a + F_{AV} 4a = 0 \qquad \Rightarrow \quad F_{AV} = \frac{1}{4}\left(3F_1 + F_2\right) = \frac{7}{4}F$$

$$\rightarrow : \qquad\qquad\qquad\qquad\qquad\qquad \Rightarrow \quad F_{AH} = 0$$

Nach der Berechnung der Lagerreaktionen finden wir bei diesem Fachwerk als mögliche Startknoten für das Knotenschnittverfahren die Knoten $K1$ und $K8$, da an diesen beiden Knoten bei bekannten Lagerreaktionen jeweils nur zwei Stabkräfte unbekannt sind. Wir

---

[19] Eine dieser Methode entsprechendes grafisches Verfahren ist der so genannte Cremonaplan (siehe [6]).

entscheiden uns für den Knoten $K1$ und beginnen hier die Berechnung der Stabkräfte. Den Lösungsweg zeigen wir an Hand der Knotenschnitte um die ersten drei Knoten Startknoten $K1$, $K2$ und $K3$). Die Knotenschnitte sind in *Bild 1.51* angedeutet und zum Aufschreiben der Gleichgewichtsbedingungen in *Bild 1.52* dargestellt.

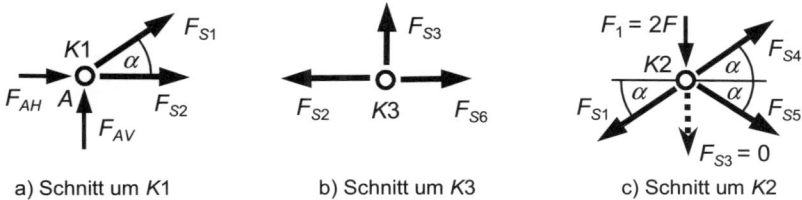

a) Schnitt um $K1$ b) Schnitt um $K3$ c) Schnitt um $K2$

Bild 1.52 Knotenschnitte für: a) Startknoten $K1$, b) Knoten $K3$, c) Knoten $K2$

Aus den Gleichgewichtsbedingungen am Startknoten $K1$ (siehe *Bild 1.52 a*) folgt:

$$\uparrow : \quad F_{AV} + F_{S1}\sin\alpha = 0 \qquad \Rightarrow F_{S1} = -\frac{F_{AV}}{\sin\alpha} = -\frac{7F}{4\sin\alpha}$$

$$\rightarrow : \quad F_{AH} + F_{S1}\cos\alpha + F_{S2} = 0 \qquad \Rightarrow F_{S2} = -F_{S1}\cos\alpha - F_{AH} = \frac{7F}{4\tan\alpha}$$

Wir gehen dann zum Knoten $K3$ über und erhalten (siehe *Bild 1.52 b*)

$$\uparrow : \qquad \qquad \qquad \qquad \Rightarrow F_{S3} = 0$$

$$\rightarrow : \quad -F_{S2} + F_{S6} = 0 \qquad \Rightarrow F_{S6} = F_{S2} = \frac{7F}{4\tan\alpha}$$

Anschließend betrachten wir noch den Knoten $K2$ und erhalten (siehe *Bild 1.52c*)

$$\uparrow : \quad -F_{S1}\sin\alpha - F_1 + F_{S4}\sin\alpha - F_{S5}\sin\alpha = 0 \qquad (1)$$

$$\rightarrow : \quad -F_{S1}\cos\alpha + F_{S4}\cos\alpha + F_{S5}\cos\alpha = 0 \qquad (2)$$

Die Auflösung der beiden *Gleichungen (1)* und *(2)* liefert:

$$\Rightarrow F_{S4} = -\frac{3F}{4\sin\alpha}$$

$$\Rightarrow F_{S5} = -\frac{F}{\sin\alpha}$$

Die Fortsetzung der Rechnung (z. B. in der Knotenreihenfolge $K4$, $K5$, $K6$, $K7$) führt zu den restlichen Stabkräften, die wir zweckmäßig, wie bereits die Stabkräfte F_{S1} bis F_{S6}, als Zugkräfte definiert haben. Die Ergebnisse der Berechnung sind für diese Definition der Stabkräfte in *Tabelle 1.1* zusammengestellt.

Hinweis: Werden bei einem Fachwerk alle Stabkräfte als Zugkräfte definiert (Empfehlung), so kann allein am Vorzeichen des Ergebnisses entschieden werden, ob es sich um einen Zugstab oder einen Druckstab handelt. Ein negatives Vorzeichen bedeutet:

Der Stab wird auf Druck beansprucht (es sind in der Regel zusätzliche Stabilitätsuntersuchungen für den Druckstab durchzuführen, vgl. *Kapitel 2.8.3*).

Tabelle 1.1 Stabkräfte F_{S1} bis F_{S13} für das Fachwerk nach *Bild 1.51*

Stab-Nr.	Stabkraft F_{Si}		Stab-Nr.	Stabkraft F_{Si}	
1	$-\dfrac{7F}{4\sin\alpha}$	(Druckstab)	7	$\dfrac{3F}{2}$	(Zugstab)
2	$\dfrac{7F}{4\tan\alpha}$	(Zugstab)	8	$-\dfrac{3F}{4\sin\alpha}$	(Druckstab)
3	0	(Nullstab)	9	$-\dfrac{F}{2\sin\alpha}$	(Druckstab)
4	$-\dfrac{3F}{4\sin\alpha}$	(Druckstab)	10	$\dfrac{5F}{4\tan\alpha}$	(Zugstab)
5	$-\dfrac{F}{\sin\alpha}$	(Druckstab)	11	0	(Nullstab)
6	$\dfrac{7F}{4\tan\alpha}$	(Zugstab)	12	$-\dfrac{5F}{4\sin\alpha}$	(Druckstab)
			13	$\dfrac{5F}{4\tan\alpha}$	(Zugstab)

Nullstäbe

Wenn an einem freigeschnittenen Knoten drei Kräfte angreifen, von denen zwei Kräfte die gleich Wirkungslinie haben, dann ist die dritte Kraft stets gleich Null (siehe *Bild 1.53*).

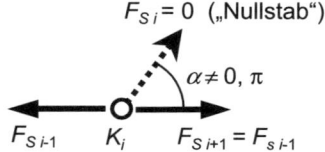

Bild 1.53 Nullstabbedingung

Die Stäbe 3 und 11 des Fachwerks von *Beispiel 1.13* sind solche Nullstäbe. Das Schnittbild um den Knoten *K*3 (*Bild 1.52 b*) entspricht z. B. genau der Nullstabbedingung oben bzw. im *Bild 1.53*. Derartige Stäbe kann man ohne Rechnung unmittelbar aus dem Aufbau eines Fachwerkes erkennen, wobei sich durch gedankliches Entfernen eines Nullstabes aus dem Fachwerk manchmal ein weiterer Nullstab ergibt. Ein Nullstab nimmt zwar in der Berechnung keine Kraft auf, was aber nicht bedeutet, dass man solche Stäbe auch konstruktiv aus dem Fachwerk entfernen darf. Ein solcher Nullstab kann trotzdem wichtige Funktionen erfüllen, z. B. der Aussteifung des Fachwerkes dienen oder aus Stabilitätsgründen eingebaut sein. Außerdem ist ein solcher Stab immer durch sein Eigengewicht belastet oder muss andere Lasten aufnehmen (z. B. Windlasten, Schneelasten u. ä.). Es kann natürlich auch sein, dass der Stab nur in dem gerade betrachteten Lastfall ein Nullstab ist, in anderen Belastungssituationen jedoch erhebliche Kräfte übertragen muss.

Beachte: Nullstäbe dürfen nur für die Berechnung weggelassen werden.

RITTER'sches Schnittverfahren

Grundidee: Beim RITTER'schen Schnittverfahren[20] führt man einen Schnitt derart durch drei Stäbe, dass das Fachwerk komplett in zwei Teile zerfällt. Von den geschnittenen drei Stäben dürfen höchstens zwei parallel sein oder in einem Knoten zusammenlaufen. Jetzt kann man die drei Stabkräfte (eventuell müssen vorher die Lagerreaktionen ermittelt werden) an dem einen oder dem anderen Teilsysteme aus drei Gleichgewichtsbedingungen berechnen.

Vorzugsweise Anwendung:

*   Das RITTER'sche Schnittverfahren ist besonders dann vorteilhaft einsetzbar, wenn nicht alle Stabkräfte gesucht sind.
*   Für Fachwerke mit nicht einfachem Aufbau, bei denen auch nach Berechnung der Lagerreaktionen kein Startknoten für das Knotenschnittverfahren vorliegt, kann das Verfahren zur Berechnung innerer Stabkräfte dienen, um damit Startknoten für das Knotenschnittverfahren zu erhalten.

Beispiel 1.14 Stabkraftberechnung mit dem RITTER'schen Schnittverfahren

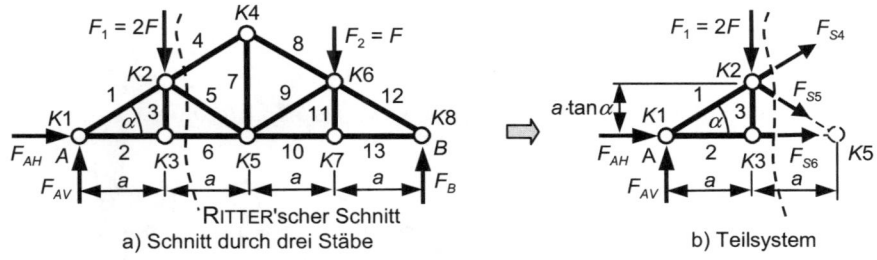

'RITTER'scher Schnitt
a) Schnitt durch drei Stäbe   b) Teilsystem

Bild 1.54 Anwendung des RITTER'schen Schnittverfahrens

Zur Demonstration des RITTER'schen Schnittverfahrens betrachten wir wieder das bereits im *Beispiel 1.13* behandelte Fachwerk und nehmen an, dass wir die Lagerreaktionen bereits berechnet haben. Gesucht sind die Stabkräfte F_{S4} bis F_{S6}. Mit einem Schnitt durch die drei

[20] AUGUST RITTER (1826 - 1908), deutscher Ingenieur

Stäbe der gesuchten Stabkräfte (siehe *Bild 1.54 a*) erhalten wir zwei Teilsysteme, von denen das linke Teilsystem in *Bild 1.54 b*) abgebildet ist. Schreiben wir an diesem Teilsystem die folgenden drei Momentengleichgewichtsbedingungen auf, so erhalten wir daraus unabhängig voneinander die gesuchten Stabkräfte.

$$\overset{\curvearrowright}{K1}: \quad \left(F_{S5}\sin\alpha\right)a + \left(F_{S5}\cos\alpha\right)a\tan\alpha + 2Fa = 0 \qquad \Rightarrow \quad \underline{\underline{F_{S5} = -\frac{F}{\sin\alpha}}}$$

$$\overset{\curvearrowright}{K2}: \quad F_{AV}a - F_{AH}a\tan\alpha - F_{S6}a\tan\alpha = 0 \qquad \Rightarrow \quad \underline{\underline{F_{S6} = \frac{7F}{4\tan\alpha}}}$$

$$\overset{\curvearrowright}{K5}: \quad F_{AV}2a - 2Fa + \left(F_{S4}\cos\alpha\right)a\tan\alpha + \left(F_{S4}\sin\alpha\right)a = 0 \qquad \Rightarrow \quad \underline{\underline{F_{S4} = -\frac{3F}{4\sin\alpha}}}$$

Natürlich sind diese Ergebnisse identisch mit denen vom *Beispiel 1.13*.

1.6   Schnittgrößen in ebenen Trägern und Trägersystemen

1.6.1   Definition der Schnittgrößen

Die äußeren Belastungen, die auf einen geraden Träger (Balken)[21], wie z. B. den Balken einer Dachkonstruktion, einen Brückenträger, eine Kranbahn u. ä. wirken, werden durch den Träger zu den Lagern geleitet und verursachen dort Lagerreaktionen. Wie an den Lagern, wirken offensichtlich auch im Inneren eines Trägers Kräfte und Momente, die mit einer Schnittführung durch den Träger frei werden (siehe *Bild 1.55*) und mit den am jeweils betrachteten Teilsystem angreifenden äußeren Belastungen im Gleichgewicht stehen müssen.

> Jeder Querschnitt eines ebenen Trägers entspricht einer dreiwertigen Verbindung. Die drei Verbindungsreaktionen bezeichnen wir als *Schnittgrößen*.

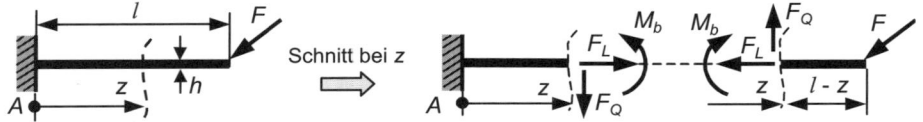

Bild 1.55 Kräfte und Momente im Inneren eines Trägers (Schnittgrößen)

---

[21] Ein gerader Träger (Balken) ist dadurch gekennzeichnet, dass die Längsachse des Trägers eine Gerade ist und die charakteristischen Abmessungen des Trägerquerschnitts (z.B. die Höhe h und die Breite b) sehr viel kleiner sind als die Länge l des Trägers (z. B. $h/l < 0{,}05$ und $b/l < 0{,}05$).

> **Hinweis:** Die Schnittgrößen sind Resultierende von im Querschnitt flächenhaft verteilten Kräften, den so genannten Spannungen, mit deren Berechnung wir uns im *Kapitel 2 Festigkeitslehre* befassen. Die Schnittgrößen geben Auskunft über die Beanspruchung eines Trägers und werden auch zur Berechnung der Verformungen benötigt. Deshalb sind sie eine wichtige Grundlage für viele weitere Berechnungen, die wir erst in den *Kapiteln 2 Festigkeitslehre* und *3 Dynamik* kennen lernen werden.

Als Bezugssystem für die Schnittgrößen verwenden wir ein kartesisches (x,y,z)-Koordinatensystem (Rechtssystem), wobei die z-Achse in Richtung der Trägerachse (Balkenachse) weist, die durch die Verbindungsgerade aller Schwerpunkte des Querschnitts gegeben ist. Im ebenen Fall (2D-Fall) ist die (y,z)-Ebene die Lastebene, d. h. alle äußeren Belastungen, Lager- und Verbindungskräfte liegen in dieser Ebene.

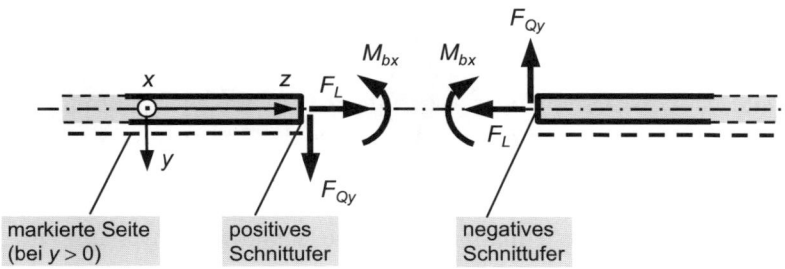

Bild 1.56 Definition der positiven Schnittgrößen am ebenen Träger

> *Hinweis zum Bild 1.56*: Mit der Markierung einer Seite des Trägers durch eine gestrichelte Linie erfolgt eine alternative Festlegung der Richtung der y-Achse, die von der Trägermitte in Richtung der gestrichelt markierten Seite des Trägers zeigt (positive Seite des Trägers).

Wenn wir einen Schnitt durch einen Träger (Balken) führen (siehe *Bild 1.56*), erhalten wir zwei Schnittufer – ein positives und ein negatives Schnittufer. Am positiven Schnittufer weist die Normale der Schnittfläche in Richtung der z-Achse (Koordinate der Balkenlängsachse) und am negativen Schnittufer in die entgegengesetzte Richtung. Die Unterscheidung in positives und negatives Schnittufer setzt also die Festlegung eines Koordinatensystems voraus. Die an den beiden Schnittufern anzutragenden Schnittgrößen müssen nach dem Wechselwirkungsgesetz (siehe *Kapitel 1.1.3*) jeweils entgegengesetzt angetragen werden. Für die in einem ebenen Träger auftretenden Schnittgrößen *Längskraft*, *Querkraft* und *Biegemoment* verwenden wir die nachfolgend aufgeführten positiven Definitionen[22] (vergleiche dazu *Bild 1.56*).

F_L - *Längskraft* (oft auch als Normalkraft F_N bezeichnet): positiv am positiven Schnittufer in positiver z-Richtung bzw. wenn die Längskraft den Träger auf Zug beansprucht (Richtung vom Schnittufer weg; vgl. auch Empfehlungen für Seile und Stäbe).

F_{Qy} - *Querkraft* (im 2D-Fall oft nur F_Q): positiv am positiven Schnittufer in positiver y-Richtung (Querkraft zeigt in Richtung der gestrichelt markierten Seite des Trägers).

M_{bx} - *Biegemoment* (im 2D-Fall oft nur M_b) um eine zur x-Achse parallele Achse: am positiven Schnittufer positiv in positiver x-Richtung, d. h. die Doppelpfeil-spitze zeigt in die x-Richtung (Moment dehnt die gestrichelt markierte Seite des Trägers).

> *Hinweis:* Schnittgrößen sind Funktionen der Koordinate z. Sie ändern an den Stellen ihren funktionellen Verlauf, wo infolge äußerer Belastungen (Kräfte, Momente, Streckenlasten) oder Lagerungen Unstetigkeiten auftreten oder der Träger seine Geometrie verändert, z. B. dort wo der Träger einen Knick oder eine Verzweigungsstelle aufweist.

Um bereichsweise stetige Funktionen für die Schnittgrößenverläufe zu erhalten, gehen wir folgendermaßen vor:

- Liegen an einem Träger n Unstetigkeitsstellen vor, so sind in den $(n-1)$ durch die Unstetigkeitsstellen begrenzten Bereichen genau $(n-1)$ Schnitte für die vollständige Ermittlung der Schnittgrößenverläufe notwendig.

- Die Lage der Schnittstellen und die positiven Schnittgrößen werden durch geeignete (x,y,z)-Bezugssysteme festgelegt, deren Orientierung nach Möglichkeit einheitlich erfolgen sollte, d. h. die unterschiedlichen Koordinatensysteme sollten durch Drehungen ineinander überführt werden können.

- Für eine möglichst einfache mathematische Beschreibung ist es sinnvoll, für jeden Bereich $i = 1 \ldots n-1$, in dem ein Schnitt geführt werden muss, ein eigenes Bezugs-system mit $z_i = 0$ am Bereichsanfang einzuführen.

---

[22] Die Definition der Schnittgrößen ist im Prinzip völlig beliebig, und es sind in der Literatur auch abweichende Festlegungen zu finden. Es empfiehlt sich aber, die hier von uns angegebene Definition zu verwenden, da für die Berechnung von Spannungen und Verformungen im *Kapitel 2 Festigkeitslehre* Formeln entwickelt werden, die diese positive Definition voraussetzen.

Das *Bild 1.57* zeigt einen Träger mit insgesamt neun Unstetigkeitsstellen, so dass sich acht Bereiche ergeben, in denen die Schnittgrößenverläufe stetige Funktionen der Koordinaten z_i sind. Die für die Berechnung erforderlichen acht Schnitte und acht Bezugssysteme sind in *Bild 1.57* unter Beachtung der obigen Empfehlungen eingezeichnet.

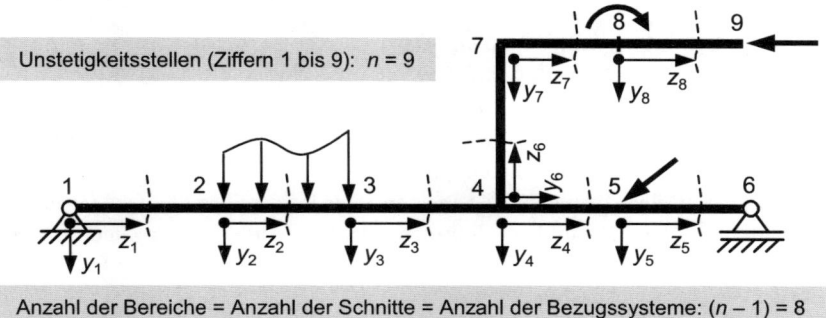

Bild 1.57 Beispiel für Einteilung in Bereiche, Bezugssysteme und Schnitte

1.6.2 Berechnung und grafische Darstellung der Schnittgrößen

Das Vorgehen zur Berechnung der Schnittgrößen und deren grafische Darstellung lässt sich am einfachsten an einem Beispiel demonstrieren.

Beispiel 1.15 Schnittgrößen in einem Balken auf zwei Stützen mit Einzellast 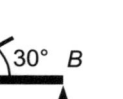 *Video 4*

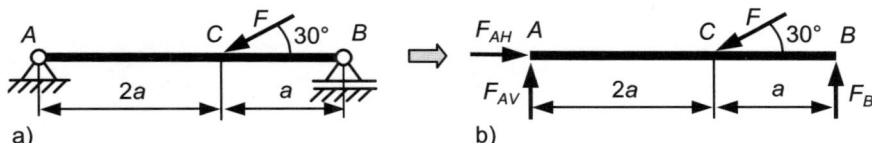

Bild 1.58 a) Balken auf zwei Stützen mit Einzellast, b) Schnittbild für Lagerreaktionen

Der Balken, für den wir die Schnittgrößen ermitteln wollen, ist in *Bild 1.58 a)* dargestellt. Zunächst ist es erforderlich, die Lagerreaktionen zu bestimmen. Dazu schneiden wir den Balken an den Lagern frei und tragen die Lagerkräfte an (*Bild 1.58 b*). Aus den folgenden drei Gleichgewichtsbedingen erhalten wir die Lagerkräfte:

$$\rightarrow: \quad F_{AH} - F\cos 30° = 0 \qquad \Rightarrow \quad F_{AH} = \frac{1}{2}\sqrt{3}F$$

$$\curvearrowright A: \quad (F\sin 30°)2a - F_B 3a = 0 \qquad \Rightarrow \quad F_B = \frac{1}{3}F$$

$$\overset{\curvearrowright}{B}: \quad F_{AV}\,3a - \left(F\sin 30^c\right)a = 0 \qquad \Rightarrow \qquad F_{AV} = \frac{1}{6}F$$

Der Balken hat die drei Unstetigkeitsstellen A, B und C (Lasteinleitungsstelle), so dass zwei Bereiche erforderlich sind, in denen die Schnittgrößen jeweils durch eine stetige Funktion dargestellt werden können. Dazu definieren wir zweckmäßig für jeden Bereich ein Bezugskoordinatensystem (siehe *Bild 1.59*) und können dann in Abhängigkeit von diesen Bezugssystemen die Schnittgrößen

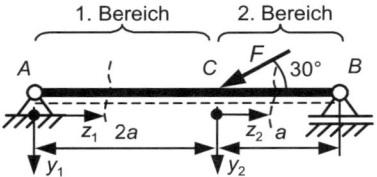

Bild 1.59 Definition der Bereiche, Koordinatensysteme und Schnitte

nach der Schnittführung an einer allgemeinen Stelle im jeweiligen Bereich (siehe angedeutete Schnitte in *Bild 1.59*) an den Schnittufern der Teilsysteme entsprechend der positiven Definition (siehe *Bild 1.56*) antragen. Die Berechnung der Schnittgrößen erfolgt dann mit Hilfe der Gleichgewichtsbedingungen.

Wir betrachten zuerst den Bereich zwischen A und C (1. Bereich).

1. Bereich: $\quad 0 \le z_1 \le 2a$

Das Schnittbild zur Berechnung der Schnittgrößen im 1. Bereich ist in *Bild 1.60* dargestellt.

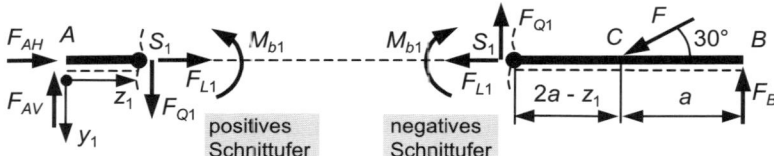

Bild 1.60 Schnittbild für den 1. Bereich

Wir erhalten zwei Teilsysteme, an denen die Schnittgrößen ermittelt werden können. Das ist nicht nur in diesem 1. Bereich der Fall, sondern das gilt für alle Bereiche, in denen Schnittgrößen berechnet werden sollen. Deshalb gilt immer der nachfolgende Hinweis.

Hinweis: Zur Berechnung der Schnittgrößen für einen Bereich können wahlweise zwei Teilsysteme (System mit dem positiven bzw. dem negativen Schnittufer) verwendet werden. Natürlich ergeben sich für beide Teilsysteme identische Ergebnisse. Man sollte deshalb immer das einfachere Teilsystem wählen!

Von den beiden Teilsystemen in *Bild 1.60* ist das linke Teilsystem mit dem positiven Schnittufer das einfachere System. Deshalb schreiben wir zur Berechnung der Schnittgrößen im 1. Bereich die Gleichgewichtsbedingungen für das linke Teilsystem auf.

Wir erhalten

$$\rightarrow: \quad F_{AH} + F_{L1} = 0 \qquad\qquad \Rightarrow \quad F_{L1} = -F_{AH} = -\frac{\sqrt{3}}{2}F$$

$$\downarrow: \quad -F_{AV} + F_{Q1} = 0 \qquad\qquad \Rightarrow \quad F_{Q1} = F_{AV} = \frac{1}{6}F$$

$$\overset{\curvearrowright}{S_1}: \quad -M_{b1} + F_{AV} \cdot z_1 = 0 \qquad \Rightarrow \quad M_{b1} = M_{b1}(z_1) = F_{AV} z_1 = \frac{1}{6}F z_1$$

Werte für M_{b1} an den Bereichsgrenzen:

$$M_{b1}(z_1 = 0) = 0$$

$$M_{b1}(z_1 = 2a) = \frac{1}{3}Fa$$

Es folgt die Berechnung der Schnittgrößen für den 2. Bereich zwischen C und B.

2. Bereich: $\quad 0 \le z_2 \le a$

Das Schnittbild zur Berechnung der Schnittgrößen im 2. Bereich ist in *Bild 1.61* dargestellt.

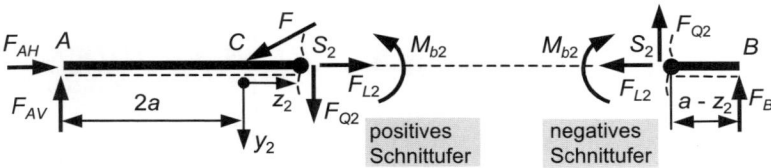

Bild 1.61 Schnittbild für den 2. Bereich

Wie man sieht, ist es jetzt zweckmäßig, den rechten Teil des Balkens mit dem negativen Schnittufer zum Aufschreiben der Gleichgewichtsbedingungen zu betrachten. Es folgt:

$$\rightarrow: \quad -F_{L2} = 0 \qquad\qquad \Rightarrow \quad F_{L2} = 0$$

$$\uparrow: \quad F_{Q2} + F_B = 0 \qquad\qquad \Rightarrow \quad F_{Q2} = -F_B = -\frac{1}{3}F$$

$$\overset{\curvearrowright}{S_2}: \quad M_{b2} - F_B \cdot (a - z_2) = 0 \quad \Rightarrow \quad M_{b2} = M_{b2}(z_2) = \frac{1}{3}F(a - z_2)$$

Werte für M_{b2} an den Bereichsgrenzen:

$$M_{b2}(z_2 = 0) = \frac{1}{3}Fa$$

$$M_{b2}(z_2 = a) = 0$$

Damit sind in den beiden Bereichen die analytischen Funktionen der Schnittgrößenverläufe bekannt. Eine anschauliche grafische Darstellung der Schnittgrößenverläufe ermöglicht einen schnellen optischen Überblick über die Beanspruchung eines Trägers.

> *Hinweis:* Die grafische Darstellung ist eine bereichsweise Funktionsdarstellung der
> Schnittgrößen senkrecht zur Trägerachse.

Wir wollen für diesen Träger noch die grafische Darstellung der Schnittgrößenverläufe
angeben. Im Folgenden werden bei der grafischen Darstellung die Bezugssysteme nicht
mitgezeichnet. Die Eindeutigkeit der Darstellung wird durch Eintragen der Vorzeichen in
die Flächen und durch die Beschriftung erreicht. Das *Bild 1.62* zeigt die aus den analytischen Lösungen konstruierten Verläufe der Schnittgrößen.

Hinweis: Die Kräfte (Lagerkräfte und Kräfte aus der Belastung) können zur Kontrolle
oder gleich zur Konstruktion des Querkraftverlaufs im F_Q-Diagramm verwendet werden.

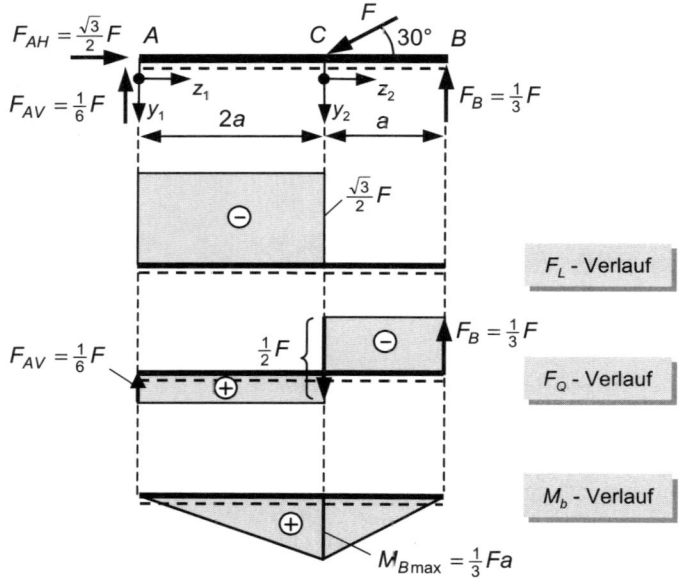

Bild 1.62 Schnittgrößenverläufe

Wirken, wie in diesem Beispiel, nur Einzelkräfte auf den Balken, so sind der Längskraft-
und der Querkraftverlauf bereichsweise konstant und der Momentverlauf besteht aus
bereichsweise linearen Funktionen. Der Längskraft- und der Querkraftverlauf haben
jeweils dort einen Sprung, wo Kräfte in Richtung der Balkenlängsachse bzw. quer dazu
einwirken. Der Sprung ist genau so groß wie die äußere Kraft, die an dieser Stelle in der
jeweiligen Richtung wirkt. Dort wo der Querkraftverlauf einen Sprung macht, gibt es
einen Knick im Momentenverlauf. Hätte der Querkraftverlauf einen stetigen Nulldurch-
gang (siehe dazu *Beispiel 1.17, Bild 1.69*), so würde an dieser Stelle im Momentenverlauf
statt des Knicks ein Extremwert auftreten. Die hier aufgeführten Merkmale der Schnittgrößenverläufe lassen sich verallgemeinern, wenn man die differentiellen Beziehungen zwischen den Schnittgrößen und den Belastungen betrachtet (siehe das folgende Kapitel).

1.6.3 Differentielle Beziehungen

Zwischen den Schnittgrößen gibt es differentielle Zusammenhänge, deren Kenntnis von sehr großer Wichtigkeit für die Bewertung der Schnittgrößenverläufe ist. Um diese Zusammenhänge abzuleiten, betrachten wir einen mit einer Streckenlast belasteten Teil eines Balkens (siehe *Bild 1.63 a*), aus dem wir ein differentielles Balkenelement der Länge dz herausschneiden und dort die Schnittgrößen antragen (siehe *Bild 1.63 b*). Dabei beachten wir, dass im Vergleich zum negativen Schnittufer am positiven Schnittufer eine differentiell kleine Zunahme der Schnittgrößen berücksichtigt werden muss.

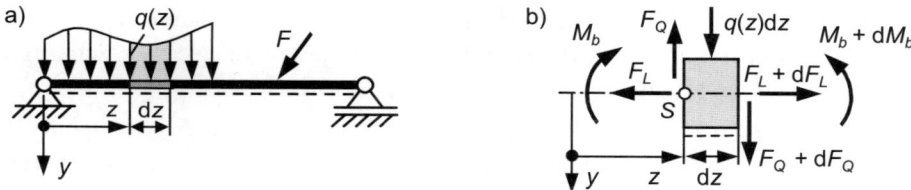

Bild 1.63 a) Balken, b) differentielles Balkenelement der Länge dz

An dem herausgeschnittenen Balkenelement müssen die Gleichgewichtsbedingungen gelten. Diese lauten (vergleiche *Bild 1.63 b*)

$\rightarrow: \quad (F_L + dF_L) - F_L = 0 \qquad\qquad \Rightarrow \quad dF_L = 0$

$\downarrow: \quad (F_Q + dF_Q) - F_Q + q(z)\cdot dz = 0 \qquad \Rightarrow \quad dF_Q + q(z)\cdot dz = 0$

$\curvearrowright S: \quad (M_b + dM_b) - M_b - (F_Q + dF_Q)\cdot dz - \frac{1}{2}q(z)\cdot dz^2 = 0$

$$dM_b - F_Q dz \underbrace{- dF_Q \cdot dz - \frac{1}{2}q(z)\cdot dz^2}_{\approx 0} = 0 \qquad \Rightarrow \quad dM_b - F_Q \cdot dz = 0$$

(da Produkt zweier differentieller Größen)

Daraus folgen die differentiellen Beziehungen für die Schnittgrößen:

$$\frac{dF_L}{dz} = 0 \qquad \Rightarrow \qquad F_L = \text{konstant}^{23} \qquad\qquad\qquad (1.23)$$

---

[23] Wir haben hier angenommen, dass auf den Balken nur eine Streckenlast $q_y(z) = q(z)$ senkrecht zur Balkenlängsachse einwirkt. Falls auch eine Streckenlast $q_z(z)$ in Richtung der Längsachse z wirkt, z. B. infolge des Eigengewichts eines senkrecht oder schräg stehenden Balkens, dann gilt für die differentielle Beziehung der Längskraft statt der Gleichung *(1.23)*

$$\frac{dF_L}{dz} = -q_z(z).$$

$$\frac{dF_Q}{dz} = -q(z) \tag{1.24}$$

$$\frac{dM_b}{dz} = F_Q(z) \tag{1.25}$$

Empfehlungen zur Schnittgrößenermittlung

- Benutzen Sie die differentiellen Beziehungen zur Kontrolle der analytischen Funktionen und zur Unterstützung bei der grafischen Darstellung.

- Bei unverzweigten Tragwerken sollten alle z-Achsen im gleichen Durchlaufsinn und alle y-Achsen zur gleichen Seite hin orientiert werden, damit im F_Q-Verlauf und im M_b-Verlauf an den Übergangstellen der Bereiche die gleichen Schnittgrößendefinitionen gelten.

- Treten in einem Tragwerk Unstetigkeitsstellen hinsichtlich der Belastung oder der Geometrie auf, so beginnt man zweckmäßig an diesen Stellen einen neuen Bereich mit einem neuen Koordinatensystem.

Allgemeine Folgerungen aus den differentiellen Beziehungen:

- In einem Bereich mit der Streckenlast $q(z) = 0$ gilt: F_Q ist konstant und M_b ist eine lineare Funktion.

- In einem Bereich mit der Streckenlast $q(z) =$ konstant gilt: F_Q ist eine lineare Funktion und M_b ist eine quadratische Funktion (Parabel).

- In einem Bereich mit einer linear veränderlichen Streckenlast $q(z)$ gilt: F_Q ist eine quadratische Funktion und M_b ist eine kubische Funktion.

  Allgemein gilt: In einem Bereich mit einer Streckenlast $q(z)$, die durch ein Polynom n-ter Ordnung in z darstellbar ist, wird die Querkraft F_Q ein Polynom $(n + 1)$-ter Ordnung und das Moment M_b ein Polynom $(n + 2)$-ter Ordnung.

- Die Querkraft $F_Q(z)$ ist der Anstieg der Funktion für das Moment $M_b(z)$.

- Eine Einzelkraft in y-Richtung bedeutet einen Sprung im Querkraftverlauf und einen Knick im Momentenverlauf.

- Eine Nullstelle im Querkraftverlauf bedeutet einen Extremwert im Momentenverlauf (die erste Ableitung des Momentes ist gleich null, siehe *Gleichung (1.25)*).

  Beachte: Das Biegemoment kann natürlich an den Bereichsgrenzen betragsmäßig maximale Werte annehmen, ohne dass dort die erste Ableitung null ist! Daher müssen stets auch die Werte an den Bereichsgrenzen berechnet werden, wenn man das maximale Biegemoment bestimmen möchte.

1.6.4 Anwendungen

Beispiel 1.16 Balken auf zwei Stützen mit vertikalen Einzelkräften

Für die analytische Berechnung der Schnittgrößenverläufe des Balkens nach *Bild 1.64* sind vier Schnitte notwendig. An den dabei entstehenden Teilsystemen lassen sich die Schnittgrößen aus Gleichgewichtsbetrachtungen, wie in *Kapitel 1.6.2* beschrieben, berechnen. Die Ergebnisse sind in *Bild 1.65* als grafische Darstellung der Schnittgrößenverläufe angegeben.

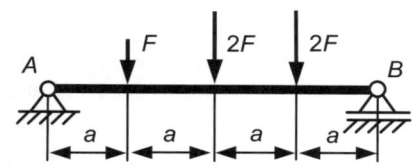

Bild 1.64 Balken auf zwei Stützen mit vertikalen Einzelkräften

Hinweis: Versuchen Sie, die Schnittgrößenverläufe allein unter Zuhilfenahme der differentiellen Beziehungen und den sich daraus ergebenden Schlussfolgerungen zu ermitteln. Dazu wollen wir annehmen, dass die Berechnung der Lagerreaktionen bereits erfolgt ist. Vergleichen Sie Ihre Ergebnisse mit den im *Bild 1.65* angegebenen Verläufen.

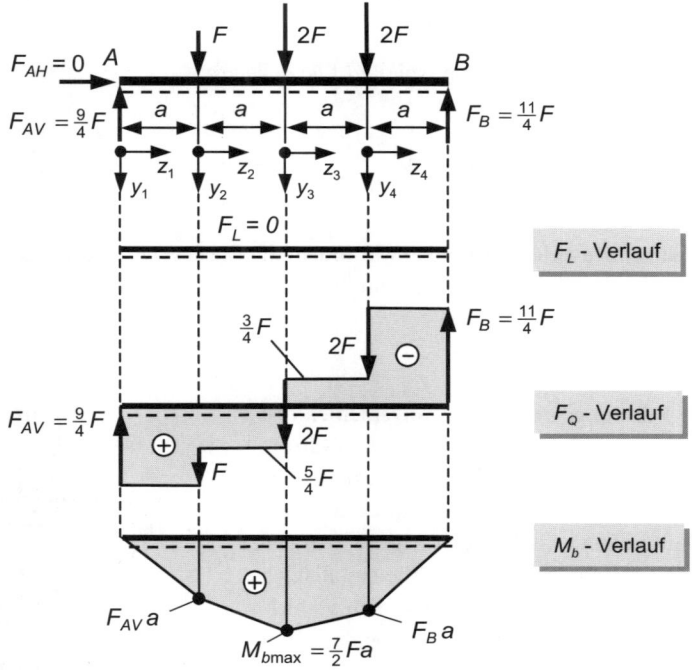

Bild 1.65 Schnittgrößenverläufe für einen Balken auf zwei Stützen mit vertikalen Einzelkräften

Beispiel 1.17 Balken auf zwei Stützen mit konstanter Streckenlast

Für den statisch bestimmt gelagerten Balken auf zwei Stützen mit einer konstanten Streckenlast (*Bild 1.66 a*) sollen die analytischen Funktionen der Schnittgrößen ermittelt und die Verläufe der Schnittgrößen grafisch dargestellt werden. Wir ermitteln zuerst die Lagerreaktionen. Dazu schneiden wir den Balken an den Lagern frei und tragen die Lagerreaktionen an (*Bild 1.66 b*). Das Bild enthält auch die definierten Bezugssysteme, und es sind die erforderlichen zwei Schnitte zur Berechnung der Schnittgrößen angedeutet.

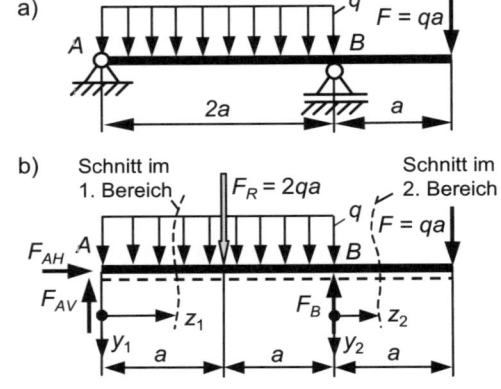

Bild 1.66 Balken mit konstanter Streckenlast

Hinweis: Zur Berechnung der Lagerreaktionen darf die Streckenlast durch ihre resultierende Kraft $F_R = 2qa$ ersetzt werden.

Die Gleichgewichtsbedingungen (vgl. *Bild 1.66 b*) liefern:

$$\rightarrow : \quad F_{AH} = 0 \qquad\qquad\qquad \Rightarrow \quad F_{AH} = 0$$

$$\curvearrowright B : \quad F_{AV} \cdot 2a - F_R \cdot a + F \cdot a = 0 \qquad \Rightarrow \quad F_{AV} = 0{,}5qa$$

$$\curvearrowright A : \quad F_R \cdot a - F_B \cdot 2a + F \cdot 3a = 0 \qquad \Rightarrow \quad F_B = 2{,}5qa$$

Die Schnittgrößenverläufe ermitteln wir, indem die Gleichgewichtsbedingungen an jeweils einem der beiden Teilsysteme, die durch Schnittführungen entstehen, aufgeschrieben werden.

1. Bereich: $0 \leq z_1 \leq 2a$

Beachte: Belastungen dürfen im Allgemeinen erst nach einer Schnittführung durch äquivalente Kräfte (z. B. die Resultierende von Streckenlasten) ersetzt werden. Das bedeutet, dass zur Berechnung der Schnittgrößen zwischen den Lagern A und B erst nach der Schnittführung in diesem Bereich von der auf dem betrachteten Teilsystem verbleibenden Streckenlast eine resultierende Kraft gebildet werden darf.

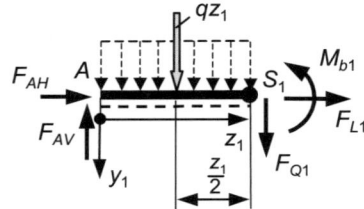

Bild 1.67 Schnittbild für den 1. Bereich

Merke: Erst schneiden, dann eventuell Resultierende bilden!

Die Gleichgewichtsbedingungen am linken Teilsystem (*Bild 1.67*), welches wir bei der Schnittführung im ersten Bereich betrachten wollen, liefern:

$$\rightarrow : \quad F_{L1} + F_{AH} = 0 \qquad\qquad \Rightarrow \quad F_{L1} = 0$$

$$\downarrow : \quad -F_{AV} + q \cdot z_1 + F_{Q1} = 0 \qquad\qquad \Rightarrow \quad F_{Q1} = q(0,5a - z_1)$$

$$\overset{\curvearrowright}{S_1} : \quad -M_{b1} + F_{AV}z_1 - (q \cdot z_1)\frac{1}{2}z_1 = 0 \qquad \Rightarrow \quad M_{b1} = 0,5qz_1(a - z_1)$$

Wir wollen eine *Kontrolle* der Schnittgrößenverläufe im 1. Bereich mit Hilfe der differentiellen Beziehungen vornehmen. Es gilt im 1. Bereich nach dem Einsetzen der berechneten Schnittgrößen in die differentiellen Beziehungen (*Gleichungen (1.23)* bis *(1.25)*):

$$\frac{\mathrm{d}F_{L1}}{\mathrm{d}z_1} = 0 \qquad \frac{\mathrm{d}F_{Q1}}{\mathrm{d}z_1} = -q \qquad \frac{\mathrm{d}M_{b1}}{\mathrm{d}z_1} = 0,5q(a - 2z_1) = q(0,5a - z_1) = F_{Q1}$$

Im ersten Bereich sind die differentiellen Beziehungen *(1.23)* bis *(1.25)* erfüllt!

Schnittgrößen an den Bereichsgrenzen :

$$F_{Q1}(z_1 = 0) = 0,5qa \qquad\qquad F_{Q1}(z_1 = 2a) = -1,5qa$$

$$M_{b1}(z_1 = 0) = 0 \qquad\qquad M_{b1}(z_1 = 2a) = -qa^2$$

Besondere Punkte:

Aus den differentiellen Beziehungen folgt, dass das Moment dort einen Extremwert hat, wo die Querkraft null ist. Diesen Punkt bezeichnen wir mit *C* und ermitteln die Nullstelle z_{1C} der Querkraft aus

$$F_{Q1}(z_1 = z_{1C}) = q(0,5a - z_{1C}) = 0 \qquad\qquad \Rightarrow \quad z_{1C} = 0,5a$$

Bei $z_{1C} = 0,5a$ ergibt sich damit folgender Extremwert für das Biegemoment:

$$M_{b1}(z_1 = z_{1C}) = \frac{1}{8}qa^2$$

Zur besseren grafischen Darstellung ermitteln wir noch den Punkt *D*, an dem das Moment null wird.

$$M_{b1}(z_1 = z_{1D}) = 0,5qz_D(a - z_{1D}) = 0 \qquad\qquad \Rightarrow \quad z_{1D} = a$$

Die sich formal noch ergebende Lösung $z_{1D} = 0$ ist bereits bekannt.

2. Bereich: $\quad 0 \le z_2 \le a$

Im 2. Bereich ermitteln wir die Schnittgrößen am rechten, wesentlich einfacheren Teilsystem (Beachte: Es handelt sich hier um ein negatives Schnittufer, so dass wir die dafür geltenden positiven Definitionen der Schnittgrößen antragen müssen!)

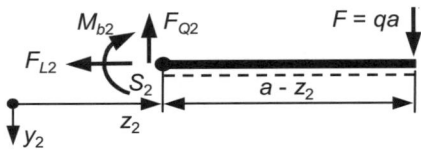

Bild 1.68 Schnittbild für den 2. Bereich

Aus den Gleichgewichtsbedingungen am rechten Teilsystem (siehe *Bild 1.68*) folgt:

$$\rightarrow: \quad F_{L2} = 0 \qquad\qquad\qquad \Rightarrow \quad F_{L2} = 0$$

$$\downarrow: \quad -F_{Q2} + F = 0 \qquad\qquad \Rightarrow \quad F_{Q2} = F = q \cdot a$$

$$\curvearrowright S_2: \quad M_{b2} + F(a - z_2) = 0 \qquad \Rightarrow \quad M_{b2} = -F(a - z_2) = -qa(a - z_2)$$

Die *Kontrolle* der Schnittgrößenverläufe mit Hilfe der differentiellen Beziehungen liefert:

$$\frac{\mathrm{d}F_{L2}}{\mathrm{d}z_2} = 0 \qquad \frac{\mathrm{d}F_{Q2}}{\mathrm{d}z_2} = 0 \qquad \frac{\mathrm{d}M_{b2}}{\mathrm{d}z_2} = -qa(-1) = qa = F_{Q2}$$

Die differentiellen Beziehungen *(1.23)* bis *(1.25)* sind auch im zweiten Bereich erfüllt.

Schnittgrößen an den Bereichsgrenzen:

$$M_{b2}(z_2 = 0) = -qa^2 \qquad\qquad M_{b2}(z_2 = a) = 0$$

Beachte: Das Biegemoment am Beginn des zweiten Bereichs (bei $z_2 = 0$) ist gleich dem Biegemoment am Ende des ersten Bereichs (bei $z_1 = 2a$).

Grafische Darstellung der Schnittgrößenverläufe:

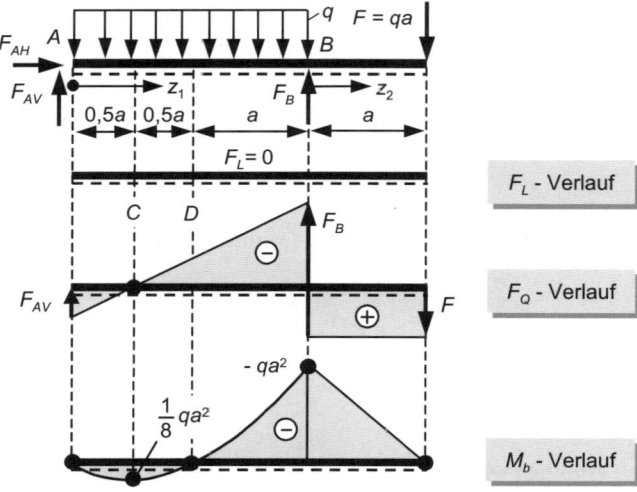

Bild 1.69 Schnittgrößenverläufe für Balken auf zwei Stützen mit konstanter Streckenlast

Beispiel 1.18 Verzweigter Träger mit Einzellast

Das *Bild 1.70* zeigt den Träger, der durch ein zweiwertiges und ein einwertiges Lager statisch bestimmt gelagert ist, sowie den freigeschnittenen Träger mit den angenommenen Lagerreaktionen und den gewählten Bezugskoordinatensystemen für die drei notwendigen Schnitte zur Ermittlung der Schnittgrößen.

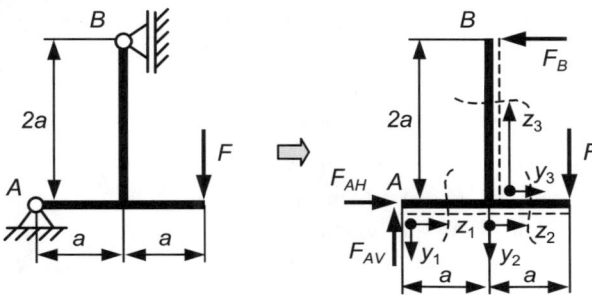

Bild 1.70 Verzweigter Träger mit Einzellast

Aus den Gleichgewichtsbedingungen erhalten wir für die Lagerreaktionen die folgenden Lösungen:

$$\uparrow \; : \quad F_{AV} - F = 0 \qquad\qquad \Rightarrow \quad F_{AV} = F$$

$$\stackrel{\curvearrowright}{A} \; : \quad -F_B \cdot 2a + F \cdot 2a = 0 \qquad \Rightarrow \quad F_B = F$$

$$\rightarrow \; : \quad F_{AH} - F_B = 0 \qquad\qquad \Rightarrow \quad F_{AH} = F$$

Wir schneiden den Träger in jedem Bereich und erhalten durch Aufschreiben der Gleichgewichtsbedingungen an den jeweiligen Teilsystemen die folgenden analytischen Lösungen für die Schnittgrößenverläufe (siehe *Tabelle 1.2*):

Tabelle 1.2 Schnittgrößen für verzweigten Träger mit Einzellast

1. Bereich: $0 \le z_1 \le a$	**2. Bereich:** $0 \le z_2 \le a$	**3. Bereich:** $0 \le z_3 \le 2a$
$F_{L1} = -F_{AH} = -F$	$F_{L2} = 0$	$F_{L3} = 0$
$F_{Q1} = F_{AV} = F$	$F_{Q2} = F$	$F_{Q3} = -F_B = -F$
$M_{b1} = F_{AV}\, z_1 = F z_1$	$M_{b2} = -F(a - z_2)$	$M_{b3} = F_B(2a - z_3) = F(2a - z_3)$

In *Bild 1.71* sind die analytischen Schnittgrößenverläufe aus *Tabelle 1.2* grafisch dargestellt.

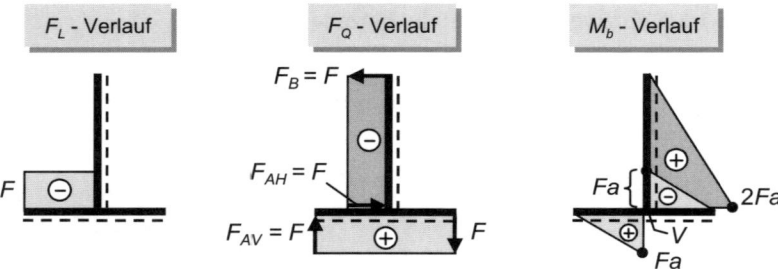

Bild 1.71 Schnittgrößenverläufe für verzweigten Träger

Hinweis: Unmittelbar an der Verzweigungsstelle müssen das Kraft- und das Momentengleichgewicht erfüllt sein, was durch Freischneiden und Antragen der Schnittgrößen
an den Schnittstellen entsprechend der
positiven Definitionen und Aufschreiben der
Gleichgewichtsbedingungen überprüft werden kann. Zum Beispiel ist für die Biegemomente M_b bei einem Schnitt unmittelbar an
der Verzweigungsstelle V das Momentengleichgewicht $\Sigma M = 0$ erfüllt (vgl. *Bild 1.72*).

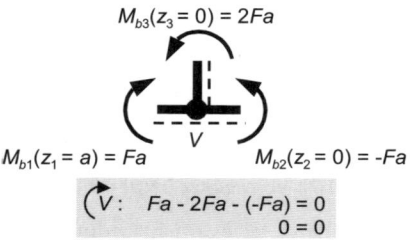

Bild 1.72 Momentengleichgewicht an der
Verzweigungsstelle

Beispiel 1.19 Kragträger mit Dreieckstreckenlast

Bei diesem Beispiel (siehe *Bild 1.73 a*) lassen sich die Schnittgrößen ohne vorherige Berechnung der Auflagerreaktionen bestimmen. Nach der Definition eines Bezugskoordina-
tensystems (*Bild 1.73 b*) schreiben wir die Gleichgewichtsbedingungen am linken Teil des
geschnittenen Trägers (*Bild 1.73 c*) auf und erhalten:

$$\rightarrow : \quad F_L = 0 \qquad\qquad\qquad \Rightarrow \quad F_L = 0$$

$$\downarrow : \quad F_Q + \frac{1}{2}q(z)z = 0 \qquad\qquad \Rightarrow \quad F_Q = -\frac{q_0}{2a}z^2$$

$$\curvearrowright S : \quad M_b + \frac{1}{2}q(z)z \cdot \frac{z}{3} = 0 \qquad \Rightarrow \quad M_b = -\frac{q_0}{6a}z^3$$

Die Schnittgrößenverläufe sind in *Bild 1.73 d*) grafisch dargestellt. Zur Kontrolle sehen wir
uns die Erfüllung der differentiellen Beziehungen für die Schnittgrößen an und erkennen,
dass unsere Lösung für die Schnittgrößen die *Gleichungen (1.23)* bis *(1.25)*

$$\frac{dF_L}{dz} = 0 \qquad\qquad \frac{dF_Q}{dz} = -\frac{q_0}{a}z = -q(z) \qquad\qquad \frac{dM_b}{dz} = -\frac{q_0}{2a}z^2 = F_Q$$

erfüllt.

Durch Auswertung der Schnittgrößen am Lager erhalten wir die Lagerreaktionen bei A zu:

$$F_{AH} = F_L(z=a) = 0$$

$$F_{AV} = F_Q(z=a) = -\frac{1}{2}q_0 a$$

$$M_A = M_b(z=a) = -\frac{1}{6}q_0 a^2$$

Die Lagerreaktionen müssen in diesem Fall so positiv definiert sein wie die Schnittgrößen an diesem Schnittufer (*Bild 1.73 b*).

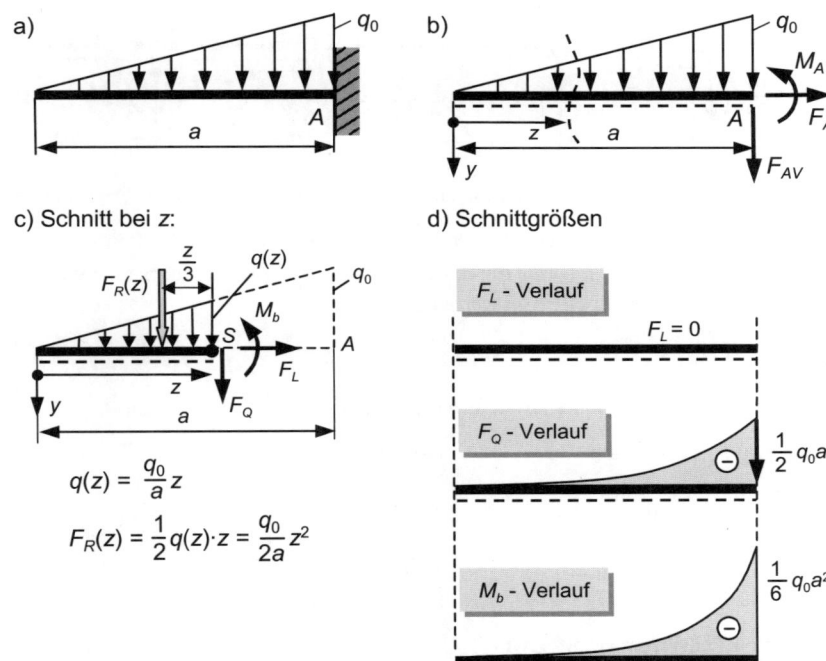

Bild 1.73 a) Kragträger mit Dreiecklast, b) Schnittbild, c) Schnitt bei z, d) Schnittgrößenverläufe

Beispiel 1.20 Gerberträger mit konstanter Streckenlast

Das *Bild 1.74* zeigt einen so genannten Gerberträger. Wir überzeugen uns zunächst davon, dass der Gerberträger statisch bestimmt gelagert ist und können feststellen, dass es keine unzulässigen Gelenk- und Lageranordnungen gibt (siehe *Kapitel 1.5.3*) und dass die notwendige Bedingung *(1.20)* für die statische Be-

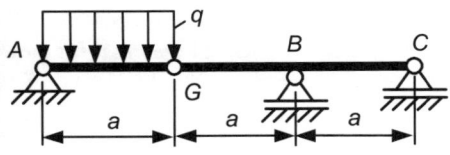

Bild 1.74 Gerberträger

stimmtheit von Scheibenverbindungen

$$b = 3n$$

mit $b = 6$ (vier Bindungen durch die Lager A, B und C und zwei durch das Gelenk G) und $n = 2$ (zwei starre Scheiben) erfüllt ist.

Wir schneiden die beiden starren Scheiben an den Lagern und im Gelenk frei (*Bild 1.75*). Die Ermittlung der Lagerreaktionen und der Gelenkkräfte erfolgt durch das Aufschreiben der Gleichgewichtsbedingungen für die beiden Teilsysteme.

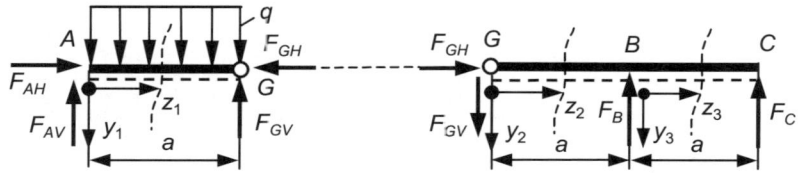

Bild 1.75 Freigeschnittener Gerberträger mit Bezugssystemen und angedeuteter Schnittführung

Hinweis: Durch Aufschreiben des Kraftgleichgewichts in horizontaler Richtung am freigeschnittenen Gesamtsystem (ohne im Gelenk zu schneiden) kann hier bereits die horizontale Lagerkraft am Lager A bestimmt werden. Es folgt:

$$\rightarrow : \quad F_{AH} = 0$$

Am linken Teilsystem (*Bild 1.75*) liefern die Gleichgewichtsbedingungen

$$\rightarrow : \quad F_{AH} - F_{GH} = 0 \qquad\qquad \Rightarrow \quad F_{GH} = 0$$

$$\curvearrowleft G: \quad F_{AV}a - qa\frac{a}{2} = 0 \qquad\qquad \Rightarrow \quad F_{AV} = \frac{1}{2}qa$$

$$\curvearrowleft A: \quad -F_{GV}a + qa\frac{a}{2} = 0 \qquad\qquad \Rightarrow \quad F_{GV} = \frac{1}{2}qa$$

Am rechten Teilsystem erhalten wir

$$\curvearrowleft B: \quad -F_{GV}a - F_C a = 0 \qquad\qquad \Rightarrow \quad F_C = -\frac{1}{2}qa$$

$$\curvearrowleft C: \quad -F_{GV}2a + F_B a = 0 \qquad\qquad \Rightarrow \quad F_B = qa$$

Wir schneiden den Gerberträger in jedem der drei Bereiche an einer allgemeinen Stelle (siehe *Bild 1.75*) und schreiben zur Ermittlung der Schnittgrößen die Gleichgewichtsbedingungen an dem jeweils einfacheren Teilsystem auf. In *Tabelle 1.3* sind die Schnittbilder und die analytischen Ergebnisse für die Schnittgrößenverläufe angegeben.

Tabelle 1.3 Schnittgrößen für Gerberträger

1. Bereich: $0 \leq z_1 \leq a$	**2. Bereich:** $0 \leq z_2 \leq a$	**3. Bereich:** $0 \leq z_3 \leq a$
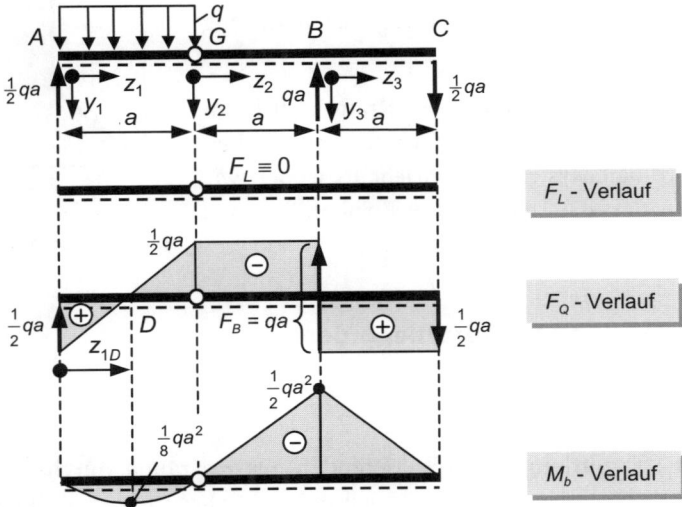		
$F_{L1} = 0$	$F_{L2} = 0$	$F_{L3} = 0$
$F_{Q1} = q\left(\dfrac{1}{2}a - z_1\right)$	$F_{Q2} = -\dfrac{1}{2}qa$	$F_{Q3} = \dfrac{1}{2}qa$
$M_{b1} = \dfrac{1}{2}qz_1(a - z_1)$	$M_{b2} = -\dfrac{1}{2}qaz_2$	$M_{b3} = -\dfrac{1}{2}qa(a - z_3)$

Für die grafische Darstellung der Schnittgrößen(siehe *Bild 1.76*) ist die Kenntnis von Ort und Größe des Extremwertes des Biegemomentenverlaufs (quadratische Funktion) im 1. Bereich nützlich. Analog zur Berechnung des Extremwertes im *Beispiel 1.17* folgt:

Ort: $\quad z_{1D} = \dfrac{1}{2}a \qquad\qquad$ Extremwert: $\quad M_{b1}(z_1 = z_{1D}) = \dfrac{1}{8}qa^2$

Bild 1.76 Schnittgrößen für den Gerberträger

1.7 Zentrales räumliches Kraftsystem

Bisher haben wir uns auf ebene starre Körper beschränkt und dabei die wesentlichen Methoden und Lösungswege zur Ermittlung von Lagerreaktionen und Schnittgrößen kennen gelernt. Bei der Lösung praktischer Probleme wird man aber nicht immer mit einem ebenen Modell auskommen, sondern muss gegebenenfalls die drei-dimensionale geometrische Ausdehnung des Tragwerkes sowie die in beliebiger Raumrichtung wirkenden Kräfte und Momente berücksichtigen, um eine korrekte Lösung zu erhalten. Die Lösung räumlicher Probleme erfordert ein räumliches Vorstellungsvermögen und einen höheren Rechenaufwand, erfolgt aber prinzipiell mit den gleichen Methoden, die wir schon in den vorangegangenen Kapiteln kennen gelernt haben.

Wie bei ebenen Problemen beginnen wir zunächst mit dem zentralen räumlichen Kraftsystem, das die Verallgemeinerung des ebenen zentralen Kraftsystems ist.

> *Definition:* Eine räumlich angeordnete Gruppe von Kräften (nicht in einer Ebene liegend) heißt zentrales räumliches Kraftsystem, wenn sich die Wirkungslinien aller Kräfte in einem Punkt schneiden.

Die Erkenntnisse aus dem ebenen zentralen Kraftsys-tem über die Bildung der resultierenden Kraft und über die Kraftzerlegung gelten auch hier, wenn die neu hinzukommende dritte Koordinatenrichtung beachtet wird.

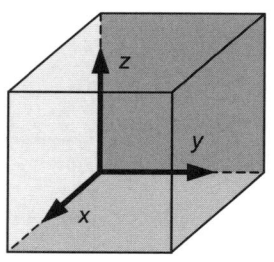

Die räumliche Anordnung der Kräfte wird im Allgemeinen in einem räumlichen kartesischen (x,y,z)-Koordinatensystem beschrieben, wobei wir voraussetzen, dass die Achsen in der Reihenfolge x-y-z ein Rechtssystem bilden (siehe *Bild 1.77*).

Bild 1.77 Koordinatensystem

1.7.1 Ermittlung der Resultierenden

Grafische Lösung

Die grafische Ermittlung der Resultierenden aus n Kräften durch Zeichnen eines räumlichen Kraftecks ist zwar prinzipiell möglich, aber nicht praktikabel und wird deshalb hier nicht weiter beschrieben.

Analytische Lösung

Die Grundidee der analytischen Lösung besteht darin, jede Kraft F_i $(i = 1,..., n)$ des aus n Kräften bestehenden zentralen Kraftsystems in jeweils drei Komponenten bezogen auf ein (x,y,z)-Koordinatensystem zu zerlegen, die Komponenten zu addieren und die Resultierende mittels des räumlichen Pythagoras zu ermitteln.

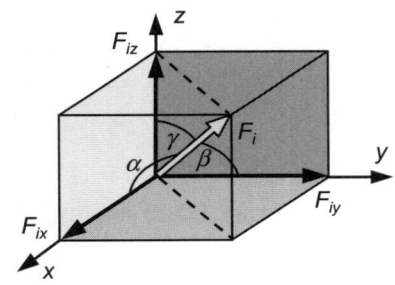

Bild 1.78 Komponenten einer Kraft F_i

Für die drei Komponenten einer Kraft F_i gilt (vergleiche mit *Bild 1.78*):

$$F_{ix} = F_i \cos\alpha \qquad F_{iy} = F_i \cos\beta \qquad F_{iz} = F_i \cos\gamma \qquad (1.26)$$

und wegen $\cos^2\alpha + \cos^2\beta + \cos^2\gamma = 1$ gilt umgekehrt auch

$$F_i^2 = F_{ix}^2 + F_{iy}^2 + F_{iz}^2 \qquad\qquad \Rightarrow \quad F_i = \sqrt{F_{ix}^2 + F_{iy}^2 + F_{iz}^2} \qquad (1.27)$$

Beachte: Eine Kraft im Raum lässt sich eindeutig nur in drei Richtungen zerlegen, wenn diese nicht in einer Ebene liegen.

Allgemein gilt bei n Kräften als Verallgemeinerung des ebenen Falles für die resultierenden Komponenten in x-, y- und z-Richtung und für die Resultierende F_R:

$$F_{Rx} = \sum_{i=1}^{n} F_{ix} \qquad F_{Ry} = \sum_{i=1}^{n} F_{iy} \qquad F_{Rz} = \sum_{i=1}^{n} F_{iz} \qquad F_R = \sqrt{F_{Rx}^2 + F_{Ry}^2 + F_{Rz}^2} \qquad (1.28)$$

1.7.2 Gleichgewicht einer zentralen räumlichen Kräftegruppe

Eine zentrale räumliche Kräftegruppe ist im Gleichgewicht, wenn ihre Resultierende gleich null ist ($F_R = 0$).

Eine Resultierende ist null, wenn jede der drei Komponenten der Resultierenden null ist. Analytisch wird der Gleichgewichtszustand mit *(1.28)* durch die folgenden drei Gleichgewichtsbedingungen beschrieben:

$$\swarrow : F_{Rx} = \sum_{i=1}^{n} F_{ix} = 0 \qquad \rightarrow : F_{Ry} = \sum_{i=1}^{n} F_{iy} = 0 \qquad \uparrow : F_{Rz} = \sum_{i=1}^{n} F_{iz} = 0 \qquad (1.29)$$

Beachte: Da das Gleichgewicht in jeder beliebigen Richtung aufgeschrieben werden kann, gibt es unendlich viele Gleichgewichtsbedingungen. Von diesen sind jedoch nur drei linear unabhängig, so dass daraus nur drei Unbekannte berechnet werden können. Weitere Gleichungen können gegebenenfalls zur Kontrolle der Berechnungen benutzt werden.

Beispiel 1.21 Stabkräfte in einem räumlichen Stabdreischlag (Dreibock)

Gegeben: F, a
Gesucht: Stabkräfte F_{S1}, F_{S2}, F_{S3}

Wir setzen voraus, dass die Gelenke des Dreibocks (*Bild 1.79*) ideale reibungsfreie Kugelgelenke sind. Zur Berechnung der Stabkräfte schneiden wir den durch F belasteten Knoten frei und tragen an den Schnittstellen die Stabkräfte F_{Si} als Zugkräfte (positive Definition der Längskräfte) an (*Bild 1.80 a*). Die Kraft F und die drei Stabkräfte F_{Si} zerlegen wir dann in ihre Komponenten bezüglich der Achsen des kartesischen (x,y,z)-Koordinatensystems (*Bild 1.80 b*).

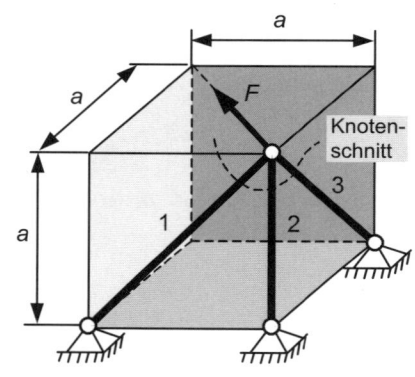

Bild 1.79 Dreibock

a)

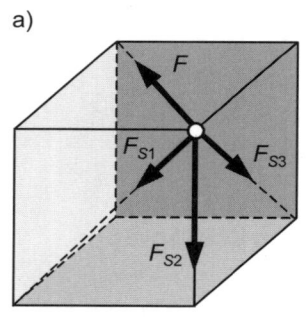

b)

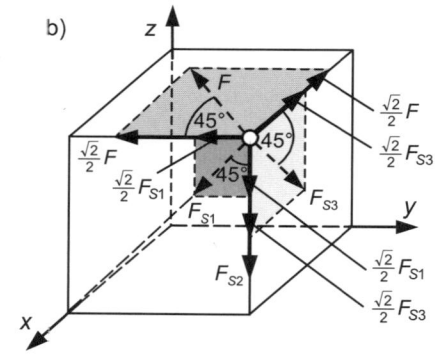

Bild 1.80 a) Schnittskizze nach dem Knotenschnitt, b) Komponenten der Kräfte

Das Aufschreiben der drei Gleichgewichtsbedingungen *(1.29)* ergibt (vgl. *Bild 1.80 b*):

$$\nearrow: \quad \frac{1}{2}\sqrt{2}F + \frac{1}{2}\sqrt{2}F_{S3} = 0 \qquad \Rightarrow \quad F_{S3} = -F$$

$$\leftarrow: \quad \frac{1}{2}\sqrt{2}F + \frac{1}{2}\sqrt{2}F_{S1} = 0 \qquad \Rightarrow \quad F_{S1} = -F$$

$$\downarrow \; : \quad \frac{1}{2}\sqrt{2}F_{S3} + \frac{1}{2}\sqrt{2}F_{S1} + F_{S2} = 0 \qquad \Rightarrow \quad F_{S2} = \sqrt{2}F$$

Wir erkennen, dass die zwei Stabkräfte F_{S1} und F_{S3} ein negatives Vorzeichen haben, d. h. Druckkräfte sind, während der Stab 2 mit $F_{S2} > 0$ ein Zugstab ist.

1.8 Allgemeines räumliches Kraftsystem

Eine Kräftegruppe im Raum, deren Wirkungslinien (WL) keinen gemeinsamen Schnittpunkt besitzen, bezeichnen wir als allgemeines räumliches Kraftsystem. Es ist die Verallgemeinerung des allgemeinen ebenen Kraftsystems.

Analog zum ebenen Kraftsystem (vgl. *Kapitel 1.3.3*) führen wir das Moment einer Kraft bezüglich eines Punktes ein und betrachten zunächst den folgenden Spezialfall.

Moment einer zur z-Achse parallelen Kraft bezüglich des Koordinatenursprungs

Wir berechnen das Moment der Kraft F_z bezüglich des Koordinatenursprungs 0 aus dem Versetzungsmoment (siehe *Kapitel 1.3.3*) der Kraft, welches beim Versetzen von der ursprünglichen Wirkungslinie WL auf die parallele Wirkungslinie (z-Achse) durch den Punkt 0 entsteht. Der senkrechte Abstand der Wirkungslinie WL der Kraft F_z von der z-Achse beträgt l (siehe *Bild 1.81*). Damit ergibt sich für den Betrag des Versetzungsmomentes M_0:

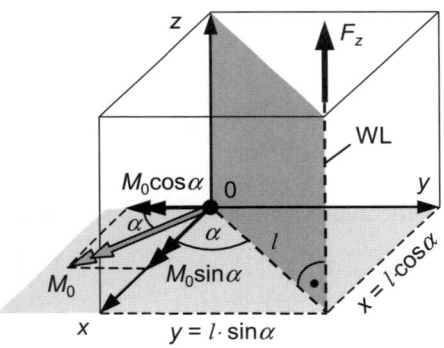

Bild 1.81 Moment der Kraft F_z bezüglich 0

$$M_0 = F_z \cdot l$$

M_0 steht senkrecht auf der von F_z und l aufgespannten Fläche und liegt damit parallel zur (x,y)-Ebene. Die Komponenten von M_0 in x-, y- und z-Richtung (positiv in Koordinatenrichtung), die identisch mit den Momenten der Kraft F_z bezüglich der Achsen $x, y,$ und z sind, lauten (vergleiche mit *Bild 1.81*):

$$M_{0x} = M_0 \sin\alpha = F_z \underbrace{l\sin\alpha}_{y} = F_z y$$

$$M_{0y} = -M_0 \cos\alpha = -F_z \underbrace{l\cos\alpha}_{x} = -F_z x$$

$$M_{0z} = 0$$

Wir erkennen, dass das Moment der Kraft F_z bezüglich der Achse z, die parallel zur Wirkungslinie WL der Kraft liegt, null wird.

Beachte: Das Moment einer Kraft bezüglich einer zu ihrer Wirkungslinie WL parallelen Achse ist gleich null.

Moment einer beliebig orientierten Kraft bezüglich des Koordinatenursprungs

Wir betrachten jetzt eine beliebige Lage eines Kraftvektors $\vec{F}_i$ im Raum. Das Moment der Kraft bezüglich des Punktes 0 ist das Vektorprodukt (Kreuzprodukt) aus dem so genannten Ortsvektor $\vec{r}_i$ [24] und dem Kraftvektor $\vec{F}_i$ (vgl. *Bild 1.82*)

$$\vec{M}_{0i} = \vec{r}_i \times \vec{F}_i \tag{1.30}$$

Mit den Einheitsvektoren $\vec{e}_x$, $\vec{e}_y$ und $\vec{e}_z$ in Richtung der Koordinatenachsen lässt sich das Vektorprodukt *(1.30)* auch in Form einer Determinante darstellen:

$$\vec{M}_{0i} = \begin{vmatrix} \vec{e}_x & \vec{e}_y & \vec{e}_z \\ x_i & y_i & z_i \\ F_{ix} & F_{iy} & F_{iz} \end{vmatrix} \tag{1.31}$$

Berechnen wir die Determinante, so lautet das Ergebnis für $\vec{M}_{0i}$

$$\vec{M}_{0i} = \underbrace{\left(F_{iz}y_i - F_{iy}z_i\right)}_{M_{0ix}}\vec{e}_x + \underbrace{\left(F_{ix}z_i - F_{iz}x_i\right)}_{M_{0iy}}\vec{e}_y + \underbrace{\left(F_{iy}x_i - F_{ix}y_i\right)}_{M_{0iz}}\vec{e}_z \tag{1.32}$$

bzw. mit den Komponenten M_{0ix}, M_{0iy}, und M_{0iz} von $\vec{M}_{0i}$ in x-, y- und z-Richtung

$$\vec{M}_{0i} = M_{0ix}\vec{e}_x + M_{0iy}\vec{e}_y + M_{0iz}\vec{e}_z \tag{1.33}$$

Der Betrag M_{0i} des Momentenvektors $\vec{M}_{0i}$ wird mit dem räumlichen Pythagoras

$$M_{0i} = \sqrt{M_{0ix}^2 + M_{0iy}^2 + M_{0iz}^2} \tag{1.34}$$

ermittelt.

---

[24] Der Ortsvektor ist dabei ein Vektor, der vom Punkt 0 zu einem beliebigen Punkt auf der Wirkungslinie des Kraftvektors F_i weist. In *Bild 1.82* wurde zur einfachen Veranschaulichung der Momentanteile in *Gleichung (1.35)* dafür der Anfangspunkt des Kraftvektors F_i gewählt.

Neben der Berechnung auf der Grundlage der Vektorgleichung *(1.30)*, kann das Moment der Kraft $\vec{F}_i$ bezüglich des Koordinatenursprungs auch aus der folgenden Überlegung ermittelt werden.

> **Satz:** Das Moment $\vec{M}_{0i}$ einer Kraft $\vec{F}_i$ bezüglich eines Punktes 0 ist gleich der Summe der Momente der Kraftkomponenten bezüglich dieses Punktes.

Hinweis: Das Moment der Kraftkomponente F_{iz} entspricht genau dem Spezialfall, den wir auf der *Seite 79* behandelt haben.

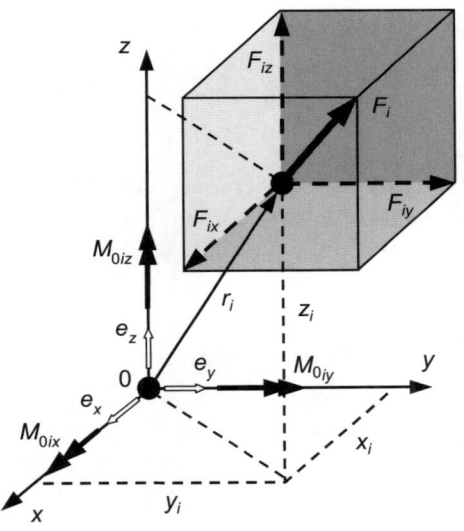

Die Komponenten von $\vec{M}_{0i}$ in x-, y- und z-Richtung (positiv in Koordinatenrichtung), die identisch mit den Momenten der Kraft $\vec{F}_i$ bzw. seiner Komponenten bezüglich der Achsen x, y, und z durch den Punkt 0 sind, ergeben sich aus den folgenden Äquivalenzbetrachtungen (vgl. *Bild 1.82*):

$$M_{0ix} = F_{iz}\,y_i - F_{iy}z_i$$
$$M_{0iy} = F_{ix}z_i - F_{iz}x_i \qquad (1.35)$$
$$M_{0iz} = F_{iy}x_i - F_{ix}\,y_i$$

Natürlich sind diese Ergebnisse für die Komponenten des Momentenvektors $\vec{M}_{0i}$ mit den Komponenten in *(1.32)* identisch.

Bild 1.82 Moment einer beliebigen Kraft F_i bezüglich des Punktes 0

1.8.1 Zusammensetzung von Kräften und Momenten

Bei der Zusammensetzung von Kräften eines allgemeinen räumlichen Kraftsystems (wobei auch Momente, die als Kräftepaar angesehen werden könnten, vorhanden sein dürfen) erhalten wir im Allgemeinen eine resultierende Kraft und ein resultierendes Moment. Das resultierende Moment entsteht infolge der Momente der Kräfte in Bezug auf den gewählten Bezugspunkt (siehe oben), in den wir alle Kräfte parallel verschieben, um zur Bildung der resultierenden Kraft ein zentrales räumliches Kraftsystem zu erhalten.

Für die resultierende Kraft F_R gelten dann die Formeln des zentralen räumlichen Kraftsystems (vgl. *Kapitel 1.7.1, Gleichung (1.28), Seite 77*). Für die Wirkungslinie der Resultierenden gilt der folgende Hinweis.

Hinweis: Die Wirkungslinie der resultierenden Kraft F_R eines allgemeinen räumlichen Kraftsystems verläuft durch den gewählten Bezugspunkt „0", auf den das resultierende Moment M_{0R} (siehe *Gleichung (1.36)*) bezogen wird.

Die Komponenten des resultierenden Momentes M_{0R} berechnen wir nach *(1.32)* bzw. *(1.35)* als Summe der Komponenten der Momente der einzelnen Kräfte in bezug auf den gewählten Bezugspunkt „0". Es ergibt sich:

$$M_{0Rx} = \sum_{i=1}^{m} M_{0ix} \qquad M_{0Ry} = \sum_{i=1}^{m} M_{0iy} \qquad M_{0Rz} = \sum_{i=1}^{m} M_{0iz} \qquad (1.36)$$

Hinweis: Gehören auch Einzelmomente M_i zum Kraftsystem, so setzt sich die Momentensumme in *(1.36)* aus der Summe der Momente von Kräften F_i sowie aus den Einzelmomenten M_i zusammen.

1.8.2 Gleichgewichtsbedingungen für Kräfte und Momente

Satz: Ein allgemeines räumliches Kräftesystem ist im Gleichgewicht, wenn die resultierende Kraft F_R und das resultierende Moment M_{0R} für einen beliebigen Bezugspunkt „0" gleich null sind.

Daraus ergeben sich die Gleichgewichtsbedingungen des allgemeinen räumlichen Kraftsystems zu

$$\swarrow: \quad \sum_{i=1}^{n} F_{ix} = 0 \qquad \rightarrow: \quad \sum_{i=1}^{n} F_{iy} = 0 \qquad \uparrow: \quad \sum_{i=1}^{n} F_{iz} = 0 \qquad (1.37)$$

$$\swarrow: \quad \sum_{i=1}^{m} M_{0ix} = 0 \qquad \longrightarrow: \quad \sum_{i=1}^{m} M_{0iy} = 0 \qquad \uparrow: \quad \sum_{i=1}^{m} M_{0iz} = 0 \qquad (1.38)$$

Beachte: Da von den unendlich vielen Gleichgewichtsbedingungen, die an einem starren Körper aufgeschrieben werden können, nur sechs linear unabhängig sind, lassen sich daraus nur sechs Unbekannte berechnen.

1.8.3   Räumlich gestützter Körper

Ein ungebundener starrer Körper hat im Raum sechs unabhängige Bewegungs-möglichkeiten (drei Translationen und drei Rotationen). Der Freiheitsgrad beträgt somit $f = 6$ (siehe *Bild 1.83*).

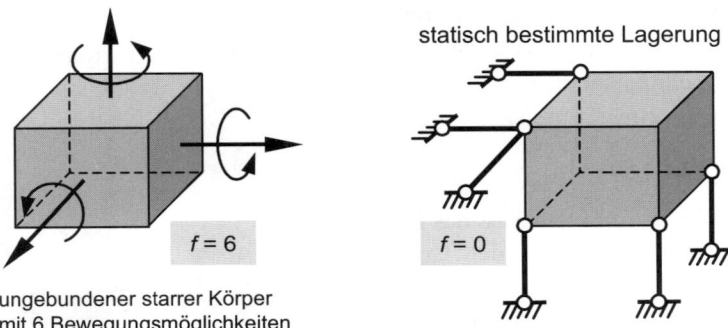

statisch bestimmte Lagerung

$f = 6$

$f = 0$

ungebundener starrer Körper
mit 6 Bewegungsmöglichkeiten

Bild 1.83 Freiheitsgrad und statisch bestimmte Lagerung eines starren Körpers im Raum

Für eine statisch bestimmte Lagerung müssen diese Bewegungsmöglichkeiten verhindert werden, so dass $f = 0$ gilt. Dazu dienen ein- bis sechswertige Lager, d. h. Lager, die einen oder maximal sogar sechs Bewegungsmöglichkeiten an einem Punkt verhindern. So ist z. B. der im *Bild 1.83* dargestellte Körper durch sechs Stabstützen statisch bestimmt gelagert.

Nachfolgend wollen wir einige praktisch wichtige Lagermöglichkeiten vorstellen und die im *Kapitel 1.4.2* (siehe *Seite 34*) angegebenen ebenen Lagerfälle auf räumliche Lager erweitern.

Auswahl räumlicher Lager

Stabstütze (Pendelstütze)

Die Lagerung des Körpers erfolgt durch einen als starr angenommenen Stützstab, der sowohl am Körper als auch mit der Umgebung gelenkig verbunden ist (*Bild 1.84* und *Bild 1.83*). Dadurch nimmt der Stützstab nur eine Lagerkraft in der Stablängsrichtung auf. Es handelt sich also um ein einwertiges Lager.

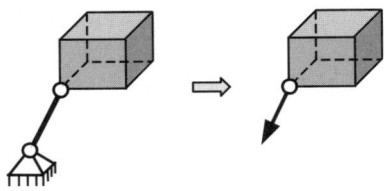

Bild 1.84 Räumliche Stabstütze

Räumliches Loslager

Das im *Bild 1.85* symbolisch dargestellte Lager kann reibungsfrei auf der Lagerfläche gleiten, so dass eine Kraftaufnahme nur normal zu dieser Fläche möglich ist.[25] Der Körper oder Träger ist mit dem Lager durch ein reibungsfreies räumliches Gelenk verbunden, das kein Moment aufnehmen kann. Es handelt sich also ebenfalls um ein einwertiges Lager.

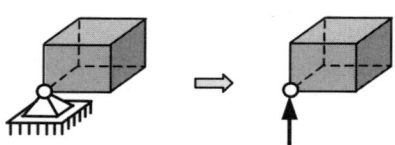

Bild 1.85 Räumliches Loslager

Räumliches Festlager

Im Unterschied zum Loslager ist das Festlager (siehe *Bild 1.86*) starr mit der Umgebung verbunden (z. B. Schweißverbindung, Schrauben oder Niete). Der Körper oder Träger ist auch hier durch ein reibungsfreies räumliches Gelenk mit dem Lager verbunden, das kein Moment aufnehmen kann. Durch die Fixie-

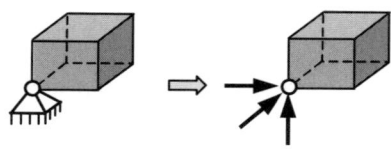

Bild 1.86 Räumliches Festlager

rung des Lagers und damit des Gelenkpunktes kann dieses Lager Kräfte in beliebiger Richtung (bzw. in drei vorgegebene Richtungen) aufnehmen. Es handelt sich damit um ein dreiwertiges Lager.

Räumliche Einspannung

Bei einer räumlichen Einspannung (siehe *Bild 1.87*) ist der Träger so mit der Umgebung verbunden, dass sowohl Kräfte als auch Momente in beliebiger Richtung (bzw. in drei vorgegebene Richtungen) aufgenommen werden können. Wir haben es also mit einem sechswertigen Lager zu tun. Ein solches Lager

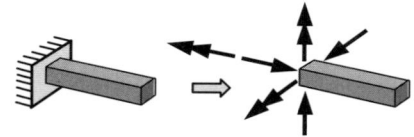

Bild 1.87 Räumliche Einspannung

entsteht beispielsweise, wenn ein Träger fest mit einer starren Wand verschweißt ist.

Beispiel 1.22 Abgewinkelter Träger mit räumlicher Belastung und Lagerung

Das *Bild 1.88* zeigt einen räumlich abgewinkelten Träger, der durch ein Festlager ($b = 3$), ein Loslager ($b = 1$) und zwei Stützstäbe (beide zusammen $b = 2$) gelagert ist. Die insgesamt

---

[25] Gegen Abheben muss ein solches Lager gesichert werden (z. B. durch Schrauben).

$b = 6$ Bindungen fixieren den Träger eindeutig, so dass $f = 0$ gilt. Der Träger wird durch eine Streckenlast und zwei Einzelkräfte belastet.

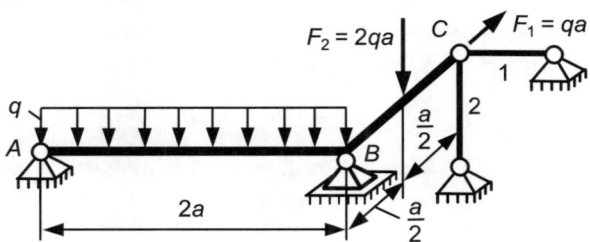

Bild 1.88 Abgewinkelter Träger mit räumlicher Belastung und Lagerung

Zur Ermittlung der Lagerreaktionen schneiden wir den Trägern von den Auflagern frei und tragen die Lagerreaktionen an (siehe *Bild 1.89*). Mit sechs Gleichgewichtsbedingungen lassen sich dann die Lagerreaktionen bestimmen.

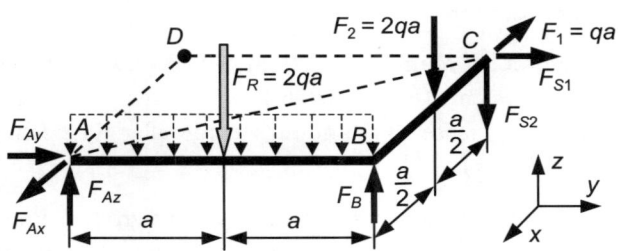

Bild 1.89 Schnittskizze mit Lagerreaktionen für einen abgewinkelten Träger mit räumlicher Belastung und Lagerung

Hinweis: Schreibt man die Gleichgewichtsbedingungen in geeigneter Reihenfolge auf, so lassen sich häufig die Unbekannten der Reihe nach berechnen, ohne das ein Gleichungssystem gelöst werden muss.

$$\swarrow \quad : \quad F_{Ax} - F_1 = 0 \qquad\qquad \Rightarrow \quad F_{Ax} = F_1 = qa$$

$$\uparrow \ A: \quad F_1 2a - F_{S1} a = 0 \qquad\qquad \Rightarrow \quad F_{S1} = 2F_1 = 2qa$$

$$\longrightarrow A: \quad -F_2 \frac{a}{2} - F_{S2} a = 0 \qquad\qquad \Rightarrow \quad F_{S2} = -\frac{1}{2} F_2 = -qa$$

$$\swarrow B: \quad -F_{Az} 2a + F_R a = 0 \qquad\qquad \Rightarrow \quad F_{Az} = \frac{1}{2} F_R = qa$$

$$\rightarrow \quad : \quad F_{Ay} + F_{S1} = 0 \qquad\qquad \Rightarrow \quad F_{Ay} = -F_{S1} = -2qa$$

$$\uparrow \quad : \quad F_{Az} - F_R + F_B - F_2 - F_{S2} = 0 \qquad \Rightarrow \quad F_B = -F_{Az} + F_R + F_2 + F_{S2} = 2qa$$

Zur Kontrolle bilden wir noch

$$\swarrow A: \quad -F_R a + F_B 2a - F_2 2a - F_{S2} 2a = 0$$

$$-2qa^2 + 4qa^2 - 4qa^2 + 2qa^2 = 0$$

$$0 = 0$$

und erkennen, dass die Kontrollgleichung identisch erfüllt ist.

Hinweis: Kraftgleichgewichtsbedingungen können auch durch Momentengleichgewichtsbedingungen ersetzt werden, wodurch sich oft die Lösungen für einzelne Lagerreaktionen unabhängig voneinander ergeben. Bei dem oben behandelten *Beispiel 1.22* könnten für die letzten zwei Gleichgewichtsbedingungen z. B.

$\uparrow D:$ und $\swarrow$ Achse AC :

aufgeschrieben werden (vgl. *Bild 1.89*), aus denen dann unabhängig von anderen Lagerreaktionen die Lagerreaktionen F_{Ay} und F_B folgen würden.

1.8.4   Schnittgrößen am räumlich belasteten Balken

Definition der räumlichen Schnittgrößen

Als Bezugssystem für die Definition der räumlichen Schnittgrößen verwenden wir ein kartesisches (x,y,z)-Koordinatensystem (Rechtssystem), wobei wir die z-Achse wieder in Richtung der Balkenlängsachse (Verbindungsgerade aller Querschnittsschwerpunkte) legen (vgl. *Kapitel 1.6.1*).

Analog zur räumlichen Einspannung kommen zu den drei Schnittgrößen des eben belasteten Balkens (F_L, F_{Qy} und M_{bx}, vgl. *Kapitel 1.6.1*) noch drei neue Schnittgrößen (F_{Qx}, M_{by} und M_t) hinzu, so dass sich insgesamt sechs Schnittgrößen (siehe *Bild 1.90*) ergeben, die im allgemeinen Fall eine Funktion von z sind.

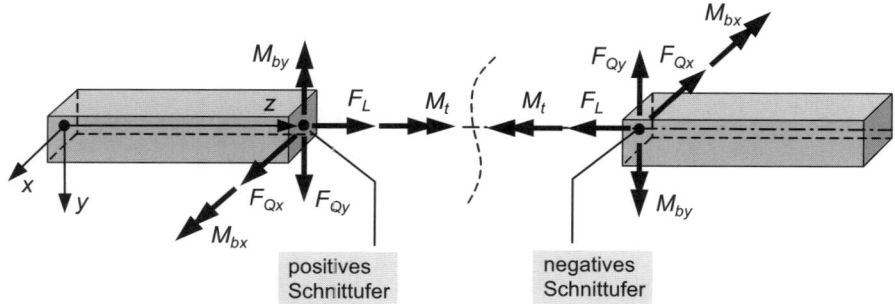

Bild 1.90 Definition der positiven räumlichen Schnittgrößen

Wir geben nachfolgend die positive Definition sämtlicher Schnittgrößen an und wiederholen dabei nochmals die bereits am ebenen Balken (vgl. *Kapitel 1.6.1*) eingeführten Schnittgrößen.

F_L - *Längskraft* (oft auch als Normalkraft F_N bezeichnet): positiv am positiven Schnittufer in positiver z-Richtung.

F_{Qy} - **Querkraft:** positiv am positiven Schnittufer in positiver y-Richtung.

F_{Qx} - **Querkraft:** positiv am positiven Schnittufer in positiver x-Richtung.

M_{bx} - **Biegemoment** um eine zur x-Achse parallele Achse: am positiven Schnittufer positiv in positiver x-Richtung, d. h. die Doppelpfeilspitze zeigt in die x-Richtung.

M_{by} - **Biegemoment** um eine zur y-Achse parallele Achse: am positiven Schnittufer positiv in **negativer** y-Richtung, d. h. die Doppelpfeilspitze zeigt in die negative y-Richtung.

M_t - **Torsionsmoment** um eine zur z-Achse parallele Achse: am positiven Schnittufer positiv in positiver z-Richtung, d. h. die Doppelpfeilspitze zeigt in die positive z-Richtung.

> **Beachte:** Am positiven Schnittufer stimmt der positive Richtungssinn der Schnittgrößen mit **Ausnahme von** M_{by} mit dem positiven Richtungssinn der Koordinatenachsen überein.

Die oben angegebene weit verbreitete Definition der Schnittgrößen sichert, dass am positiven Schnittufer sämtliche Schnittkräfte und das Torsionsmoment in positive Koordinatenrichtung weisen und positive Biegemomente die Balkenunterseiten (das sind die Seiten, die einen positiven Abstand vom Schwerpunkt haben) dehnen.[26]

Beispiel 1.23 Eingespannter räumlicher Kragträger

Der in *Bild 1.91* dargestellte Kragträger besteht aus zwei Bereichen, für die wir die beiden Bezugssysteme (x_1, y_1, z_1) und (x_2, y_2, z_2) zur Beschreibung der Schnittgrößenverläufe einführen. Um die Rechnung zu vereinfachen, haben wir die Koordinatensysteme hier vom freien Ende des Trägers aus eingeführt. Wir schneiden den Träger zweimal und schreiben die Gleichgewichtsbedingungen jeweils für

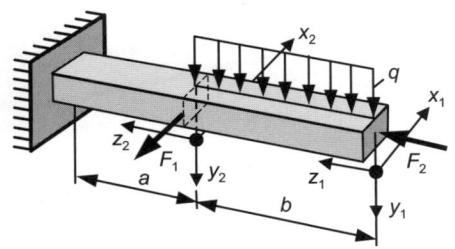

Bild 1.91 Räumlicher Kragträger

das rechte Teilsystem auf (siehe *Tabelle 1.4*). Dadurch vermeiden wir die vorherige Ermittlung der Auflagerreaktionen. Im Bedarfsfall können die Auflagerreaktionen später direkt aus den Schnittgrößenverläufen ermittelt werden (vgl. *Beispiel 1.19*). An jedem Teilsystem

---

[26] Natürlich sind auch alternative Definitionen möglich (vgl. auch *Fußnote 22, Seite 60*).

lassen sich aus den jeweils sechs Gleichgewichtsbedingungen die sechs Schnittgrößen berechnen. Die Ergebnisse sind in der *Tabelle 1.4* angegeben.

Tabelle 1.4 Schnittgrößen für den eingespannten räumlichen Kragträger (*Bild 1.91*)

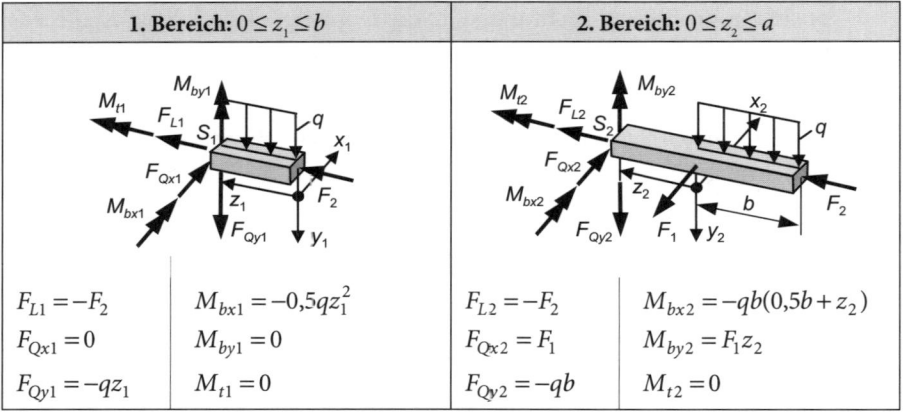

1. Bereich: $0 \leq z_1 \leq b$		**2. Bereich:** $0 \leq z_2 \leq a$	
$F_{L1} = -F_2$	$M_{bx1} = -0{,}5qz_1^2$	$F_{L2} = -F_2$	$M_{bx2} = -qb(0{,}5b + z_2)$
$F_{Qx1} = 0$	$M_{by1} = 0$	$F_{Qx2} = F_1$	$M_{by2} = F_1 z_2$
$F_{Qy1} = -qz_1$	$M_{t1} = 0$	$F_{Qy2} = -qb$	$M_{t2} = 0$

In *Bild 1.92* sind die analytischen Schnittgrößenverläufe aus *Tabelle 1.4* grafisch dargestellt.

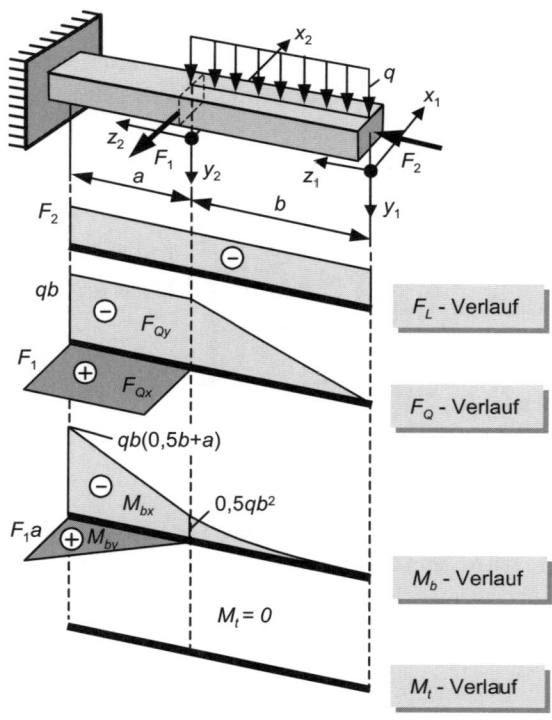

Bild 1.92 Schnittgrößenverläufe für den räumlichen Kragträger (*Bild 1.91*)

1.9 Haftung und Gleitreibung

Beim Kontakt zweier starrer Körper (ebene oder „punktförmige" Berührung) wird infolge der Belastungen der Körper eine resultierende Kraft F_R übertragen, die in eine Normalkraft F_N, die senkrecht zur Kontaktfläche gerichtet ist und eine in der Kontaktfläche (tangential zur Oberfläche) liegende Tangentialkraft F_T zerlegt werden kann (siehe *Bild 1.93*).

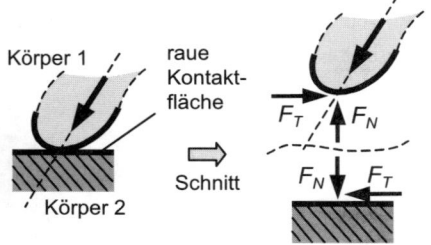

Bild 1.93 Kontakt zwischen starren Körpern

Die Größe der in der Berührungsebene in tangentialer Richtung übertragbaren Kraft F_T ist erfahrungsgemäß von der Größe der resultierenden Kraft, der Oberflächenbeschaffenheit (Rauhigkeit, Schmierung) der in Kontakt stehenden Körper und einer eventuellen Bewegung der Körper gegeneinander abhängig. Wir unterscheiden als wesentliche Fälle:

Ideal glatte Kontaktfläche (reibungsfrei): Es gibt nur eine Normalkraft und keine Kraft in der Tangentialebene (idealer Grenzfall, der einem Loslager entspricht).

Raue Kontaktfläche: Es kann eine Kraft tangential zur Berührungsfläche übertragen werden. Die Erfahrung zeigt, dass diese Kraft nicht beliebig groß werden kann. Wirken äußere Kräfte auf den Körper, die eine tangentiale Komponente in der Kontaktfläche hervorrufen, so bewirkt die Tangentialkraft, dass der Körper bis zu einer bestimmten Größe der Kraft in Ruhe bleibt. Die beiden Körper *haften* aneinander, es herrscht also Gleichgewicht und die Tangentialkraft bezeichnet man dann als *Haftkraft*. Übersteigt die Haftkraft einen bestimmten maximalen Wert, so kommt es in der Tangentialebene zu einer Bewegung der Körper gegeneinander. Die Körper *gleiten* aufeinander ab und die dabei in der Tangentialebene wirkende Kraft nennt man *Gleitkraft*. Die Gleitkraft ist in der Regel kleiner als die Haftkraft (siehe dazu auch *Kapitel 1.9.2*).

Am Verhalten eine Masse auf einer schiefen Ebene wollen wir uns den Sachverhalt nachfolgend veranschaulichen.

1.9.1 Haftung (Zustand der Ruhe)

Zur Erläuterung betrachten wir eine Masse, die wie in *Bild 1.94* gezeigt, frei auf einer schiefen Ebenen liegt. Wir wollen annehmen, dass der Winkel α so klein ist und die Oberflächenbeschaffenheit des Materials in der Kontaktfläche derart ist, dass der

Körper auf der schiefen Ebene ruht. Der Körper befindet sich somit im Zustand des Gleichgewichts. Zur Berechnung der in der Kontaktfläche wirkenden Kräfte schneiden wir den Körper von seiner Unterlage frei und tragen die im Schnitt wirkenden Kräfte an (siehe *Bild 1.94*).

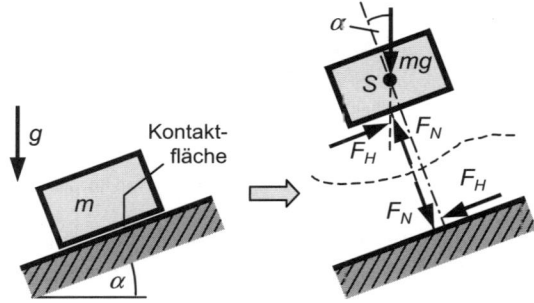

Bild 1.94 Kräfte in einer Kontaktfläche

Die in der Kontaktfläche übertragene Normalkraft F_N und die Tangentialkraft F_H (Haftkraft) folgen aus den Gleichgewichtsbedingungen am freigeschnittenen Körper:

$$\nwarrow: \quad F_N - mg\cos\alpha = 0 \qquad\qquad \Rightarrow \quad F_N = mg\cos\alpha \qquad\qquad (1.39)$$

$$\nearrow: \quad F_H - mg\sin\alpha = 0 \qquad\qquad \Rightarrow \quad F_H = mg\sin\alpha \qquad\qquad (1.40)$$

Feststellung: Wird α größer, so wächst die Haftkraft F_H an. Bei einem bestimmten Grenzwinkel $\alpha = \rho_0$ beginnt der Körper zu rutschen, d. h. das Gleichgewicht kann durch die Haftkraft nicht mehr aufrechterhalten werden.

$\Rightarrow$ *Die Haftkraft hat eine obere Grenze F_{Hmax}*

Eliminiert man aus den *Gleichungen (1.39)* und *(1.40)* die Größe mg und setzt für $\alpha = \rho_0$ und für $F_H = F_{Hmax}$ ein, so ergibt sich

$$\frac{F_{H\max}}{F_N} = \tan\rho_0 \qquad\qquad \Rightarrow \quad F_{H\max} = F_N\tan\rho_0 = F_N\mu_0$$

mit

$$\mu_0 = \tan\rho_0 \qquad\qquad\qquad\qquad\qquad\qquad\qquad\qquad\qquad (1.41)$$

Die Größe μ_0 wird als *Haftungskoeffizient* bezeichnet. Dieses Ergebnis gilt nach COULOMB[27] auch für Körper, auf die neben dem Eigengewicht weitere Belastungen wirken.

---

[27] CHARLES AUGUSTIN DE COULOMB (1736 - 1806), französischer Physiker und Ingenieur

COULOMB'sches Haftungsgesetz:

$$\left| F_{H\,max} \right| = \mu_0 F_N \qquad (1.42)$$

Der Betrag der maximalen Haftkraft zwischen sich berührenden Flächen ist der wirkenden Normalkraft (als Druckkraft vorausgesetzt) proportional. Proportionalitätsfaktor ist der Haftungskoeffizient μ_0 (Richtwerte für μ_0 findet man im nachfolgenden Kapitel in der *Tabelle 1.5* und in vielen Tabellenwerken).

Hinweis: Der Haftungskoeffizient μ_0 hängt in erster Linie von der Materialpaarung und der Oberflächenbeschaffenheit (Rauheit, Schmierung) ab. Aber auch die Temperatur und die Größe der Normalkraft beeinflussen μ_0. Deshalb ist Vorsicht geboten bei Entnahme von Haftungskoeffizienten aus Tabellenwerken. Im Zweifelsfall kann μ_0 durch experimentelle Bestimmung von $\alpha = \rho_0$ für den Grenzfall des Gleichgewichts einer Masse auf der schiefen Ebene (vgl. Einführungsbeispiel) ermittelt werden.

Video 5

Beachte: Das COULOMB'sche Haftungsgesetz *(1.42)* liefert nur die maximal mögliche Haftkraft. Die tatsächliche Haftkraft ist immer aus Gleichgewichtsbetrachtungen zu ermitteln. Sie ist eine typische Reaktionskraft wie die bereits bekannten Lagerreaktionen, jedoch mit einer wesentlich kleineren Grenzlast (Last bei der das Lager versagt bzw. kaputt geht!).

Die Haftkraft muss stets die Bedingung

$$\left| F_H \right| \leq F_{H\,max} = \mu_0 F_N \qquad (1.43)$$

erfüllen, da ansonsten eine Bewegung eintritt und dann die Gesetze der Gleitreibung (siehe nächstes Kapitel) gelten.

Haftungskegel

Die in der Kontaktfläche zweier Körper übertragenen Kraftkomponenten F_N und F_H bilden eine resultierende Kontaktkraft F_K, die mit der sich aus allen eingeprägten äußeren Belastungen ergebenden resultierenden Kraft F_R im Gleichgewicht stehen muss. Die maximale Kontaktkraft $F_{K\,max}$, die im Gleichgewichtsfall übertragen werden kann, ergibt sich aus der maximalen Haftkraft $F_{H\,max}$ und der Normalkraft F_N (vgl. *Bild 1.95*). Mit der Richtung von $F_{K\,max}$ wird ein Grenzwert für die Richtung der Resultierenden F_R beschrieben, für den Gleichgewicht gerade noch möglich ist. Da resultierende Belastungen in allen Raumrichtungen vorkommen können, wird mit allen möglichen Richtungen von $F_{K\,max}$ die Mantelfläche eines Kegels, des so genannten

Haftungskegels, beschrieben. Die Achse des Haftungskegels liegt immer in Richtung der Normalkraft F_N (vgl. *Bild 1.95*). Aus den beschriebenen Zusammenhängen ergibt sich nachfolgende nützliche Schlussfolgerung für die Anwendung des Haftungskegels.

> Liegt die Wirkungslinie der Resultierenden F_R (siehe hohler Pfeil im *Bild 1.95*) aller eingeprägten Belastungen innerhalb des Haftungskegels mit dem Öffnungswinkel ρ_0, so liegt Gleichgewicht, d. h. der Zustand der Ruhe, vor. Anderenfalls tritt Bewegung ein.

Für die praktische Anwendung benötigen wir nur noch den Öffnungswinkel ρ_0 des Haftungskegels. Aus *Bild 1.95* können wir den folgenden Zusammenhang ablesen:

$$\tan \rho_0 = \frac{F_{H\,max}}{F_N}$$

Mit dem COULOMB'schen Haftungsgesetz *(1.42)*

$$|F_{H\,max}| = \mu_0 F_N$$

erhalten wir für den Öffnungswinkel ρ_0 des Haftungskegels

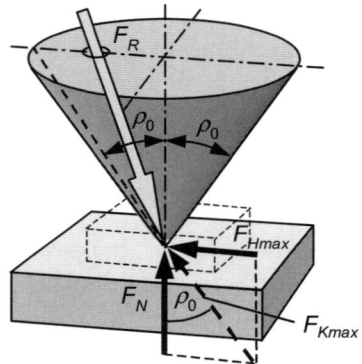

Bild 1.95 Haftungskegel

$$\tan \rho_0 = \mu_0 \tag{1.44}$$

Hinweis: Den gleiche Zusammenhang hatten wir in dem Einführungsbeispiel (Masse auf schiefer Ebene) mit der *Gleichung (1.41)* zwischen dem Haftungskoeffizienten μ_0 und dem Grenzwinkel $\alpha = \rho_0$, bei dem die Masse auf der schiefen Ebene zu rutschen beginnt, gefunden. Mit Hilfe des Haftungskegels kann das Einsetzen einer Bewegung für genau diesen Winkel $\alpha = \rho_0$ in unserem Einführungsbeispiel auch erklärt werden.

Beispiel 1.24 Bockleiter ohne Sicherung

Das Ziel der Untersuchung besteht darin, Bedingungen für die Standsicherheit einer ungesicherten Bockleiter abzuleiten. Es ist offensichtlich, dass die in *Bild 1.96* abgebildete Leiter ohne die Wirkung von Haftkräften (d. h. bei einer ideal glatten Standfläche) schon unter der Wirkung des Eigengewichtes auseinander rutschen würde.

Zur Lösung der Aufgabe berechnen wir die Haft- und Normalkräfte bei A und B aus den Gleichgewichtsbedingungen und prüfen dann, welche Forderungen die Bedingung für das Haften an die Belastung, die Geometrie bzw. den Haftungskoeffizienten stellt.

Wir schneiden dafür an den Auflagern frei, trennen das System an dem Gelenkpunkt und tragen die insgesamt sechs unbekannten Auflager- und Gelenkkräfte an (siehe *Bild 1.96*).

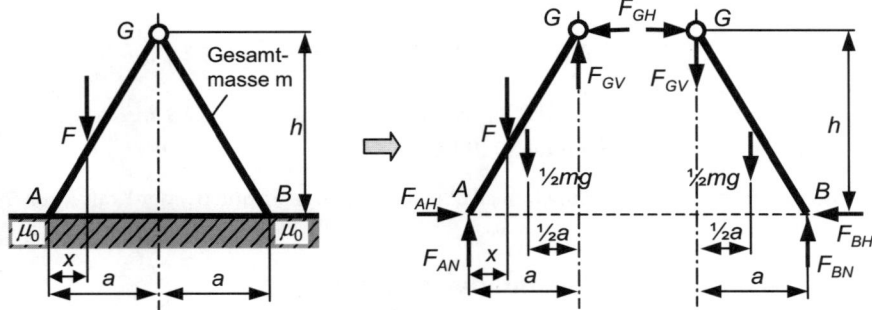

Bild 1.96 Bockleiter ohne Sicherung mit Schnittbild

An jedem Teilsystem können wir drei Gleichgewichtsbedingungen formulieren, aus denen sich schließlich die folgenden Auflagerkräfte ergeben:

$$F_{AN} = \left(1 - \frac{x}{2a}\right)F + \frac{1}{2}mg$$

$$F_{BN} = \frac{x}{2a}F + \frac{1}{2}mg$$

$$F_{AH} = F_{BH} = \frac{x}{2h}F + \frac{a}{4h}mg \qquad (1)$$

Damit die Leiter bei A und B nicht wegrutscht, dürfen die vorhandenen Haftkräfte die jeweils maximal mögliche Haftkraft nicht überschreiten. Es müssen deshalb für die oben berechneten Haftkräfte F_{AH} und F_{BH} die folgenden Bedingungen erfüllt sein:

Punkt A: $$F_{AH} \leq F_{AH\,max} = \mu_0 F_{AN} = \mu_0\left[\left(1 - \frac{x}{2a}\right)F + \frac{1}{2}mg\right] \qquad (2)$$

Punkt B: $$F_{BH} \leq F_{BH\,max} = \mu_0 F_{BN} = \mu_0\left(\frac{x}{2a}F + \frac{1}{2}mg\right) \qquad (3)$$

Aus *(2)* und *(3)* erkennt man, dass

$$F_{BH\,max} \leq F_{AH\,max}$$

gilt und da nach *(1)* $F_{AH} = F_{BH}$ ist, wird zuerst bei B die maximale Haftkraft überschritten. Die Bedingung *(3)* am Punkt B muss somit für die Gewährleistung der Standsicherheit der Bockleiter erfüllt sein. Mit der Haftkraft F_{BH} aus *(1)* folgt aus der Bedingung *(3)* bei B:

$$\frac{x}{2h}F + \frac{a}{4h}mg \leq \mu_0\left(\frac{x}{2a}F + \frac{1}{2}mg\right) \qquad (4)$$

Wenn eine der drei Größen (Belastung, Geometrie oder Haftungskoeffizienten) in *Ungleichung (4)* unbekannt ist, lässt sich diese aus *(4)* ermitteln, so dass die Standsicherheit gewährleistet ist. Wir betrachten nachfolgend drei Fälle:

a) $x = a$ (die Leiter wird in der Mitte belastet): $a \leq 2\mu_0 h \dfrac{F + mg}{2F + mg}$

b) $F = 0$ (es wirkt nur das Eigengewicht der Leiter): $a \leq 2\mu_0 h$

c) $mg = 0$ (es wirkt nur die Kraft F): $a \leq \mu_0 h$

Interessant ist, dass die Lösung im Fall c) nicht vom Angriffspunkt x der Kraft F abhängt.

1.9.2   Gleitreibung (Zustand der Bewegung)

Satz: Kommt es bei einem Kontaktproblem zu einer Relativbewegung (Gleiten) in der Kontaktfläche, z. B. weil die Bedingung $F_H \leq F_{H\text{max}} = \mu_0 F_N$ nicht erfüllt ist, so wird in der Berührungsebene eine Kraft, die so genannte *Gleitreibungskraft* F_R, übertragen, die der Relativbewegung einen Widerstand entgegensetzt (siehe *Bild 1.97*).

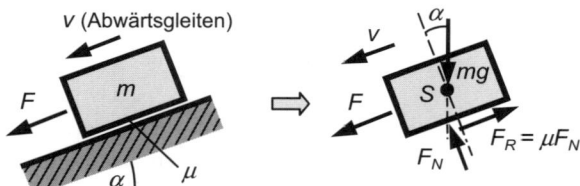

Bild 1.97 Kräfte in der Kontaktfläche beim Gleiten

Annahme: Für viele praktische Fälle kann davon ausgegangen werden, dass die Gleitreibungskraft F_R unabhängig von der Relativgeschwindigkeit v ist.

Es gilt dann das *COULOMB'sche Gleitreibungsgesetz*

$$F_R = \mu F_N \tag{1.45}$$

wobei μ der so genannte *Gleitreibungskoeffizient* ist, der von der Materialpaarung, der Oberflächenbeschaffenheit, der Schmierung usw. abhängt und für den in der Regel $\mu < \mu_0$ gilt (vgl. *Tabelle 1.5*). Die Normalkraft F_N wird als Druckkraft vorausgesetzt.

Beachte: Die Gleitreibungskraft geht mit der Größe $F_R = \mu F_N$ wie eine eingeprägte Kraft mit dem vorgegebenen Richtungssinn *entgegen zur Relativbewegung* (vgl. *Bild 1.97*) in die Rechnung ein.

Anwendungen und Berechnungen, in der die Gleitreibungskraft zu berücksichtigen ist, werden wir im *Kapitel 3* kennen lernen.

Hinweis: Von der Geschwindigkeit v der Gleitbewegung abhängige Reibkräfte (z. B. aus dem Luftwiderstand, aus Strömungswiderständen usw.) werden hier nicht weiter betrachtet.

In der nachfolgenden *Tabelle 1.5* sind einige Richtwerte für den *Gleitreibungskoeffizienten* μ und den *Haftungskoeffizienten* μ_0 angegeben.

Tabelle 1.5 Richtwerte für Haftungskoeffizient μ_0 und Gleitreibungskoeffizient μ

Materialpaarung	Haftungskoeffizient μ_0		Gleitreibungskoeffizient μ	
	trocken	geschmiert	trocken	geschmiert
Stahl auf Stahl	0,15 ... 0,3	0,1 ... 0,12	0,10 ... 0,12	0,04 ... 0,07
Stahl auf Grauguss	0,18 ... 0,2	0,1 ... 0,2	0,15 ... 0,2	0,05 ... 0,1
Stahl auf Bronze	0,18 ... 0,2	0,1 ... 0,2	0,15 ... 0,2	0,05 ... 0,1
Grauguss auf Grauguss	0,2 ... 0,3	0,1 ... 0,15	0,15 ... 0,25	0,02 ... 0,1
Leder auf Metall	0,3 ... 0,5	0,16	0,3	0,15
Holz auf Metall	0,6 ... 0,7	0,11	0,4 ... 0,5	0,10
Holz auf Holz	0,4 ... 0,6	0,16	0,2 ... 0,4	0,08
Gummi auf Asphalt	0,7 ... 0,8		0,5 ... 0,6	

1.9.3 Seilhaftung und Seilreibung

Wir betrachten nachfolgend nur den praktisch wichtigsten und häufigsten Fall, dass ein Seil über einen Kreisbogen geführt wird. Der Umschlingungswinkel (Winkel in dem das Seil mit dem Kreisbogen Kontakt hat) sei α. Ist der Kreisbogen arretiert (oder im Falle einer Umlenkrolle diese abgebremst oder angetrieben) und ist der Haftungskoeffizient zwischen Seil und Kreisbogen $\mu_0 \neq 0$, so sind die Seilkräfte F_{S1} und F_{S2} an den beiden freigeschnittenen Seilenden im

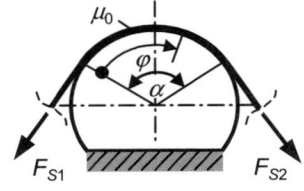

Für $\mu_0 \neq 0$ gilt: $F_{S1} \neq F_{S2}$

Bild 1.98 Seil auf Kreisbogen

Allgemeinen nicht mehr gleich groß (vgl. *Bild 1.98*). Die Seilkraft ändert dabei über den Kontaktbereich α ständig ihre Größe und Richtung, was zur Folge hat, dass sich damit auch die zwischen Seil und Kreisbogen übertragenen Kontaktkräfte in ihrer Größe und Richtung ändern. Deshalb ist es erforderlich, dass wir für die nachfolgende Untersuchung der Verhältnisse bei Haftung (Seil haftet auf dem Kreisbogen) bzw.

Gleitung (Seil rutscht über den Kreisbogen) Betrachtungen an einem differentiellen Bogenstück anstellen.

1.9.3.1 Seilhaftung

Wir suchen die Grenzwerte für die Seilkräfte, bei denen kein Rutschen des Seiles auf dem Kreisbogen- stück eintritt. Dazu schneiden wir ein differentiell kleines Segment des Seiles frei. An den Schnittstellen des Seiles wird die Seilkraft F_s mit Berücksichtigung einer differentiellen Zunahme am positiven Schnitt- ufer angetragen. An der Schnittstelle zum Kreisbogen muss eine differentielle Normalkraft $\mathrm{d}F_N$ und die maximal mögliche Haftkraft als differentielle Größe $\mathrm{d}F_{Hmax}$ angetragen werden (siehe *Bild 1.99*). Mit der für kleine Winkel geltenden Näherung

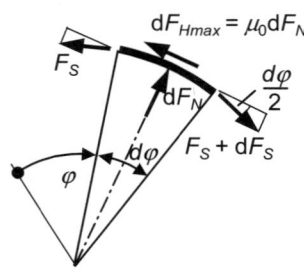

Bild 1.99 Gleichgewicht am differentiellen Seilsegment

$$\sin\frac{\mathrm{d}\varphi}{2} \approx \frac{\mathrm{d}\varphi}{2} \quad \text{und} \quad \cos\frac{\mathrm{d}\varphi}{2} \approx 1$$

folgt aus dem Kraftgleichgewicht in tangentialer Richtung zum Seil

$$\searrow: \quad \left(F_S + \mathrm{d}F_s\right)\cos\frac{\mathrm{d}\varphi}{2} - \mu_c \mathrm{d}F_N - F_S\cos\frac{\mathrm{d}\varphi}{2} = 0 \quad \Rightarrow \quad \mathrm{d}F_N = \frac{1}{\mu_0}\mathrm{d}F_S \tag{1.46}$$

und aus dem Kraftgleichgewicht normal zur Seiltangente folgt

$$\nearrow: \quad -F_S\sin\frac{\mathrm{d}\varphi}{2} + \mathrm{d}F_N - \left(F_S + \mathrm{d}F_s\right)\sin\frac{\mathrm{d}\varphi}{2} = 0 \quad \Rightarrow \quad F_S \cdot \mathrm{d}\varphi = \mathrm{d}F_N \tag{1.47}$$

Den Summanden $\frac{1}{2}\mathrm{d}F_S \cdot \mathrm{d}\varphi$ haben wir als klein von höherer Ordnung vernachlässigt. Setzen wir *(1.46)* in *(1.47)* ein, erhalten wir

$$F_S\mathrm{d}\varphi = \frac{1}{\mu_0}\mathrm{d}F_S$$

Die Integration über den Kontaktbereich des Seiles liefert

$$\int_{F_{S1}}^{F_{S2}}\frac{\mathrm{d}F_S}{F_S} = \mu_0 \int_{\varphi=0}^{\varphi=\alpha}\mathrm{d}\varphi$$

$$\ln F_{S2} - \ln F_{S1} = \ln\frac{F_{S2}}{F_{S1}} = \mu_0\alpha \quad \Rightarrow \quad F_{S2} = F_{S1}e^{\mu_0\alpha} \tag{1.48}$$

Die *Gleichung (1.48)* wird häufig auch als EYTELWEIN'sche[28] Gleichung bezeichnet. Diese Gleichung bedarf noch einer weiteren Erläuterung. Für die vorausgesetzte Richtung der maximalen differentiellen Haftkräfte $\mathrm{d}F_{H\mathrm{max}}$ (vgl. *Bild 1.99*) gilt nach *Gleichung (1.48)* immer $F_{S2} > F_{S1}$. Damit ist die maximal mögliche Kraft F_{S2} für das statische Gleichgewicht

$$F_{S2\mathrm{max}} = F_{S1}e^{\mu_0\alpha} \tag{1.49}$$

Gleichgewicht ist aber auch möglich, wenn F_{S2} kleiner als F_{S1} wird. Das ist dann der Fall, wenn sich die Richtung der Haftkraft $\mathrm{d}F_{H\mathrm{max}} = \mu_0\mathrm{d}F_N$ in *Bild 1.99* umkehrt. Für die Kraft F_{S2} erhält man dann, wie man leicht durch Umkehrung der Richtung von $\mathrm{d}F_{H\mathrm{max}}$ in den Gleichungen zur Herleitung der *Gleichung (1.48)* verfolgen kann, den Minimalwert für F_{S2}, für den Gleichgewicht noch möglich ist zu

$$F_{S2\mathrm{min}} = F_{S1}\,e^{-\mu_0\alpha} \tag{1.50}$$

Für das statische Gleichgewicht (kein Rutschen des Seils) muss daher folgende Ungleichung erfüllt sein:

$$F_{S1}\,e^{-\mu_0\alpha} \le F_{S2} \le F_{S1}\,e^{\mu_0\alpha} \tag{1.51}$$

Typische Anwendungen, die den Unterschied in den Seilkräften F_{S2} und F_{S1} ausnutzen, sind z. B. das Vertäuen (Festmachen) von Schiffen an einem Poller, die Momentenübertragung bei Riementrieben (sowohl im Maschinenbau als auch in der Feinmechanik) und als Sonderfall die Bandbremse im Haltezustand (kein Rutschen, siehe folgendes Beispiel) usw.

Beispiel 1.25 Bandbremse im Haltezustand

Für die Bandbremse in *Bild 1.100* wollen wir die Frage beantworten, welche Größe die Kraft F mindestens annehmen muss, damit die Bremsscheibe, auf die das Moment M_0 wirkt, sich nicht dreht (Haltezustand).

Gegeben: $M_0 = 200\,\mathrm{N\,m}$, $a = 20\,\mathrm{cm}$, $\mu_0 = 0{,}4$
Gesucht: F für den Haltezustand

Zur Lösung der Aufgabe schneiden wir zunächst die Bremsscheibe und den Hebel frei und tragen die Seilkräfte und Lagerreaktionen an (*Bild 1.101*). Aus dem Momentengleichgewicht um den Punkt B der

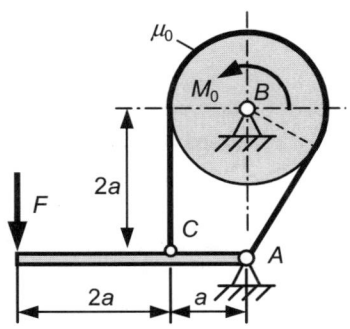

Bild 1.100 Bandbremse

---

[28] JOHANN ALBERT EYTELWEIN (1765-1849), deutscher Baumeister

Bremsscheibe erhalten wir

$$\overset{\curvearrowleft}{B}: \quad -M_0 - F_{S1}a + F_{S2}a = 0$$

$$\Rightarrow \quad F_{S2} = F_{S1} + \frac{M_0}{a} \qquad (1)$$

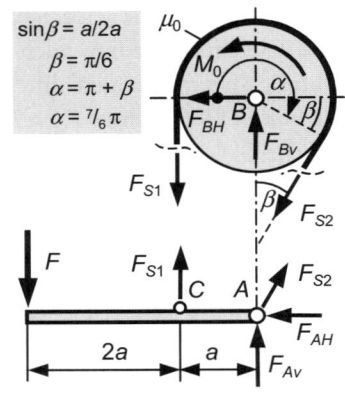

$$\sin\beta = a/2a$$
$$\beta = \pi/6$$
$$\alpha = \pi + \beta$$
$$\alpha = {}^7/_6\,\pi$$

Das Momentengleichgewicht um den Punkt A des Bremshebels ergibt

$$\overset{\curvearrowleft}{A}: \quad -F \cdot 3a + F_{S1} \cdot a = 0$$

$$\Rightarrow \quad F_{S1} = 3F \qquad (2)$$

Mit den *Gleichungen (1)* und *(2)* haben wir zunächst nur zwei Gleichungen für die drei Unbekannten F_{S1}, F_{S2} und F. Wir wissen aber, dass zwischen den Bandkräften die *Gleichung (1.49)*

Bild 1.101 Bandbremse (freigeschnitten)

$$F_{S2} = F_{S2\,max} = F_{S1}e^{\mu_0\alpha} \qquad (3)$$

bei der vorgegebenen Drehrichtung von M_0 gelten muss, wenn wir den Grenzfall zwischen Gleichgewicht und Rutschen untersuchen. Einsetzen von *(3)* und *(2)* in *(1)* und Auflösen nach F liefert die gesuchte Kraft F:

$$F = \frac{M_0}{3a\left(e^{\mu_0\alpha}-1\right)} = \frac{200\,\mathrm{N\,m}}{3 \cdot 0{,}2\,\mathrm{m}\left(e^{0{,}4 \cdot \frac{7}{6}\pi}-1\right)} = 100{,}0\,\mathrm{N}$$

Falls das Moment M_0 in entgegengesetzter Richtung wirkt, wird eine deutlich größere Haltekraft F benötigt, wie eine analoge Rechnung ergibt. Für diesen Fall lautet das Ergebnis

$$F = \frac{M_0}{3a\left(1-e^{-\mu_0\alpha}\right)} = 433{,}4\,\mathrm{N}$$

1.9.3.2 Seilreibung

Bewegungsrichtung des Seiles

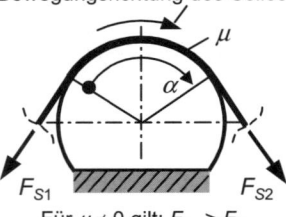

Für $\mu \neq 0$ gilt: $F_{S2} > F_{S1}$

Bild 1.102 Seilreibung

Wir nehmen jetzt an, dass das Seil rutscht. In diesem Fall muss der Haftungskoeffizient μ_0 durch den Gleitreibungskoeffizient μ ersetzt werden, und es gilt dann

$$F_{S2} = F_{S1}e^{\mu\alpha} \qquad (1.52)$$

Beachte: Der Umschlingungswinkel α zählt positiv in Richtung der Seilbewegung (vgl. *Bild 1.102*).

1.10 Schwerpunkt

1.10.1 Massenschwerpunkt

Annahme: Der Körper sei im Vergleich zur Erde klein. Das bedeutet, die Erdbeschleunigung *g* ist im Körper konstant und alle Massenkräfte verlaufen parallel.

Der Schwerpunkt *S* (Massenmittelpunkt) eines Körpers oder Körpersystems ist der Punkt, in dem die Resultierende aller Massenkräfte angreift. Die Resultierende aller Massenkräfte ist die Gewichtskraft F_G des Körpers.

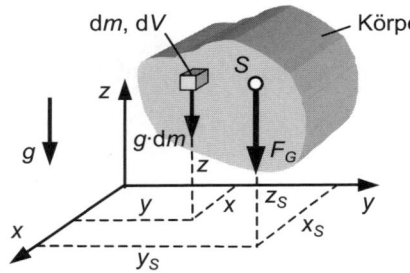

Es bedeuten:
m - Masse des Körpers
d*m* - differentielles Massenelement
V - Volumen des Körpers
d*V* - differentielles Volumenelement
ρ - Dichte
g - Erdbeschleunigung

Bild 1.103 Schwerpunkt eines starren Körpers

Es sei *m* die Masse des Körpers und d*m* ein differentielles Massenelement (siehe *Bild 1.103*). Äquivalenzbetrachtungen für die Kräfte in *z*-Richtung (es gibt nur Kräfte in dieser Richtung) und für die Momente um die *x*- und die *y*-Achse liefern Gleichungen zur Berechnung der geometrischen Lage (x_S, y_S) des Massenschwerpunktes in *x*- bzw. *y*-Richtung. Es folgt:

$$\downarrow \; : \quad F_G = \int\limits_{(m)} g \, dm = mg \tag{1.53}$$

$$\longrightarrow : \quad F_G \cdot x_S = mg \cdot x_S = \int\limits_{(m)} x \cdot g \cdot dm \qquad \Rightarrow \quad x_S = \frac{1}{m} \int\limits_{(m)} x \cdot dm \tag{1.54}$$

$$\nearrow : \quad F_G \cdot y_S = mg \cdot y_S = \int\limits_{(m)} y \cdot g \cdot dm \qquad \Rightarrow \quad y_S = \frac{1}{m} \int\limits_{(m)} y \cdot dm \tag{1.55}$$

Wenn man den Körper einschließlich des Koordinatensystems um einen Winkel von 90° um die *x*-Achse dreht, zeigt die Gewichtskraft F_G und die differentielle Gewichtskraft *g*·d*m* in die negative *y*-Richtung. Aus dem Momentengleichgewicht um die

x-Achse folgt dann eine Gleichung für die geometrische Lage (z_s) des Massenschwerpunktes in z-Richtung:

$$\swarrow : \quad F_G \cdot z_S = mg \cdot z_S = \int_{(m)} z \cdot g \cdot \mathrm{d}m \qquad\qquad \Rightarrow \quad z_S = \frac{1}{m} \int_{(m)} z \cdot \mathrm{d}m \qquad (1.56)$$

1.10.2 Volumenschwerpunkt

Wenn der betrachtete Körper eine konstante Dichte ρ hat, bezeichnet man ihn als
homogen. Für einen homogenen Körper lassen sich mit

$$\mathrm{d}m = \rho\mathrm{d}V \qquad\qquad V = \int_{(V)} \mathrm{d}V \qquad \text{und} \qquad m = \rho V$$

die Gleichungen *(1.54)* bis *(1.56)* zur Berechnung des Schwerpunktes folgendermaßen vereinfachen:

$$x_S = \frac{1}{V} \int_{(V)} x \cdot \mathrm{d}V \qquad y_S = \frac{1}{V} \int_{(V)} y \cdot \mathrm{d}V \qquad z_S = \frac{1}{V} \int_{(V)} z \cdot \mathrm{d}V \qquad (1.57)$$

Beachte: Der Schwerpunkt ist in diesem Fall eine rein geometrische Größe. Er
wird deshalb auch *Volumenschwerpunkt* genannt.

Hinweis: Integrale vom Typ $\int_{(m)} x \cdot \mathrm{d}m$ und $\int_{(V)} x \cdot \mathrm{d}V$, wie sie in den *Gleichungen*
(1.54) bis *(1.57)* vorkommen, werden *statische Momente* genannt.

1.10.3 Flächenschwerpunkt ebener Flächen

Aus den Gleichungen für den Volumenschwerpunkt *(1.57)* homogener Körper lässt sich der
Flächenschwerpunkt sehr dünner homogener
Scheiben der Fläche A und konstanter Dicke h
($h \rightarrow 0$) ableiten. Dazu setzten wir in die erste
Gleichung von *(1.57)* für das Volumendifferenti-
al $\mathrm{d}V = h \cdot \mathrm{d}A$ ein und erhalten mit $V = h \cdot A$ das
Ergebnis für die Schwerpunktkoordinate x_S
(siehe *Bild 1.104*)

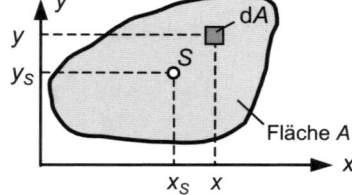

Bild 1.104 Flächenschwerpunkt

$$x_S = \frac{1}{V} \int\limits_{(V)} x \cdot dV = \frac{1}{hA} \int\limits_{(A)} x h dA = \frac{1}{A} \int\limits_{(A)} x dA$$

Ein analoges Ergebnis erhalten wir für y_s aus der zweiten Gleichung von *(1.57)*. Damit lauten die Koordinaten des Flächenschwerpunktes:

$$x_S = \frac{1}{A} \int\limits_{(A)} x dA \qquad y_S = \frac{1}{A} \int\limits_{(A)} y dA \qquad (1.58)$$

Die in den *Gleichungen (1.58)* auftretenden Flächenintegrale werden als *statische Momente* der Fläche *A* bezüglich der *x*-Achse (S_x) bzw. der *y*-Achse (S_y) bezeichnet:

$$S_x = \int\limits_{(A)} y dA \qquad S_y = \int\limits_{(A)} x dA \qquad \textit{Statische Momente} \qquad (1.59)$$

Damit lassen sich die *Gleichungen (1.58)* für den Flächenschwerpunkt auch als

$$x_S = \frac{1}{A} S_y \qquad \text{und} \qquad y_s = \frac{1}{A} S_x$$

schreiben. Wird das Bezugskoordinatensystem genau in den Flächenschwerpunkt *S* gelegt, so gilt $x_s = y_s = 0$, woraus $S_x = S_y = 0$ folgt.

Satz: Das statische Moment bezüglich einer Achse durch den Flächenschwerpunkt ist gleich null.

Beispiel 1.26 Flächenschwerpunkt einer Halbkreisfläche

Als Beispiel zur Schwerpunktberechnung betrachten wir den in *Bild 1.105* dargestellten Halbkreis. Mit

$$A = \frac{1}{2} \pi r^2, \quad dA = r \cdot d\varphi \cdot dr,$$
$$x = r \cos\varphi, \quad y = r \sin\varphi$$

erhalten wir aus den beiden *Gleichungen (1.58)* für die Schwerpunktkoordinaten

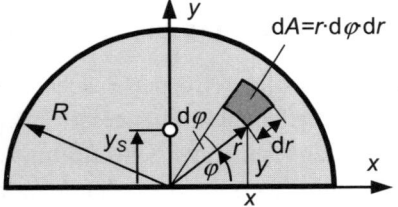

Bild 1.105 Schwerpunkt einer Halbkreisfläche

$$x_S = \frac{1}{A} \int\limits_{(A)} x dA = \frac{2}{\pi R^2} \int\limits_{r=0}^{R} \int\limits_{\varphi=0}^{\pi} r^2 \cos\varphi \cdot d\varphi \cdot dr$$

$x_S = 0$ (wegen der Symmetrie zur *y*-Achse war dieses Ergebnis zu erwarten)

sowie

$$y_S = \frac{1}{A} \int\limits_{(A)} y\mathrm{d}A = \frac{2}{\pi R^2} \int\limits_{r=0}^{R} \int\limits_{\varphi=0}^{\pi} r^2 \sin\varphi \cdot \mathrm{d}\varphi \cdot \mathrm{d}r = \frac{2}{\pi R^2} \left\{ \frac{r^3}{3}\bigg|_{r=0}^{R} \cdot [-\cos\varphi]\bigg|_{\varphi=0}^{\pi} \right\} = \frac{4R}{3\pi}$$

1.10.4 Linienschwerpunkt ebener Linien

Aus den Gleichungen für den Volumenschwerpunkt *(1.57)* homogener Körper lässt
sich auch der Schwerpunkt eines sehr dünnen
linienförmigen Körpers der Länge l mit einer
sehr kleinen, konstanten Querschnittsfläche A
($A \to 0$) ableiten. Dazu setzten wir in die erste
Gleichung von *(1.57)* für das Volumendiffe-
rential $\mathrm{d}V = A \cdot \mathrm{d}s$ ein und erhalten mit $V = A \cdot l$
das Ergebnis für die Schwerpunktkoordinate
x_s (siehe *Bild 1.106*)

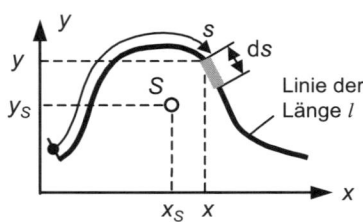

Bild 1.106 Linienschwerpunkt

$$x_S = \frac{1}{V} \int\limits_{(V)} x \cdot \mathrm{d}V = \frac{1}{A \cdot l} \int\limits_{(l)} x A \mathrm{d}s = \frac{1}{l} \int\limits_{(l)} x \mathrm{d}s$$

Ein analoges Ergebnis ergibt sich für y_s aus der zweiten Gleichung von *(1.57)*. Damit
lauten die Schwerpunktkoordinaten einer ebenen Linie

$$x_S = \frac{1}{l} \int\limits_{(l)} x\mathrm{d}s \qquad\qquad y_S = \frac{1}{l} \int\limits_{(l)} y\mathrm{d}s \qquad\qquad\qquad (1.60)$$

1.10.5 Schwerpunkt zusammengesetzter Gebilde

Ist ein Gebilde (Körper, Fläche oder Linie) aus einer endlichen Anzahl einzelnen
Bestandteilen zusammengesetzt, für die die Koordinaten der Schwerpunkte bekannt
sind, dann kann der Schwerpunkt des Gesamtsystems durch Summation über die
Bestandteile ermittelt werden (Ausschnitte lassen sich mit negativem Vorzeichen der
ausgeschnittenen Volumen, Flächen oder Linien in den Formeln berücksichtigen). So
gilt z. B. für den Flächenschwerpunkt einer aus n Teilflächen bestehenden ebenen
Fläche (Anwendungsbeispiel siehe: *Kapitel 1.11.5, Beispiel 1.28, Seite 113*)

$$x_S = \frac{1}{A} \int\limits_{(A)} x\mathrm{d}A = \frac{S_y}{A} = \frac{\sum\limits_{i=1}^{n} x_{Si}A_i}{\sum\limits_{i=1}^{n} A_i} \qquad\qquad y_S = \frac{1}{A} \int\limits_{(A)} y\mathrm{d}A = \frac{S_x}{A} = \frac{\sum\limits_{i=1}^{n} y_{Si}A_i}{\sum\limits_{i=1}^{n} A_i} \qquad (1.61)$$

1.10.6   Anmerkungen zur Berechnung von Schwerpunkten

- Hat das zu berechnende Gebilde (Körper, Fläche oder Linie) eine Symmetrieachse, so liegt der Schwerpunkt auf der Symmetrieachse.
- Wenn zwei Symmetrieachsen vorhanden sind, so liegt der Schwerpunkt im Schnittpunkt der Symmetrieachsen.
- Statische Momente in bezug auf Symmetrieachsen sind stets null.
- Der *Massenschwerpunkt* wird vorrangig in der Statik und in der Dynamik als Angriffspunkt der Gewichtskraft und von Trägheitskräften sowie für die Berechnung von Massenmomenten bezogen auf Schwerpunktsachsen benötigt.
- Der *Volumenschwerpunkt* ist für homogene Körper (Dichte ρ = *konst.*) identisch mit dem Massenschwerpunkt und folglich entsprechend nutzbar.
- Den *Flächenschwerpunkt* benötigen wir in der Festigkeitslehre zur Festlegung eines Bezugssystems zur Berechnung von Querschnittskennwerten, die wiederum für die Berechnungen von Spannungen- und Verformungen benötigt werden.
- Der *Linienschwerpunkt* hat Bedeutung bei der Berechnung dünnwandiger offener und geschlossener Querschnitte sowie beim Stanzen und Abscheren von Blechen. So wird beispielsweise dann ein gutes Stanzergebnis erzielt, wenn die Belastung durch das Werkzeug im Linienschwerpunkt der zu stanzenden Kontur wirkt.

Hinweis: Bei räumlich gekrümmten Flächen bzw. Linien lässt sich die z_s-Koordinate aus

$$z_S = \frac{1}{A}\int\limits_{(A)} z\,\mathrm{d}A \qquad \text{bzw.} \qquad z_S = \frac{1}{l}\int\limits_{(l)} z\,\mathrm{d}s$$

berechnen, die die *Gleichungen (1.58)* bzw. *(1.60)* ergänzen.

1.11   Flächenmomente 2. Grades

1.11.1   Definition der Flächenmomente 2. Grades[29]

Flächenmomente 2. Grades sind in der Festigkeitslehre benötigte Größen (Integrale über die Querschnittsfläche), die bei der Berechnung von Spannungen und Verformungen benötigt werden. Sie hängen nur von der Form und Größe des Querschnitts und von der Lage des Bezugssystems ab. Wir können sie daher bereits in der Statik eingeführt, obwohl ihre praktische Bedeutung hier noch nicht deutlich wird.

---

[29] Bezeichnung nach DIN 1304. Häufig wird auch der Begriff „Flächenträgheitsmoment" verwendet.

Axiale Flächenmomente 2. Grades

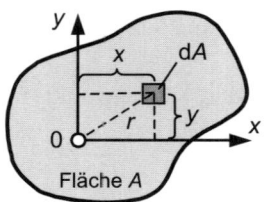

Bild 1.107

Die axialen Flächenmomente 2. Grades I_{xx} und I_{yy} bezogen auf die x-Achse bzw. auf die y-Achse sind folgendermaßen definiert (vgl. *Bild 1.107*):

$$I_{xx} = \int\limits_{(A)} y^2 \mathrm{d}A \tag{1.62}$$

$$I_{yy} = \int\limits_{(A)} x^2 \mathrm{d}A \tag{1.63}$$

Hinweis: Die axialen Flächenmomente 2. Grades werden auch äquatoriale Flächenmomente 2. Grades genannt.

Zentrifugal- oder Deviationsmoment

Das Zentrifugalmoment I_{xy}, das teilweise auch als Deviationsmoment bezeichnet wird, ist folgendermaßen definiert (vgl. *Bild 1.107*):

$$I_{xy} = -\int\limits_{(A)} xy \,\mathrm{d}A \tag{1.64}$$

Polares Flächenmoment 2. Grades

Das polare Flächenmoment 2. Grades I_p ist definiert als (vgl. *Bild 1.107*)

$$I_p = \int\limits_{(A)} r^2 \mathrm{d}A \tag{1.65}$$

Es kann mit $r^2 = x^2 + y^2$ durch die axialen Flächenmomente 2. Grades ausgedrückt werden:

$$I_p = \int\limits_{(A)} (x^2 + y^2)\,\mathrm{d}A = \int\limits_{(A)} x^2 \mathrm{d}A + \int\limits_{(A)} y^2 \mathrm{d}A = I_{xx} + I_{yy}$$

Allgemein gilt für die Flächenmomente 2. Grades:

- Die Flächenmomente 2. Grades haben die Einheit mm^4.
- Die axialen Flächenmomente 2. Grades und folglich das polare Flächenmoment 2. Grades sind stets größer als null.
- Das Zentrifugalmoment kann größer, kleiner oder gleich null sein.

Merke: Der Richtungssinn der Koordinatenachsen hat nur auf das Vorzeichen des Zentrifugalmomentes I_{xy} einen Einfluss.

Aus der Anschauung folgt: Ist eine Achse eine Symmetrieachse, so ist das Zentrifugalmoment null, da zu jedem positiven Wert ($x \cdot y$) auch ein gleich großer negativer Wert gehört.

1.11.2 Satz von STEINER

Wir wollen nachfolgend die Flächenmomente 2. Grades bezogen auf ein $(\bar{x}, \bar{y})$-Koordinatensystem berechnen, das gegenüber dem ursprünglichen (x,y)-Koordinatensystem parallel verschoben ist. Das ursprüngliche Koordinatensystem soll stets mit seinem Ursprung im Schwerpunkt S der Fläche A liegen (siehe *Bild 1.108*). Zwischen den beiden Koordinatensystemen besteht der Zusammenhang

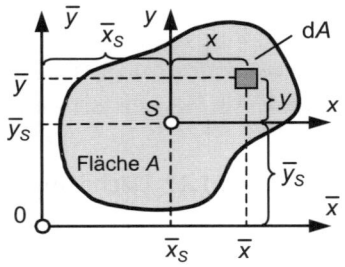

Bild 1.108 Bezugssysteme für den STEINER'schen Satz

$$\bar{x} = x + \bar{x}_S \quad \text{und} \quad \bar{y} = y + \bar{y}_S.$$

Setzen wir diesen Zusammenhang in die für das quergestrichene Koordinatensystem aufgeschriebenen Definitionsgleichungen der Flächenmomente 2. Grades *(1.62)* bis *(1.64)* ein, so folgt für die Flächenmomente 2. Grades bezogen auf das $(\bar{x}, \bar{y})$-System

$$I_{\overline{xx}} = \int\limits_{(A)} \bar{y}^2 dA = \int\limits_{(A)} (y + y_S)^2 dA = \underbrace{\int\limits_{(A)} y^2 dA}_{I_{xx}} + 2\bar{y}_S \underbrace{\int\limits_{(A)} y\,dA}_{S_x = 0} + \bar{y}_S^2 \underbrace{\int\limits_{(A)} dA}_{A}$$

$$I_{\overline{yy}} = \int\limits_{(A)} \bar{x}^2 dA = \int\limits_{(A)} (x + \bar{x}_S)^2 dA = \underbrace{\int\limits_{(A)} x^2 dA}_{I_{yy}} + 2\bar{x}_S \underbrace{\int\limits_{(A)} x\,dA}_{S_y = 0} + \bar{x}_S^2 \underbrace{\int\limits_{(A)} dA}_{A}$$

$$I_{\overline{xy}} = -\int\limits_{(A)} \bar{x}\,\bar{y}\,dA = -\underbrace{\int\limits_{(A)} xy\,dA}_{I_{xy}} - \bar{x}_S \underbrace{\int\limits_{(A)} y\,dA}_{S_x = 0} - \bar{y}_S \underbrace{\int\limits_{(A)} x\,dA}_{S_y = 0} - \bar{x}_S \bar{y}_S \underbrace{\int\limits_{(A)} dA}_{A}$$

Die statischen Momente S_x und S_y in den obigen Gleichungen sind null, weil das (x,y)-Koordinatensystem laut unserer Annahme seinen Ursprung im Schwerpunkt S der Fläche hat (vgl. *Kapitel 1.10.3*). Damit ergeben sich als Transformationsgleichungen für die Flächenmomente 2. Grades zwischen den parallelen Koordinatensystemen die als *STEINER*'scher Satz bezeichneten drei Gleichungen:

$$
\left.
\begin{aligned}
I_{\overline{xx}} &= I_{xx} + \overline{y}_S^2 A \\
I_{\overline{yy}} &= I_{yy} + \overline{x}_S^2 A \\
I_{\overline{xy}} &= I_{xy} - \overline{x}_S \overline{y}_S A
\end{aligned}
\right\}
\qquad STEINER'scher\ Satz
\qquad (1.66)
$$

Beachte: Der STEINER'sche Satz in der Form von Gleichung *(1.66)* gilt nur für die Transformation zwischen Schwerpunktachsen (hier x, y) und dazu parallele Achsen (hier $\overline{x}, \overline{y}$).

Hinweis: Von allen axialen Flächenmomenten 2. Grades bezüglich paralleler Achsen sind die auf Schwerpunktachsen bezogenen am kleinsten.

Beispiel 1.27 Flächenmomente 2. Grades einer Rechteckfläche

Für die Rechteckfläche nach *Bild 1.109* wollen wir zunächst die Flächenmomente 2. Grades bezogen auf das Schwerpunktkoordinatensystem (x, y) berechnen. Aus den *Gleichungen (1.62)* und *(1.63)* erhalten wir die axialen Flächenmomente 2. Grades zu:

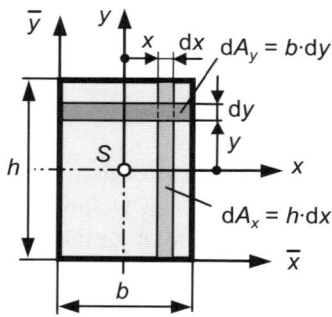

Bild 1.109 Rechteckfläche

$$
I_{xx} = \int_{(A)} y^2 \, \mathrm{d}A_y = \int_{-\frac{h}{2}}^{\frac{h}{2}} y^2 b \, \mathrm{d}y = b \frac{y^3}{3} \Big|_{-\frac{h}{2}}^{\frac{h}{2}} = \frac{bh^3}{12}
$$

$$
I_{yy} = \int_{(A)} x^2 \, \mathrm{d}A_x = \int_{-\frac{b}{2}}^{\frac{b}{2}} x^2 h \, \mathrm{d}x = h \frac{x^3}{3} \Big|_{-\frac{b}{2}}^{\frac{b}{2}} = \frac{hb^3}{12}
$$

Die x- und die y-Achse sind nicht nur Schwerpunktachsen sonder auch Symmetrieachsen, so dass sich für das Zentrifugalmoment $I_{xy} = 0$ ergibt. Wir wollen nachfolgend auch noch die Flächenmomente 2. Grades bezogen auf das $(\overline{x}, \overline{y})$-Koordinatensystem (siehe *Bild 1.109*) berechnen. Der STEINER'sche Satz *(1.66)* liefert mit

$$
\overline{x}_S = \frac{b}{2}, \qquad \overline{y}_S = \frac{h}{2} \qquad \text{und} \qquad A = bh
$$

für die Flächenmomente 2. Grades des Rechtecks bezogen auf die $(\overline{x}, \overline{y})$-Achsen:

$$
I_{\overline{xx}} = I_{xx} + \overline{y}_S^2 A = \frac{bh^3}{12} + \frac{h^2}{4} bh = \frac{bh^3}{3}
$$

$$I_{\overline{yy}} = I_{yy} + \overline{x}_S^2 A = \frac{hb^3}{12} + \frac{b^2}{4} bh = \frac{hb^3}{3}$$

$$I_{\overline{xy}} = I_{xy} - \overline{x}_S \overline{y}_S A = 0 - \frac{b}{2} \cdot \frac{h}{2} bh = -\frac{b^2 h^2}{4}$$

1.11.3 Flächenmomente 2. Grades einfacher Querschnittsflächen

Hinweis: Für typische Flächen, insbesondere auch für die Querschnittsflächen von Normprofilen, findet man allgemeine Formeln und Zahlenergebnisse für die Flächenmomente 2. Grades in Zahlentabellen und Nachschlagewerken.[30]

Nachfolgend sind in der *Tabelle 1.6* die häufig benötigten Flächenmomente 2. Grades für das Rechteck (vgl. auch *Beispiel 1.27*), den Kreis, den Kreisring und das recht-winklige Dreieck angegeben.

Tabelle 1.6 Flächenmomente 2. Grades für Rechteck, Kreis, Kreisring und Dreieck

Querschnittsfläche		Flächenmomente 2. Grades		
Rechteck:		$I_{xx} = \dfrac{bh^3}{12}$	$I_{yy} = \dfrac{hb^3}{12}$	$I_{xy} = 0$
Kreis:		$I_{xx} = I_{yy} = \dfrac{\pi d^4}{64} = \dfrac{\pi r^4}{4}$		$I_{xy} = 0$
Kreisring:		$I_{xx} = I_{yy} = \dfrac{\pi}{64}\left(D^4 - d^4\right)$		$I_{xy} = 0$
Dreieck:		$I_{xx} = \dfrac{ab^3}{36}$	$I_{yy} = \dfrac{ba^3}{36}$	$I_{xy} = \dfrac{a^2 b^2}{72}$

---

[30] Nachschlagewerke: [1], [3], [4]

1.11.4 Hauptflächenmomente

Wir wollen nachfolgend untersuchen, wie sich die Flächenmomente 2. Grades ändern, wenn wir das Bezugskoordinatensystem um den Winkel φ drehen. Mittels einer Extremwertaufgabe lässt sich dann derjenige Winkel bestimmen, unter dem die Flächenmomente 2. Grades einen Extremwert, d. h. ein Maximum bzw. ein Minimum, annehmen.

Die Extremwerte der axialen Flächenmomente 2. Grades werden als *Hauptflächenmomente* bezeichnet. Die dazugehörigen Koordinatenachsen heißen *Hauptachsen.*

Zur Bestimmung der Flächenmomente in Abhängigkeit vom Winkel führen wir ein neues Koordinatensystem (ξ,η) ein, das in Bezug zu dem ursprünglichen Koordinatensystem (x,y) um den Winkel φ gedreht ist (siehe *Bild 1.110*). Wir transformieren die Flächenmomente auf dieses neue Koordinatensystem und erhalten die Flächenmomente $I_{\xi\xi}(\varphi)$, $I_{\eta\eta}(\varphi)$ und $I_{\xi\eta}(\varphi)$ in Abhängigkeit vom Winkel φ und den Flächenmomenten I_{xx}, I_{yy} und I_{xy}. Die

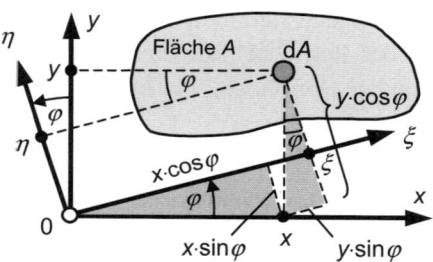

Bild 1.110 Transformation vom (x,y)-System auf ein (ξ,η)-Koordinatensystem

Extremwertbedingungen an die Funktionen $I_{\xi\xi}(\varphi)$ und $I_{\eta\eta}(\varphi)$ liefern die Hauptflächenmomente und den Winkel φ, der die Lage der dazugehörigen Hauptachsen beschreibt.

Aus dem *Bild 1.110* lassen sich die folgenden Transformationsformeln ablesen:

$$\xi = x\cos\varphi + y\sin\varphi \tag{1.67}$$
$$\eta = -x\sin\varphi + y\cos\varphi \tag{1.68}$$

Für die Flächenmomente 2. Grades bezogen auf das gedrehte Koordinatensystem (ξ,η) gilt (vgl. Definitionen der Flächenmomente, *Kapitel 1.11.1*):

$$I_{\xi\xi} = \int\limits_{(A)} \eta^2 \mathrm{d}A \qquad\qquad I_{\eta\eta} = \int\limits_{(A)} \xi^2 \mathrm{d}A \qquad\qquad I_{\xi\eta} = -\int\limits_{(A)} \xi\eta\,\mathrm{d}A$$

Setzen wir zunächst in $I_{\xi\xi}$ die Transformationsformel *(1.68)* für η ein, so ergibt sich

$$I_{\xi\xi} = \int\limits_{(A)} \eta^2 \mathrm{d}A = \int\limits_{(A)} (-x\cdot\sin\varphi + y\cdot\cos\varphi)^2\,\mathrm{d}A$$

$$I_{\xi\xi} = \sin^2\varphi \underbrace{\int x^2 \mathrm{d}A}_{(A)} - 2\sin\varphi\cos\varphi \underbrace{\int xy \mathrm{d}A}_{(A)} + \cos^2\varphi \underbrace{\int y^2 \mathrm{d}A}_{(A)}$$

Mit den Definitionen der Flächenmomente 2. Grades bezogen auf das (x,y)-Koordinatensystem (siehe *Gleichungen (1.62) bis (1.64)*) und den bekannten trigonometrischen Beziehungen[31]

$$\sin^2\varphi = \frac{1}{2}(1-\cos 2\varphi) \qquad \cos^2\varphi = \frac{1}{2}(1+\cos 2\varphi) \qquad 2\sin\varphi\cos\varphi = \sin 2\varphi$$

folgt

$$I_{\xi\xi} = \frac{1}{2}(I_{xx}+I_{yy}) + \frac{1}{2}(I_{xx}-I_{yy})\cos 2\varphi + I_{xy}\sin 2\varphi \tag{1.69}$$

Auf analogem Wege erhält man die folgenden Formeln für $I_{\eta\eta}$ und $I_{\xi\eta}$

$$I_{\eta\eta} = \frac{1}{2}(I_{xx}+I_{yy}) - \frac{1}{2}(I_{xx}-I_{yy})\cos 2\varphi - I_{xy}\sin 2\varphi \tag{1.70}$$

$$I_{\xi\eta} = -\frac{1}{2}(I_{xx}-I_{yy})\sin 2\varphi + I_{xy}\cos 2\varphi \tag{1.71}$$

Bestimmung der Hauptflächenmomente und der Hauptachsen

Wir wollen zunächst berechnen, für welchen Winkel $\varphi = \varphi_0$ die axialen Flächenmomente 2. Grades $I_{\xi\xi}(\varphi)$ und $I_{\eta\eta}(\varphi)$ Extremwerte annehmen und wie groß diese werden. Die Extremwerte folgen aus den zwei Bedingungen

$$\frac{\mathrm{d}I_{\xi\xi}(\varphi)}{\mathrm{d}\varphi} = 0 \qquad \text{bzw.} \qquad \frac{\mathrm{d}I_{\eta\eta}(\varphi)}{\mathrm{d}\varphi} = 0 \tag{1.72}$$

Aus der ersten Bedingung folgt mit *Gleichung (1.69)*

$$\left.\frac{\mathrm{d}I_{\xi\xi}(\varphi)}{\mathrm{d}\varphi}\right|_{\varphi=\varphi_0} = \frac{1}{2}(I_{xx}-I_{yy})(-\sin 2\varphi_0)\cdot 2 + I_{xy}(\cos 2\varphi_0)\cdot 2 = 0$$

und daraus erhalten wir die Bedingung für den Winkel φ_0, für den die axialen Flächenmomente 2. Grades Extremwerte annehmen, zu

$$\tan 2\varphi_0 = \frac{2I_{xy}}{I_{xx}-I_{yy}} \tag{1.73}$$

---

[31] Siehe z. B. [2]

Das gleiche Ergebnis erhält man, wenn analog die Extremalbedingung für $I_{\eta\eta}(\varphi)$ (zweite Bedingung von *(1.72)*) ausgeführt wird. *Gleichung (1.73)* hat im Bereich von 0 bis 2π zwei Lösungen φ_{01} und φ_{02}, die sich um $\pi/2$ unterscheiden. Durch Einsetzen von *(1.73)* in die zweiten Ableitungen nach φ der *Gleichungen (1.69)* und *(1.70)* kann gezeigt werden, dass durch die beiden Lösungen φ_{01} und φ_{02} die Achsen maximaler bzw. minimaler axialer Flächenmomente 2. Grades beschrieben werden.

Diese durch φ_{01} und φ_{02} festgelegten Achsen, bezüglich der die Extremwerte der axialen Flächenmomente 2. Grades, die so genannten *Hauptflächenmomente* I_1 und I_2, auftreten, stehen senkrecht aufeinander. Wir bezeichnen diese Achsen als *Hauptachsen* „1" und „2" (siehe *Bild 1.111*). Die hier nicht weiter ausgeführte Rechnung führt auf die Hauptflächenmomente

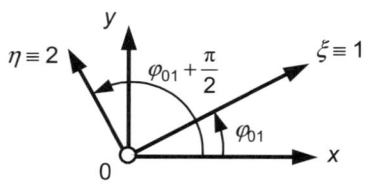

Bild 1.111 Lage der Hauptachsen

$$I_1 = I_{\max} = I_{\xi\xi}(\varphi_{01}) = \frac{I_{xx}+I_{yy}}{2} + \sqrt{\left(\frac{I_{xx}-I_{yy}}{2}\right)^2 + I_{xy}^2} \qquad (1.74)$$

$$I_2 = I_{\min} = I_{\xi\xi}(\varphi_{02}) = I_{\eta\eta}(\varphi_{01}) = \frac{I_{xx}+I_{yy}}{2} - \sqrt{\left(\frac{I_{xx}-I_{yy}}{2}\right)^2 + I_{xy}^2} \qquad (1.75)$$

und auf mehrere mögliche Formen einer Bestimmungsgleichung für den Winkel φ_{01}, der die Lage der Achse „1" mit dem maximalen Flächenmoment 2. Grades I_1 beschreibt

$$\tan\varphi_{01} = \frac{I_1-I_{xx}}{I_{xy}} = \frac{I_{yy}-I_2}{I_{xy}} = \frac{I_{xy}}{I_1-I_{yy}} = \frac{I_{xy}}{I_{xx}-I_2} \qquad (1.76)$$

sowie auf den Winkel φ_{02}, der die Lage der Achse „2" mit dem minimalen Flächenmoment 2. Grades I_2 beschreibt

$$\varphi_{02} = \varphi_{01} + \frac{\pi}{2} \qquad (1.77)$$

Setzen wir die Winkel φ_{01} und φ_{02} in die *Gleichung (1.71)* für das Zentrifugalmoment $I_{\xi\eta}$ ein, so ergibt sich

$$I_{\xi\eta}(\varphi_{01}) = I_{\xi\eta}(\varphi_{02}) = 0 \qquad (1.78)$$

Beachte: Das Zentrifugalmoment ist für die Hauptachsen null.

Extremwerte des Zentrifugalmomentes $I_{\xi\eta}$

Die Lage der Achsen für die Extremwerte des Zentrifugalmomentes $I_{\xi\eta}$, die um den Winkel φ_1 gegenüber dem Ursprungsystem gedreht sind, lässt sich analog wie die Lage der Hauptachsen berechnen. Wir setzen dazu die erste Ableitung von *Gleichung (1.71)* null. Aus

$$\left.\frac{\mathrm{d}I_{\xi\eta}(\varphi)}{\mathrm{d}\varphi}\right|_{\varphi=\varphi_1} = 0 \tag{1.79}$$

ergibt sich

$$\tan 2\varphi_1 = -\frac{I_{xx} - I_{yy}}{2I_{xy}} \tag{1.80}$$

Das Produkt der *Gleichungen (1.80)* und *(1.73)* liefert

$$\tan 2\varphi_1 \cdot \tan 2\varphi_0 = \left(-\frac{I_{xx} - I_{yy}}{2I_{xy}}\right) \cdot \frac{2I_{xy}}{I_{xx} - I_{yy}} = -1 \qquad \Rightarrow \quad \varphi_1 = \varphi_0 \pm \frac{\pi}{4} \tag{1.81}$$

Das bedeutet: Die Achsen der maximalen Zentrifugalmomente sind gegenüber den Achsen der Hauptflächenmomente um 45° gedreht.

Die Extremwerte der Zentrifugalmomente erhalten wir durch Einsetzen von φ_1 in die *Gleichung (1.71)* zu

$$I_{\xi\eta\,\mathrm{max,min}} = I_{\xi\eta}(\varphi_1) = \pm\sqrt{\left(\frac{I_{xx} - I_{yy}}{2}\right)^2 + I_{xy}^2} = \pm\frac{1}{2}(I_1 - I_2)$$

Schlussfolgerungen

- Für Hauptachsen ist das Zentrifugalmoment null.
- Verschwindet für zwei senkrecht aufeinanderstehende Achsen das Zentrifugalmoment, so sind diese Achsen Hauptachsen.
- Ist eine Achse eine Symmetrieachse der Fläche, so ist sie eine Hauptachse.
- Ist der Koordinatenursprung der Schwerpunkt, so heißen die Hauptachsen auch Hauptzentralachsen und die Hauptflächenmomente werden auch als Hauptzentralmomente bezeichnet.

1.11.5 Flächenmomente 2. Grades zusammengesetzter Flächen

Satz: Flächenmomente 2. Grades können addiert werden, wenn sie auf gleiche Achsen bezogen sind. Sind sie nicht auf gleiche Achsen bezogen, so lassen sie sich mit Hilfe des STEINER'schen Satzes (siehe *Kapitel 1.11.2, Gleichung (1.66)*) und/oder der Transformationsformeln für eine Drehung des Koordinatensystems um den Winkel φ (*Gleichungen (1.69)* bis *(1.71)*) auf einheitliche Koordinatenachsen umrechnen.

Zur Veranschaulichung betrachten wir das in *Bild 1.112* dargestellte Beispiel. Gesucht seien die Flächenmomente 2. Grades $I_{\overline{xx}}$, $I_{\overline{yy}}$ und $I_{\overline{xy}}$ der Gesamtfläche A bezogen auf das globale Ausgangskoordinatensystem $(\overline{x}, \overline{y})$. Für eine möglichst einfache Berechnung teilen wir die Gesamtfläche A in n Teilflächen A_i auf (in unserem Beispiel ist $n = 4$). Für jede Teilflächen nehmen wir an, dass der Flächeninhalt A_i, die Lage des Schwerpunktes S_i und die Flächenmomente $I_{x_i x_i}$, $I_{y_i y_i}$ und $I_{x_i y_i}$ auf das

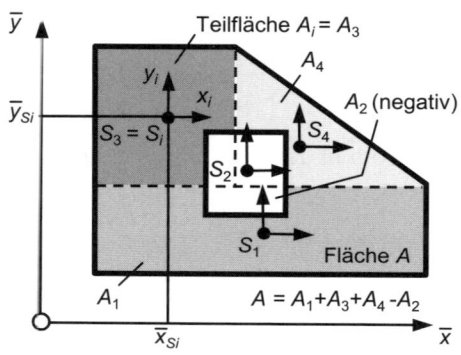

Bild 1.112 Zusammengesetzte Fläche

zum globalen Ausgangskoordinatensystem $(\overline{x}, \overline{y})$ parallele Schwerpunktkoordinatensystem (x_i, y_i) bekannt sind. Es gilt dann nach dem STEINER'schen Satz *(1.66)*:

$$I_{\overline{xx}} = \sum_{i=1}^{n} \left(I_{x_i x_i} + \overline{y}_{S_i}^2 A_i \right) \qquad I_{\overline{yy}} = \sum_{i=1}^{n} \left(I_{y_i y_i} + \overline{x}_{S_i}^2 A_i \right) \qquad I_{\overline{xy}} = \sum_{i=1}^{n} \left(I_{x_i y_i} - \overline{x}_{S_i} \overline{y}_{S_i} A_i \right)$$

Hinweis 1: Löcher und Ausschnitte in der Fläche können durch negative Teilflächen und negative Teilflächenmomente 2. Grades berücksichtigt werden. Im *Bild 1.112* muss die Teilfläche A_2 auf diese Weise wieder herausgerechnet werden, wenn die Teilflächen, so wie im *Bild 1.112* gezeigt, in die Rechnung eingehen.

Hinweis 2: Die Wahl des globalen Koordinatensystems $(\overline{x}, \overline{y})$ kann beliebig vorgenommen werden. Die Wahl sollte aber so erfolgen, dass möglicht viele Schwerpunktskoordinatensysteme parallel zu ihm liegen. Für nicht parallele Achsen muss vor der Anwendung des STEINER'schen Satzes eine Transformationen mit Hilfe der *Gleichungen (1.69)* bis *(1.71)* vorgenommen werden (vgl. auch Satz oben).

Hinweis 3: Bei komplizierten, aus vielen Teilflächen bestehenden Flächen, empfiehlt sich eine systematische Rechnung in Tabellenform.

Beispiel 1.28 Flächenmomente 2. Grades für eine zusammengesetzte Fläche

Für die Fläche A (siehe *Bild 1.113*) sind die Hauptflächenmomente für Achsen durch den Schwerpunkt von A und die Lage der Hauptachsen zu berechnen.

In der folgenden Berechnung (vgl. *Bild 1.114*) setzen wir die Fläche A (dunkelgrau) aus den drei Teilflächen A_1 (alle grauen Flächen), A_2 (negative hellgraue Kreisfläche) und A_3 (negative hellgraue Dreieckfläche), von denen wir die Schwerpunkte und die Flächenmomente 2. Grades (vgl. *Tabelle 1.6*) kennen, zusammen. Als Bezugskoordinatensystem wählen wir ein $(\overline{x}, \overline{y})$-Koordinatensystem mit dem Ursprung in der linken unteren Ecke von A.

Zunächst wird die Lage des Flächenschwerpunktes S mit Hilfe der *Gleichungen (1.61)* berechnet. Mit den negativen Teilflächen A_2 und A_3 folgt

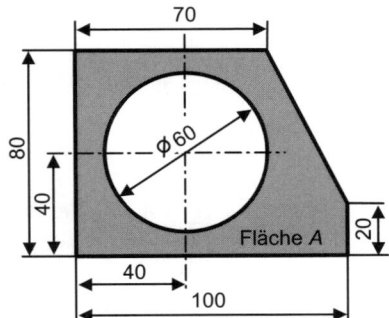

Bild 1.113 Fläche A (Maße in mm)

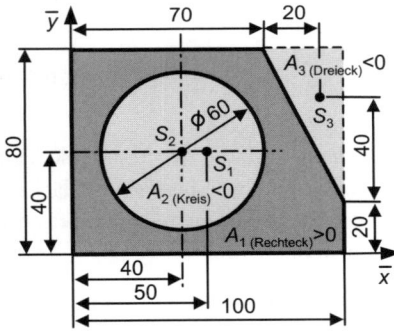

Bild 1.114 Teilflächen (Maße in mm)

$$A = A_1 - A_2 - A_3$$

$$A = (100 \cdot 80 - \pi \cdot 30^2 - 0{,}5 \cdot 30 \cdot 60) \text{ mm}^2$$

$$A = 4273 \text{ mm}^2$$

und

$$\overline{x}_S = \frac{\sum\limits_{i=1}^{3} \overline{x}_{Si} A_i}{A} = \frac{50 \cdot 100 \cdot 80 - 40 \cdot \pi \cdot 30^2 - 90 \cdot 0{,}5 \cdot 30 \cdot 60}{4273} \text{ mm} = 48{,}19 \text{ mm}$$

$$\overline{y}_S = \frac{\sum\limits_{i=1}^{3} \overline{y}_{Si} A_i}{A} = \frac{40 \cdot 100 \cdot 80 - 40 \cdot \pi \cdot 30^2 - 60 \cdot 0{,}5 \cdot 30 \cdot 60}{4273} \text{ mm} = 35{,}78 \text{ mm}$$

Obwohl die Lage des Schwerpunktes S der Fläche A jetzt bekannt ist, berechnen wir die Flächenmomente 2. Grades für die Fläche A zunächst bezogen auf das $(\overline{x}, \overline{y})$-Koordinatensystem, um sie dann anschließend mit Hilfe des STEINER'schen Satzes *(1.66)* auf zu $(\overline{x}, \overline{y})$ parallele Schwerpunktachsen (x, y) zu transformieren. Mit den Flächenmomenten der drei Teilflächen (siehe *Tabelle 1.6*) und dem STEINER'schen Satz *(1.66)* folgt für die Flächenmomente bezogen auf das $(\overline{x}, \overline{y})$-Koordinatensystem unter Beachtung der negativ eingehenden Flächenmomente der Teilflächen A_2 und A_3

$$I_{\overline{xx}} = I_{\overline{xx}1} - I_{\overline{xx}2} - I_{\overline{xx}3}$$

$$I_{\overline{xx}} = \left(\frac{100\cdot 80^3}{12} + 40^2 \cdot 100\cdot 80\right)\cdot \text{mm}^4 - \left(\frac{\pi\cdot 60^4}{64} + 40^2 \cdot \pi\cdot 30^2\right)\cdot \text{mm}^4$$

$$- \left(\frac{30\cdot 60^3}{36} + 60^2 \cdot 0{,}5\cdot 30\cdot 60\right)\cdot \text{mm}^4 = \underline{8{,}487\cdot 10^6\,\text{mm}^4}$$

$$I_{\overline{yy}} = I_{\overline{yy}1} - I_{\overline{yy}2} - I_{\overline{yy}3}$$

$$I_{\overline{yy}} = \left(\frac{80\cdot 100^3}{12} + 50^2 \cdot 100\cdot 80\right)\cdot \text{mm}^4 - \left(\frac{\pi\cdot 50^4}{64} + 40^2 \cdot \pi\cdot 30^2\right)\cdot \text{mm}^4$$

$$- \left(\frac{60\cdot 30^3}{36} + 90^2 \cdot 0{,}5\cdot 30\cdot 60\right)\cdot \text{mm}^4 = \underline{1{,}417\cdot 10^7\,\text{mm}^4}$$

$$I_{\overline{xy}} = I_{\overline{xy}1} - I_{\overline{xy}2} - I_{\overline{xy}3}$$

$$I_{\overline{xy}} = \left(0 - 50\cdot 40\cdot 100\cdot 80\right)\cdot \text{mm}^4 - \left(0 - 40\cdot 40\cdot \pi\cdot 30^2\right)\cdot \text{mm}^4$$

$$- \left(\frac{30^2 \cdot 60^2}{72} - 90\cdot 60\cdot 0{,}5\cdot 30\cdot 60\right)\cdot \text{mm}^4 = \underline{-6{,}661\cdot 10^6\,\text{mm}^4}$$

Durch Auflösen des STEINER'schen Satzes *(1.66)* nach den auf das Schwerpunktkoordinatensystem (x, y) bezogenen Flächenmomenten erhalten wir diese mit den eben berechneten Flächenmomenten, den Schwerpunktskoordinaten und der Querschnittsfläche A (vgl. auch *Bild 1.115*) zu:

$$I_{xx} = I_{\overline{xx}} - \overline{y}_S^2 A = \left(8{,}487\cdot 10^6 - 35{,}78^2 \cdot 4272\right)\cdot \text{mm}^4 = \underline{3{,}017\cdot 10^6\,\text{mm}^4}$$

$$I_{yy} = I_{\overline{yy}} - \overline{x}_S^2 A = \left(1{,}417\cdot 10^7 - 48{,}19^2 \cdot 4272\right)\cdot \text{mm}^4 = \underline{4{,}247\cdot 10^6\,\text{mm}^4}$$

$$I_{xy} = I_{\overline{xy}} + \overline{x}_S \overline{y}_S A = \left(-6{,}661\cdot 10^6 + 35{,}78\cdot 48{,}19\cdot 4272\right)\cdot \text{mm}^4 = \underline{7{,}067\cdot 10^5\,\text{mm}^4}$$

Mit *(1.74)* bis *(1.77)* folgen die Hauptflächenmomente und die Lage der Hauptachsen durch den Schwerpunkt S (siehe *Bild 1.115*) zu:

$$I_{1,2} = \frac{I_{xx} + I_{yy}}{2} \pm \sqrt{\left(\frac{I_{xx} - I_{yy}}{2}\right)^2 + I_{xy}^2}$$

$$\underline{\underline{I_1 = I_{max} = 4{,}569\cdot 10^6\,\text{mm}^4}}$$

$$\underline{\underline{I_2 = I_{min} = 2{,}956\cdot 10^6\,\text{mm}^4}}$$

und

$$\tan\varphi_{01} = \frac{I_1 - I_{xx}}{I_{xy}} = 2{,}195 \quad \Rightarrow \quad \underline{\underline{\varphi_{01} = 65{,}5^\circ}}$$

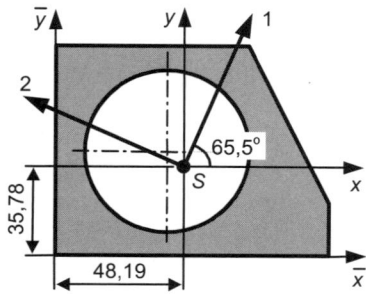

Bild 1.115 Hauptachsen durch S

2   Festigkeitslehre

Ziel der Festigkeitslehre

Im *Kapitel 1 Statik* wurden mechanische Systeme im Zustand der Ruhe und unter der Annahme starrer (undeformierbarer) Körper untersucht. Mit Hilfe des Schnittprinzips konnten so Lager- und Gelenkreaktionen sowie resultierende innere Belastungen (Schnittgrößen) berechnet werden. Da in der Realität die Körper aber deformierbar sind, kommt es zu Körperverformungen und zu inneren Beanspruchungen, den so genannten *Spannungen* (auf ein Flächenelement bezogene Kräfte). Mit der Berechnung dieser *Verformungen* und *Spannungen* wollen wir uns in der Festigkeitslehre beschäftigen. Das Ziel der Festigkeitslehre kann somit wie folgt zusammengefasst werden:

> In der Festigkeitslehre werden innere Beanspruchungen (Spannungen) und Verformungen von Körpern berechnet, um damit die Eignung des Körpers (Tragwerkes) hinsichtlich der Festigkeit, Steifigkeit, Stabilität, Dauerfestigkeit usw. für den gedachten praktischen Einsatz einschätzen zu können.

2.1   Grundlagen der Festigkeitslehre

2.1.1   Einleitung

Die in der Statik getroffene Annahme eines starren Körpers, muss in der Festigkeitslehre durch die Annahme eines deformierbaren Körpers ersetzt werden (*Bild 2.1*).

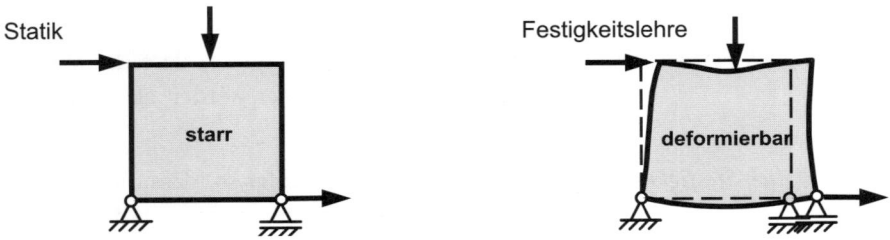

Bild 2.1 Starrer und deformierbarer Körper unter der Wirkung von Kräften

Aus den in der Statik ermittelten Lagerreaktionen und Schnittgrößen allein lassen sich noch keine Aussagen über die Beanspruchungen bzw. die Verformungen eines Körpers, Tragwerks oder einer Konstruktion ableiten. Erst durch das Einführen geeigneter Beanspruchungsgrößen (*Spannungen*) und Deformationsgrößen (*Verschiebungen* bzw. *Dehnungen* und *Gleitungen* – die so genannten *Verzerrungen*) sowie deren Verknüpfung mit in der Regel experimentell gewonnenen *Materialkenngrößen* über ein *Materialgesetz* (auch als *Stoffgesetz* bezeichnet) lassen sich die Beanspruchungen und Verformungen ermitteln.

Beachte: Durch die Annahme eines deformierbaren Körpers wird jetzt auch die Berechnung *statisch unbestimmter Probleme* möglich.

Ausgehend von den Zielen der Festigkeitslehre lassen sich folgende typischen Grundaufgaben formulieren, wobei wir annehmen wollen, dass die Materialeigenschaften (in der Regel aus Experimenten in der Werkstofftechnik ermittelt) bekannt sind.

1. Festigkeitsnachweis (Spannungsnachweis):

    Gegeben: Geometrie, Material und Belastung

    Nachweis: Die Spannungen im Bauteil müssen kleiner sein als die für das Material zulässigen Spannungen, die aus experimentellen Untersuchungen bestimmt werden.

2. Steifigkeitsnachweis (Verformungsnachweis):

    Gegeben: Geometrie, Material und Belastung

    Nachweis: Die Verformungen des Bauteils müssen kleiner sein als die zulässigen Verformungen.

3. Dimensionierung:

    bezüglich Festigkeit: Die Geometriefestlegung erfolgt so, dass die maximalen Spannungen im Bauteil kleiner werden als die zulässigen Spannungen.

    bezüglich Steifigkeit: Die Geometriefestlegung erfolgt so, dass die Verformungen an jeder Stelle des Bauteils kleiner werden als die zulässigen Verformungen.

4. Belastbarkeitsrechnung:

bezüglich Festigkeit: Die Berechnung der maximalen äußeren Belastung erfolgt so, dass die zulässigen Spannungen an keiner Stelle des Bauteils überschritten werden.

bezüglich Steifigkeit: Die Berechnung der maximalen äußeren Belastung erfolgt so, dass die zulässigen Verformungen an keiner Stelle des Bauteils überschritten werden.

Hinweis: Häufig müssen die Grundaufgaben 1. bis 4. kombiniert durchgeführt werden!

Allgemeine Annahmen

Zur Lösung der oben aufgeführten Grundaufgaben werden im Rahmen dieses Lehrbuches folgende Annahmen eingeführt, die für viele Standardaufgaben der Ingenieurpraxis zu ausreichend genauen Ergebnissen führen:

- Die Verformungen sind klein.

  ⇒ Gleichgewicht kann am unverformten System aufgestellt werden (*Theorie 1. Ordnung*). Ausnahme: Stabilitätsuntersuchungen; dort wird das Gleichgewicht am verformten System aufgeschrieben (siehe *Kapitel 2.8*)

- Die Verformungen gehen bei Wegnahme der Belastungen wieder vollständig zurück.

  ⇒ ideal elastisches Materialverhalten

- Die Verformungen und Spannungen sind linear voneinander abhängig.

  ⇒ lineares Materialverhalten

- Das Material ist homogen (d. h. an jeder Stelle gelten die gleichen Materialeigenschaften) und isotrop (Materialeigenschaften sind unabhängig von der Richtung).

- Weiterhin werden wir vorzugsweise Bauteile bzw. Systeme betrachten, bei denen die Längenabmessungen wesentlich größer als die Querschnittsabmessungen sind (*Stab-* und *Balkensysteme*).

In Verbindung mit diesen Annahmen stellt sich folgende Frage.

Frage: Wie groß sind „kleine Verformungen"? Wann sind die Längenabmessungen wesentlich größer als die Querschnittsabmessungen?

Diese Frage soll mit Hilfe der Beispiele im *Bild 2.2* beantwortet werden.

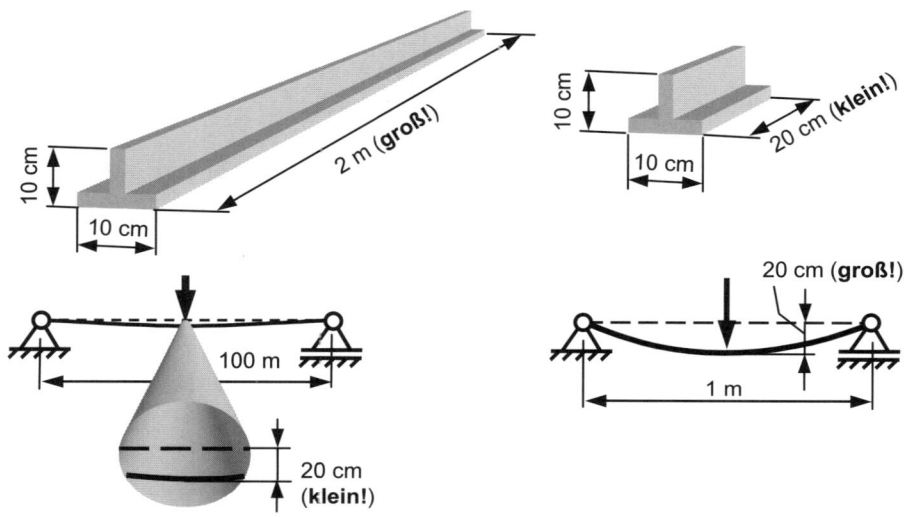

Bild 2.2 Maßverhältnisse („groß", „klein") von Bauteilen

Die Angaben „klein" bzw. „groß" an einigen Maßen in *Bild 2.2* sind also jeweils in Relation zu den anderen Hauptabmessungen des Bauteils zu sehen!

Antwort: Absolute Werte für die Größe von „kleinen Verformungen" und für Längenabmessungen, die wesentlich größer als die Querschnittsabmessungen sind, können nicht angegeben werden! Empfehlungen bzw. Richtwerte sind von der Bauteilgeometrie und den Anforderungen an die Genauigkeit der Ergebnisse abhängig.[1]

In Abhängigkeit von der äußeren Belastung treten in den Bauteilen typische Beanspruchungen und Verformungen auf. Eine Auswahl der technisch wichtigsten Beanspruchungsarten, die wir im weiteren näher untersuchen wollen, werden nachfolgend kurz vorgestellt.

---

[1] Falls diese und die weiter oben angeführten Annahmen nicht erfüllt sind, kommen erweiterte Theorien zur Anwendung, z. B.: Theorie 2. und 3. Ordnung (für Stabilitätsuntersuchungen und für große Verformungen); Theorie für nichtlineares Materialverhalten (Plastizitätstheorie, Viskoelastizitätstheorie usw.); Theorien bzw. Berechnungsverfahren für Scheiben, Platten, Schalen usw.

Beanspruchungsarten

- *Zug/Druck*

  Ursache: Längskraft F_L

  Typische Verformung: Längsdehnung (konstant über die Querschnittsfläche)

  $\Rightarrow$ Verlängerung/Verkürzung

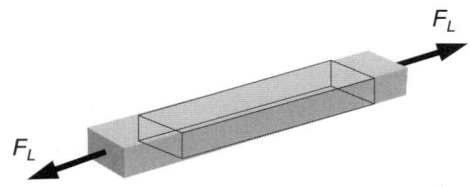

- *Reine Biegung*

  Ursache: Biegemomente M_{bx}, M_{by}

  Typische Verformung: Längsdehnung (linear veränderlich über den Querschnitt in y-Richtung bei einer Belastung durch M_{bx} (siehe *Bild rechts*) bzw. in x-Richtung bei einer Belastung durch M_{by})

  $\Rightarrow$ Biegung der Längsachse z um die x- bzw. y-Achse

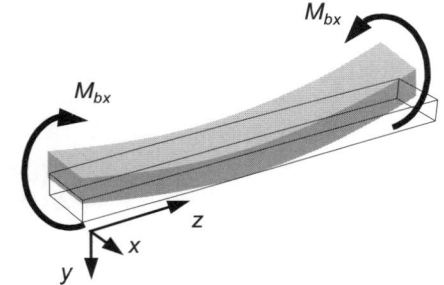

- *Torsion*

  Ursache: Torsionsmoment M_t

  Typische Verformung: Gleitung in der Querschnittsebene

  $\Rightarrow$ Verdrehung der Querschnitte um die Längsachse

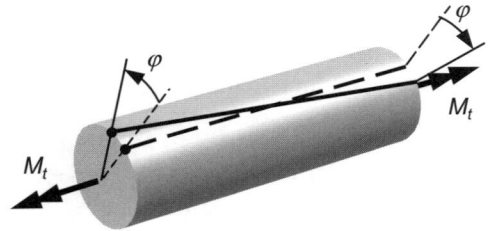

- *Stabilität (Knicken)*

  Ursache: Kritische Druckkraft F_K

  Typische Verformung: plötzliches Ausknicken beim Erreichen der kritischen Last F_K

  $\Rightarrow$ Biegung (Knickung) der Längsachse

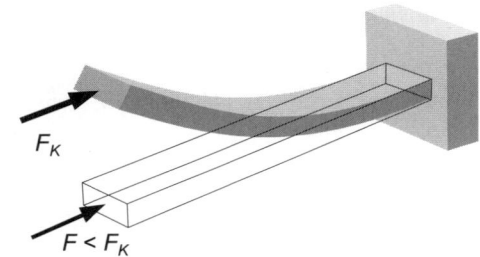

Bild 2.3 Beanspruchungsarten mit typischen Verformungen (von oben): Zug/Druck, reine Biegung, Torsion, Stabilität

• **Querkraftschub bei Biegung** (vgl. *Beispiel 2.12, Seite 173*)

Ursache: Querkräfte F_{Qx}, F_{Qy}

Typische Verformung: Gleitungen der Querschnittsebenen (vgl. *Bild 2.59, Seite 174*)

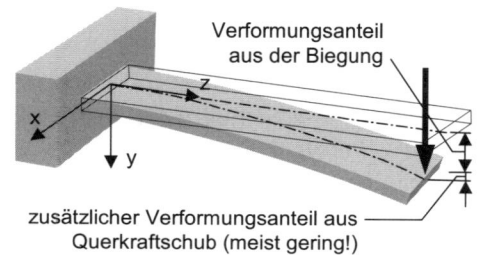

⇒ Gleitungen überlagert mit Biegung der Längsachse

Hinweis: Reine Querkraftschub-beanspruchung kommt praktisch kaum vor. Sie ist in der

Bild 2.4 Verformung infolge Querkraftschub (mit Biegeanteilen)

Regel an eine Biegebeanspruchung gekoppelt (vgl. *Bild 2.4*). Die Beanspruchungen (Spannungen und Verformungen) infolge des Querkraftschubs können bei Balken mit großer Länge gegenüber den Querschnittsabmessungen in der Regel vernachlässigt werden, da sie im Vergleich zu den Biegebeanspruchungen klein sind.

• *Scherbeanspruchung*

Ursache: Dicht (theoretisch unendlich dicht) nebeneinander liegende entgegengesetzt gerichtete parallele Kräfte(*Bild 2.5 oben)*.

Typische Verformung: Sehr große Gleitungen in der Querschnittsebene

⇒ Gefahr der Zerstörung durch Abscheren

• *Flächenpressung*

Ursache: Druckbelastung an einer ebenen oder gekrümmten Fläche (z. B. zwischen Niet und Blech an der gemeinsamen Kontaktfläche; vgl. *Bild 2.5 unten*).

⇒ Gefahr der Oberflächenschädigung (insbesondere bei einer Relativbewegung der Kontaktflächen, siehe *Kapitel 1.9*)

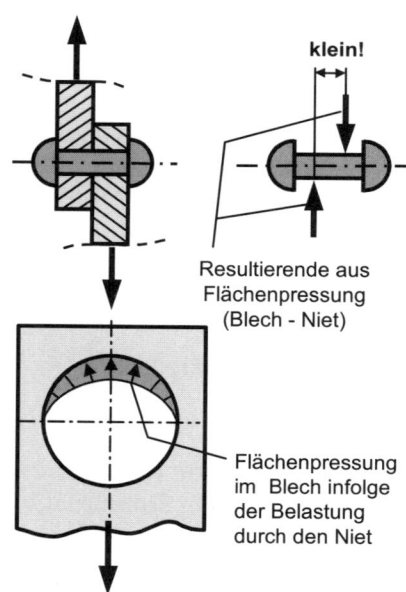

Bild 2.5 Scherbeanspruchung (oben), Flächenpressung zwischen Niet und Blech (unten)

2.1.2 Spannungszustand

Definition der Spannung

Die Belastungen auf einen Körper werden über innere Kräfte zu den Lagern geleitet. Schneiden wir einen im Gleichgewicht befindlichen Körper, so muss auch jedes Teilsystem mit seiner Belastung und mit den in den Schnittflächen verteilten inneren Kräften im Gleichgewicht sein (*Bild 2.6*). Mit

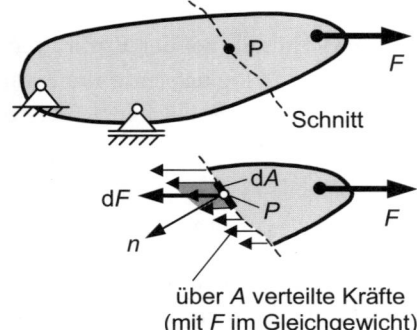

dA - differentielles Flächenelement in der Schnittfläche A im Punkt P

dF - Resultierende der auf dA angreifenden inneren Kräfte

Bild 2.6 Innere Kräfte

definiert man den Quotienten aus dF und dA als *Spannung* σ im Punkt P:

$$\sigma = \frac{\mathrm{d}F}{\mathrm{d}A} \qquad \text{Einheit: } \frac{\text{Kraft}}{\text{Fläche}} \left(\text{z.B.: } \frac{\text{N}}{\text{mm}^2} = \text{MPa} \right) \tag{2.1}$$

Für die Spannung σ gilt:

- Die Spannung ist wie die Kraft ein Vektor.
- Die Spannung steht im Allgemeinen nicht normal (n = Normalenrichtung, *vgl. Bild 2.6*) auf dA.
- Die Spannung ist ein Maß für die Beanspruchung des Bauteils.

Da die Spannung beliebig auf dA stehen kann, zerlegt man sie zweckmäßig in drei Komponenten bezogen auf ein kartesisches Koordinatensystem. Legen wir die x-Achse z. B. in Normalenrichtung n zur Fläche dA, so kann σ in drei Spannungskomponenten (*Bild 2.7*), in

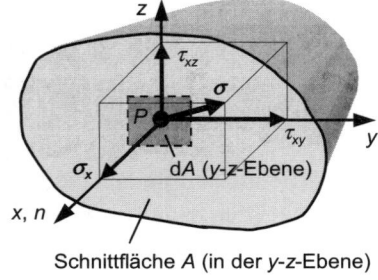

Schnittfläche A (in der y-z-Ebene)

- eine *Normalspannung* σ_x (normal zur Fläche dA) und in
- zwei *Tangential-* oder *Schubspannungen* τ_{xy} und τ_{xz} (liegen in der Fläche dA)

Bild 2.7 Spannungskomponenten

zerlegt werden.

Hinweis zur Indizierung der Spannungen: Der erste Index gibt an, in welche Richtung die Flächennormale *n* zeigt und der zweite Index beschreibt die Richtung des Spannungsvektors (bei der Normalspannung kann der zweite Index auch wegfallen, da es nur eine Normalspannung für eine Fläche d*A* gibt).

Wie in der Statik bei der Ermittlung der Schnittgrößen (siehe *Kapitel 1.6*), werden auch in der Festigkeitslehre die Schnittflächen (Schnittufer) und die drei positiven Spannungen für ein Flächenelement d*A* in dieser Flächen in Bezug auf die Koordinatenachsen des Bezugssystems definiert.

Definition des positiven Schnittufers und der positiven Spannungen am Schnittufer:

- Zeigen Flächennormale *n* und Achsenrichtung (z. B. *x*-Achse im *Bild 2.7*) in die gleiche Richtung, so liegt ein positives Schnittufer vor. Der Punkt *P* in *Bild 2.7* liegt somit in einer Schnittfläche, die ein positives Schnittufer darstellt. Im umgekehrten Fall sprechen wir von einem negativen Schnittufer.

- Am positiven Schnittufer sind alle Spannungskomponenten positiv in positiver Koordinatenrichtung definiert. Am negativen Schnittufer zeigen die positiven Spannungskomponenten in negativer Koordinatenrichtung.

Wird aus einem Körper im Punkt *P* ein differentiell kleiner Würfel mit den Flächennormalen in (*x*,*y*,*z*)-Richtung herausgeschnitten, so wirken jetzt in jeder der drei senkrecht aufeinander stehenden Flächen eine Normalspannung σ und zwei Schubspannungen τ (vgl. *Bild 2.8*).

Hinweis: In *Bild 2.8* sind nur die Spannungen am positiven Schnittufer dargestellt. Am negativen Schnittufer wirken sie genau entgegengesetzt.

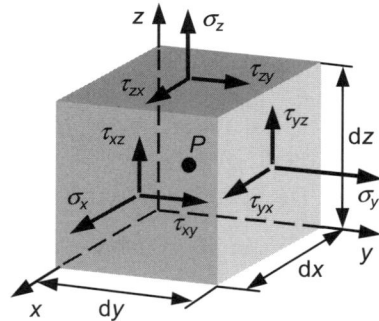

Bild 2.8 Räumlicher Spannungszustand

Diese neun Spannungen beschreiben den so genannten räumlichen *Spannungszustand* im Punkt *P*. Sie bilden die Komponenten eines Tensors 2. Stufe bzw. den räumlichen *Spannungstensor* S, der wegen *Gleichung (2.49)* symmetrisch wird.

$$S = \begin{pmatrix} \sigma_x & \tau_{yx} & \tau_{zx} \\ \tau_{xy} & \sigma_y & \tau_{zy} \\ \tau_{xz} & \tau_{yz} & \sigma_z \end{pmatrix} \qquad Spannungstensor \qquad (2.2)$$

Beachte: Für eine andere Orientierung des differentiell kleinen Würfels ergibt sich ein Spannungstensor mit anderen Komponenten. Dieser beschreibt aber den gleichen Spannungszustand.

2.1.3 Deformationszustand

Die Änderung der Gestalt und der Größe eines Körpers infolge einer äußeren Belastung (auch Temperaturänderungen zählen dazu) heißt *Formänderung* bzw. *Deformation*.

Die Formänderung bzw. Deformation kann durch die Angabe der *Verschiebungen u, v* und *w* in *x-, y-* und *z*-Richtung für alle Punkte *P* eines Körpers beschrieben werden (*Bild 2.9*). Sind die Verschiebungen aller Punkte eines Körpers gleich groß, so erfährt er nur eine *Starrkörperverschiebung*, d. h. seine Gestalt und seine Größe ändern sich nicht. Sind die Verschiebungen der Punkte *P* eines Körpers jedoch unterschiedlich groß, so kommt es

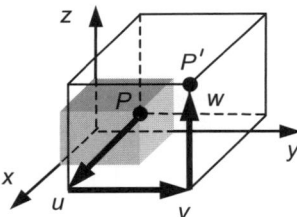

Bild 2.9 Definition der Verschiebungen

zur Änderung der Gestalt und der Größe (*Deformationen*) infolge örtlicher *Verzerrungen* im Körper. Als charakteristische Verzerrungsgrößen führen wir folgende Größen ein:

- *Dehnung ε* – Verlängerung einer Körperlinie bezogen auf die ursprüngliche Länge
- *Gleitung γ* – Winkelverkleinerung eines ursprünglich rechten Winkels

Hinweis: Bei gleich großen Verschiebungen aller Punkte erfährt der Körper eine Starrkörperverschiebung (siehe *Bild 2.10*, gestrichelte Zwischenlage) ohne dass dabei Verzerrungen (Dehnungen und Gleitungen) eintreten!

Die Dehnungen und Gleitungen wollen wir nachfolgend ermitteln.

Dehnungen und Gleitungen:

Wir beziehen uns auf ein kartesisches Koordinatensystem und betrachten zunächst die (*x,y*)-Ebene. In *Bild 2.10* ist ein Flächenelement dA = dx·dy im unbelasteten Zustand (Eckpunkte P_1, P_2, P_3) dargestellt. Das Flächenelement dA erfährt unter einer Belastung Verzerrungen und nimmt eine verschobene und verzerrte (deformierte) neue Lage ein (Eckpunkte P_1', P_2', P_3'). Die in *Bild 2.10* dargestellten Verformungen werden als klein[2] vorausgesetzt (vergleiche *Allgemeine Annahmen* im *Kapitel 2.1.1*), auch wenn sie zur besseren Übersicht relativ groß dargestellt sind.

Die Dehnung ε_x der Seite $P_1 P_2$ in x-Richtung wird (vgl. *Bild 2.10*):

$$\varepsilon_x = \frac{\overline{P_1' P_2'} - \overline{P_1 P_2}}{\overline{P_1 P_2}} \approx \frac{dx + \dfrac{\partial u}{\partial x} dx - dx}{dx} = \frac{\partial u}{\partial x}$$

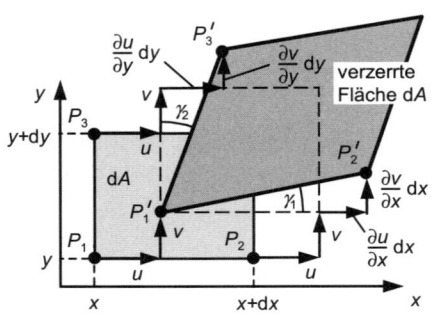

Bild 2.10 Verzerrung eines Flächenelements dA

Die Dehnung ε_y der Seite $P_1 P_3$ in y-Richtung wird (vgl. *Bild 2.10*):

$$\varepsilon_y = \frac{\overline{P_1' P_3'} - \overline{P_1 P_3}}{\overline{P_1 P_3}} \approx \frac{dy + \dfrac{\partial v}{\partial y} dy - dy}{dy} = \frac{\partial v}{\partial y}$$

Die Gleitung γ im Punkte P_1 wird:

$$\gamma_{xy} = \gamma_{yx} = \gamma_1 + \gamma_2 \approx \frac{\dfrac{\partial v}{\partial x} dx}{dx + \dfrac{\partial u}{\partial x} dx} + \frac{\dfrac{\partial u}{\partial y} dy}{dy + \dfrac{\partial v}{\partial y} dy} \approx \frac{\partial v}{\partial x} + \frac{\partial u}{\partial y}$$

Hinweis: Im Nenner der Gleichung für die Gleitung kann der zweite Summand gegenüber dem ersten Summand vernachlässigt werden, da er das Produkt zweier differentiell kleiner Größen ist und damit im Vergleich zum ersten Summand sehr klein wird!

Werden analoge Betrachtungen in der (x,z)-Ebene und in der (y,z)-Ebene angestellt, so erhält man die Dehnung ε_z und die Gleitungen $\gamma_{xz} = \gamma_{zx}$ und $\gamma_{yz} = \gamma_{zy}$ in diesen Ebenen.

Zusammenfassend erhalten wir:

Dehnungen $\quad \varepsilon_x = \dfrac{\partial u}{\partial x} \qquad\qquad \varepsilon_y = \dfrac{\partial v}{\partial y} \qquad\qquad \varepsilon_z = \dfrac{\partial w}{\partial z}$ $\qquad$ (2.3)

Gleitungen $\quad \gamma_{xy} = \gamma_{yx} = \dfrac{\partial u}{\partial y} + \dfrac{\partial v}{\partial x}, \quad \gamma_{xz} = \gamma_{zx} = \dfrac{\partial u}{\partial z} + \dfrac{\partial w}{\partial x}, \quad \gamma_{yz} = \gamma_{zy} = \dfrac{\partial v}{\partial z} + \dfrac{\partial w}{\partial y}$ $\quad$ (2.4)

---

[2] Für kleine Verformungen (kleine Verschiebungen und kleine Winkel) gilt.: $\cos\gamma_1 \approx 1$, $\cos\gamma_2 \approx 1$, $\tan\gamma_1 \approx \gamma_1$, $\tan\gamma_2 \approx \gamma_2$. Die TAYLOR-Reihe für $u(x + dx)$ kann nach dem 2. Reihenglied abgebrochen werden und vereinfacht sich wie folgt: $u(x + dx) \approx u(x) + \partial u/\partial x \cdot dx$. Das gilt analog auch für die anderen Funktionen.

Die Gesamtheit der drei Dehnungen und der drei Gleitungen in einem Punkt P eines Körpers bezeichnen wir als räumlichen *Verzerrungs-* oder *Deformationszustand*.

Diese Verzerrungsgrößen bilden die Komponenten eines symmetrischen Tensors 2. Stufe, den so genannten räumlichen *Verzerrungs-* oder *Deformationstensor* D.

$$D = \begin{pmatrix} \varepsilon_x & \frac{1}{2}\gamma_{yx} & \frac{1}{2}\gamma_{zx} \\ \frac{1}{2}\gamma_{xy} & \varepsilon_y & \frac{1}{2}\gamma_{zy} \\ \frac{1}{2}\gamma_{xz} & \frac{1}{2}\gamma_{yz} & \varepsilon_z \end{pmatrix} \qquad \textit{Verzerrungstensor}\,[3] \qquad (2.5)$$

2.1.4 Elastizitätsgesetze (Materialgesetze)

Die Erfahrung zeigt, dass die Verformung eines Bauteils bei gleicher Geometrie, Lagerung und Belastung (d. h. bei statisch bestimmten Systemen auch gleicher Spannung) vom verwendeten Material abhängig ist (*Bild 2.11*).

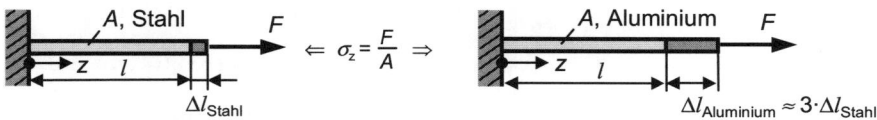

Bild 2.11 Einfluss des Materials auf die Verformungen (l ist die Länge des unbelasteten Bauteils)

Es muss also einen Zusammenhang zwischen Spannungen und Verzerrungen geben, der vom Material abhängt!

Dieser Zusammenhang kann nur experimentell ermittelt werden. Es ist Aufgabe der Werkstofftechnik diese materialabhängigen Kennwerte zu bestimmen. Zur Ermittlung grundlegender Materialkennwerte dient der Zugversuch (DIN EN 10002) an einem genormten Zugstab (DIN 50125) mit Kreisquerschnitt $\varnothing d_0$, festgelegter Messlänge L_0 und einer bestimmten Oberflächenbeschaffenheit (*Bild 2.12*).

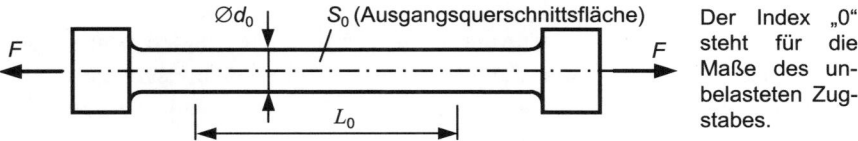

Der Index „0" steht für die Maße des unbelasteten Zugstabes.

Bild 2.12 Zugstab zur experimentellen Ermittlung von Materialkennwerten

---

[3] Der Faktor 1/2 steht im Verzerrungstensor aus Gründen der Zweckmäßigkeit. Es gilt allgemein $\gamma_{ij} = \gamma_{ji}$.

2.1.4.1 Elastizitätsgesetz für die Dehnung

Video
6

Im Zugversuch (vgl. *Bild 2.12*) wird die Belastung F bis zum Reißen des Zugstabes langsam gesteigert und die dabei in der Messlänge L_0 auftretende Dehnung ε ermittelt. Mit

$$\sigma = \frac{F}{S_0} \quad \text{(Nennspannung)} \quad \text{und} \quad \varepsilon = \frac{L - L_0}{L_0} = \frac{\Delta L}{L_0} \quad \begin{array}{l} (L \text{ ist die aktuelle Länge} \\ \text{der Messlänge } L_0 \text{ unter} \\ \text{der Belastung } F) \end{array} \quad (2.6)$$

folgt das so genannte *Spannungs-Dehnungs-Diagramm*, welches im Allgemeinen für jedes Material ein anderes Aussehen hat. *Bild 2.13* zeigt ein Spannungs-Dehnungs-Diagramm wie es für Baustähle bei Raumtemperatur typisch ist.

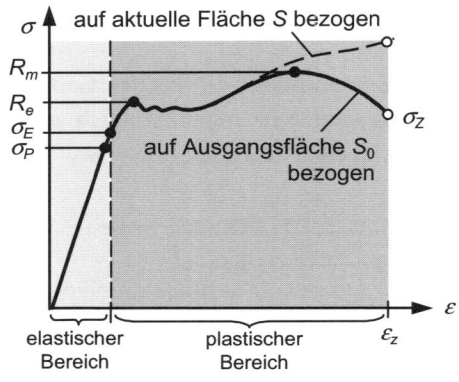

Es bedeuten:

σ_P - Proportionalitätsgrenze

σ_E - Elastizitätsgrenze

R_e - Streckgrenze (oft noch σ_S, σ_F)

R_m - Zugfestigkeit (oft noch σ_B)

σ_Z - Bruchnennspannung

ε_Z - Dehnung beim Bruch

Bild 2.13 Spannungs-Dehnungs-Diagramm

Das Spannungs-Dehnungs-Diagramm zeigt bis zur Proportionalitätsgrenze σ_P einen linearen Verlauf. Es gilt dann bis zur Proportionalitätsgrenze das HOOKEsche[4] Gesetz:

$$\sigma = E \cdot \varepsilon \qquad \textit{HOOKEsches Gesetz} \qquad (2.7)$$

Der Proportionalitätsfaktor E heißt *Elastizitätsmodul* (auch *YOUNGscher Modul*)[5] und stellt den Anstieg der Geraden im Spannungs-Dehnungs-Diagramm bis zur Proportionalitätsgrenze dar.

> *Beachte:* Das HOOKEsche Gesetz in der Form $\sigma = E \cdot \varepsilon$ gilt für den einachsigen Spannungszustand und für Spannungen bis zur Proportionalitätsgrenze σ_P. Es verknüpft die Dehnung ε in Achsenrichtung (hier Achse des Stabes) mittels des Proportionalitätsfaktors E mit der Normalspannung σ in Achsenrichtung.

---

[4] ROBERT HOOKE (1635 – 1703), englischer Physiker und Ingenieur
[5] THOMAS YOUNG (1773 – 1829), englischer Physiker

Die Elastizitätsgrenze σ_E grenzt den Bereich des elastischen Materialverhaltens (bei Entlastung bleiben keine dauerhaften Dehnungen zurück) von dem des plastischen Materialverhaltens (bei Entlastung bleiben dauerhafte Dehnungen zurück) ab. Beim Erreichen der Bruchnennspannung σ_Z tritt der Bruch des Zugstabes ein. Auf Grund unserer allgemeinen Annahmen (vgl. *Kapitel 2.1.1*) bewegen wir uns bei allen folgenden Betrachtungen nur im elastischen Bereich und dort speziell nur bis zur Proportionalitätsgrenze.

Der Elastizitätsmodul E ist eine wichtige Materialkenngröße. Bei Raumtemperatur hat der Elastizitätsmodul z. B. folgende Größe (Richtwerte):

Tabelle 2.1 Elastizitätsmodul E für ausgewählte Werkstoffe

Werkstoff	E in $N \cdot mm^{-2}$	Werkstoff	E in $N \cdot mm^{-2}$
Stahl / Stahlguss	$2,1 \cdot 10^5$	Glas	$0,72 \cdot 10^5$
Kupfer	$1,2 \cdot 10^5$	Aluminium	$0,7 \cdot 10^5$
Messing	$0,9 \cdot 10^5$	Stahlbeton	$0,4 \cdot 10^5$
Grauguss	$0,8 \dots 1,7 \cdot 10^5$	Buchenholz	$0,16 \cdot 10^5$
		Gummi	$\approx 2 \dots 3$

Querdehnung

Bei der Zugbelastung eines Stabes kann man neben der Längsdehnung ε (Dehnung in Achsrichtung des Stabes) auch eine *Querdehnung (Querkontraktion)* beobachten (vgl. *Bild 2.14*). Die Querdehnung wird wie folgt definiert:

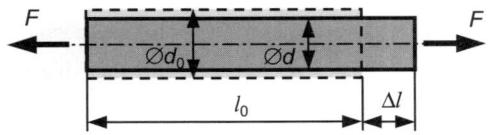

Bild 2.14 Querdehnung bei Zugbelastung eines Stabes

$$\varepsilon_q = \frac{d - d_0}{d_0} \qquad \textit{Querdehnung} \qquad (2.8)$$

Mit Versuchen kann nachgewiesen werden, dass bis zur Proportionalitätsgrenze für alle Lastgrößen F das gleiche Verhältnis aus Längsdehnung und Querdehnung gilt:

$$\left| \frac{\varepsilon_q}{\varepsilon} \right| = \text{konst.} = \nu \qquad (2.9)$$

Aus *(2.8)* in Verbindung mit den eintretenden Durchmesseränderungen liest man ab, dass bei einer Zugbelastung $\varepsilon_q < 0$ wird und bei einer Druckbelastung $\varepsilon_q > 0$ wird. Mit *(2.9)* und der Definitionsgleichung *(2.6)* für die Längsdehnung ε, die für eine

Zugbelastung $\varepsilon > 0$ und für eine Druckbelastung $\varepsilon < 0$ liefert, folgt die Querdehnung in Abhängigkeit von der Längsdehnung zu

$$\varepsilon_q = -v \cdot \varepsilon \qquad \textit{Querdehnung} \qquad\qquad (2.10)$$

$$\text{mit} \qquad v \;\; \text{- } \textit{Querkontraktionszahl}$$

$$\text{bzw.} \;\; m = \frac{1}{v} \;\; \text{- } \textit{POISSON'sche Zahl}\,[6]$$

> **Beachte:**
> - Für homogenes isotropes Material ist die Querdehnung in allen Querrichtungen gleich groß.
> - Es gilt: $0 \leq v \leq 0{,}5$ ($v = 0$ bedeutet keine Querdehnung und $v = 0{,}5$ bedeutet inkompressibles Material).

Die Querkontraktionszahl v ist eine weitere wichtige Materialkenngröße. Einige Richtwerte sind in *Tabelle 2.2* angegeben.

Tabelle 2.2 Querkontraktionszahl v für ausgewählte Werkstoffe

Werkstoff	v
Metalle (außer Grauguss)	0,3
Grauguss	0,2 ... 0,28
Beton	0,16 (in der Praxis wird häufig $v = 0$ angenommen)
Gummi	$\approx 0{,}48 \dots 0{,}5$ (nahezu inkompressibles Material)

Temperaturdehnungen

Wird ein Körper einer Temperaturänderung ausgesetzt, so dehnt er sich bezogen auf den Zustand der Ausgangstemperatur. Aus der Erfahrung wissen wir, dass er sich bei einer Temperaturerhöhung ($\Delta T > 0$) ausdehnt und bei einer Verringerung der Temperatur ($\Delta T < 0$) zusammenzieht (*Bild 2.15*). Die Größe der Temperaturdehnung ist ebenfalls materialabhängig.

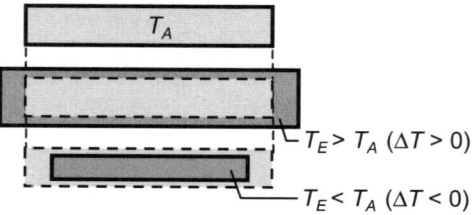

Bild 2.15 Temperaturdehnungen

---

[6] SIMÉON DENIS POISSON (1781 – 1840), französischer Mathematiker und Physiker

Mit T_A - Ausgangstemperatur (Einheit: K)

 T_E - Endtemperatur (Einheit: K)

 $\Delta T = T_E - T_A$ (Temperaturdifferenz)

 α - *Wärmeausdehnungskoeffizient* (Einheit: K^{-1})

ergibt sich für die Temperaturdehnung gegenüber dem Ausgangszustand bei T_E

$$\varepsilon = \alpha \cdot \Delta T \qquad \textit{Temperaturdehnung} \qquad (2.11)$$

Beachte:
- Die Temperaturdehnung infolge einer konstanten Temperaturerhöhung im Körper ist für homogenes isotropes Material in allen Richtungen gleich groß, d. h. es gibt in diesem Fall keine Gleitungen.
- Eine konstante Temperaturerhöhung im Körper führt nur bei Behinderung der Verformungen (z. B. bei statisch unbestimmten Systemen) zu Spannungen.

In der *Tabelle 2.3* ist für einige Werkstoffe die für die Temperaturdehnung typische Materialkenngröße – der Wärmeausdehnungskoeffizienten α – aufgeführt.

Tabelle 2.3 Wärmeausdehnungskoeffizient α für ausgewählte Werkstoffe

Werkstoff	α in K^{-1}
Aluminium	$23 \cdot 10^{-6}$
Kupfer	$16 \cdot 10^{-6}$
Stahl	$12 \cdot 10^{-6}$
Grauguss	$9 \dots 11 \cdot 10^{-6}$

2.1.4.2   Elastizitätsgesetz für die Gleitung

Wird ein differentielles Element außer durch Normalspannungen σ in Achsenrichtung noch durch Schubspannungen τ beansprucht, so kommt es neben der Dehnung ε in Achsenrichtung noch zu Gleitungen γ (vgl. *Kapitel 2.1.3, Seite 123*), die auch als Schubverzerrungen bezeichnet werden. In *Bild 2.16* ist die Schubverzerrung eines zunächst unbelasteten Elements infolge von Schubspannungen τ dargestellt.

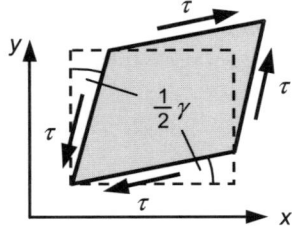

Bild 2.16 Gleitung infolge τ

Analog zum HOOKE'schen Gesetz für die Dehnung gibt es eine lineare Beziehung zwischen der Schubspannung τ und der Gleitung γ in der Form

$$\tau = G \cdot \gamma \tag{2.12}$$

mit dem Proportionalitätsfaktor G, der *Gleitmodul* genannt wird.

Der Gleitmodul G kann für homogenes und isotropes Material aus dem Elastizitätsmodul E und der Querkontraktionszahl ν berechnet werden. Es gilt (auf eine Herleitung soll hier verzichtet werden, siehe dazu z. B. [6]):

$$G = \frac{E}{2(1+\nu)} \qquad \textit{Gleitmodul} \tag{2.13}$$

In *Tabelle 2.4* sind einige Werte für den Gleitmodul angegeben. Die Werte wurden mit der *Gleichung (2.13)*, dem Elastizitätsmodul E aus *Tabelle 2.1* und der Querkontraktionszahl ν nach *Tabelle 2.2* ermittelt.

Tabelle 2.4 Gleitmodul G für ausgewählte Werkstoffe

Werkstoff	G in N·mm^{-2}	Werkstoff	G in N·mm^{-2}
Stahl / Stahlguss	$0{,}81 \cdot 10^{5}$	Grauguss	$0{,}33 \dots 0{,}66 \cdot 10^{5}$
Kupfer	$0{,}46 \cdot 10^{5}$	Aluminium	$0{,}27 \cdot 10^{5}$
Messing	$0{,}35 \cdot 10^{5}$	Gummi	$\approx 0{,}67 \dots 1{,}01$

2.1.4.3 Verallgemeinertes HOOKE'sches Gesetz

Liegt ein Spannungszustand mit allen Spannungskomponente σ und τ vor (räumlicher Spannungszustand, vgl. *Kapitel 2.1.2, Bild 2.8*), dann kann das Elastizitätsgesetz (auch *verallgemeinertes HOOKE'sches Gesetz* genannt) durch Superposition der oben beschriebenen Dehnungen gewonnen werden. Aus den *Gleichungen (2.7), (2.10)* und *(2.11)* ergeben sich die Dehnungen in allen drei Koordinatenrichtungen infolge der drei Normalspannungen und einer Temperaturdifferenz zu:

$$
\begin{aligned}
\varepsilon_x &= \frac{1}{E}\left[\sigma_x - \nu\left(\sigma_y + \sigma_z\right)\right] + \alpha\Delta T \\
\varepsilon_y &= \frac{1}{E}\left[\sigma_y - \nu\left(\sigma_z + \sigma_x\right)\right] + \alpha\Delta T \\
\varepsilon_z &= \frac{1}{E}\left[\sigma_z - \nu\left(\sigma_x + \sigma_y\right)\right] + \alpha\Delta T
\end{aligned}
\tag{2.14}
$$

Aus Gleichung *(2.12)* folgen die Gleitungen in den drei Koordinatenebenen infolge der drei Schubspannungen zu:

$$\gamma_{xy} = \frac{\tau_{xy}}{G} \qquad \gamma_{yz} = \frac{\tau_{yz}}{G} \qquad \gamma_{zx} = \frac{\tau_{zx}}{G} \tag{2.15}$$

Die *Gleichungen (2.14)* und *(2.15)* lassen sich nach den Spannungen auflösen und man erhält

$$\sigma_x = \frac{E}{1+v}\left[\varepsilon_x + \frac{v}{1-2v}e\right] - \frac{E}{1-2v}\alpha\Delta T$$

$$\sigma_y = \frac{E}{1+v}\left[\varepsilon_y + \frac{v}{1-2v}e\right] - \frac{E}{1-2v}\alpha\Delta T \qquad \text{und}$$

$$\sigma_z = \frac{E}{1+v}\left[\varepsilon_z + \frac{v}{1-2v}e\right] - \frac{E}{1-2v}\alpha\Delta T$$

$$\begin{aligned}\tau_{xy} &= G\cdot\gamma_{xy}\\ \tau_{yz} &= G\cdot\gamma_{yz}\\ \tau_{zx} &= G\cdot\gamma_{zx}\end{aligned} \tag{2.16}$$

mit der Volumendehnung e

$$e = \varepsilon_x + \varepsilon_y + \varepsilon_z \qquad \textit{Volumendehnung} \tag{2.17}$$

2.2 Zug und Druck

2.2.1 Spannungen und Verformungen von Stabsystemen

Das Ziel dieses Kapitels ist die Berechnung der Spannungen und Verformungen in geraden Stäben, Balken und Seilen infolge einer Längskraft F_L in z-Richtung.

2.2.1.1 Berechnung der Spannungen

Die Längskraft F_L ist die resultierende Kraft in z-Richtung der über den Querschnitt verteilten Normalspannungen σ_z. Es gilt folglich

$$F_L(z) = \int_{(A(z))} \sigma_z(z)\mathrm{d}A \tag{2.18}$$

Annahme: In hinreichender Entfernung von diskreten Lastangriffsstellen (auch Lagern) kann angenommen werden,[7] dass in allen Punkten einer Querschnittsfläche die Normalspannungen σ_z gleich groß sind.

---

[7] Prinzip von DE SAINT VENANT; A. J. C. BARRE DE SAINT VENANT (1797-1886), französischer Physiker

Damit folgt aus *Gleichung (2.18)*

$$F_L(z) = \sigma_z(z) \int\limits_{(A(z))} dA = \sigma_z(z) A(z)$$

$$\sigma_z(z) = \frac{F_L(z)}{A(z)} \tag{2.19}$$

Gleichung (2.19) ist die allgemeine Spannungsgleichung für die Zug/Druck Belastung eines Stabes bzw. Balkens, die auch für Seile gilt, wenn wir negative Längskräfte ausschließen. Da nur eine Normalspannung in Richtung der z-Achse auftritt, wird der Spannungszustand auch als *einachsiger Spannungszustand* bezeichnet.

*Hinweis: F_L und A können „schwach" veränderlich sein (vgl. *Bild 2.17*).*

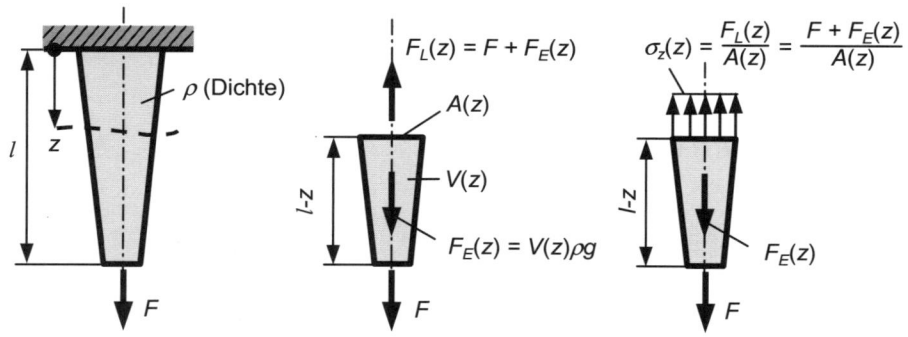

Bild 2.17 Berechnung von Längskraft und Spannung in einem Stab

Bohrungen, Kerben, Absätze

Sind in den Stäben oder Balken Bohrungen (*Bild 2.18*), Kerben (*Bild 2.19*), Absätze und dergleichen vorhanden, so verursachen diese ungleichmäßige Spannungsverteilungen über den Querschnitt bzw. Spannungsspitzen, die die rechnerisch ermittelten Spannungen (Nennspannungen) nach *Gleichung (2.19)* wesentlich überschreiten können.

Die Berechnung der Spannungsspitzen (*Kerbspannung*) erfolgt in diesen Fällen

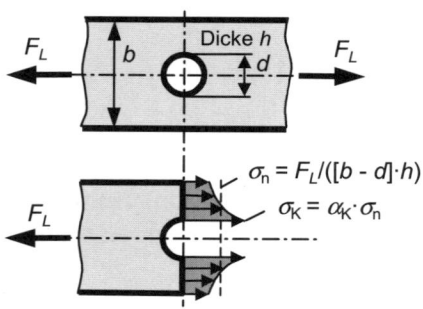

Bild 2.18 Kerbspannungen bei Bohrung in einem Flachstab unter Zugbeanspruchung

über so genannte *Formzahlen* α_K, deren Größe von der Form und Größe der Störung (Kerbe) abhängig ist.

Mit der Nennspannung nach Gleichung *(2.19)*

$$\sigma_n = \frac{F_L}{A_{\text{vorhanden}}} \qquad \text{(Annahme: } \sigma_n \text{ ist über } A_{\text{vorhanden}} \text{ konstant)}$$

wird die Spannungsspitze (Kerbspannung)

$$\sigma_K = \alpha_K \cdot \sigma_n \qquad \textbf{\textit{Kerbspannung}} \tag{2.20}$$

Die Werte für die Formzahlen α_K findet man in Diagrammen[8] (*Bild 2.19*) und Vorschriften. Ihre Berechnung erfordert erweiterte Theorien und ist im Allgemeinen kompliziert.

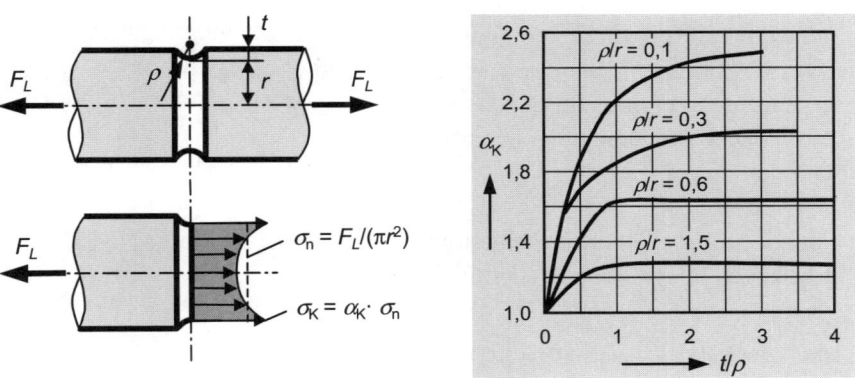

Bild 2.19 Kerbspannung für Rundstab mit Umlaufkerbe; Diagramm für α_K als Funktion der Kerbgeometrie

2.2.1.2 Berechnung der Verformungen

Bei Annahme der Gültigkeit des HOOKE'schen Gesetzes und eines einachsigen Spannungszustandes in z-Richtung ($\sigma_x = \sigma_y = 0$) folgt aus dem verallgemeinerten HOOKE'schen Gesetz (3. Gleichung von *(2.14)*) und der Spannung $\sigma_z(z)$ nach *Gleichung (2.19)* für die Zug/Druck Beanspruchung die Dehnung in z-Richtung zu

$$\varepsilon_z = \frac{\sigma_z(z)}{E} + \alpha \Delta T = \frac{F_L(z)}{EA(z)} + \alpha \Delta T$$

Das Produkt EA ist die so genannte *Dehnsteifigkeit*.

---

[8] Siehe z. B. [1], [3], [4] und [6]

Mit der Dehnung $\varepsilon_z = \dfrac{\partial w}{\partial z}$ nach *Gleichung (2.3), Seite 124* folgt

$$\frac{dw}{dz} = \varepsilon_z(z) = \frac{F_L(z)}{EA(z)} + \alpha \Delta T \tag{2.21}$$

Gleichung (2.21) ist eine Differentialgleichung 1. Ordnung für die Verschiebung *w*. Die Integration dieser Gleichung liefert die Verschiebung *w* der Querschnittspunkte eines Stabes in *z*-Richtung.

$$w(z) = \int \left[\frac{F_L(z)}{EA(z)} + \alpha \Delta T \right] dz + C \tag{2.22}$$

Hinweis: C ist eine Integrationskonstante, die für jede spezielle Aufgabe aus einer *Randbedingung* (bekannte Bedingung für die Verschiebung *w*) bestimmt werden kann. Zum Beispiel muss für den Stab von *Bild 2.20* die Randbedingung *w(z=0) = 0* erfüllt sein.

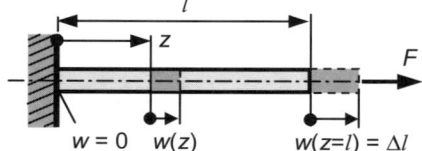

Bild 2.20 Zugstab mit Verformungen

Die häufig benötigte Gesamtverlängerung Δl eines Stabes der Länge *l* (siehe *Bild 2.20*) ergibt sich nach Integration der *Gleichung (2.21)* zu

$$\Delta l = \int_{z=0}^{z=l} dw = w(z=l) - w(z=0) = \int_0^l \varepsilon_z(z) dz = \int_0^l \left[\frac{F_L(z)}{EA(z)} + \alpha \Delta T \right] dz \tag{2.23}$$

Für den in der Praxis häufig vorkommenden Fall einer konstanten Längskraft (F_L = konst.), einer konstanten Dehnsteifigkeit (EA = konst.) und einer konstanten Temperaturbelastung ($\alpha \Delta T$ = konst.) vereinfachen sich die *Gleichungen (2.21), (2.22)* und *(2.23)* wie folgt:

$$\frac{dw}{dz} = \varepsilon_z = \frac{F_L}{EA} + \alpha \Delta T \tag{2.24}$$

$$w(z) = \frac{F_L}{EA} \cdot z + \alpha \Delta T \cdot z + C \tag{2.25}$$

$$\Delta l = \varepsilon_z \cdot l = \frac{F_L \cdot l}{EA} + \alpha \Delta T \cdot l \tag{2.26}$$

Beispiel 2.1 Abgesetzter Stab mit Längsbelastung

Gegeben: $E, A_1, A_2, l_1, l_2, F_1, F_2$

Gesucht: Spannungen, Verschiebungen

Für die zwei Bereiche des Stabes werden nach Definition der beiden Längskoordinaten z_1 und z_2 zunächst die Schnittgrößen (hier gibt es nur Längskräfte) ermittelt. Schneiden in jedem Bereich und Kräftegleichgewicht jeweils am rechten Teilsystem (vgl. *Bild 2.21*) liefert:

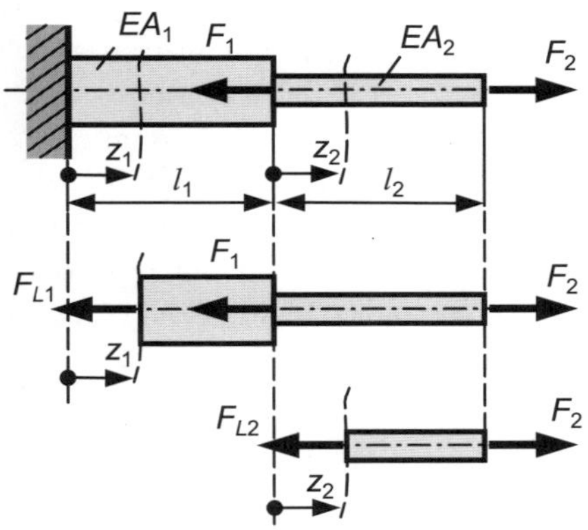

Bild 2.21 Abgesetzter Stab mit Längsbelastung

    1. Bereich $0 \le z_1 \le l_1$: $F_{L1} = -F_1 + F_2$

    2. Bereich $0 \le z_2 \le l_2$: $F_{L2} = F_2$

Mit diesen Schnittgrößen folgen die Normalspannungen σ_z aus *(2.19)* zu

    1. Bereich: $\sigma_z(z_1) = \dfrac{F_{L1}}{A_1} = \dfrac{-F_1 + F_2}{A_1}$,   2. Bereich: $\sigma_z(z_2) = \dfrac{F_{L2}}{A_2} = \dfrac{F_2}{A_2}$

Die Verschiebungen des Stabes können wir wegen der bereichsweise konstanten Längskräfte und Dehnsteifigkeiten aus *Gleichung (2.25)* berechnen. Es wird:

    1. Bereich: $w_1(z_1) = \dfrac{F_{L1}}{EA_1} \cdot z_1 + C_1 = \dfrac{-F_1 + F_2}{EA_1} \cdot z_1 + C_1$ (1)

    2. Bereich: $w_2(z_2) = \dfrac{F_{L2}}{EA_2} \cdot z_2 + C_2 = \dfrac{F_2}{EA_2} \cdot z_2 + C_2$ (2)

Die Integrationskonstanten C_1 und C_2 berechnen wir mit Hilfe der Randbedingungen

    1. $w_1(z_1 = 0) = 0$ und   2. $w_1(z_1 = l_1) = w_2(z_2 = 0)$

Die 2. Randbedingung bezeichnet man häufig auch als Übergangsbedingung (Bedingung am Übergang der Bereiche). Werden in die beiden Randbedingungen die Verschiebungen *(1)* und *(2)* eingesetzt, so erhalten wir

    $C_1 = 0$ und $C_2 = \dfrac{-F_1 + F_2}{EA_1} \cdot l_1$

Die beiden Konstanten in *(1)* und *(2)* eingesetzt, liefert die gesuchten Verschiebungen des Stabes in Abhängigkeit von den Koordinaten z_1 und z_2:

    $w_1(z_1) = \dfrac{-F_1 + F_2}{EA_1} \cdot z_1$ und $w_2(z_2) = \dfrac{F_2}{EA_2} \cdot z_2 + \dfrac{-F_1 + F_2}{EA_1} \cdot l_1$

Beispiel 2.2 Masse an einem dünnen Draht (Kreisquerschnitt)

Gegeben: $m = 30$ kg, $l = 36$ m, $g = 9,81$ m/s^2

Materialparameter des Drahts:

$E = 1,9 \cdot 10^5$ N/mm^2

$\rho = 7,85 \cdot 10^{-6}$ kg/mm^3

$R_m = 2000$ N/mm^2, $\sigma_{zul} = 1/4 \cdot R_m$

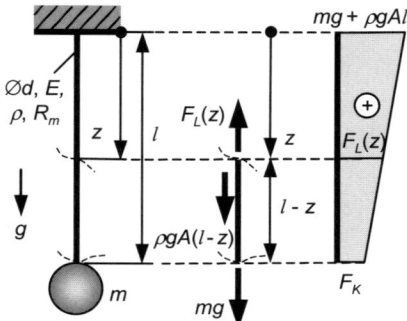

Diese Materialparameter entsprechen einem hochfesten Stahldraht im federhart gezogenen Zustand (z. B. X 12 CrNi 177).

Gesucht: 1.   Durchmesser d des Drahts
   2.   Maximale Länge des Drahts bis zum Reißen
   3.   Verschiebung und Gesamtverlängerung des Drahts

Querschnittsfläche des Drahts: $A = \dfrac{\pi d^2}{4}$

Bild 2.22 Masse an einem dünnen Draht

Die Rechnung wird zunächst ohne die gegebenen Zahlenwerte durchgeführt, damit aus den Ergebnissen noch allgemeingültige Rückschlüsse gezogen werden können. Das Eigengewicht des Drahts soll deshalb berücksichtigt werden.

Für alle drei gesuchten Größen wird die Längskraft im Draht benötigt. Deshalb schneiden wir den Draht an einer allgemeinen Stelle z und ermitteln die Längskraft aus dem Kräftegleichgewicht in vertikaler Richtung am freigeschnittenen unteren Teilsystem (*Bild 2.22*). Wir erhalten für die Längskraft, deren Verlauf in *Bild 2.22* grafisch dargestellt ist,

$$F_L(z) = mg + \rho g A(l - z)$$

Daraus folgt mit *(2.19)* der Normalspannungsverlauf im Draht zu

$$\sigma_z(z) = \frac{F_L(z)}{A} = \frac{mg + \rho g A(l - z)}{A} \quad \text{mit} \quad \sigma_{max} = \frac{mg}{A} + \rho g l$$

Wie zu erwarten war, tritt die maximale Normalspannung am Aufhängepunkt des Drahts bei $z = 0$ auf (vgl. auch Längskraftverlauf im *Bild 2.22*). Bemerkenswert ist, dass für $mg = 0$ σ_{max} unabhängig von der Querschnittsfläche A des Drahts wird.

1.   **Erforderlicher Drahtdurchmesser d:**

Der Drahtdurchmesser d muss so gewählt werden, dass die Bedingung $\sigma_{max} \leq \sigma_{zul}$ erfüllt wird. Setzen wir in diese Bedingung σ_{max} ein, so folgt

$$\frac{mg}{A} + \rho g l \leq \sigma_{zul} \qquad \text{bzw. mit } A = \frac{1}{4}\pi d^2 \qquad \frac{4 \cdot mg}{\pi d^2} + \rho g l \leq \sigma_{zul}$$

und daraus durch Auflösen nach d der erforderliche Drahtdurchmesser:

$$d_{erf} \geq \sqrt{\frac{4mg}{\pi(\sigma_{zul} - \rho g l)}} \qquad (1)$$

Beachte:

- Für $mg = 0$ kann A bzw. d beliebig sein (wegen σ_{max} unabhängig von A für $mg = 0$; siehe auch oben).

- Für $(\sigma_{zul} - \rho g l) \leq 0$, d. h. für $l \geq \dfrac{\sigma_{zul}}{\rho g}$ ist die Bedingung $\sigma_{max} \leq \sigma_{zul}$ nicht mehr erfüllbar, da bei dieser Länge $\sigma_{max} = \sigma_{zul}$ allein durch das Eigengewicht erreicht wird.

2. **Maximale Drahtlänge bis zum Reißen:**

   Der Draht wird reißen, wenn die maximale Spannung die Zugfestigkeit R_m erreicht (vgl. *Bild 2.13 Spannungs-Dehnungs-Diagramm*). Aus der Bedingung $\sigma_{max} = R_m$ folgt dann:

$$\sigma_{max} = \frac{mg}{A} + \tilde{n}g l_{max} = R_m \qquad \Rightarrow \qquad l_{max} = \frac{R_m}{\rho g} - \frac{mg}{\rho g A} \qquad (2)$$

3. **Verschiebung und Gesamtverlängerung des Drahts**

   Die Verschiebung der Drahtpunkte berechnen wir wegen der von z abhängigen Längskraft aus der allgemeinen Verschiebungsgleichung für die Zug/Druck Beanspruchung *(2.22)*.

$$w(z) = \int \frac{F_L(z)}{EA(z)}\, dz + C = \int \left[\frac{mg}{EA} + \frac{\rho g}{E}(l - z) \right] dz + C = \frac{mg}{EA} z - \frac{\rho g}{2E}(l - z)^2 + C$$

Die Integrationskonstante berechnen wir aus der Randbedingung

$$w(z=0) = 0 \qquad \Rightarrow \qquad -\frac{\rho g}{2E} l^2 + C = 0 \qquad \Rightarrow \qquad C = \frac{\rho g}{2E} l^2$$

Damit ergibt sich für die Verschiebung der Drahtpunkte in Abhängigkeit von z:

$$w(z) = \frac{mg}{EA} z + \frac{\rho g}{2E}\left(2lz - z^2 \right) \qquad (3)$$

Aus *(3)* erhalten wir die Gesamtverlängerung des Drahts, indem wir für $z = l$ setzen:

$$w_{max} = w(z=l) = \frac{mg}{EA} l + \frac{\rho g}{2E} l^2 \qquad (4)$$

Nachfolgend werden für die oben gegebenen Zahlenwerte die Ergebnisse angegeben (die Zahlenrechnung sollte der Leser zur Übung selbst durchführen).

1. **Erforderlicher Drahtdurchmesser d:**

   Aus *Gleichung (1)* folgt $\qquad d_{erf} \geq 0{,}868\ \text{mm}$.

Da man einen Draht mit diesem erforderlichen Querschnitt kaum finden wird oder herstellen lassen kann, wählt man einen verfügbaren oder herstellbaren Draht mit dem nächst größeren Querschnitt aus, z. B. mit dem Durchmesser

$$d_{gew} = 0{,}9 \text{ mm} \quad \text{(das entspricht einer Querschnittsfläche von } A_{vorh} = 0{,}636 \text{ mm}^2\text{)}$$

Beachte: Mit diesem gewählten Wert $d_{gew} = 0{,}9$ mm (bzw. mit $A_{vorh} = 0{,}636$ mm^2) müssen alle nachfolgenden Rechnungen durchgeführt werden!

2. **Maximale Drahtlänge bis zum Reißen:**

    Aus *Gleichung (2)* folgt mit A_{vorh}

    $$l_{max} = 19{,}96 \text{ km}$$

    Hinweis: Für $mg = 0$ (frei hängender Draht) wird die maximale Länge, bei der der Draht reißt, $l_{max} = 25{,}97$ km !

3. **Verschiebung und Gesamtverlängerung des Drahts**

    Aus *Gleichung (3)* folgt mit A_{vorh} die Verschiebung in Abhängigkeit von z zu

    $$w(z) = 24{,}501 \cdot 10^{-4} \cdot z - 2{,}0265 \cdot 10^{-10} \cdot z^2 \text{ mm}^{-1}$$

    Aus *(4)* erhalten wir die Gesamtverlängerung des Drahts der Länge 36 m zu

    $$w_{max} = 87{,}94 \text{ mm}$$

    Hinweis: Für $mg = 0$ (frei hängender Draht) wird die maximale Verlängerung bei der maximalen Drahtlänge l_{max}

    $$w_{max} = w(z = l_{max} = 25{,}97 \text{ km}) = 136{,}7 \text{ m} !$$

Beispiel 2.3 Eingespannter Stab mit Einzellast und Temperaturbelastung

Gegeben: $F = 6 \cdot 10^5$ N, $l_1 = 1200$ mm, $l_2 = 800$ mm, $A = 2 \cdot 10^4$ mm^2
  $E = 2{,}1 \cdot 10^5$ N/mm^2, $\alpha = 12 \cdot 10^{-6}$ K^{-1}, Ausgangstemperatur $T_A = 20$ °C
  Endtemperatur $T_E = 50$ °C
  (Annahme: Eigengewicht vernachlässigbar, d. h. es werden nur Längsbelastungen berücksichtigt)

Gesucht: 1. Lagerreaktionen an den Einspannstellen A und B
  2. Normalspannungen im Stab
  3. Endtemperatur T_E, für die die Normalspannung σ am Lager B null wird.

1. Lagerreaktionen:

Zuerst wird der Stab an den Lagern A und B freigeschnitten und an dem Schnittbild (siehe *Bild 2.23*) das Kräftegleichgewicht in horizontaler Richtung aufgeschrieben. Wir erhalten

$$\leftarrow: \quad F_A + F - F_B = 0$$

bzw. aufgelöst nach F_B

$$F_B = F_A + F \qquad (1)$$

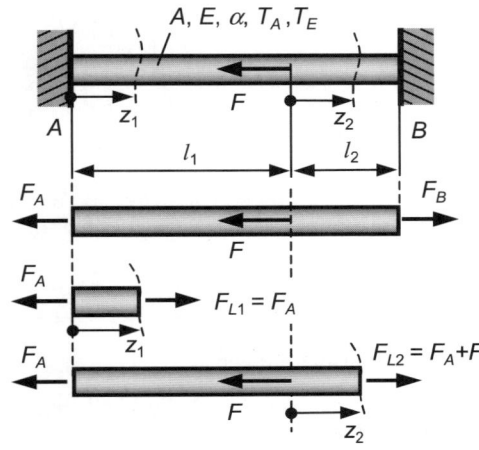

Hinweis: Mit *(1)* liegt eine Gleichung für zwei unbekannte Lagerreaktionen F_A und F_B vor. Allein mit der Gleichgewichtsbedingung lassen sich die Lagerreaktionen also nicht berechnen! Das bedeutet:

Bild 2.23 Eingespannter Stab mit Einzellast und Temperaturbelastung

• Das Problem ist statisch unbestimmt!
• Zur Lösung muss das Verformungsverhalten des Stabes betrachtet werden!

Mit den Schnittgrößen, die in *Bild 2.23* bereits als Zwischenergebnis eingetragen sind und mit $\Delta T = T_E - T_A$ können wir die Verschiebungen in den zwei Bereichen des Stabes mit Hilfe von *Gleichung (2.25)* aufschreiben.

1. Bereich $0 \leq z_1 \leq l_1$: $\quad w_1(z_1) = \dfrac{F_{L1}}{EA} z_1 + \alpha \Delta T z_1 + C_1 = \dfrac{F_A}{EA} z_1 + \alpha \Delta T z_1 + C_1$

2. Bereich $0 \leq z_2 \leq l_2$: $\quad w_2(z_2) = \dfrac{F_{L2}}{EA} z_2 + \alpha \Delta T z_2 + C_2 = \dfrac{F_A + F}{EA} z_2 + \alpha \Delta T z_2 + C_2$

Die Verschiebungen müssen noch folgende Rand- und Übergangsbedingungen erfüllen:

$$1. \quad w_1(z_1 = 0) = 0 \qquad 2. \quad w_1(z_1 = l_1) = w_2(z_2 = 0) \qquad 3. \quad w_2(z_2 = l_2) = 0$$

Mit der *Gleichung (1)* und den Bedingungen 1. bis 3. liegen vier Gleichungen für die vier Unbekannten F_A, F_B, C_1 und C_2 vor. Wir erhalten

aus 1.: $\qquad C_1 = 0$

aus 2.: $\qquad \dfrac{F_A}{EA} l_1 + \alpha \Delta T l_1 + \underbrace{C_1}_{=0} = C_2 \qquad \Rightarrow \qquad C_2 = \dfrac{F_A}{EA} l_1 + \alpha \Delta T l_1$

aus 3.: $\qquad \dfrac{F_A + F}{EA} \cdot l_2 + \alpha \Delta T l_2 + C_2 = 0$

$$\dfrac{F_A + F}{EA} l_2 + \alpha \Delta T l_2 + \dfrac{F_A}{EA} l_1 + \alpha \Delta T l_1 = 0$$

In der letzten *Gleichung* ist nur noch F_A unbekannt und es folgt durch Auflösen nach F_A

$$F_A = -\frac{Fl_2}{l_1 + l_2} - \alpha \Delta T \cdot EA \qquad (2)$$

Aus der *Gleichung (1)* kann mit der Lagerreaktion *(2)* die Lagerreaktion F_B berechnet werden. Es wird

$$F_B = F_A + F = -\frac{Fl_2}{l_1 + l_2} - \alpha \Delta T \cdot EA + F$$

$$F_B = \frac{Fl_1}{l_1 + l_2} - \alpha \Delta T \cdot EA \qquad (3)$$

2. Normalspannungen:

Mit der Lagerreaktion F_A nach *Gleichung (2)* sind die Schnittgrößen (siehe *Bild 2.23*) berechenbar. Damit erhalten wir aus *Gleichung (2.19)* die Normalspannungen zu:

1. Bereich $0 \leq z_1 \leq l_1$: $\sigma_z(z_1) = \frac{F_{L1}}{A} = \frac{F_A}{A} = -\frac{l_2}{l_1 + l_2} \cdot \frac{F}{A} - \alpha \Delta T \cdot E \qquad (4)$

2. Bereich $0 \leq z_2 \leq l_2$: $\sigma_z(z_2) = \frac{F_{L2}}{A} = \frac{F_A + F}{A} = \frac{l_1}{l_1 + l_2} \cdot \frac{F}{A} - \alpha \Delta T \cdot E \qquad (5)$

3. Endtemperatur T_E, für $\sigma = 0$ am Lager B

Aus *(5)* folgt mit der Bedingung $\sigma(z_2 = l_2) = 0$:

$$\Delta T = T_E - T_A = \frac{l_1}{l_1 + l_2} \cdot \frac{F}{\alpha EA} \quad \Rightarrow \quad T_E = T_A + \frac{l_1}{l_1 + l_2} \cdot \frac{F}{\alpha EA} \qquad (6)$$

Mit den gegebenen Zahlenwerten erhalten wir aus *(2)* bis *(6)*:

1. Lagerreaktionen: $F_A = (-2,40 - 15,12) \cdot 10^5 \, \text{N} = -17,52 \cdot 10^5 \, \text{N}$

$F_B = (3,60 - 15,12) \cdot 10^5 \, \text{N} = -11,52 \cdot 10^5 \, \text{N}$

2. Spannungen: $\sigma_z(z_1) = (-12,0 - 75,6) \, \text{N mm}^{-2} = -87,6 \, \text{N mm}^{-2}$

$\sigma_z(z_2) = (18,0 - 75,6) \, \text{N mm}^{-2} = -57,6 \, \text{N mm}^{-2}$

3. Endtemperatur T_E, für $\sigma = 0$ am Lager B:

$$T_E = (20 + 7,14)\,°\text{C} = 27,14\,°\text{C}$$

Hinweis: Man beachte die stark überwiegenden Anteile (jeweils zweites Glied in den Klammern) bei den Lagerreaktionen und bei den Spannungen aus der Temperaturbelastung ΔT!

2.2.2 Flächenpressung

> Als *Flächenpressung p* bezeichnet man die Druckbeanspruchung normal zur Berührungsebene zweier Körper (Berührungsspannung). Die sich berührenden Flächen können dabei eben oder gekrümmt sein.

Die reale Verteilung der Flächenpressung p (*Bild 2.24 c* zeigt eine realitätsnahe Verteilung) ist von der Geometrie und den Steifigkeiten der sich berührenden Körper abhängig und kompliziert zu berechnen. Um eine für die praktische Anwendung handhabbare Berechnungsmöglichkeit zu erhalten, arbeitet man mit vereinfachenden Annahmen über die Verteilung der Flächenpressung in der Kontaktebene.

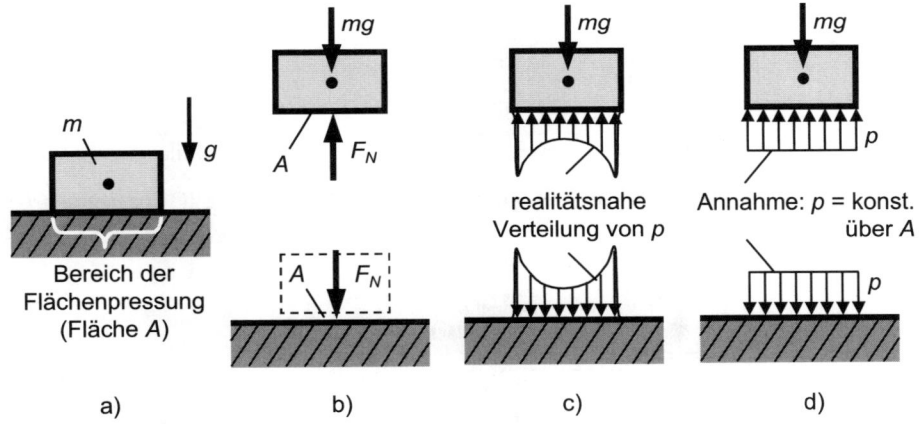

Bild 2.24 Flächenpressung in ebenen Berührungsflächen

Ebene Berührungsflächen

> *Annahme:* Die Flächenpressung p sei konstant über die Berührungsfläche A verteilt.

Diese Annahme würde richtig sein, wenn man ideal starre Körper mit ideal ebenen Berührungsflächen A voraussetzen könnte, was in der Praxis natürlich nie zutrifft. Trotzdem kann in der Anwendung oft die obige Annahme getroffen werden. Für die Flächenpressung p in ebenen Berührungsflächen (vgl. *Bild 2.24 b* und *d*) gilt dann

$$p = \frac{F_N}{A} \qquad \text{mit } F_N \text{ - Druckkraft senkrecht zur Berührungsfläche } A \qquad (2.27)$$

Für einen Spannungsnachweis, eine Dimensionierung oder eine Belastbarkeitsrechnung bezüglich der Flächenpressung muss die Bedingung $p \leq p_{zul}$ erfüllt werden. Aus dieser Ungleichung lässt sich dann die gesuchte Größe ermitteln.

Hinweis: Zulässige Werte p_{zul} für die Flächenpressung werden in der Regel durch das „weichere" Material der Materialpaarung bestimmt. Absolute Größen können allgemein nicht angegeben werden, da spezielle Einsatzbedingungen wie Verschleiß, Dauerfestigkeit usw. die Größe wesentlich bestimmen. Der Maximalwert für p ist theoretisch die Bruchspannung des Materials.

Tabelle 2.5 Richtwerte für p_{zul}

Material	p_{zul} in N/mm^2
gewachsener Boden	0,25
Mauerwerk	0,75
Stahl	100

Beispiel 2.4 Flächenpressung zwischen Stahlträger und Stützpfeiler

Ein Doppel-T-Träger liegt auf zwei Stützpfeilern auf. Die Belastung F wird symmetrisch eingeleitet.

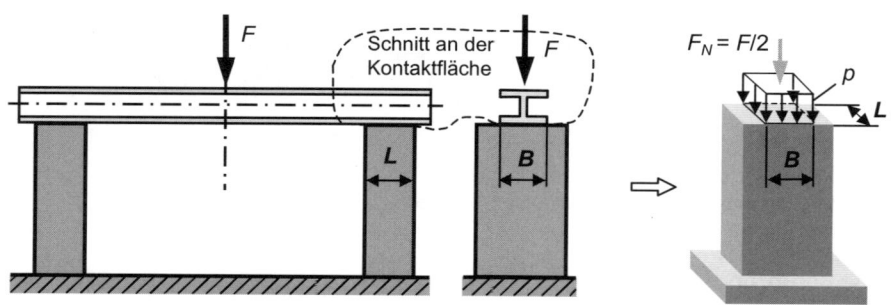

Bild 2.25 Flächenpressung zwischen Stahlträger und Stützpfeiler

Für die Flächenpressung zwischen Stahlträger und Stützpfeiler folgt mit (vgl. *Bild 2.25*)

$$F_N = \frac{1}{2}F \quad \text{(Normalkraft)} \quad \text{und} \quad A = B \cdot L \quad \text{(Auflagefläche)}$$

aus *Gleichung (2.27)*

$$\underline{\underline{p = \frac{F_N}{A} = \frac{F}{2 \cdot B \cdot L}}}$$

Gekrümmte Berührungsflächen

(Zapfenlagerung, Gleitlager, Bolzen und Niete in Bohrungen usw.)

> *Annahme:* Die Komponente der Flächenpressung in Richtung der resultierenden Druckkraft F_D sei konstant über die zu F_D senkrechte Projektionsfläche A_{Proj} verteilt.

Mit dieser Annahme gilt

$$p = \frac{F_D}{A_{\text{Proj}}} \quad \text{mit} \quad F_D \text{ - Druckkraft senkrecht zur Projektionsfläche } A_{\text{Proj}} \quad (2.28)$$

Beispiel 2.5 Flächenpressung zwischen Welle und Gleitlager

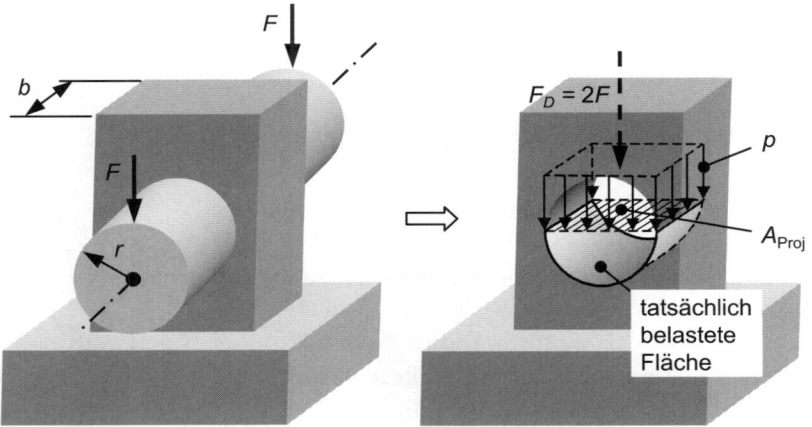

Bild 2.26 Flächenpressung zwischen Welle und Gleitlager

Für die Flächenpressung zwischen Welle und Gleitlagerwand folgt mit (vgl. *Bild 2.26*)

$$F_D = 2F \quad \text{(Druckkraft)} \quad \text{und} \quad A_{\text{Proj}} = 2rb \quad \text{(Projektionsfläche)}$$

aus *Gleichung (2.28)*

$$\underline{\underline{p = \frac{F_D}{A_{\text{Proj}}} = \frac{F}{rb}}}$$

Die Flächenpressung zwischen einer Welle bzw. einem Bolzen und der Gleitlager- bzw. Bohrungswand heißt auch *Lochleibungsdruck*.

Hinweis: Die obige Annahme einer konstanten Verteilung der Flächenpressung über die projizierte Fläche A_{Proj} liefert die gleiche resultierende Druckkraft F_D wie die

Annahme einer konstant verteilten Flächenpressung p senkrecht zur Berührungsfläche. Mit der folgenden Rechnung soll diese Aussage für das *Beispiel 2.5* bewiesen werden.

Es folgt aus *Bild 2.27* für die differentielle Kraftkomponente in vertikaler Richtung der durch $p = $ konst. belasteten Halbkreisfläche

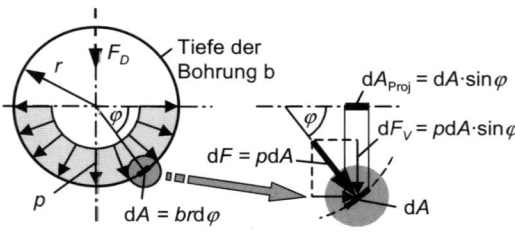

$$dF_V = p \cdot \sin\varphi \, dA = p \cdot \sin\varphi \, br \, d\varphi$$

Die Integration über den Halbkreis liefert:

Bild 2.27 Resultierende für $p = $ konst. über Halbkreisfläche

$$F_V = \int_0^\pi dF_V = \int_0^\pi pbr\sin\varphi \, d\varphi = pbr(-\cos\varphi)\big|_0^\pi$$

$$F_V = pbr\cdot 2 = p\cdot A_{\mathrm{Proj}} = F_D \qquad \text{(Was zu beweisen war!)}$$

Hinweis: Die reale Verteilung von p ist – wie auch bei ebenen Berührungsflächen (siehe oben) – von der Geometrie und den Steifigkeiten abhängig und kompliziert zu berechnen. Sie wird in der Realität weder wie in *Bild 2.26*, noch wie in *Bild 2.27* aussehen, sondern könnte für eine Welle in einem Lager (ohne Spiel) beispielsweise die in *Bild 2.28* angegebene Form haben.

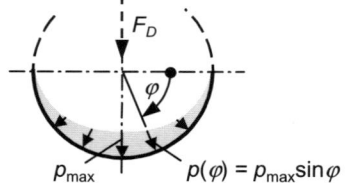

Bild 2.28 Realitätsnaher Lochleibungsdruck

Bedeutung hat die Flächenpressung bei der Auslegung von Gewinden, Klemm- und Presssitzen, Kupplungen, Passfedern und Keilen, Stiftverbindungen usw. Hier sind häufig auch spezielle Berechnungsvorschriften zu beachten.

Hinweis: Genauere Untersuchungen der Flächenpressung können nach der Theorie von H. HERTZ[9] vorgenommen werden. Man spricht dann auch von HERTZ'scher Pressung.

---

[9] HEINRICH RUDOLF HERTZ (1857 – 1894), deutscher Physiker

2.3 Biegung

Das Ziel in diesem Kapitel ist die Berechnung der Spannungen und Verformungen in geraden Balken infolge der Biegemomente M_{bx} und M_{by}.

2.3.1 Voraussetzungen und Annahmen

Wir betrachten zunächst einen geraden, prismatischen Balken mit der Balkenachse z und den Querschnittsachsen (x,y), der auf reine Biegung um die x-Achse (M_{bx} = konst., M_{by} = 0, F_{Qy} = 0, F_L = 0) belastet ist (*Bild 2.29, links*). Eine endgültige Festlegung der Lage und der Orientierung des Koordinatensystems relativ zum Querschnitt ergibt sich aus den Annahmen und Schlussfolgerungen des *Kapitels 2.3.2*.

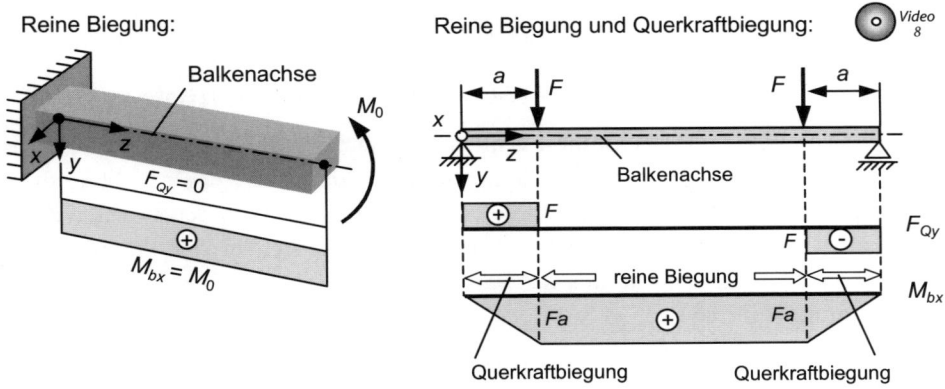

Bild 2.29 Reine Biegung und Querkraftbiegung

Hinweis: Die im Folgenden hergeleiteten Formeln lassen sich auch mit guter Näherung für schwach gekrümmte Balken, Balken mit stetig veränderlichen Querschnitten und Balken mit Querkraftbiegung ($M_{bx} = M_{bx}(z)$, $F_{Qy} \neq 0$, siehe *Bild 2.29 rechts*) anwenden.

Durch die Biegemomentenbelastung M_{bx} entstehen im Querschnitt Normalspannungen σ_z senkrecht zur Querschnittsfläche, die bei reiner Biegung keine resultierende Kraftwirkung haben können und deshalb in einem Teil des Querschnitts positiv (Zugspannungen) und im anderen Teil negativ (Druckspannungen) sein müssen (siehe *Bild 2.30*). Diejenige Balkenachse, für die die Normalspannungen σ_z (und damit auch die Dehnungen ε_z) null sind, bezeichnen wir als *neutrale Faser* oder als *neutrale Schicht*. Die positiven und negativen Normalspannungen σ_z erzeugen

Dehnungen ε_z in z-Richtung, die zu einer Krümmung (Biegeverformung) der ursprünglich geraden Balkenachse führen.

Zur Berechnung der Spannungen σ_z und der Biegeverformungen ist eine Annahme von J. BERNOULLI[10] – die so genannte *BERNOULLI-Hypothese* oder auch *Normalenhypothese* – Grundlage der elementaren Biegetheorie.

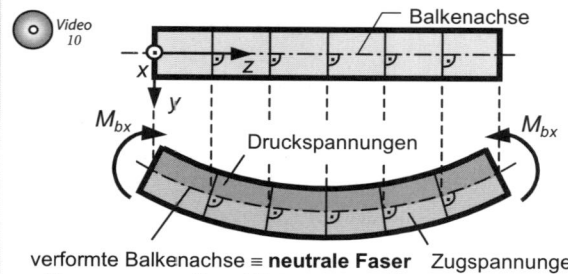

BERNOULLI-Hypothese:

Eine im unverformten Zustand senkrecht zur Balkenachse stehende ebene Querschnittsfläche, bleibt bei einer reinen Biegeverformung eben und steht senkrecht zur verformten Balkenachse (*Bild 2.30*).

Bild 2.30 Verformungen nach der BERNOULLI-Hypothese

Hinweis: Die BERNOULLI-Hypothese trifft für die Querkraftbiegung nicht zu, da es infolge von Schubspannungen τ zu Gleitungen γ und damit zu einer Verwölbung des Querschnitts kommt. Mit der Annahme der BERNOULLI-Hypothese vernachlässigen wir also die Wirkung der Schubspannungen. Das hat sich in der Praxis jedoch bewährt, da bei Balkentragwerken der Schubeinfluss im Verhältnis zu den Biegenormalspannungen gering ist.

2.3.2 Spannungen bei gerader Biegung

Definition: Man spricht von gerader Biegung, wenn es bezüglich der (x,y)-Achsen nur ein Biegemoment M_{bx} mit daraus folgender Biegeverformung in der (y,z)-Ebene bzw. nur ein Moment M_{by} mit Biegeverformung in der (x,z)-Ebene gibt.

Mit den Voraussetzungen (vgl. *Bild 2.31*), dass

- nur M_{bx} wirkt und damit die Biegeverformung in der (y,z)-Ebene erfolgt,
- die Dehnungen und die Spannungen unabhängig von x sind,
- die Balkenachse z in der neutralen Faser liegt,
- die Querdehnungen in x- und y-Richtung unbehindert sind ($\sigma_x = 0$, $\sigma_y = 0$) und
- $\Delta T = 0$ ist,

---

[10] JACOB BERNOULLI (1655 – 1705), schweizerischer Mathematiker

gilt nach dem HOOKE'schen Gesetz für die
Spannung σ_z infolge eines Biegemomentes M_{bx}
für einen beliebigen Punkt P im Querschnitt z
(siehe *Bild 2.31*)

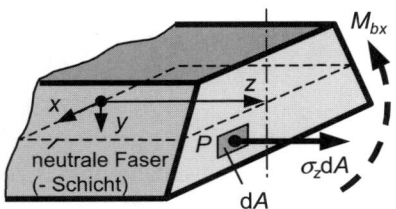

$$\sigma_z(y,z) = E \cdot \varepsilon_z(y,z) \qquad\qquad (2.29)$$

Bild 2.31 Normalspannung σ_x infolge M_{bx}

Infolge dieser Spannungen krümmt sich ein
ursprünglich gerades Balkenelement der Länge
dz. Die Endquerschnitte bleiben wegen der Annahme der BERNOULLI'schen Hypothese eben und stehen senkrecht zur gekrümmten Balkenachse (neutrale Faser, siehe *Bild
2.32*). Alle Fasern mit $y \neq 0$ erfahren dadurch eine Dehnung.

Die Dehnung ε_z einer Faser im
Abstand y von der neutralen
Faser (diese dehnt sich nicht!)
wird

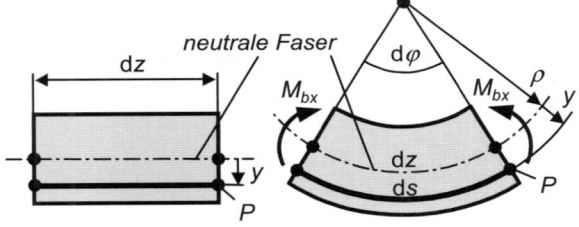

$$\varepsilon_z(y,z) = \frac{ds - dz}{dz}$$

$$= \frac{(\rho + y)d\varphi - \rho d\varphi}{\rho d\varphi}$$

Bild 2.32 Verformung eines differentiellen Balkenelements dz

$$\varepsilon_z(y,z) = \frac{y}{\rho(z)} \qquad \text{mit } \rho(z) \text{ - Krümmungsradius.}$$

Setzen wir diese Dehnung in *(2.29)* ein, so folgt für die Normalspannung

$$\sigma_z(y,z) = E \cdot \varepsilon_z(y,z) = \frac{E}{\rho(z)} y \qquad\qquad (2.30)$$

Den in *Gleichung (2.30)* noch unbekannten Krümmungsradius $\rho(z)$ und die Lage der
neutralen Faser erhalten wir aus den folgenden Äquivalenzbedingungen zwischen der
Spannung σ_z und den Schnittgrößen im Querschnitt z. Da nur das Biegemoment M_{bx}
wirken soll, gibt es keine resultierende Längskraft F_L und kein resultierendes Moment
M_{by}. Daraus folgt:

- $F_L(z) = \int\limits_{(A)} \sigma_z(y,z)dA = \frac{E}{\rho(z)} \int\limits_{(A)} y\,dA = 0$ \qquad erfüllt für \qquad $\int\limits_{(A)} y\,dA = S_x = 0$

Folgerung: S_x ist genau dann null, wenn die x-Achse durch den Flächenschwerpunkt S verläuft (vgl. *Kapitel 1.10.3*). Das bedeutet, die neutrale Faser
und damit die Balkenachse z muss durch den Flächenschwerpunkt S verlaufen.

- $M_{by}(z) = \int\limits_{(A)} \sigma_z(y,z) \cdot x \, dA = \dfrac{E}{\rho(z)} \int\limits_{(A)} xy \, dA = 0$ erfüllt für $\int\limits_{(A)} xy \, dA = -I_{xy} = 0$

> *Folgerung:* I_{xy} ist genau dann null, wenn die x-Achse und die y-Achse durch den Flächenschwerpunkt S verlaufen und Hauptachsen des Querschnitts sind (vgl. *Kapitel 1.11.4*).

- $M_{bx}(z) = \int\limits_{(A)} \sigma_z(y,z) \cdot y \, dA = \dfrac{E}{\rho(z)} \int\limits_{(A)} y^2 \, dA$ $\Rightarrow$ $\dfrac{1}{\rho(z)} = \dfrac{M_{bx}(z)}{EI_{xx}}$ (2.31)

mit (vgl. *Kapitel 1.11.1*) $I_{xx} = \int\limits_{(A)} y^2 \, dA$

Setzen wir *(2.31)* in *(2.30)* ein, so erhalten wir die Normalspannung σ_z für die gerade Biegung um die x-Achse infolge eines Biegemomentes M_{bx} zu

$$\sigma_z(y,z) = \dfrac{M_{bx}(z)}{I_{xx}} y \qquad\qquad (2.32)$$

Zusammenfassung: *Video 8*

- Ist (x,y) ein *Hauptzentralachsensystem*, so berechnen sich die Spannungen $\sigma_z(y,z)$ infolge einer Biegemomentenbelastung M_{bx} um die x-Achse (Biegeachse) aus *(2.32)*.

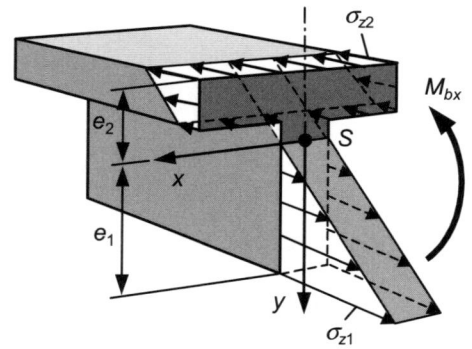

> *Hinweis:* Die *Gleichung (2.32)* zeigt, dass die Spannung unabhängig vom Elastizitätsmodul E des Materials ist, falls M_{bx} unabhängig von E ist (das trifft für statisch bestimmte Systeme immer zu)!

Bild 2.33 Normalspannungsverteilung

- Die Normalspannungen $\sigma_z(y,z)$ infolge M_{bx} sind linear über den Querschnitt verteilt und werden für $y = 0$ (neutrale Faser) null.

- Die größten Normalspannungen treten in Punkten mit den größten Abständen von der x-Achse auf. So sind z. B. in *Bild 2.33* bei einem Biegemoment $M_{bx} > 0$ die größten positiven Spannungen ($\sigma_{z1} > 0$) bei $y = e_1$ und die größten negativen Spannungen ($\sigma_{z2} < 0$) bei $y = -e_2$ vorhanden.

Allgemein gilt für die Randspannungen:

$$\sigma_{z1}(z) = \frac{M_{bx}(z)}{I_{xx}} e_1 = \frac{M_{bx}(z)}{W_{bx1}} \qquad \text{mit} \qquad W_{bx1} = \frac{I_{xx}}{e_1}$$

$$\sigma_{z2}(z) = -\frac{M_{bx}(z)}{I_{xx}} e_2 = -\frac{M_{bx}(z)}{W_{bx2}} \qquad \text{mit} \qquad W_{bx2} = \frac{I_{xx}}{e_2}$$

W_{bx1} und W_{bx2} sind die so genannten (*Biege-*) *Widerstandsmomente*. Widerstandsmomente sind rein geometrische Querschnittskenngrößen, die für genormte Querschnitte in Tabellenform verfügbar sind (siehe z. B. *Tabelle 2.6*). Mit diesen Biegewiderstandsmomenten kann man den in der Praxis oft benötigten Betrag der maximalen Normalspannung im Querschnitt z schnell angeben. Es wird:

$$\left| \sigma_z(z) \right|_{\max} = \frac{\left| M_{bx}(z) \right|}{W_{bx\,\min}} \qquad \text{mit} \qquad W_{bx\,\min} = \frac{I_{xx}}{e_{\max}} \tag{2.33}$$

Nachfolgend wollen wir für zwei Beispiele, für die wir bereits im *Kapitel 1.6.4* die Schnittgrößen ermittelt haben, die Spannungsberechnung durchführen.

Beispiel 2.6 Träger mit Streckenlast und Einzellast (vgl. *Beispiel 1.17, Seite 68*)

Gegeben: $q = 20$ N/cm, $a = 0,5$ m
$\quad\quad\quad\quad$ $b = 2$ cm, $h = 3$ cm

Gesucht: Ort und Größe der maximalen Biegespannung[11]

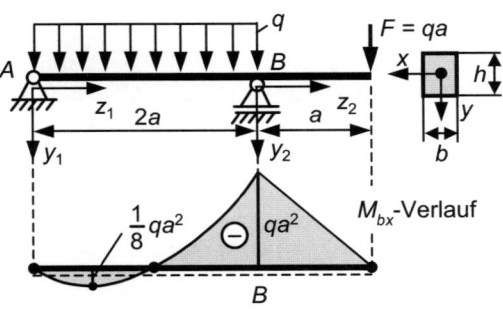

Den Schnittgrößenverlauf für das Biegemoment M_{bx} übernehmen wir aus *Kapitel 1.6.4, Beispiel 1.17*. Die größten Biegespannungen im Trägerquerschnitt treten an der Stelle des vom Betrag größten Biegemomentes $M_{bx} = -qa^2$ am Lager B auf.

Bild 2.34 Träger mit Streckenlast und Einzellast

Im Querschnitt an diesem Lager ergeben sich die maximalen Spannungen am Rand $y = e_{\max} = h/2$. Mit den Querschnittskenngrößen für einen Rechteckquerschnitt (siehe *Kapitel 1.11.3, Tabelle 1.6*)

$$I_{xx} = \frac{bh^3}{12} \qquad \text{und} \qquad W_{bx\,\min} = \frac{I_{xx}}{e_{\max}} = \frac{bh^2}{6} \tag{1}$$

---

[11] Im Allgemeinen sind bei homogenen und isotropen Werkstoffen die zulässigen Spannungen für Zug- und Druckbelastung gleich groß. In diesen Fällen ist bei der Frage nach der maximalen Spannung häufig die vom Betrag größte Spannung gemeint.

folgt für den Spannungsverlauf über den Querschnitt am Lager B (Stelle $z_1 = 2a$ oder $z_2 = 0$) aus *(2.32)*

$$\sigma_z(y, z_2 = 0) = \frac{M_{bx}(z_2 = 0)}{I_{xx}} y = -\frac{12qa^2}{bh^3} y \qquad (2)$$

Die größten Spannungen am Lager B erhält man aus *(2)* für $y = \pm h/2$ am unteren bzw. am oberen Rand.

Unterer Trägerrand bei B:

$$\sigma_z\left(y = \frac{h}{2}, z_2 = 0\right) = -\frac{12qa^2}{bh^3} \cdot \frac{h}{2} = -\frac{6qa^2}{bh^2}$$

$$\sigma_z\left(y = \frac{h}{2}, z_2 = 0\right) = -166{,}7 \frac{N}{mm^2}$$

Oberer Trägerrand bei B:

$$\sigma_z\left(y = -\frac{h}{2}, z_2 = 0\right) = 166{,}7 \frac{N}{mm^2}$$

Die vom Betrag größten Spannungen am Lager B folgt auch aus *Gleichung (2.33)* mit dem Widerstandmoment $W_{bx\min}$ aus *Gleichung (1)* zu:

$$\left. \sigma_z(z_2 = 0) \right|_{max} = \frac{\left| M_{bx}(z_2 = 0) \right|}{W_{bx\min}} = \frac{6qa^2}{bh^2} = 166{,}7 \frac{N}{mm^2}$$

Beispiel 2.7 Dimensionierung eines T-Trägers (vgl. *Beispiel 1.16, Seite 67*)

Gegeben: $F = 2000$ N, $a = 0{,}5$ m
$\sigma_{zul} = 240$ N/mm^2

Gesucht: Hochstegiger T-Träger
nach DIN EN 10055

Hinweis: Bei diesem Beispiel handelt es sich um eine in der Praxis häufig vorkommende Dimensionierungs-aufgabe bezüglich Festigkeit, d. h. der Querschnitt des T-Trägers muss so bestimmt werden, dass die maximale Spannung kleiner wird als die zulässige Spannung.

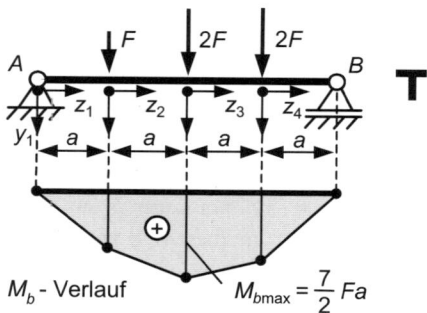

Bild 2.35 Dimensionierung eines T-Trägers

Den Schnittgrößenverlauf für das Biegemoment M_b übernehmen wir aus *Kapitel 1.6.4, Beispiel 1.16*. Für die vier Bereiche mit konstantem Querschnitt werden an der Stelle des größten Biegemomentes M_{bmax} (vgl. *Bild 2.35*) die Spannungen maximal. Diese maximale

Spannung muss die folgende Bedingung, die die Grundlage der Dimensionierung darstellt, erfüllen:

$$\left|\sigma_z\right|_{max} = \frac{\left|M_{b\,max}\right|}{W_{bx\,min}} \leq \sigma_{zul} .$$

Diese Bedingung lösen wir nach dem Widerstandsmoment auf und erhalten

$$W_{bx\,min} \geq \frac{\left|M_{b\,max}\right|}{\sigma_{zul}} = \frac{7Fa}{2\sigma_{zul}} = 14,58\,cm^3 \qquad (1)$$

Aus der *Ungleichung (1)* kann nun W_{bxmin} bzw. ein typischer Querschnittskennwert des vorgegebenen Querschnitts bestimmt werden. Bei genormten Querschnitten findet man W_{bx} in entsprechenden DIN -Tabellen (*Tabelle 2.6*).

Tabelle 2.6 Auszug aus DIN EN 10055

T 90	Auszug aus DIN EN 10055						
	$b = h$ [mm]	A [cm^2]	e [cm]	I_x [cm^4]	W_x [cm^3]	I_y [cm^4]	W_y [cm^3]
	...	...	...	...	...	...	...
	80	13,6	2,22	73,7	12,8	37,0	9,25
	90	17,1	2,48	119	18,2	58,5	13,0
	...	...	...	...	...	...	...

Aus der DIN-Tabelle (*Tabelle 2.6*) wählen wir einen T-Träger aus, für den wegen *(1)*

$$W_x > W_{bx\,min} = 14,58\,cm^3$$

gilt. Das ist der **T-Träger T 90** (grau unterlegt in *Tabelle 2.6*) mit dem Widerstandsmoment

$$W_x = 18,2\,cm^3 > 14,58\,cm^3$$

der die Bedingung *(1)* erfüllt.

2.3.3   Verformungen bei gerader Biegung

Für die Berechnung der Verformungen sollen die in den *Kapiteln 2.3.1* und *2.3.2* getroffenen Annahmen und Voraussetzungen ebenfalls gelten. Wegen ihrer grundsätzlichen Bedeutung werden sie hier nochmals angegeben:

*   Das HOOKEschen Gesetz und die BERNOULLI-Hypothese sollen gelten.

- Es liegt reine Biegung vor (Biegemoment ist konstant). Eine Anwendung auf veränderliche Biegemomente kann mit ausreichender Genauigkeit vorgenommen werden.
- Die Biegung erfolgt um eine Hauptzentralachse des Querschnitts. Ohne Einschränkung der Allgemeinheit nehmen wir zunächst an, dass dies die x-Achse sei.

Wir definieren die Biegeverformung $v(z)$ als die Verformung der neutralen Faser in y-Richtung infolge eines Biegemomentes $M_{bx}(z)$. Die Funktion der Biegeverformung $v(z)$ wird auch *Biegelinie* genannt (siehe Bild 2.36).

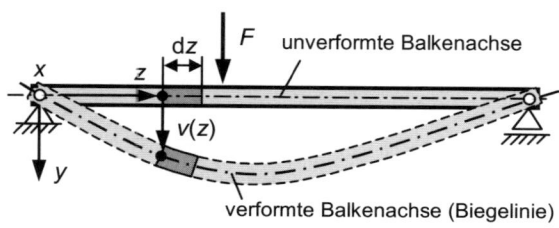

Bild 2.36 Definition der Biegeverformung $v(z)$

Die neutrale Faser eines differentiellen Elementes dz des Trägers erfährt infolge der Biegebelastung eine Krümmung κ (*Bild 2.37* links), die der Kehrwert des Krümmungsradius $\rho(z)$ ist. Nach *Kapitel 2.3.2, Gleichung (2.31)* folgt damit für die Krümmung

$$\kappa = \frac{1}{\rho(z)} = \frac{M_{bx}(z)}{EI_{xx}} \tag{2.34}$$

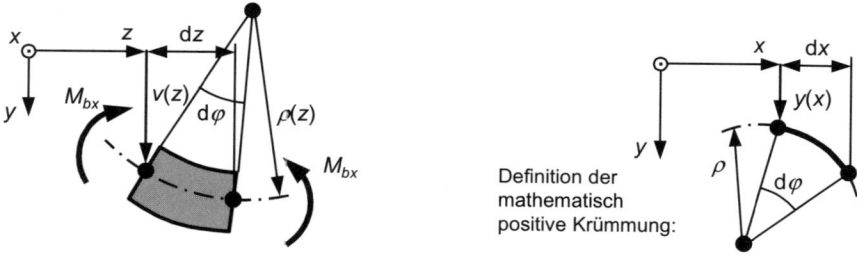

Bild 2.37 Krümmung infolge M_{bx} (links) und mathematische Definition einer positiven Krümmung (rechts)

Die mathematische Definition der positiven Krümmung[12] einer Funktion $y(x)$ ist in *Bild 2.37 rechts* dargestellt und berechnet sich aus

$$\kappa = \frac{1}{\rho} = \frac{y''(x)}{\sqrt{\left(1 + [y'(x)]^2\right)^3}} \tag{2.35}$$

---

[12] Zur Definition der Krümmung siehe auch [1], *Kapitel A 72*

Der Vergleich der beiden Krümmungen in *Bild 2.37* zeigt, dass nach unseren Definitionen der positiven Verformung $v(z)$ und des positiven Biegemomentes M_{bx} ein positives Biegemoment eine negative Krümmung κ der Biegelinie $v(z)$ erzeugt. Das bedeutet, dass beim Einsetzen von Gleichung *(2.35)* in *(2.34)* – wobei für $y(x) \equiv v(z)$ zu setzen ist – dieses unterschiedliche Vorzeichen in der Krümmung berücksichtigt werden muss. Es folgt:

$$\frac{v''(z)}{\sqrt{\left(1+[v'(z)]^2\right)^3}} = -\frac{M_{bx}(z)}{EI_{xx}(z)} \qquad (2.36)$$

Gleichung (2.36) ist eine nichtlineare Differentialgleichung für die gesuchte Verschiebung $v(z)$ infolge der Biegebeanspruchung.

Hinweis: Mit der nichtlinearen Differentialgleichung *(2.36)* muss bei der Berechnung von großen Verformungen im elastischen Bereich gerechnet werden!

Setzen wir nachfolgend kleine Verformungen $v(z)$ voraus (vgl. *Kapitel 2.1.1*), so wird $v'(z)$ sehr klein, so dass $[v'(z)]^2$ gegenüber der „1" im Nenner der *Gleichung (2.36)* vernachlässigt werden kann. Wir erhalten für kleine Verformungen aus *Gleichung (2.36)* die so genannte *Differentialgleichung der Biegelinie 2. Ordnung* in der Form

$$v''(z) = -\frac{M_{bx}(z)}{EI_{xx}(z)} \qquad \text{bzw.} \qquad EI_{xx}(z) \cdot v''(z) = -M_{bx}(z) \qquad (2.37)$$

Das Produkt EI_{xx} nennt man auch *Biegesteifigkeit*. Wird die Differentialgleichung 2. Ordnung *(2.37)* zweimal differenziert, so folgt

$$\left[EI_{xx}(z) \cdot v''(z)\right]'' = -M_{bx}''(z)$$

Mit den differentiellen Beziehungen zwischen den Schnittgrößen und der Linienlast q_y (vgl. *Kapitel 1.6.3*)

$$\left.\begin{array}{l} F_{Qy}' = -q_y(z) \\ M_{bx}' = F_{Qy}(z) \end{array}\right\} \Rightarrow \quad M_{bx}''(z) = F_{Qy}'(z) = -q_y(z)$$

erhält man die *Differentialgleichung der Biegelinie 4. Ordnung* in der Form

$$\left[EI_{xx}(z) \cdot v''(z)\right]'' = q_y(z) \qquad (2.38)$$

und für den häufigen Fall konstanter Biegesteifigkeit $EI_{xx} = $ konst.

$$EI_{xx} \cdot v''''(z) = q_y(z) \qquad (2.39)$$

Lösung der Differentialgleichung (DGL)

Die relativ einfache gewöhnliche DGL 2. Ordnung *(2.37)* bzw. die DGL 4. Ordnung *(2.38)* oder *(2.39)* lässt sich in der Regel wie folgt lösen:

* Die DGL wird bereichsweise (Bereichseinteilung wie bei der Schnittgrößen-berechnung) durch zweimalige bzw. viermalige Integration gelöst. Veränderliche Biegesteifigkeiten *EI* bringt man zweckmäßig auf die rechte Seite der DGL.
* Die Lösung enthält bei *n* Bereichen
  – 2·*n* Integrationskonstanten (DGL 2. Ordnung) bzw.
  – 4·*n* Integrationskonstanten (DGL 4. Ordnung).
* Die Integrationskonstanten werden aus folgenden Rand- und Übergangsbedin-gungen (RB) an den Bereichsgrenzen ermittelt (siehe z. B. *Tabelle 2.7*):
  – *v* und *v'* (*v'* = tan φ, wobei φ der Winkel von der *z*-Achse zur Tangente an die Bieglinie ist und auch *Biegewinkel* genannt wird) bei der DGL 2. Ordnung (auch als *geometrische RB* bezeichnet),
  – $M_{bx} = -EI \cdot v''$ und $F_{Qy} = M'_{bx} = -(EI \cdot v'')'$ bei der DGL 4. Ordnung (auch als *dynamische RB* bezeichnet).

Tabelle 2.7 Beispiele für Rand- und Übergangsbedingungen

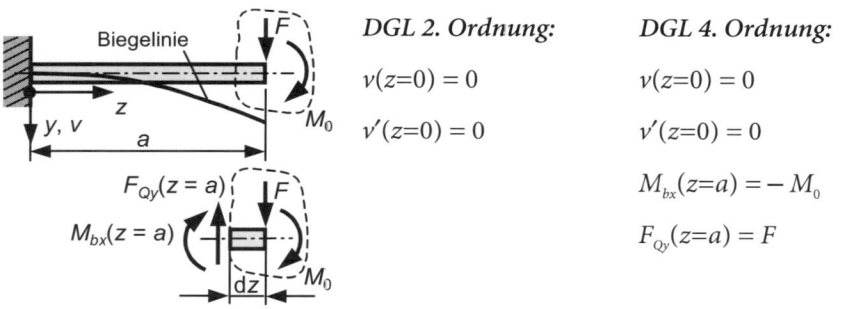

	DGL 2. Ordnung:	*DGL 4. Ordnung:*
	$v(z{=}0) = 0$	$v(z{=}0) = 0$
	$v'(z{=}0) = 0$	$v'(z{=}0) = 0$
		$M_{bx}(z{=}a) = -M_0$
		$F_{Qy}(z{=}a) = F$

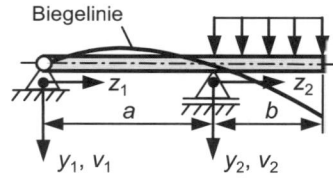

	DGL 2. Ordnung:	*DGL 4. Ordnung:*
	$v_1(z_1{=}0) = 0$	RB wie DGL 2. Ordnung
	$v_1(z_1{=}a) = 0$	und zusätzlich noch
	$v_2(z_2{=}0) = 0$	$M_{bx1}(z_1{=}0) = 0$
	$v_1'(z_1{=}a) = v_2'(z_2{=}0)$	$M_{bx1}(z_1{=}a) = M_{bx2}(z_2{=}0)$
		$M_{bx2}(z_2{=}b) = 0$
		$F_{Qy2}(z_2{=}b) = 0$

Beachte:

- Bei statisch bestimmten Systemen ist die Anzahl der Randbedingungen gleich der Anzahl der Integrationskonstanten.
- Bei statisch unbestimmten Systemen gibt es in Abhängigkeit vom Grad der statischen Unbestimmtheit entsprechend mehr Randbedingungen.

Frage: Welche der beiden Differentialgleichungen (2. oder 4. Ordnung) verwendet man zur Berechnung der Biegeverformung (oder kurz der Verschiebung)?

Empfehlung:

- Die DGL 2. Ordnung wird dann benutzt, wenn der Biegemomentenverlauf bereits bekannt ist bzw. in einfacher Weise berechenbar ist.
- Die DGL 4. Ordnung wird benutzt, wenn der Biegemomentenverlauf schwierig zu berechnen ist (z. B. bei komplizierten Belastungsfunktionen $q_y(z)$). Jedoch erhält man in jedem Bereich vier Integrationskonstanten, so dass entsprechend mehr Rand- und Übergangsbedingungen aufgeschrieben werden müssen.

In den folgenden drei Beispielen zur Verformungsberechnung wollen wir neben einem statisch bestimmten System ein statisch unbestimmtes Problem behandeln und ein Beispiel mit der Differentialgleichung 4. Ordnung lösen.

Beispiel 2.8 Verformungen eines Trägers auf zwei Stützen (statisch bestimmt)

Gegeben: $q, a, b, EI =$ konst.

Gesucht: Biegelinie, Verschiebung v_C bei C und Biegewinkel φ_B bei B

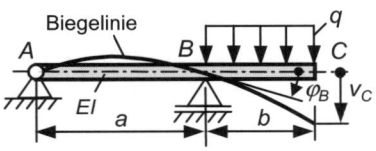

Mit den Definitionen der Lagerreaktionen und der Bezugssysteme nach *Bild 2.38* folgt nach kurzer Rechnung für die Lagereaktionen und für die Schnittgrößen in den beiden Bereichen:

Schnittbild für Lagerreaktionen und Biegemomente:

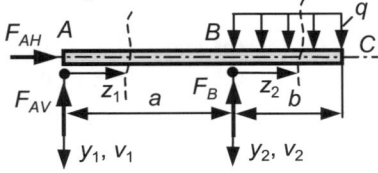

Bild 2.38 Träger auf zwei Stützen, Biegelinie, Lagerreaktionen, Bezugssysteme

$$F_{AH} = 0$$

$$F_{AV} = -\frac{b}{2a}qb$$

$$F_B = \left(1 + \frac{b}{2a}\right)qb$$

$$M_{bx}(z_1) = F_{AV}z_1 = -\frac{b^2}{2a}qz_1$$

$$M_{bx}(z_2) = -\frac{1}{2}q(b - z_2)^2$$

Hinweis: Da hier der Biegemomentenverlauf in den zwei Bereichen bekannt ist (siehe oben), bietet sich die Berechnung der Verformungen mit der Differentialgleichung 2. Ordnung *(2.37)* an.

Die Differentialgleichung 2. Ordnung schreiben wir nachfolgend für beide Bereiche auf und ermitteln die Verschiebungsfunktion (Biegelinie) durch zweimalige Integration. Es folgt:

1. Bereich ($0 \le z_1 \le a$):

$$EI \cdot v_1''(z_1) = -M_{bx}(z_1) = \frac{b^2}{2a} \cdot qz_1$$

$$EI \cdot v_1'(z_1) = \frac{b^2}{4a} \cdot qz_1^2 + c_1 \quad (1)$$

$$EI \cdot v_1(z_1) = \frac{b^2}{12a} \cdot qz_1^3 + c_1 z_1 + c_2 \quad (2)$$

2. Bereich ($0 \le z_2 \le b$):

$$EI \cdot v_2''(z_2) = -M_{bx}(z_2) = \frac{1}{2}q(b\text{-}z_2)^2$$

$$EI \cdot v_2'(z_2) = -\frac{1}{6}q(b\text{-}z_2)^3 + c_3 \quad (3)$$

$$EI \cdot v_2(z_2) = \frac{1}{24}q(b\text{-}z_2)^4 + c_3 z_2 + c_4 \quad (4)$$

Die vier Integrationskonstanten c_1 bis c_4 folgen für diese statisch bestimmte Aufgabe aus vier Randbedingungen (siehe auch zweites Beispiel in *Tabelle 2.7* - dort sind die Randbedingungen für diese Aufgabe bereits angegeben). Es ergibt sich mit den *Gleichungen (1)* bis *(4)*:

1. $v_1(z_1{=}0) = 0$ $\Rightarrow$ mit *(2)*: $\Rightarrow c_2 = 0$

2. $v_1(z_1{=}a) = 0$ $\Rightarrow$ mit *(2)*: $\frac{b^2}{12a} \cdot qa^3 + c_1 a = 0$ $\Rightarrow c_1 = -\frac{qab^2}{12}$

3. $v_2(z_2{=}0) = 0$ $\Rightarrow$ mit *(4)*: $\frac{1}{24}qb^4 + c_4 = 0$ $\Rightarrow c_4 = -\frac{qb^4}{24}$

4. $v_1'(z_1{=}a) = v_2'(z_2{=}0)$ $\Rightarrow$ mit *(1)* und *(3)*: $\frac{b^2}{4a} \cdot qa^2 + c_1 = -\frac{1}{6}qb^3 + c_3$ (5)

Aus *(5)* folgt mit der Integrationskonstanten c_1 noch die Konstante c_3 zu

$$c_3 = \frac{1}{6}qb^3\left(1 + \frac{a}{b}\right).$$

Mit diesen Integrationskonstanten lassen sich jetzt die Biegelinien aus *(2)* bzw. *(4)* aufschreiben. Wir erhalten für die Biegelinien:

1. Bereich: $v_1(z_1) = \frac{qa^2b^2}{12EI}\left[\left(\frac{z_1}{a}\right)^3 - \frac{z_1}{a}\right]$ (6)

2. Bereich: $v_2(z_2) = \frac{qb^4}{24EI}\left[\left(\frac{z_2}{b}\right)^4 - 4\left(\frac{z_2}{b}\right)^3 + 6\left(\frac{z_2}{b}\right)^2 + 4\frac{a}{b}\left(\frac{z_2}{b}\right)\right]$ (7)

Die Verschiebung v_C bei C folgt aus der Biegelinie *(7)* zu

$$v_C = v_2(z_2 = b) = \frac{qb^4}{24EI}\left(3 + 4\frac{a}{b}\right). \tag{8}$$

Der Biegewinkel $\varphi(z)$ an einer Stelle z der Biegelinie kann aus der ersten Ableitung der Biegelinie ermittelt werden, denn es gilt allgemein

$$v'(z) = \tan\varphi(z)$$

Für die allgemein vorausgesetzten kleinen Verformungen sind auch die Biegewinkel klein und es kann $\tan\varphi \approx \varphi$ gesetzt werden. Damit folgt für den Biegewinkel

$$\varphi(z) \approx \tan\varphi(z) = v'(z) \tag{2.40}$$

Mit der Ableitung der Biegelinie *(1)* folgt für den Biegewinkel bei B aus *Gleichung (2.40)*

$$\varphi_B \approx \tan\varphi_B = v_1'(z_1 = a)$$

$$\varphi_B \approx v_1'(z_1 = a) = \frac{1}{EI}\left(\frac{b^2}{4a}\cdot qa^2 + c_1\right) = \underline{\underline{\frac{qab^2}{6EI}}} \tag{9}$$

Hinweis: Wegen der 4. Randbedingung gilt natürlich auch $\varphi_B \approx \tan\varphi_B = v_2'(z_2 = 0)$

Frage: Welches System entsteht, wenn die Länge a des 1. Bereichs gegen null geht?

Für $a = 0$ verbleibt von den zwei Bereichen nur der zweite Bereich der Länge b mit einer Biegelinie, die sich aus *(7)* ergibt. Die Verschiebung v_C bei C kann aus *(8)* mit $a = 0$ oder aus der neuen Biegelinie mit $z_2 = b$ ermittelt werden. Wir erhalten für $a = 0$:

$$v_2(z_2) = \frac{qb^4}{24EI}\left[\left(\frac{z_2}{b}\right)^4 - 4\left(\frac{z_2}{b}\right)^3 + 6\left(\frac{z_2}{b}\right)^2\right]$$

$$v_C = v_2(z_2 = b) = \frac{qb^4}{8EI}$$

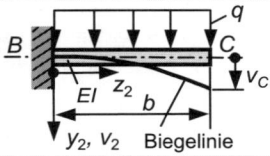

Bild 2.39 Kragträger

Für den Biegewinkel bei B erhält man mit $a = 0$ aus *(9)* den Wert null. Die Verschiebung ist natürlich wegen der 3. Randbedingung nach wie vor null. Diese Ergebnisse entsprechen genau den Ergebnissen eines bei $z_2 = 0$ eingespannten Trägers (Kragträger) der Länge b mit einer konstanten Linienlast (*Bild 2.39*).[13]

Begründung: Der 1. Bereich wird für kleiner werdende Werte a immer „steifer", bis er bei $a = 0$ in eine Einspannung übergeht.

---

[13] Für viele einfache Träger findet man fertige Lösungen in Taschenbüchern, z. B. in [1] *Kapitel C2*.

Beispiel 2.9 Abgewinkelter Träger (statisch unbestimmt)

Gegeben: $F, a, b, EI = $ konst.

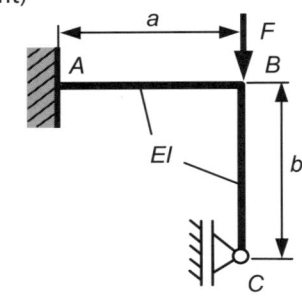

Gesucht: Lagerreaktionen, Biegelinie, Verschiebung bei B, Biegewinkel bei B und C

Mit der Einspannung und dem Loslager ist die Anzahl der Bindungen $b = 4$. Für einen starren Körper ist $n = 1$ und die Anzahl der Freiheitsgrade wird (vgl. *Kapitel 1.5.1*)

$$f = 3n - b = 3 - 4 = -1$$

Das bedeutet, das System ist einfach statisch unbestimmt! Lagerreaktionen und Schnittgrößen sind nicht mehr allein aus den Gleichgewichtsbedingungen berechenbar. Es werden Verformungsbetrachtungen, z. B. mit Hilfe der Biegelinie, notwendig. Daraus erhält man eine zusätzliche Gleichung, die es gestattet, zusammen mit den Gleichgewichtsbedingungen, alle Lagerreaktionen und danach die anderen gesuchten Größen zu berechnen.

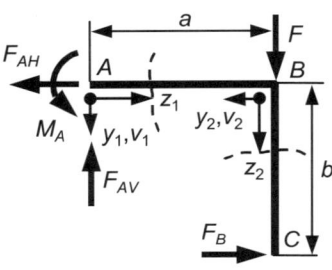

Bild 2.40 Abgewinkelter Träger

Zunächst werden die drei Gleichgewichtsbedingungen aufgeschrieben und bereits teilweise nach den gesuchten Lagerreaktionen umgestellt (vgl. Schnittskizze in *Bild 2.40*):

$$\rightarrow : \ F_{AH} = F_B \quad (1) \qquad \uparrow : \ \underline{F_{AV} = F} \quad (2) \qquad \stackrel{\curvearrowleft}{A} : \ M_A = Fa - F_B b \quad (3)$$

Die Gleichgewichtsbedingung *(2)* liefert bereits die Lagerreaktion F_{AV}. In den verbleibenden zwei Gleichgewichtsbedingungen *(1)* und *(3)* sind noch drei Unbekannte enthalten, deren Größe von der Steifigkeit des Trägers abhängt. Wir werden deshalb nachfolgend die Verformungen des Systems betrachten, um eine zusätzliche Gleichung zur Berechnung der Unbekannten zu erhalten. Dazu benötigen wir die Biegemomentenverläufe, um mit der Differentialgleichung 2. Ordnung die Verformungen berechnen zu können. Schneiden in den beiden Bereichen und Aufschreiben des Momentengleichgewichts (vgl. die Schnittbilder in *Bild 2.41*) liefert:

1. Bereich:

$$M_{bx}(z_1) = -M_A + F_{AV} z_1$$
$$M_{bx}(z_1) = -F(a - z_1) + F_B b$$

2. Bereich:

$$M_{bx}(z_2) = F_B(b - z_2)$$

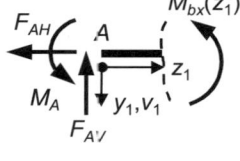

1. Bereich

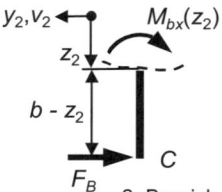

2. Bereich

Bild 2.41 Schnittbilder des 1. und 2. Bereichs

Aus der Differentialgleichung 2. Ordnung *(2.37)* folgt mit den Biegemomenten und nach zweimaliger Integration:

1. Bereich $(0 \le z_1 \le a)$:

$$EI \cdot v_1''(z_1) = -M_{bx}(z_1) = F(a - z_1) - F_B b$$

$$EI \cdot v_1'(z_1) = -\frac{1}{2}F(a - z_1)^2 - F_B b z_1 + c_1 \tag{4}$$

$$EI \cdot v_1(z_1) = \frac{1}{6}F(a - z_1)^3 - \frac{1}{2}F_B b z_1^2 + c_1 z_1 + c_2 \tag{5}$$

2. Bereich $(0 \le z_2 \le b)$:

$$EI \cdot v_2''(z_2) = -M_{bx}(z_2) = -F_B(b - z_2)$$

$$EI \cdot v_2'(z_2) = \frac{1}{2}F_B(b - z_2)^2 + c_3 \tag{6}$$

$$EI \cdot v_2(z_2) = -\frac{1}{6}F_B(b - z_2)^3 + c_3 z_2 + c_4 \tag{7}$$

Für diese statisch unbestimmte Aufgabe lassen sich die folgenden fünf Randbedingungen (siehe unten) angeben. Diese ergeben zusammen mit den drei Gleichgewichtsbedingungen acht Gleichungen für die acht Unbekannten F_{AH}, F_{AV}, M_A, F_B und c_1 bis c_4. Bei dieser Aufgabe ist aus der Gleichgewichtsbedingung *(2)* F_{AV} bereits bekannt, so dass sich die Anzahl der Unbekannten auf sieben reduziert.

1. $v_1(z_1{=}0) = 0$ $\Rightarrow$ mit *(5)*: $\frac{1}{6}Fa^3 + c_2 = 0$ $\Rightarrow$ $c_2 = -\frac{1}{6}Fa^3$

2. $v_1'(z_1{=}0) = 0$ $\Rightarrow$ mit *(4)*: $-\frac{1}{2}Fa^2 + c_1 = 0$ $\Rightarrow$ $c_1 = \frac{1}{2}Fa^2$

3. $v_2(z_2{=}0) = 0^{14}$ $\Rightarrow$ mit *(7)*: $-\frac{1}{6}F_B b^3 + c_4 = 0$ $\Rightarrow$ $c_4 = \frac{1}{6}F_B b^3$

4. $v_2(z_2{=}b) = 0$ $\Rightarrow$ mit *(7)*: $c_3 b + c_4 = 0$ $\Rightarrow$ $c_3 = -\frac{1}{6}F_B b^2$

5. $v_1'(z_1{=}a) = v_2'(z_2{=}0)$ $\Rightarrow$ mit *(4)* und *(6)*: $-F_B ba + c_1 = \frac{1}{2}F_B b^2 + c_3 \tag{8}$

Aus der *Gleichung (8)* erhalten wir nach dem Einsetzen der Konstanten c_1 und c_3 (siehe oben) und Auflösen der Gleichung die Lagerreaktion F_B zu:

$$F_B = \frac{3F}{2\left(\dfrac{b}{a}\right)^2 + 6\dfrac{b}{a}}$$

Mit F_B folgen aus den Gleichgewichtsbedingungen *(1)* und *(3)* die restlichen Lagerreaktionen F_{AH} und M_A, und es lassen sich noch die Integrationskonstanten c_3 und c_4 berechnen.

---

[14] Hinweis: Diese Randbedingung gilt nur bei Vernachlässigung der Längsdehnungen im Träger

Wir erhalten

$$F_{AH} = F_B = \frac{3F}{2\left(\dfrac{b}{a}\right)^2 + 6\dfrac{b}{a}} \qquad \text{und} \qquad M_A = \frac{2+3\dfrac{a}{b}}{2+6\dfrac{a}{b}} \cdot Fa \,,$$

sowie

$$c_3 = -\frac{Fa^2}{4+12\dfrac{a}{b}} \qquad \text{und} \qquad c_4 = \frac{Fa^2 b}{4+12\dfrac{a}{b}}$$

Mit F_B und den Integrationskonstanten lassen sich jetzt die Biegelinien (5) und (7) aufschreiben. Wir erhalten für die Biegelinien (qualitative grafische Darstellung siehe *Bild 2.42*):

1. Bereich: $\quad v_1(z_1) = \dfrac{Fa^3}{\left(4+12\dfrac{a}{b}\right)EI}\left[2\left(\dfrac{z_1}{a}\right)^2 - \dfrac{2}{3}\left(\dfrac{z_1}{a}\right)^3 + 3\dfrac{a}{b}\left(\dfrac{z_1}{a}\right)^2 - 2\dfrac{a}{b}\left(\dfrac{z_1}{a}\right)^3\right]$

2. Bereich: $\quad v_2(z_2) = \dfrac{Fa^3}{\left(4+12\dfrac{a}{b}\right)EI}\left[2\dfrac{z_2}{a} - 3\dfrac{a}{b}\left(\dfrac{z_2}{a}\right)^2 + \left(\dfrac{a}{b}\right)^2\left(\dfrac{z_2}{a}\right)^3\right]$

Die Verschiebung bei B (vgl. *Bild 2.42*) folgt mit $z_1 = a$ aus der Biegelinie des 1. Bereichs zu:

$$v_B = v_1(z_1 = a) = \frac{Fa^3}{3EI} \cdot \frac{\left[4+3\dfrac{a}{b}\right]}{\left(4+12\dfrac{a}{b}\right)}$$

Für den Biegewinkel gilt allgemein die *Gleichung (2.40)* $\varphi \cong v'$. Damit folgt aus (4) und (6) nach dem Einsetzen von F_B und der Integrationskonstanten der Verlauf der Biegewinkel (die Biegewinkel lassen sich auch aus der ersten Ableitung von $v_1(z_1)$ und $v_2(z_2)$ berechnen):

1. Bereich: $\quad \varphi_1(z_1) \approx v'_1(z_1) = \dfrac{Fa^2}{\left(2+6\dfrac{a}{b}\right)EI}\left[2\left(\dfrac{z_1}{a}\right) - \left(\dfrac{z_1}{a}\right)^2 + 3\left(\dfrac{z_1}{b}\right) - 3\dfrac{a}{b}\left(\dfrac{z_1}{a}\right)^2\right]$

2. Bereich: $\quad \varphi_2(z_2) \approx v'_2(z_2) = \dfrac{Fa^2}{\left(4+12\dfrac{a}{b}\right)EI}\left[2 - 6\left(\dfrac{z_2}{b}\right) + 3\left(\dfrac{z_2}{b}\right)^2\right]$

Die Biegewinkel bei B und C werden damit (vgl. *Bild 2.42*):

$$\underline{\underline{\varphi_B}} = \varphi_1(z_1 = a) = \varphi_2(z_2 = 0) = \frac{Fa^2}{\left(2 + 6\dfrac{a}{b}\right)EI}$$

und

$$\underline{\underline{\varphi_C}} = \varphi_2(z_2 = b) = -\frac{Fa^2}{\left(4 + 12\dfrac{a}{b}\right)EI}$$

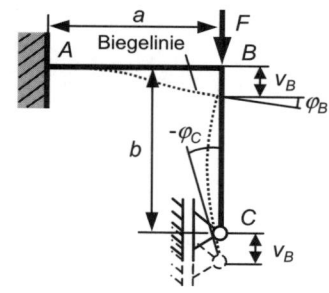

Bild 2.42 Verformtes System

Hinweis: Für $b \to \infty$ wird der 2. Bereich so „biegeweich", dass sein Einfluss auf den 1. Bereich praktisch verschwindet. Aus dem 1. Bereich ergeben sich damit die Lösungen für einen Kragträger (*Bild 2.43*) mit Einzellast bei B:

$$v_B = \frac{Fa^3}{3EI} \quad \text{und} \quad \varphi_B = \frac{Fa^2}{2EI}$$

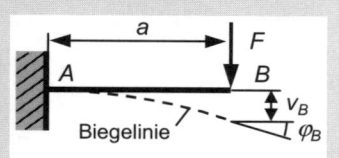

Bild 2.43 Kragträger mit Einzellast

Beispiel 2.10 Träger mit quadratischem Verlauf der Linienlast

Gegeben: q_0, a, EI = konst.

Gesucht: Lagerreaktionen, Schnittgrößenverläufe, Biegelinie, Biegewinkel

Wegen der komplizierteren quadratischen Belastungsfunktion $q(z)$ (vgl. *Bild 2.44*) wäre bereits die Berechnung der Lagerreaktionen und folglich auch die Berechnung der Schnittgrößen mit Hilfe des Schnittprinzips und anschließendem Aufschreiben der Gleichgewichtsbedingungen relativ aufwendig. Deshalb soll hier die Lösung mit Hilfe der Differentialgleichung der Biegelinie 4. Ordnung *(2.39)* erfolgen. Dazu setzen wir die Belastungsfunktion $q(z)$ in *(2.39)* ein und integrieren viermal.

$$EI \cdot v''''(z) = q(z) = q_0\left[1 - \left(\frac{z}{a}\right)^2\right]$$

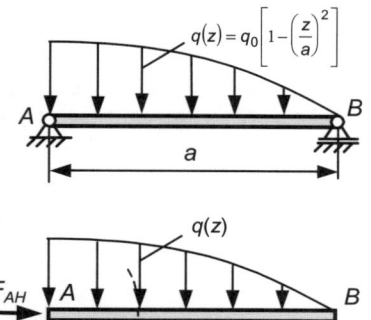

Bild 2.44 Träger mit quadratischem Verlauf der Linienlast (oben); Definition der Lagerreaktionen (unten)

$$EI \cdot v'''(z) = q_0 a \left[\frac{z}{a} - \frac{1}{3} \left(\frac{z}{a} \right)^3 \right] + c_1 \tag{1}$$

$$EI \cdot v''(z) = q_0 a^2 \left[\frac{1}{2} \left(\frac{z}{a} \right)^2 - \frac{1}{12} \left(\frac{z}{a} \right)^4 \right] + c_1 z + c_2 \tag{2}$$

$$EI \cdot v'(z) = q_0 a^3 \left[\frac{1}{6} \left(\frac{z}{a} \right)^3 - \frac{1}{60} \left(\frac{z}{a} \right)^5 \right] + \frac{1}{2} c_1 z^2 + c_2 z + c_3 \tag{3}$$

$$EI \cdot v(z) = q_0 a^4 \left[\frac{1}{24} \left(\frac{z}{a} \right)^4 - \frac{1}{360} \left(\frac{z}{a} \right)^6 \right] + \frac{1}{6} c_1 z^3 + \frac{1}{2} c_2 z^2 + c_3 z + c_4 \tag{4}$$

Aus den folgenden vier Randbedingungen dieser Aufgabe lassen sich die Integrationskonstanten berechnen:

1. $v(z=0) = 0$ $\qquad\qquad\qquad \Rightarrow$ mit *(4)*: $c_4 = 0$

2. $M_{bx}(z=0) = -EI v''(z=0) = 0 \Rightarrow$ mit *(2)*: $c_2 = 0$

3. $M_{bx}(z=a) = -EI v''(z=a) = 0 \Rightarrow$ mit *(2)*: $q_0 a^2 \left[\frac{1}{2} - \frac{1}{12} \right] + c_1 a = 0$

$\qquad\qquad\qquad\qquad\qquad\qquad \Rightarrow \qquad\qquad c_1 = -\frac{5}{12} q_0 a$

4. $v(z=a) = 0$ $\qquad\qquad\qquad \Rightarrow$ mit *(4)*: $q_0 a^4 \left[\frac{1}{24} - \frac{1}{360} \right] + \frac{1}{6} c_1 a^3 + c_3 a = 0$

$\qquad\qquad\qquad\qquad\qquad\qquad \Rightarrow$ mit c_1: $\quad c_3 = \frac{11}{360} q_0 a^3$

Mit den Integrationskonstanten folgt aus *(4)* nach einigen Umformungen die Biegelinie und durch Differentiation der Biegelinie der Biegewinkel, der auch aus *(3)* berechnet werden könnte.

$$v(z) = \frac{q_0 a^4}{360 EI} \left[-\left(\frac{z}{a} \right)^6 + 15 \left(\frac{z}{a} \right)^4 - 25 \left(\frac{z}{a} \right)^3 + 11 \left(\frac{z}{a} \right) \right] \qquad \textit{Biegelinie}$$

$$\varphi(z) \approx v'(z) = \frac{q_0 a^3}{360 EI} \left[-6 \left(\frac{z}{a} \right)^5 + 60 \left(\frac{z}{a} \right)^3 - 75 \left(\frac{z}{a} \right)^2 + 11 \right] \qquad \textit{Biegewinkel}$$

Beachte: Die Biegelinie und der Biegewinkel konnten ohne Berechnung der Schnittgröße $M_{bx}(z)$ ermittelt werden. Darin besteht unter anderem der Vorteil der Anwendung der Differentialgleichung 4. Ordnung. Bei der Anwendung der Differentialgleichung 2. Ordnung hätte man zunächst das Biegemoment $M_{bx}(z)$ berechnen müssen.

Die Biegelinie und der Biegewinkel sind qualitativ in *Bild 2.45* dargestellt.

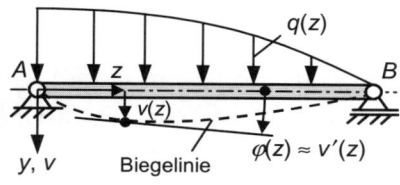

Bild 2.45 Biegelinie und Biegewinkel

Für die nachfolgende Berechnung der Schnittgrößen und Lagerreaktionen werden noch die zweite und dritte Ableitung der Biegelinie benötigt. Diese lauten:

$$v''(z) = \frac{q_0 a^2}{12 EI}\left[-\left(\frac{z}{a}\right)^4 + 6\left(\frac{z}{a}\right)^2 - 5\left(\frac{z}{a}\right)\right] \tag{5}$$

$$v'''(z) = \frac{q_0 a}{12 EI}\left[-4\left(\frac{z}{a}\right)^3 + 12\left(\frac{z}{a}\right) - 5\right] \tag{6}$$

Der Biegemomentenverlauf kann bei bekannter Biegelinie und deren Ableitungen sofort aus der Differentialgleichung 2. Ordnung berechnet werden. Aus *Gleichung (2.37)* folgt mit *Gleichung (5)*:

$$M_{bx}(z) = -EIv''(z) \qquad \Rightarrow \quad \underline{\underline{M_{bx}(z) = \frac{q_0 a^2}{12}\left[\left(\frac{z}{a}\right)^4 - 6\left(\frac{z}{a}\right)^2 + 5\left(\frac{z}{a}\right)\right]}}$$

Die Querkraft folgt aus der differentiellen Beziehung zwischen dem Biegemoment und der Querkraft (siehe *Kapitel 1.6.3, Gleichung (1.25)*) und (6) zu:

$$F_{Qy}(z) = M'_{bx}(z) = -EIv'''(z) \qquad \Rightarrow \quad \underline{\underline{F_{Qy}(z) = \frac{q_0 a}{12}\left[4\left(\frac{z}{a}\right)^3 - 12\left(\frac{z}{a}\right) + 5\right]}} \tag{7}$$

Zur Berechnung der Lagerreaktionen führen wir in einem differentiellen Abstand dz vom Lager einen Schnitt und schreiben die Gleichgewichtsbedingungen am jeweiligen Teilsystem der Länge dz auf (siehe *Bild 2.46*).

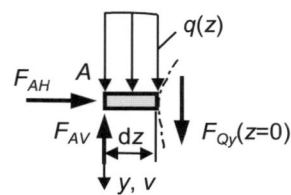

Hinweis: Die Resultierenden der Linienlasten sind wegen der differentiellen Bezugslänge dz differentiell klein und damit gegenüber den anderen Kräften vernachlässigbar.

Schnitt im differentiellen Abstand dz von A:

$$\uparrow: \quad F_{AV} = F_{Qy}(z{=}0) \quad \Rightarrow \text{ mit (7): } \quad \underline{\underline{F_{AV} = \frac{5}{12} q_0 a}}$$

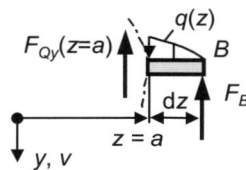

Schnitt im differentiellen Abstand dz von B:

$$\uparrow: \quad F_B = -F_{Qy}(z{=}a) \quad \Rightarrow \text{ mit (7): } \quad \underline{\underline{F_B = \frac{1}{4} q_0 a}}$$

Bild 2.46 Schnitt bei A (oben); Schnitt bei B (unten)

2.3.4   Schiefe Biegung

Definition: Schiefe Biegung liegt vor, wenn der resultierende Biegemomenten-vektor M_b nicht mit einer der beiden Hauptzentralachsen x bzw. y des Querschnitts zusammenfällt.

Wir zerlegen den Biegemomentenvektor M_b in seine Komponenten in x- und y-Richtung, wobei wir die positive Definition der Schnittgrößen (siehe *Kapitel 1.8.4*) benutzen. Damit lässt sich die schiefe Biegung als Überlagerung zweier gerader Biegungen um die Hauptzentralachsen x und y behandeln (vgl. *Gleichung (2.41)* und *Bild 2.47*). Deshalb wird sie auch als Biegung um zwei Achsen bezeichnet.

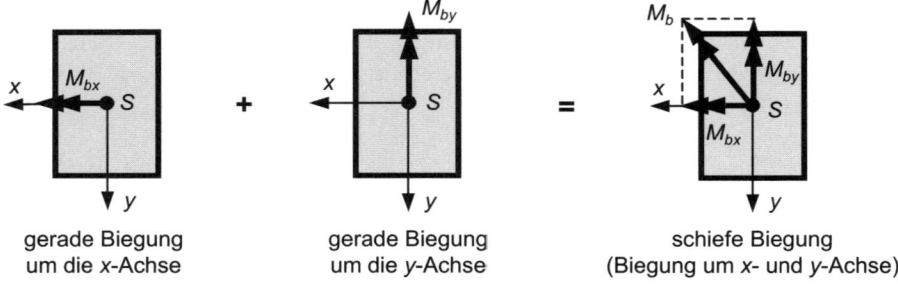

gerade Biegung um die x-Achse   gerade Biegung um die y-Achse   schiefe Biegung (Biegung um x- und y-Achse)

Bild 2.47 Überlagerung zweier gerader Biegungen zur schiefen Biegung (Biegung um zwei Achsen)

Für den in *Bild 2.47* dargestellten Fall der Überlagerung zweier gerader Biegungen ergibt sich folgende Spannungsformel, die sich additiv aus der Gleichung *(2.32)* für die Biegung um die x-Achse und der analogen Gleichung für die Biegung um die y-Achse zusammensetzt:

$$\sigma_z\left(x,y,z\right)=\frac{M_{bx}\left(z\right)}{I_{xx}\left(z\right)}y+\frac{M_{by}\left(z\right)}{I_{yy}\left(z\right)}x \tag{2.41}$$

Beachte: Aus der *Gleichung (2.41)* liest man ab, dass die Biegenormalspannung σ_z sowohl in x- als auch in y-Richtung linear über den Querschnitt verteilt ist (vgl. *Bild 2.48*).

Mit der Bedingung $\sigma_z = 0$ folgt aus der Spannungsgleichung *(2.41)* für die schiefe Biegung eine Geradengleichung, die so genannte *Spannungsnulllinie*

$$y=-\frac{M_{by}}{M_{bx}}\cdot\frac{I_{xx}}{I_{yy}}x \qquad Spannungsnulllinie \tag{2.42}$$

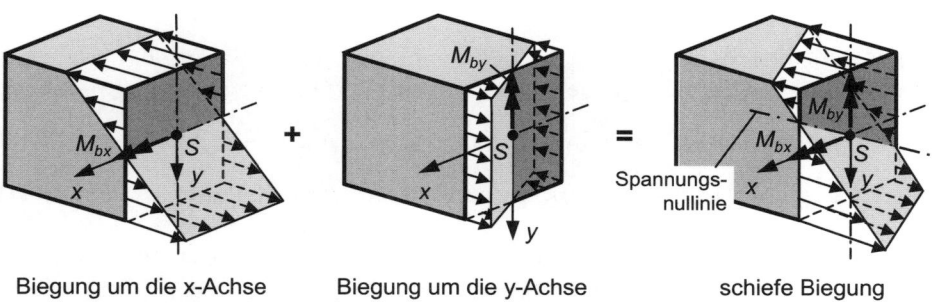

| Biegung um die x-Achse | Biegung um die y-Achse | schiefe Biegung |

Bild 2.48 Überlagerung der Spannungen bei schiefer Biegung

Beachte: Die vom Betrag größte Biegespannung im Querschnitt z = konstant wirkt in dem Punkt des Querschnitts, der die größte senkrechte Entfernung von der Spannungsnulllinie hat (siehe *Bild 2.48*).

Verformungen bei schiefer Biegung

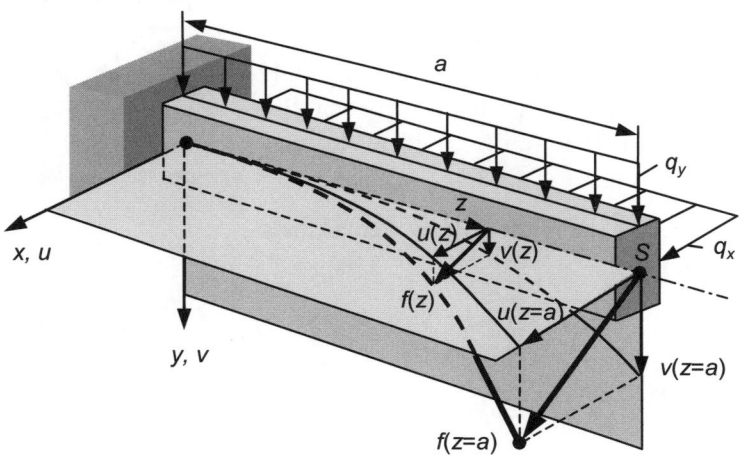

Bild 2.49
Verformung bei
schiefer Biegung

Wie bei der Spannungsberechnung lässt sich die Verformungsberechnung bei schiefer Biegung als geometrische Überlagerung zweier gerader Biegungen berechnen (vgl. *Bild 2.49*). Sind x und y Hauptzentralachsen mit den Verschiebungen u in x- und v in y-Richtung, so gelten zunächst für die Verformungen in der (y,z)-Ebene (Biegung um die x-Achse) und in der (x,z)-Ebene (Biegung um die y-Achse) die Differentialgleichungen (DGL) 2. Ordnung *(2.37)* bzw. 4. Ordnung *(2.38)* für die gerade Biegung unabhängig voneinander.

Es gilt somit:

Biegung um die x-Achse: Biegung um die y-Achse:
(Verformung v in der (y,z)-Ebene)   (Verformung u in der (x,z)-Ebene)

$$EI_{xx}v''(z)=-M_{bx}(z) \quad \Leftarrow \text{DGL 2. Ordnung} \Rightarrow \quad EI_{yy}u''(z)=-M_{by}(z) \tag{2.43}$$

$$[EI_{xx}(z)\cdot v''(z)]'' = q_y(z) \quad \Leftarrow \text{DGL 4. Ordnung} \Rightarrow \quad [EI_{yy}(z)\cdot u''(z)]'' = q_x(z) \tag{2.44}$$

Sind aus den *Gleichungen (2.43)* oder *(2.44)* die Verschiebungen $u(z)$ und $v(z)$ berechnet worden, so lassen sich diese geometrisch zu einer resultierenden Gesamtverschiebung $f(z)$ addieren (vgl. auch *Bild 2.49*). Die Gesamtverschiebung wird:

$$f(z)=\sqrt{u^2(z)+v^2(z)} \tag{2.45}$$

Sonderfall: Kreis- und Kreisringquerschnitt

Jede Achse durch den Schwerpunkt des Kreis- bzw. Kreisringquerschnitts ist eine Hauptzentralachse. Deshalb sind für diese Achsen die axialen Flächenmomente 2. Grades gleich groß. Wegen des konst. Randabstandes sind auch die Widerstandsmomente gleich groß. Die Biegespannung und unter bestimmten Voraussetzungen (siehe unten) auch die Verformung kann nach der Theorie der geraden Biegung berechnet werden.

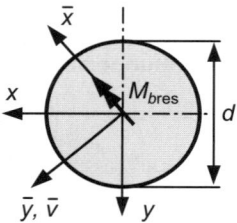

Bild 2.50 Biegung eines Kreisquerschnitts

Legt man in Richtung des resultierenden Momentenvektors M_{bres} eine $\bar{x}$-Achse, dann gilt:

$$\sigma_z(y,z)=\frac{M_{bres}}{I_{\bar{xx}}}\bar{y} \qquad \text{mit} \qquad M_{bres}=\sqrt{M_{bx}^2+M_{by}^2} \tag{2.46}$$

$$\text{und} \qquad I_{\bar{xx}}=I_{xx}=\frac{\pi d^4}{64}$$

Die vom Betrag maximale Normalspannung infolge Biegung ergibt sich aus

$$|\sigma_z|_{max}=\sigma_z\left(\bar{y}=\frac{d}{2},z\right)=\frac{M_{bres}}{W_{b\bar{x}}} \qquad \text{mit} \qquad W_{b\bar{x}}=W_{bx}=\frac{\pi d^3}{32} \tag{2.47}$$

Bleibt die Richtung von M_{bres} über z konstant, dann gilt für die Verformungsberechnung die Differentialgleichung 2. Ordnung in der Form

$$\bar{v}''(z)=-\frac{M_{bres}(z)}{EI_{\bar{xx}}} \tag{2.48}$$

Ist die Richtung von M_{bres} über z nicht konstant, dann muss auch bei Kreis- oder Kreisringquerschnitten bei der Verformungsberechnung wie bei der schiefen Biegung (siehe oben) gerechnet werden.

Beachte: Sind die (x,y)-Achsen keine Hauptzentralachsen, sondern beliebige rechtwinklige Achsen durch den Schwerpunkt S, so gelten folgende Formeln[15] zur Berechnung der Spannungen und Verformungen in einem Querschnitt bei $z = $ konstant infolge einer Biegebeanspruchung.

Biegespannung:
$$\sigma(x,y,z) = \frac{M_{bx}I_{xy} + M_{by}I_{xx}}{I_{xx}I_{yy} - I_{xy}^2} x + \frac{M_{bx}I_{yy} + M_{by}I_{xy}}{I_{xx}I_{yy} - I_{xy}^2} y$$

DGL 2. Ordnung zur Verformungsberechnung:

$$u''(z) = -\frac{M_{bx}I_{xy} + M_{by}I_{xx}}{E\left(I_{xx}I_{yy} - I_{xy}^2\right)}$$

$$v''(z) = -\frac{M_{bx}I_{yy} + M_{by}I_{xy}}{E\left(I_{xx}I_{yy} - I_{xy}^2\right)}$$

Resultierende Gesamtverschiebung $f(z)$:

$$f(z) = \sqrt{u^2(z) + v^2(z)}$$

Hinweis: In diesen Gleichungen sind die Gleichungen für Hauptzentralachsen und für die gerade Biegung als Sonderfälle enthalten.

2.4   Querkraftschub

Das Ziel dieses Kapitels ist die Berechnung der Spannungen (Schubspannungen τ) und Verformungen in geraden Balken infolge der Querkraft F_Q.

Annahmen

- Die Querkraft F_Q wirkt in Richtung einer Hauptzentralachse des Querschnitts (ohne Einschränkung der Allgemeinheit sei dies hier die y-Achse).
- Der Querschnitt sei konstant.

---

[15] Zur Herleitung dieser Formeln siehe z. B. [2] (Beachte: Das positive Biegemoment M_{by} ist in [2] in positiver y-Richtung definiert, d. h. anders als im vorliegenden Buch)

- Die aus der Querkraft folgenden Schubspannungen τ seien parallel zu F_Q.
- Über die Breite des Querschnitts (senkrecht zu F_Q bzw. in x-Richtung) sind die Schubspannungen konstant.

2.4.1   Schubspannungen infolge Querkraftbelastung

Aus einem auf Biegung und Querkraftschub beanspruchten Balken schneiden wir ein Element dz heraus und betrachten eine Schicht im Abstand y mit der Dicke dy, der Breite $b(y)$ und der Länge dz und tragen die aus den Spannungen resultierenden Schnittgrößen an den Schnittstellen an (*Bild 2.51*).

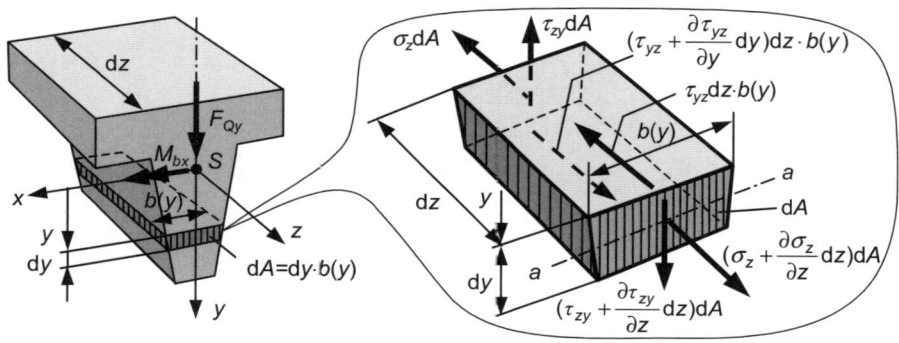

Bild 2.51 Schicht eines differentiellen Balkenelements mit Normal- und Schubbelastung

Das Momentengleichgewicht um die Achse a-a liefert (bei Vernachlässigung der Größen, die von höherer Ordnung klein sind)

$$\tau_{zy}dA\cdot dz - \tau_{yz}dz\cdot b(y)\cdot dy = 0$$

Mit $dA = dy\cdot b(y)$ folgt

$\tau_{zy} = \tau_{yz}$ *Gesetz von der Gleichheit zugeordneter Schubspannungen*   (2.49)

> *Gesetz von der Gleichheit zugeordneter Schubspannungen:* Schubspannungen in senkrecht aufeinander stehenden Flächen sind gleich groß und entweder auf die gemeinsame Kante zugerichtet oder von ihr weggerichtet (vgl. *Bild 2.51*).

Zur Berechnung der Schubspannungen führen wir an dem Element dz einen Schnitt bei y = konstant und betrachten das untere abgeschnittene Teilsystem mit der Querschnittsfläche A_y. An den Schnittstellen des abgeschnittenen unteren Teils werden wieder die aus den Spannungen resultierenden Schnittgrößen angetragen (siehe *Bild 2.52*).

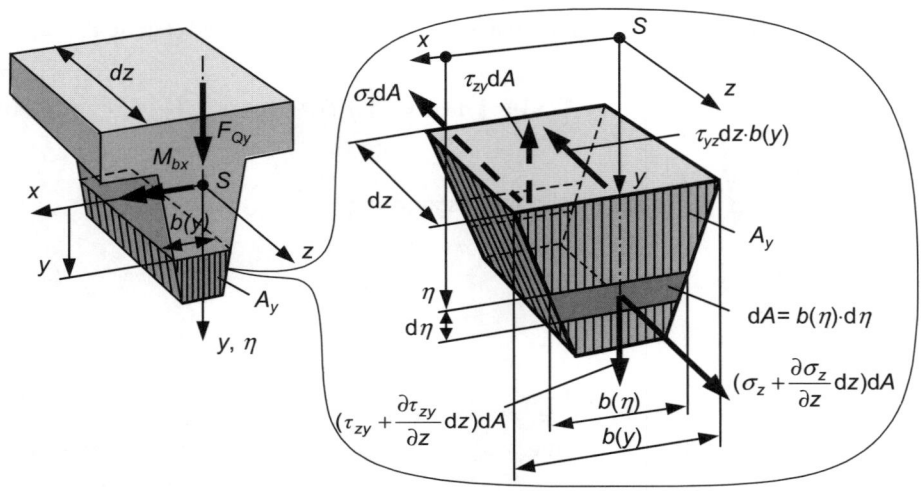

Bild 2.52 Schnitt bei *y* = konst.; Teilsystem mit Belastungen

Das Kräftegleichgewicht in *z*-Richtung am abgeschnittenen Teilsystem liefert:

$$\int\limits_{(A_y)}\left(\sigma_z+\frac{\partial\sigma_z}{\partial z}dz\right)dA - \int\limits_{(A_y)}\sigma_z dA - \tau_{yz}b(y)\cdot dz = 0$$

Mit dem Gesetz der Gleichheit zugeordneter Schubspannungen *(2.49)* folgt daraus:

$$\tau_{zy}(y,z)=\tau_{yz}(y,z)=\frac{\displaystyle\int\limits_{(A_y)}\frac{\partial\sigma_z}{\partial z}dA}{b(y)}$$

Mit der Spannungsgleichung *(2.32)* und der differentiellen Beziehung zwischen dem Biegemoment und der Querkraft (vgl. *Kapitel 1.6.3*)

$$\sigma_z(\eta,z)=\frac{M_{bx}(z)}{I_{xx}}\eta \qquad \text{und} \qquad F_{Qy}(z)=\frac{dM_{bx}(z)}{dz}$$

folgt für die Schubspannung bei Annahme eines konstanten Querschnitts

$$\tau_{zy}(y,z)=\frac{\displaystyle\int\limits_{(A_y)}\frac{\partial\sigma_z}{\partial z}dA}{b(y)}=\frac{\dfrac{\partial M_{bx}(z)}{\partial z}}{I_{xx}b(y)}\int\limits_{(A_y)}\eta\cdot dA=\frac{F_{Qy}(z)}{I_{xx}b(y)}\int\limits_{(A_y)}\eta\cdot dA$$

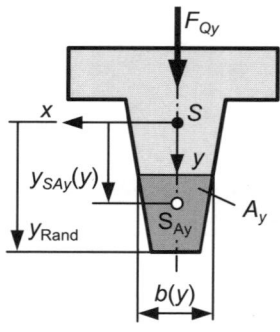

Mit dem auf die x-Achse bezogenen *statischen Moment* $S_x(y)$ der bei y abgeschnittenen Fläche A_y (siehe *Bild 2.53*)

$$S_x(y) = \int_{(A_y)} \eta \cdot dA = \int_{\eta=y}^{y\,\text{Rand}} \eta \cdot b(\eta) \cdot d\eta = y_{SA_y}(y) \cdot A_y \qquad (2.50)$$

wird die Schubspannung

$$\tau_{zy}(y,z) = \frac{F_{Qy}(z) \cdot S_x(y)}{I_{xx} \cdot b(y)} \qquad (2.51)$$

Bild 2.53 Berechnung von $S_x(y)$

Beachte: Die im Querschnitt bei $y =$ konst. ermittelte Schubspannung τ_{zy} in y-Richtung ist auch in einem Längsschnitt in z-Richtung des Balkens in gleicher Größe vorhanden (wegen $\tau_{yz} = \tau_{zy}$). Diese Schubspannungen verhindern das gegenseitige Verschieben der Trägerschichten. Bei geklebten, geschweißten, genieteten usw. Schichten müssen die Schubspannungen durch diese Verbindungselemente aufgenommen werden.

Beispiel 2.11 Querkraftschubspannungen für Kragträger mit Rechteckquerschnitt

Für den Kragträger (*Bild 2.54*) gilt:

$$F_{Qy}(z) = F$$

$$I_{xx} = \frac{bh^3}{12}$$

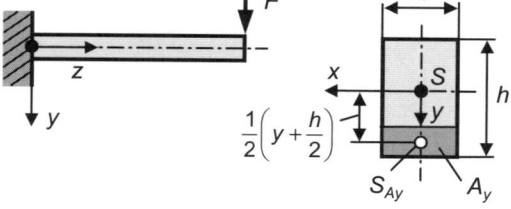

Das statische Moment $S_x(y)$ wird nach *Gleichung (2.50)*

$$S_x(y) = y_{SA_y}(y) \cdot A_y$$

Bild 2.54 Kragträger mit Querkraftschubbeanspruchung

$$S_x(y) = \frac{1}{2}\left(y + \frac{h}{2}\right)\left(\frac{h}{2} - y\right) \cdot b = \frac{bh^2}{8}\left[1 - 4\left(\frac{y}{h}\right)^2\right]$$

Damit ergibt sich aus *Gleichung (2.51)* für die Schubspannung der folgende quadratische Verlauf (siehe *Bild 2.55*):

$$\tau_{zy}(y,z) = \frac{F_{Qy}(z) \cdot S_x(y)}{I_{xx} \cdot b(y)} = \frac{3}{2}\left[1 - 4\left(\frac{y}{h}\right)^2\right]\frac{F}{bh}$$

In *Bild 2.55* ist dieser quadratische
Verlauf mit den markanten Werten

$$\tau_{zy}\left(y = \pm\frac{h}{2}, z\right) = 0$$

und

$$\tau_{max} = \tau_{zy}\left(y = 0, z\right) = \frac{3}{2}\cdot\frac{F}{bh}$$

dargestellt.

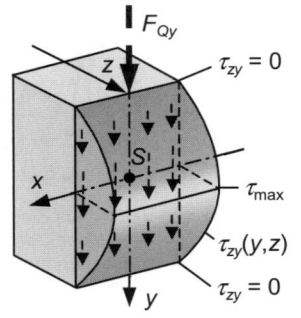

Bild 2.55
Schubspannungs-
verlauf aus F_{Qy} im
Rechteckquer-
schnitt

Beachte: Die Schubspannung τ_{max} muss vom Material des Trägers in der Schicht $y = 0$
übertragen werden (*Bild 2.56*, links). Würde der Träger aus zwei lose übereinanderlie-
genden Teilen bestehen ($\tau = 0$ in der Kontaktebene bei Vernachlässigung der Reibung),
so würden sich diese bei der Biegung gegeneinander verschieben und sich näherungsweise wie zwei einzelne Träger mit halber Höhe verhalten (*Bild 2.56*, rechts).

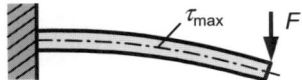 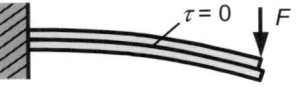

Bild 2.56 Kompakter (links) und mittig geteilter Träger (rechts) bei Querkraftschubbeanspruchung

2.4.2 Abschätzung der Verformungen infolge Querkraftschub

Mit dem HOOKE'schen Gesetz (siehe *Kapitel 2.1.4.3, Gleichung (2.15), Seite 131*) lässt
sich mit der Schubspannung τ_{zy} nach *Gleichung (2.51)* für einen auf Querkraftschub
beanspruchten Balken die Gleitung (Winkeländerung) wie folgt berechnen:

$$\gamma_{zy}\left(y,z\right) = \frac{\tau_{zy}\left(y,z\right)}{G} = \frac{F_{Qy}(z)\cdot S_x\left(y\right)}{GI_{xx}\cdot b\left(y\right)} \tag{2.52}$$

Da das statische Moment S_x und gegebenenfalls auch die Breite b Funktionen von y
sind, ist die Gleitung ebenfalls von y abhängig, und es kommt deshalb zu einer
Verwölbung des Querschnitts (siehe *Bild 2.57 a*). Die Gleitung γ_{zy} hat nach *Gleichung
(2.52)* den gleichen funktionellen Verlauf wie die Schubspannung τ_{zy}. Bei einem
Rechteckquerschnitt z. B. (siehe *Beispiel 2.11*, und *Bild 2.55*) ist deshalb die Gleitung
am Rand $y = \pm h/2$ null, und bei $y = 0$ tritt die maximale Gleitung auf.

Um eine Abschätzung der Verschiebung infolge der Schubspannungen aus den
Querkräften zu erhalten, wird für jeden Querschnitt z eine mittlere Winkeländerung
$\gamma_m(z)$ und eine mittlere Schubspannung $\tau_m(z)$ angenommen (vgl. *Bild 2.57 b*).

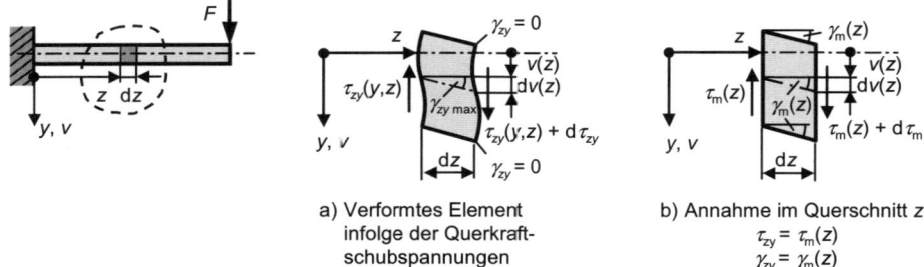

a) Verformtes Element
infolge der Querkraft-
schubspannungen

b) Annahme im Querschnitt z
$\tau_{zy} = \tau_m(z)$
$\gamma_{zy} = \gamma_m(z)$

Bild 2.57 Gleitungen infolge Querkraftschubbelastung

Aus dem *Bild 2.57 b)* ergibt sich der folgende Zusammenhang zwischen der Verschiebung $v(z)$ und der mittleren Gleitung γ_m:

$$\frac{\mathrm{d}v(z)}{\mathrm{d}z} = v'(z) = \gamma_m(z)$$

Mit dem HOOKE'schen Gesetze für den reinen Schub *(2.15)* infolge der mittleren Schubspannung τ_m folgt daraus

$$v'(z) = \gamma_m(z) = \frac{\tau_m(z)}{G} \tag{2.53}$$

Ist $\tau_m(z)$ bekannt, kann aus dieser Differentialgleichung 1. Ordnung eine Näherungslösung für die Verschiebung $v(z)$ infolge Querkraftschubbelastung ermittelt werden. Im einfachsten Fall bestimmt man die mittlere Schubspannung aus dem Quotienten von Querkraft F_{Qy} und der Querschnittsfläche A und korrigiert den Wert mit einem Korrekturfaktor κ (*Schubverteilungszahl*), der den Einfluss der speziellen Querschnittsgeometrie auf die mittlere Schubspannung berücksichtigt.

Hinweis: Eine genauere Berechnung der mittleren Schubspannung τ_m kann dadurch erfolgen, dass die Gleichheit der Formänderungsenergie des realen und des gemittelten Schubspannungszustandes gefordert wird.

Ohne weitere Herleitung[16] soll hier das Ergebnis angegeben werden.

$$v'(z) = \kappa \frac{F_{Qy}(z)}{GA} \tag{2.54}$$

mit

---

[16] Zur Herleitung von τ_m bzw. der Schubverteilungszahl κ siehe [6]

$$\kappa = \frac{A}{I_{xx}^2} \int_{(A)} \left[\frac{S_x(y)}{b(y)} \right]^2 dA \qquad \textit{Schubverteilungszahl} \qquad (2.55)$$

Die Integration von *Gleichung (2.54)* liefert die gesuchte Verschiebung.

$$v(z) = \int \left[\kappa \frac{F_{Qy}(z)}{GA} \right] dz + c \qquad (2.56)$$

A - Querschnittsfläche

c - Integrationskonstante, die aus einer Randbedingung bestimmt werden muss.

Beachte:

- Die *Gleichung (2.56)* zur Berechnung von $v(z)$ infolge der Querkraftschubspannungen gilt nur für reine Querkraftbelastung (die es streng genommen nicht gibt) und konstanten Querschnitt. Für kleine Verformungen und schwach veränderliche Querschnitte kann diese Gleichung aber auch für Querkraftbiegung mit ausreichender Genauigkeit verwendet werden.

- Die Schubverformungen können für lange Träger (Querschnittsabmessungen sehr viel kleiner als die Länge des Trägers) gegenüber den Biegeverformungen im Allgemeinen vernachlässigt werden (siehe das folgende Beispiel).

Beispiel 2.12 Verformungen infolge Querkraftschubbeanspruchung

Gegeben: F, l, b, h, E, G

Gesucht: Maximale Schubverformung v_{Smax} durch die Querkraft und Vergleich mit der maximalen Biegeverformung v_{Bmax}

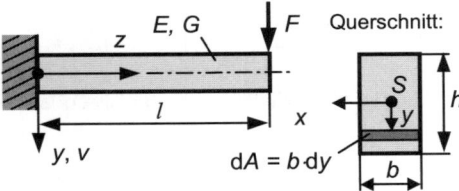

Bild 2.58 Kragträger

Es gilt (vgl. *Beispiel 2.11, Seite 170*) für den Kragträger mit Rechteckquerschnitt (siehe *Bild 2.58*)

$$A = b \cdot h \qquad\qquad F_{Qy}(z) = F$$

$$I_{xx} = \frac{bh^3}{12} \qquad\qquad S_x(y) = \frac{bh^2}{8} \left[1 - 4\left(\frac{y}{h}\right)^2 \right]$$

Damit ergibt sich für die Schubverteilungszahl nach *Gleichung (2.55)*

$$\kappa = \frac{A}{I_{xx}^2} \int_{(A)} \left[\frac{S_x(y)}{b(y)}\right]^2 dA = \frac{144 \cdot ba}{b^2 h^6} \int_{y=-h/2}^{h/2} \frac{1}{b^2} \left\{\frac{bh^2}{8}\left[1-4\left(\frac{y}{h}\right)^2\right]\right\}^2 b \cdot dy = \frac{6}{5}$$

und wir erhalten aus *Gleichung (2.56)*

$$v_S(z) = \int\left[\kappa \cdot \frac{F_{Qy}(z)}{GA}\right]dz + c = \frac{6F}{5Gbh}z + c$$

Die Integrationskonstante folgt aus der Randbedingung

$$v_s(z=0) = 0 \quad \Rightarrow \quad c = 0$$

Damit wird die reine Schubverformung $v_s(z)$ (siehe Bild 2.59)

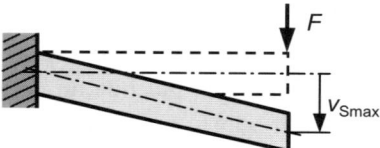

$$v_S(z) = \frac{6F}{5Gbh}z$$

Die maximale Schubverformung erhalten wir natürlich am Trägerende bei $z = l$ zu

Bild 2.59 Schubverformung

$$v_{S\max} = v_S(z=l) = \frac{6Fl}{5Gbh}.$$

Die durch die Kraft F hervorgerufene maximale Biegeverformung (siehe *Beispiel 2.9*) hat die Größe

$$v_{B\max} = \frac{Fl^3}{3EI} = \frac{4Fl^3}{Ebh^3}$$

Die Gesamtverformung am Trägerende wird somit

$$v_{\max} = v_{B\max} + v_{S\max} = \frac{4Fl^3}{Ebh^3}\left[1+\frac{3E}{10G}\left(\frac{h}{l}\right)^2\right]$$

Beachte: Der Faktor $(h/l)^2$ macht für lange Träger den zweiten Ausdruck in der eckigen Klammer (das ist der Schubverformungsanteil) sehr viel kleiner als „1", so dass dieser Anteil gegenüber der „1" (Biegeanteil) vernachlässigt werden kann.

2.5 Torsion

> Das Ziel dieses Kapitels ist die Berechnung der Spannungen und Verformungen in geraden Stäben infolge eines Torsionsmomentes M_t.

Bei einer Torsionsbeanspruchung werden die Stäbe um ihre Stabachse z verdreht. Abhängig von der Querschnittsgeometrie kann es dabei auch Verformungen (Verwölbungen) in Richtung der Stabachse geben. Das folgende *Bild 2.60* zeigt drei typische Fälle der Torsionsverformungen in Abhängigkeit von der Querschnittsgeometrie.

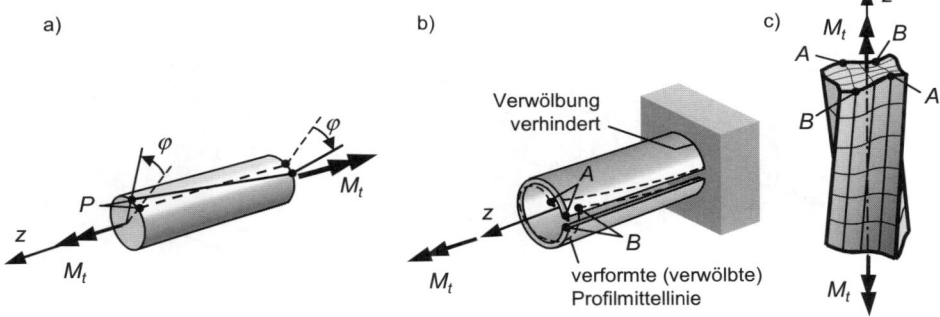

a)

Kreis- und Kreisringquerschnitte:
Querschnitte bleiben eben (Punkt P vor und nach Verformung in der gleichen Ebene; keine Verwölbung)

b)

Allgemeine offene und geschlossene Querschnitte:
Querschnitte verwölben sich im Allgemeinen (Punkte A verschieben sich in z-Richtung; Punkte B entgegen der z-Richtung)

c)

Bild 2.60 a) Torsion eines Kreisquerschnitts, b) Torsion eines dünnwandigen offenen Querschnitts
c) Torsion eines Rechteckquerschnitts

Der Aufwand zur Berechnung der Spannungen und Verformungen infolge Torsionsbeanspruchung hängt wesentlich von der Querschnittsgeometrie des Stabes ab. Wir beschränken uns nachfolgend auf den einfachsten Fall der in der Praxis häufig vorkommenden Kreis- und Kreisringquerschnitte (z. B. Wellen, Achsen, Rohre).

2.5.1 Torsion von Stäben mit Kreis- und Kreisringquerschnitten

2.5.1.1 Annahmen und Voraussetzungen

In diesem Kapitel sollen folgende Annahmen und Voraussetzungen gelten:

• Die Balkenachse (z-Achse) ist gerade und die Querschnittsgeometrie unabhängig von z.

- Es liegt reine Torsionsbeanspruchung vor. Das Torsionsmoment M_t ist konstant und ist das resultierende Moment der im Querschnitt in tangentialer Richtung verlaufenden Schubspannungen $\tau_{z\varphi} = \tau$ (siehe auch *Bild 2.62*).

- Die Querschnittsform bleibt bei der Torsion erhalten.

- Die Querschnitte verdrehen sich wie starre Scheiben gegeneinander und bleiben eben.

- Die Torsionsverformung wird durch den Verdrehwinkel φ beschrieben, der im gleichen Drehsinn wie das Torsionsmoment M_t am positiven Schnittufer positiv gezählt wird (siehe *Bild 2.61*).

- Die Verformungen (Verdrehwinkel φ) sind klein.

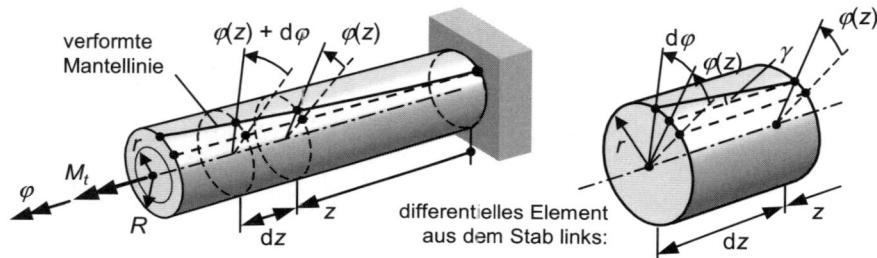

Bild 2.61 Verformungen eines auf Torsion beanspruchten Kreisquerschnitts

2.5.1.2   Berechnung der Torsionsspannung

An dem differentiellen Element in *Bild 2.61* kann für kleine Verformungen der folgende Zusammenhang zwischen der Gleitung γ und dem Verdrehwinkel φ abgelesen werden:

$$r \cdot d\varphi = \gamma(r) \cdot dz$$

Mit der Drillung ϑ folgt aus dieser Formel

$$\vartheta = \frac{d\varphi}{dz} = \frac{\gamma(r)}{r} \qquad \textbf{\textit{Drillung}} \ (\text{Verdrehwinkel pro Längeneinheit}) \qquad (2.57)$$

Aus dem HOOKE'schen Gesetz (siehe *Gleichung (2.12), Seite 130*) folgt mit $\gamma(r) = \vartheta r$ nach *Gleichung (2.57)* für die Torsionsschubspannung

$$\tau(r) = \gamma(r) \cdot G = \vartheta \cdot G \cdot r \qquad (2.58)$$

Beachte: Wir erkennen aus *(2.58)* bereits, dass die Schubspannung $\tau(r)$ linear von r abhängig ist. Sie wird bei $r = 0$ null und hat für $r = R$ ihren größten Wert (siehe auch *Bild 2.62*)!

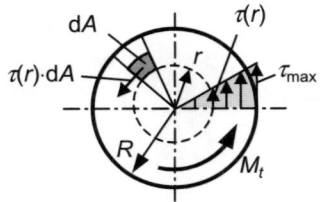

Bild 2.62 Torsionsschubspannung

Die noch unbekannte Drillung ϑ kann aus einer Äquivalenzbedingung zwischen dem Torsionsmoment M_t und dem resultierenden Moment der Schubspannungen $\tau_{z\varphi} = \tau$ bestimmt werden. Es muss gelten (vgl. *Bild 2.62*):

$$M_t = \int_{(A)} \tau(r) \cdot r \cdot dA = \vartheta \cdot G \int_{(A)} r^2 dA \qquad (2.59)$$

Mit der Abkürzung

$$I_P = \int_{(A)} r^2 dA \qquad \textbf{\textit{polares Flächenmoment 2. Grades}} \qquad (2.60)$$

folgt aus *Gleichung (2.59)*

$$M_t = \vartheta \cdot GI_P \qquad \text{bzw. nach der Drillung aufgelöst} \qquad \vartheta = \frac{M_t}{GI_P} \qquad (2.61)$$

Setzen wir nun *(2.61)* in *(2.58)* ein, so erhalten wir die Torsionsschubspannung für Kreis und Kreisringquerschnitte zu:

$$\tau(r) = \frac{M_t}{I_P} r \qquad (2.62)$$

Hinweis: Zum polaren Flächenmoment 2. Grades siehe *Kapitel 1.11.1.* Danach gilt:

Kreisquerschnitt (Durchmesser d): $\qquad\qquad I_P = \dfrac{\pi d^4}{32} \qquad (2.63)$

Kreisringquerschnitt (Außendurchmesser D,

Innendurchmesser d): $\qquad I_P = \dfrac{\pi}{32}\left(D^4 - d^4\right) \qquad (2.64)$

Die maximalen Torsionsschubspannungen für Kreis- und Kreisringquerschnitte treten am Außenrand auf und betragen (siehe dazu auch *Bild 2.62*):

$$\tau_{max} = \frac{M_t}{W_t} \qquad (2.65)$$

Die Abkürzung W_t bezeichnet man als *Torsionswiderstandsmoment*, das sich aus *Gleichung (2.62)* mit $r = r_{max}$ wie folgt ergibt:

$$W_t = \frac{I_P}{r_{max}}$$

Für Kreis- und Kreisringquerschnitte erhalten wir damit:

$$W_t = \frac{\pi d^3}{16} \qquad \text{für Kreisquerschnitt (Durchmesser } d) \qquad (2.66)$$

$$W_t = \frac{\pi}{16 \cdot D}\left(D^4 - d^4\right) \qquad \text{für Kreisringquerschnitt} \qquad (2.67)$$

(Außendurchmesser D, Innendurchmesser d)

Hinweis: Man beachte die Analogie zur Berechnung der Biegespannungen (siehe *Kapitel 2.3.2 Gleichungen (2.32)* und *(2.33)*).

Torsion: $\quad \tau(r) = \dfrac{M_t}{I_P} r$ $\qquad\qquad$ **Biegung:** $\quad \sigma_z(y,z) = \dfrac{M_{bx}(z)}{I_{xx}} y$

$$\tau_{max} = \frac{M_t}{W_t} \qquad\qquad\qquad\qquad |\sigma_z(z)|_{max} = \frac{|M_{bx}(z)|}{W_{bx\,min}}$$

Die Gleichungen zur Berechnung der Torsionsschubspannung *(2.62)* und *(2.65)* gelten streng genommen nur, wenn gilt: $M_t =$ konst. und $I_P =$ konst. Aber auch bei einer schwachen Veränderlichkeit dieser Größen können die Gleichungen mit ausreichender Genauigkeit für praktische Berechnungen verwendet werden. Es gilt dann:

$$\tau(z,r) = \frac{M_t(z)}{I_P(z)} r \qquad \text{bzw.} \qquad \tau_{max}(z) = \frac{M_t(z)}{W_t(z)} \qquad (2.68)$$

2.5.1.3 Berechnung der Verformung (Verdrehwinkel φ)

Aus den *Gleichungen (2.57)* und *(2.61)* erhalten wir den folgenden Zusammenhang zwischen der Drillung ϑ, dem Verdrehwinkel φ und dem Torsionsmoment M_t:

$$\vartheta = \frac{d\varphi}{dz} = \frac{M_t}{GI_P} \qquad (2.69)$$

Das Produkt GI_P aus Gleitmodul G und polarem Flächenmoment 2. Grades I_P bezeichnet man als *Torsionssteifigkeit*. *Gleichung (2.69)* ist eine Differentialgleichung 1. Ordnung, aus der wir durch Integration den Verdrehwinkel φ berechnen können. Man beachte hier die Analogie zur Verformungsberechnung bei auf Zug/Druck belasteten Stäben (*Kapitel 2.2.1.2*). Die Integration von *Gleichung (2.69)* liefert:

$$\varphi(z) = \int \frac{M_t}{GI_P}\, dz + C = \frac{M_t}{GI_P} z + C \qquad (2.70)$$

Die Integrationskonstante C in *(2.70)* kann aus einer Randbedingung berechnet werden. Beispiele für mögliche Randbedingungen bei Torsionsproblemen finden wir in den folgenden drei Aufgaben zur Torsion.

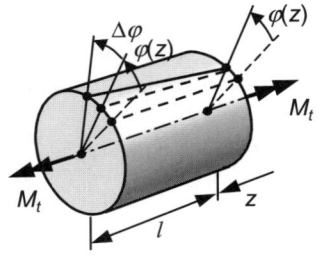

Bild 2.63 Relativer Verdrehwinkel

Häufig wird in der Praxis der *relativen Verdrehwinkel* $\Delta\varphi$ zweier Querschnitte im Abstand l benötigt. Der relative Verdrehwinkel ist wie folgt definiert (vgl. *Bild 2.63*):

$$\Delta\varphi = \varphi(z+l) - \varphi(z) = \frac{M_t}{GI_P}l \tag{2.71}$$

Die Gleichungen zur Berechnung der Torsionsverformungen *(2.70)* und *(2.71)* gelten streng genommen nur, wenn gilt: $M_t = $ konst. und $I_p = $ konst. Aber auch bei einer schwachen Veränderlichkeit dieser Größen können die Gleichungen mit ausreichender Genauigkeit für praktische Berechnungen verwendet werden (vgl. entsprechende Bemerkung zur Berechnung der Torsionsspannung im *Kapitel 2.5.1.2*). Es gilt dann:

$$\varphi(z) = \int \frac{M_t(z)}{GI_P(z)} \, dz + C \qquad \text{bzw.} \qquad \Delta\varphi = \varphi(z+l) - \varphi(z) = \int_{\bar{z}=z}^{\bar{z}=z+l} \frac{M_t(\bar{z})}{GI_P(\bar{z})} \, d\bar{z} \tag{2.72}$$

Beispiel 2.13 Abgesetzter Torsionsstab

Gegeben: $D = 60$ mm, $d = 40$ mm, $l_1 = 1$ m
$l_2 = 1{,}5$ m, $M_B = 3$ kN m
$M_C = 0{,}6$ kN m
$G = 0{,}8 \cdot 10^5$ N/mm^2

Gesucht: Betragsmäßig größte Torsionsschubspannung und Verlauf des Verdrehwinkels

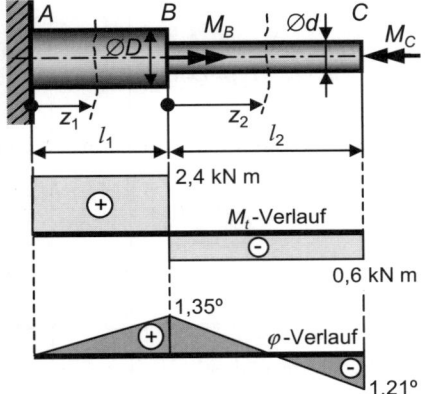

Bild 2.64 Torsionsstab mit Momentenverlauf und Verlauf des Torsionswinkels

Torsionsmomentenverlauf:

$$M_t(z_1) = M_B - M_C = 2{,}4 \, \text{kN m}$$
$$M_t(z_2) = -M_C = -0{,}6 \, \text{kN m}$$

Maximale Schubspannungen:

Zur Berechnung der maximalen Schubspannung im Torsionsstab muss zunächst in beiden Bereichen die maximale Torsionsschubspannung berechnet werden, um dann aus dem Vergleich die absolut größte Torsionsschubspannung angeben zu können. Mit der

Gleichung (2.66) für das Torsionswiderstandsmoment und der Gleichung für die maximale Torsionsspannung *(2.65)* ergeben sich die in den zwei Bereichen auftretenden maximalen Torsionsschubspannungen zu:

1. Bereich: Mit $W_{t1} = \dfrac{\pi D^3}{16}$ folgt $\tau_{1\,max} = \dfrac{M_t(z_1)}{W_{t1}} = \dfrac{(M_B - M_C) \cdot 16}{\pi D^3} = 56{,}6 \dfrac{N}{mm^2}$

2. Bereich: Mit $W_{t2} = \dfrac{\pi d^3}{16}$ folgt $\tau_{2\,max} = \dfrac{M_t(z_2)}{W_{t2}} = \dfrac{-M_C \cdot 16}{\pi d^3} = -47{,}7 \dfrac{N}{mm^2}$

Damit tritt die vom Betrag größte Torsionsschubspannung im 1. Bereich auf und beträgt

$$\left|\tau\right|_{max} = \tau_{1\,max} = 56{,}6 \frac{N}{mm^2}$$

Verlauf des Verdrehwinkels:

Mit der *Gleichung (2.63)* für das polare Flächenmoment 2. Grades und der *Gleichung (2.70)* für den Torsionswinkel erhalten wir für die zwei Bereiche:

1. Bereich: $\varphi_1(z_1) = \dfrac{M_t(z_1)}{GI_{P1}} z_1 + C_1 = \dfrac{32(M_B - M_C)}{G\pi D^4} z_1 + C_1$

2. Bereich: $\varphi_2(z_2) = \dfrac{M_t(z_2)}{GI_{P2}} z_2 + C_2 = -\dfrac{32 M_C}{G\pi d^4} z_2 + C_2$

Die beiden Integrationskonstanten können wir aus den folgenden zwei Randbedingungen bestimmen:

$$\varphi_1(z_1 = 0) = 0 \qquad \Rightarrow \quad C_1 = 0$$

$$\varphi_1(z_1 = l_1) = \varphi_2(z_2 = 0) \quad \Rightarrow \quad \frac{32(M_B - M_C)}{G\pi D^4} l_1 = C_2$$

Einsetzen der Integrationskonstanten in die Funktionen für die Torsionswinkel liefert:

1. Bereich: $\varphi_1(z_1) = \dfrac{32(M_B - M_C)}{G\pi D^4} z_1$

2. Bereich: $\varphi_2(z_2) = -\dfrac{32 M_C}{G\pi d^4} z_2 + \dfrac{32(M_B - M_C)}{G\pi D^4} l_1$

Die Werte an den Bereichsenden ergeben sich zu:

$$\varphi_1(z_1 = l_1) = 0{,}0236 = 1{,}35^\circ \qquad \text{und}$$

$$\varphi_2(z_2 = l_2) = -0{,}0448 + 0{,}0236 = -0{,}0212 = -1{,}21^\circ$$

Der Verlauf des Verdrehwinkels φ ist in *Bild 2.64* dargestellt.

Beispiel 2.14 Vergleich von Voll- und Rohrquerschnitt bei Torsionsbelastung

Gegeben: $M_t = 2 \text{ kN m}$, $\tau_{zul} = 160 \text{ N/mm}^2$
Material und Stablänge sind für
beide Stäbe gleich!

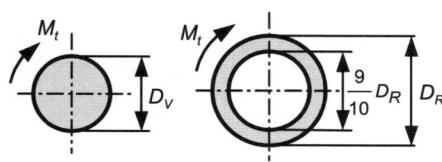

Gesucht: 1. Durchmesser D_V und D_R
2. Verhältnis des Materialeinsatzes
3. Verhältnis der relativen
Verdrehwinkel

Bild 2.65 Voll- und Rohrquerschnitt

1. **Bestimmung von D_V und D_R (Dimensionierung):**

    a) Vollquerschnitt:

    Aus *(2.65)* $\tau_{max} = \dfrac{M_t}{W_{t,V}} \leq \tau_{zul}$ mit *(2.66)* $W_{t,V} = \dfrac{\pi D_V^3}{16}$

    folgt $D_V \geq \sqrt[3]{\dfrac{16 M_t}{\pi \hat{o}_{zul}}} = 39{,}9 \text{ mm}$.   Wir wählen: $\underline{D_V = 40 \text{ mm}}$

    b) Rohrquerschnitt:

    Aus *(2.65)* $\tau_{max} = \dfrac{M_t}{W_{t,R}} \leq \hat{o}_{zul}$ mit *(2.67)* $W_{t,R} = \dfrac{\pi}{16 D_R}\left(D_R^4 - \left(\dfrac{9}{10} D_R\right)^4 \right)$

    folgt $D_R \geq \sqrt[3]{\dfrac{16 M_t}{\pi \hat{o}_{zul}(1 - 0{,}9^4)}} = 56{,}7 \text{ mm}$.   Wir wählen: $\underline{D_R = 57 \text{ mm}}$

2. **Verhältnis des Materialeinsatzes:**

    Das Verhältnis des Materialeinsatzes ist gleich dem Verhältnis der Querschnittsflächen. Wir erhalten:

    $$\frac{A_R}{A_V} = \frac{D_R^2\left(1 - 0{,}9^2\right)}{D_V^2} = 0{,}386$$

    ⇒ Bei dem Rohrquerschnitt werden nur 38,6 % Material gegenüber einem Voll-querschnitt bei gleicher maximaler Torsionsschubspannung benötigt.

3. **Verhältnis der relativen Verdrehwinkel:**

    Mit dem relativen Verdrehwinkel nach *Gleichung (2.71)* und den polaren Flächenmo-menten 2. Grades nach den *Gleichungen (2.63)* und *(2.64)*

    $$\Delta\varphi = \frac{M_t}{G I_P} l \qquad I_{P,V} = \frac{\pi D_V^4}{32} \quad \text{und} \quad I_{P,R} = \frac{\pi}{32}\left[D_R^4 - (0{,}9 \cdot D_R)^4 \right]$$

erhalten wir für das gesuchte Verhältnis der relativen Verdrehwinkel

$$\frac{\Delta\varphi_R}{\Delta\varphi_V}=\frac{\dfrac{M_t}{GI_{P,R}}l}{\dfrac{M_t}{GI_{P,V}}l}=\frac{I_{P,V}}{I_{P,R}}=\frac{\dfrac{\pi D_V^4}{32}}{\dfrac{\pi}{32}\left(D_R^4-(0,9\cdot D_R)^4\right)}=\frac{D_V^4}{D_R^4\left(1-0,9^4\right)}=0,705$$

⇒ Bei dem Rohrquerschnitt beträgt der Verdrehwinkel nur 70,5 % des Verdrehwinkels des Vollquerschnitts bei gleicher Länge, gleicher Belastung, gleichem
Material und bei gleicher maximaler Torsionsschubspannung.

Beispiel 2.15 Welle-Rohr-Verbindung (statisch unbestimmt)

Zwei Torsionsstäbe (Welle, Rohr) sind
bei A eingespannt und bei B mit einer
starren Scheibe, über die das Gesamt-
moment M_C eingeleitet wird, verbunden.

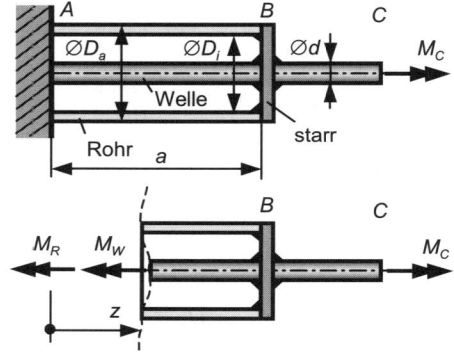

Gesucht: 1. Aufteilung des Momentes M_C
        auf Welle und Rohr
      2. Verdrehwinkel bei B

Zunächst führen wir einen Schnitt durch
die Welle und das Rohr. An der Schnittstelle der Welle wird das Torsionsmoment mit M_W und an der Schnittstelle des
Rohres wird das Torsionsmoment mit M_R **Bild 2.66** Welle-Rohr-Verbindung
(siehe *Bild 2.66*) bezeichnet. Zur Ermitt-
lung der Schnittgrößen kann man am Schnittbild die Momentengleichgewichtsbedingung
um die Längsachse aufschreiben:

→→ : $M_C-M_W-M_R=0$ (1)

Beachte: In der Gleichgewichtsbedingung *(1)* sind die beiden Schnittgrößen M_W und
M_R unbekannt. Die Aufgabe ist einfach statisch unbestimmt! Zur Lösung des Problems
müssen Verformungsbetrachtungen angestellt werden.

Mit dem Torsionsmoment in der Welle M_W und im Rohr M_R werden die Verdrehwinkel
von Welle und Rohr nach *Gleichung (2.70)* berechnet. Wir erhalten:

Welle : $\varphi_W(z)=\dfrac{M_W}{GI_{P,W}}z+C_1$ (2)   Rohr : $\varphi_R(z)=\dfrac{M_R}{GI_{P,R}}z+C_2$ (3)

Für die Ermittlung der vier Unbekannten M_R, M_W, C_1 und C_2 benötigen wir neben der Gleichung *(1)* noch drei weitere Gleichungen, die wir aus den folgenden Randbedingungen erhalten:

1. $\varphi_W(z=0)=0$ $\quad\quad\quad\quad\quad \Rightarrow \quad C_1=0$

2. $\varphi_R(z=0)=0$ $\quad\quad\quad\quad\quad \Rightarrow \quad C_2=0$

3. $\varphi_R(z=a)=\varphi_W(z=a)$ $\quad\quad \Rightarrow \quad M_R=\dfrac{I_{P,R}}{I_{P,W}}M_W$ $\quad\quad$ (4)

Mit den *Gleichungen (1)* und *(4)* haben wir zwei Gleichungen zur Berechnung der unbekannten Schnittgrößen in der Welle und im Rohr. Die Auflösung der Gleichungen liefert:

$$\underline{\underline{M_W}}=\frac{M_C}{1+\dfrac{I_{P,R}}{I_{P,W}}}=\frac{M_C}{1+\dfrac{D_a^4-D_i^4}{d^4}}$$

$$\underline{\underline{M_R}}=\frac{M_C}{1+\dfrac{I_{P,W}}{I_{P,R}}}=\frac{M_C}{1+\dfrac{d^4}{D_a^4-D_i^4}}$$

Der Verdrehwinkel bei *B* kann mit der jetzt bekannten Schnittgröße M_W aus der Gleichung *(2)* bzw. mit M_R aus der Gleichung *(3)* berechnet werden. Wir erhalten:

$$\underline{\underline{\varphi_B}}=\varphi_W(z=a)=\varphi_R(z=a)=\frac{M_C\cdot a}{G\left(I_{P,W}+I_{P,R}\right)}=\frac{32\cdot M_C\cdot a}{G\pi\left(d^4+D_a^4-D_i^4\right)}$$

2.5.2 Hinweise zur Torsion allgemeiner Querschnitte

- Die im *Kapitel 2.5.1* vorgestellten Formeln für Torsionsspannungen und Torsionsverformungen (Verdrehwinkel) gelten nur für Kreis- und Kreisringquerschnitte.

- Für andere Querschnittsformen müssen spezielle Formeln hergeleitet werden, wobei zwischen *SAINT-VENANT'scher* [17] *Torsion* (Verwölbungen können sich frei ausbilden) und *Wölbkrafttorsion* (Verwölbungen sind behindert) unterschieden werden muss.

- Eine besondere praktische Bedeutung kommt den dünnwandigen offenen Querschnitten zu. Die Torsionsschubspannungen und die Verformungen sind hier wesentlich größer als bei anderen Querschnittsformen. Infolge erheblicher Querschnittsverwölbungen, die bei einer Torsionsbeanspruchung auftreten (siehe

---

[17] A. J. C. BARRÉ DE SAINT VENANT (1797-1886), französischer Physiker

Bild 2.60, Seite 175, b) Torsion eines dünnwandigen offenen Querschnitts), ergeben sich bei einer Behinderung der Verwölbung (z. B. infolge einer Einspannung) sehr große Normalspannungen in z-Richtung.

Unter der Voraussetzung einer SAINT-VENANT'schen Torsion lassen sich die für Kreis- und Kreisringquerschnitte hergeleiteten Formeln für die Berechnung der maximalen Torsionsschubspannungen und der Verdrehwinkel auch für allgemeine Querschnittsformen verallgemeinern:

$$\tau_{\max} = \frac{M_t}{W_t} \qquad \text{mit} \quad W_t - \textit{Torsionswiderstandsmoment} \qquad (2.73)$$

$$\vartheta = \frac{d\varphi}{dz} = \frac{M_t}{GI_t} \qquad \text{mit} \quad I_t \ - \textit{Torsionsflächenmoment} \qquad (2.74)$$

Beachte: Das Produkt GI_t ist die **Torsionssteifigkeit**. I_t und W_t sind in Abhängigkeit von der Querschnittsgeometrie zu berechnen (siehe *Tabelle 2.8*). Nur für Kreis- und Kreisringquerschnitte gilt $I_t \equiv I_p$.

Tabelle 2.8 Berechnung von I_t und W_t in Abhängigkeit von der Querschnittsgeometrie

Querschnittsart	Berechnung von I_t und W_t
dünnwandig, einzellig A_m = von Profilmittellinie eingeschlossene Fläche	BREDT'sche Formeln: $I_t = \dfrac{4A_m^2}{\oint \dfrac{ds}{\delta(s)}}$ $\qquad W_t = 2A_m \cdot \delta_{\min}$
dünnwandig, mehrzellig	Modifizierte BREDT'sche Formeln.
dünnwandig, offen	Näherungsformel: $I_t \cong \dfrac{1}{3}\sum_{(i)} l_i \delta_i^3 \qquad W_t \cong \dfrac{I_t}{\delta_{\max}}$
dünnwandig, ein- oder mehrzellig und offene Teile	Im Allgemeinen Vernachlässigung der offenen Teilabschnitte l_0. Begründung: Siehe folgendes Beispiel.
allgemeine	I_t und W_t aus einer Torsionsfunktion Φ, für die eine POISSON'sche Differentialgleichung zu lösen ist.

Beispiel 2.16 Torsion dünnwandiger offener und geschlossener Querschnitte

Für einen dünnwandigen Stab mit geschlossenem bzw. in Längsrichtung aufgeschlitztem Kreisringquerschnitt (*Bild 2.67*) sollen die maximalen Torsionsschubspannungen und die relativen Verdrehwinkel der Endquerschnitte allgemein ermittelt und für $R/\delta = 10$ miteinander verglichen werden.

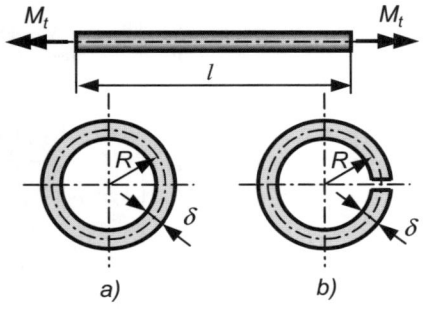

a) Geschlossener Kreisringquerschnitt:

Die Berechnung des Torsionsflächenmomentes I_t und des Torsionswiderstandsmomentes W_t soll hier mit Hilfe der BREDTschen Formeln (siehe *Tabelle 2.8*) erfolgen. Es wird:

Bild 2.67 Geschlossener und geschlitzter Kreisringquerschnitt bei Torsion

$$I_{t,a} = \frac{4A_m^2}{\displaystyle\oint \frac{ds}{\delta(s)}} = \frac{4\left(\pi R^2\right)^2}{\dfrac{2\pi R}{\delta}} = 2\pi R^3 \delta \qquad \text{und} \qquad W_{t,a} = 2A_m \cdot \delta_{\min} = 2\pi R^2 \delta$$

Die maximale Schubspannung folgt aus *Gleichung (2.73)* und der relative Verdrehwinkel aus *Gleichung (2.71)*, in die bei Kreisquerschnitten $GI_p = GI_t$ eingesetzt wird. Wir erhalten:

$$\underline{\underline{\tau_{\max,a} = \frac{M_t}{W_{t,a}} \frac{M_t}{2\pi R^2 \delta}}} \qquad \text{und} \qquad \underline{\underline{\Delta\varphi_a = \frac{M_t l}{GI_{t,a}} = \frac{M_t l}{2G\pi R^3 \delta}}}$$

Hinweis: Die Berechnung für den geschlossenen Kreisring kann natürlich auch wie in *Kapitel 2.5.1* für Kreis- und Kreisringquerschnitte durchgeführt werden. Zur Übung sollte man die Vergleichsrechnung einmal durchführen. Je geringer die Wandstärke des Kreisringes wird, umso besser stimmen die Ergebnisse mit den hier nach den BREDTschen Formeln berechneten Ergebnissen überein.

b) Geschlitzter Kreisringquerschnitt:

Die Berechnung des Torsionsflächenmomentes I_t und des Torsionswiderstandsmomentes W_t erfolgt nach den Näherungsformeln aus *Tabelle 2.8* für dünnwandige offene Querschnitte. Für die maximale Schubspannung und den relativen Verdrehwinkel erhalten wir:

$$I_{t,b} \cong \frac{1}{3}\sum_{(i)} l_i \delta_i^3 = \frac{2}{3}\pi R \delta^3 \qquad \text{und} \qquad W_{t,b} \cong \frac{I_{t,b}}{\delta_{\max}} = \frac{2}{3}\pi R \delta^2$$

$$\underline{\underline{\tau_{\max,b} = \frac{M_t}{W_{t,b}} = \frac{3M_t}{2\pi R \delta^2}}} \qquad \text{und} \qquad \underline{\underline{\Delta\varphi_b = \frac{M_t l}{GI_{t,b}} = \frac{3M_t l}{2G\pi R \delta^3}}}$$

Wir vergleichen die Ergebnisse am anschaulichsten miteinander, wenn wir das Verhältnis der maximalen Spannungen und der relativen Verdrehwinkel aufschreiben. Wir erhalten:

$$\frac{\tau_{max,b}}{\tau_{max,a}} = 3\frac{R}{\delta} = 30 \qquad \text{und} \qquad \frac{\Delta\varphi_b}{\Delta\varphi_a} = 3\frac{R^2}{\delta^2} = 300$$

Wir erkennen, dass für dieses Beispiel die maximale Spannung im Torsionsstab mit offenem Querschnitt (ansonsten aber identischen Werten) 30-mal größer ist und der Verdrehwinkel sogar 300-mal größer ist als im geschlossenen Kreisringquerschnitt.

> *Schlussfolgerung:* Das Ergebnis ist typisch und zeigt das geringe Vermögen dünnwandiger offener Querschnitte Torsionsmomente zu übertragen.

2.6   Scherbeanspruchung

> Das Ziel dieses Kapitels ist die Berechnung der Scher- oder Abscherspannungen τ_a infolge von unendlich dicht nebeneinander liegenden parallelen und entgegengesetzt gerichteten Querbelastungen, die eine Querschnittsfläche (Scherfläche) auf Schub belasten (Verformungsberechnungen werden bei Scherbeanspruchungen in der Regel nicht durchgeführt).

Scherbeanspruchungen treten bei entsprechender Belastung vorrangig bei Schneidvorgängen, Niet-, Bolzen-, Schweiß- und Klebeverbindungen auf. Einige typische Scherbeanspruchungen sind in *Bild 2.68* dargestellt.

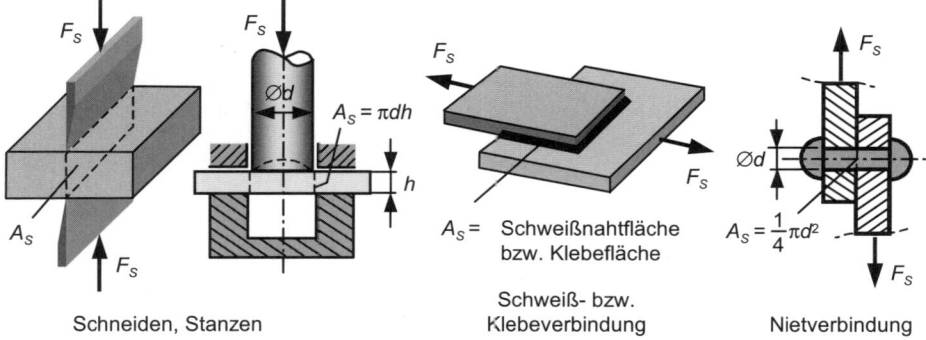

Bild 2.68 Beispiele für typische Scherbeanspruchungen

Bevor wir die Berechnung der Scherspannung behandeln, soll die Frage geklärt werden, was die Scherbeanspruchung von der Querkraftschubbeanspruchung (vgl.

Kapitel 2.4) unterscheidet. Der Unterschied soll an Hand des folgenden Beispiels (siehe *Bild 2.69*) verdeutlicht werden.

a) System mit vorrangiger Biege- und Querkraftschubbeanspruchung:
   Biegeeinfluss >> Querkrafteinfluss (Querkrafteinfluss meist vernachlässigbar)

b) System mit vorrangiger Scherbeanspruchung:
   Schereinfluss >> Biegeeinfluss (Biegeeinfluss meist vernachlässigbar)

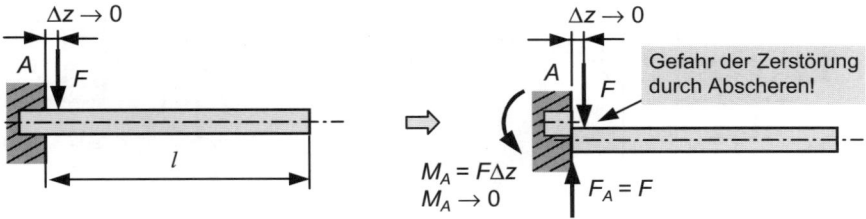

Bild 2.69 Querkraftschub und Scherbeanspruchung

Hinweis: Eine reine Scherbelastung liegt nach unserer Definition nur für $\Delta z = 0$ vor (vgl. *Bild 2.69 b*). Praktisch ist dieser Fall aber kaum zu realisieren, so dass immer ein kleiner Biegeanteil vorhanden ist und auch Querkraftschubbelastungen auftreten werden.

Näherungsweise Berechnung der Scherschubspannungen

Zur näherungsweisen Berechnung der Scherschubspannungen machen wir noch folgende Annahmen:

- Es wird eine reine Scherbeanspruchung angenommen (Abstand der Scherkräfte ist null, z. B. $\Delta z = 0$ im *Bild 2.69 b*). Der in Wirklichkeit komplizierte räumliche Spannungszustand bleibt unberücksichtigt, da die Scherbeanspruchung überwiegt.

- Ist der Abstand zwischen den Scherkräften nicht null (aber klein), so kann der Biegeeinfluss im Allgemeinen vernachlässigt werden.

- Die über eine Scherfläche A_s übertragene Scherkraft F_s verursacht konstante Scherspannungen τ_a. Das ist ein angenommener Mittelwert einer tatsächlich komplizierter verteilten Schubspannung (vgl. z. B. *Kapitel 2.4 Querkraftschub*).

Es folgt damit für die Scherschubspannung τ_a bzw. für den Spannungsnachweis gegen Abscheren:

$$\tau_a = \frac{F_s}{A_s} \leq \tau_{a,\text{zul}} \qquad\qquad (2.75)$$

Beispiel 2.17 Scherbeanspruchung einer Bolzenverbindung

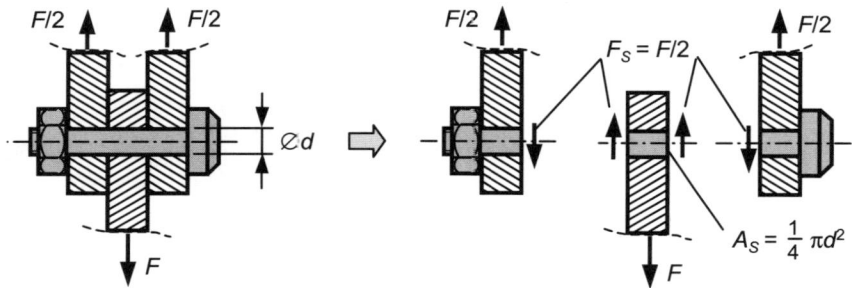

Bild 2.70 Scherbeanspruchung einer Bolzenverbindung

Die Scherkraft F_s und die Scherfläche A_s in der Bolzenverbindung betragen jeweils (siehe Schnittdarstellung in *Bild 2.70*)

$$F_S = \frac{F}{2} \qquad \text{und} \qquad A_S = \frac{\pi d^2}{4}$$

Damit erhalten wir für die Scherschubspannung bzw. für einen Spannungsnachweis gegen Abscheren aus *Gleichung (2.75)*:

$$\underline{\underline{\tau_a = \frac{F_S}{A_S} = \frac{2F}{\pi d^2} \leq \tau_{a\,\text{zul}}}}$$

Beispiel 2.18 Klebe- bzw. Lötverbindung von Rohren

Scherkraft: $\qquad F_S = F$

Scherfläche: $\qquad A_S = \pi d \cdot l$

Damit wird die Scherschubspannung:

$$\underline{\underline{\tau_a = \frac{F_S}{A_S} = \frac{F}{\pi d \cdot l} \leq \tau_{a\,\text{zul}}}}$$

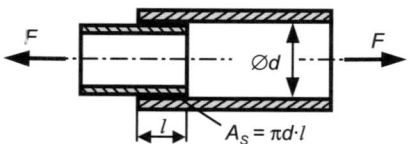

Bild 2.71 Klebe- bzw. Lötverbindung von Rohren

Beispiel 2.19 Stanzen eines Blechteils

Welche Schnittkraft ist zum Stanzen des abgebildeten Blechteils
(*Bild 2.72*) erforderlich?

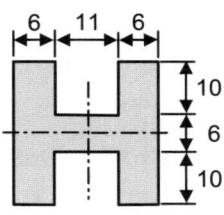

Gegeben: Blechdicke $h = 0,8$ mm, $\tau_{aB} = 200$ N/mm^2

Scherfläche: $A_S = l_S \cdot h$ mit l_S - Schnittlänge

$$A_S = (2 \cdot 23 + 2 \cdot 26 + 4 \cdot 10) \cdot 0,8 \text{ mm}^2$$

$$A_S = 110,4 \text{ mm}^2$$

Bild 2.72 Blechteil

Eine Abschätzung der erforderlichen Schnittkraft erhalten wir aus *Gleichung (2.75)*, indem
wir für τ_{zul} die gegebene Bruchspannung τ_{aB} einsetzen und die Gleichung nach F_S auflösen.
Es wird:

$$\tau_a = \frac{F_S}{A_S} \geq \tau_{aB} \quad \Rightarrow \quad F_S \geq A_S \cdot \tau_{aB} = 110,4 \text{ mm}^2 \cdot 200 \text{ N/mm}^2$$

$$\underline{\underline{F_S \geq 22,1 \text{ kN}}}$$

2.7 Zusammengesetzte Beanspruchung

In den vorangegangenen Kapiteln zur Festigkeitslehre haben wir die Berechnung der
Spannungen und Verformungen für die einzelnen Grundbeanspruchungen
(Zug/Druck, Biegung, Torsion, Querkraftschub und Abscherung) kennen gelernt.
Dabei wurde immer angenommen, dass nur jeweils eine Grundbeanspruchung
vorliegt. Bei den meisten praktischen Problemen treten jedoch mehrere Grundbeanspruchungen gleichzeitig im Bauteil auf. Wir sprechen dann von *zusammengesetzter
Beanspruchung*. Die auftretenden Spannungen müssen in geeigneter Weise überlagert werden. Die zu überlagernden Spannungen können dabei „*gleichartige*"
Spannungen (z. B. nur Normalspannungen in einer Richtung oder nur Schubspannungen in einer Ebene) oder „*ungleichartige*" *Spannungen* (z. B. Normalspannungen
und Schubspannungen oder Normalspannungen, die in unterschiedlichen Richtungen wirken usw.) sein (vgl. auch *Tabelle 2.9*).

In diesem Kapitel wollen wir nun die Berechnung und Beurteilung der Spannungen vornehmen, wenn mehrere Grundbeanspruchungsarten, in der Regel mit
„ungleichartigen" Spannungen (z. B. aus Biegung und Torsion) gleichzeitig im
Bauteil auftreten.

Zu diesem Zweck werden im Folgenden Spannungswerte (*Vergleichsspannungen σ_V*)
ermittelt, die mit im Zugversuch ermittelten zulässigen Spannungen σ_{zul} eine

Beurteilung des Bauteils erlauben. Dabei beschränken wir uns auf lineare und ebene Spannungszustände, wie sie vorrangig in Stäben und Balken vorkommen. Die dabei zu berücksichtigenden Spannungen sind für die einzelnen Grundbeanspruchungen in der *Tabelle 2.9* zusammengestellt.

Tabelle 2.9 Grundbeanspruchungen bei Stäben und Balken

Grundbeanspruchung	Schnittgröße	Spannung		siehe *Kapitel*
Zug/Druck	F_L	σ_z	gleichartige Spannungen	*2.2.1.1*
Biegung	M_{bx}, M_{by}	σ_z		*2.3.2* und *2.3.4*
Querkraft	F_{Qx}, F_{Qy}	τ_{zx}, τ_{zy}	gleichartige Spannungen	*2.4.1*
Torsion	M_t	$\tau \rightarrow \tau_{zx}, \tau_{zy}$		*2.5.1.2*
Scherung	F_s	$\tau \rightarrow \tau_{zx}, \tau_{zy}$		*2.6*

2.7.1   Überlagerung gleichartiger Spannungen   Video 8

> *Satz:* Gleichartige Spannungen in gleichen Schnittflächen lassen sich an einem Punkt wie Kräfte zu Resultierenden addieren.

Dieser Satz bedeutet, dass sich aus der Überlagerung der Normalspannungen σ_z infolge Zug/Druck und zweiachsiger Biegung eine Gesamtnormalspannung, wie in *Bild 2.73* dargestellt, ergibt.

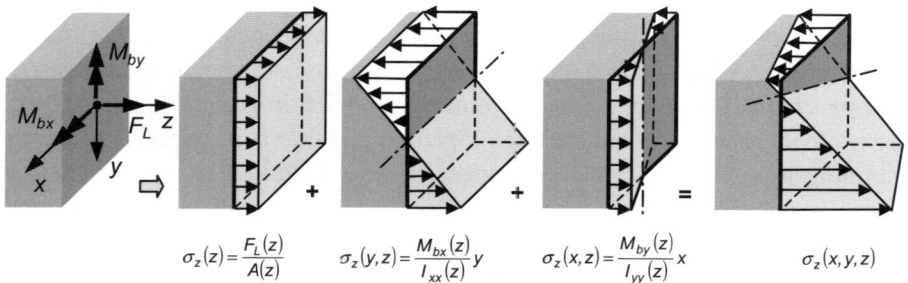

$$\sigma_z(z) = \frac{F_L(z)}{A(z)} \qquad \sigma_z(y,z) = \frac{M_{bx}(z)}{I_{xx}(z)}y \qquad \sigma_z(x,z) = \frac{M_{by}(z)}{I_{yy}(z)}x \qquad \sigma_z(x,y,z)$$

Bild 2.73 Überlagerung gleichartiger Normalspannungen aus Zug/Druck und Biegung

Mit σ_z für die Zug/Druck-Beanspruchung nach *Gleichung (2.19)* und σ_z für die zweiachsige Biegung nach *Gleichung (2.41)* ergibt sich die Gesamtnormalspannung somit zu:

$$\sigma_z(x,y,z) = \frac{F_L(z)}{A(z)} + \frac{M_{bx}(z)}{I_{xx}(z)}y + \frac{M_{by}(z)}{I_{yy}(z)}x \tag{2.76}$$

Hinweis: Analog können auch gleichartige Schubspannungen (z. B. aus Torsion und Querkraftschub) überlagert werden.

2.7.2 Mehrachsige Spannungszustände

Sind nicht nur Normalspannungen in einer Richtung (vgl. z. B. *Kapitel 2.7.1*) sondern in mehreren Richtungen vorhanden, oder treten Normalspannungen und Schubspannungen gemeinsam auf, so sprechen wir von einem *mehrachsigen Spannungszustand* (vgl. auch *Kapitel 2.1.2, Bild 2.8*; dort ist ein räumlicher bzw. dreiachsiger Spannungszustand dargestellt). Es stellt sich in diesen Fällen die Frage, wie man einen Spannungszustand beim gleichzeitigen Auftreten verschiedener Spannungen beurteilt. Die im Zug- bzw. Torsionsversuch ermittelten Materialparameter (σ_{zul} und τ_{zul}) gelten nur für den reinen einachsigen Zug- bzw. Torsionslastfall (z. B. wie in *Kapitel 2.7.1*). Bei der Wirkung eines mehrachsigen Spannungszustandes zeigt die Praxis, dass ein Tragwerk auch dann versagen kann, wenn die Einzelspannungen jeweils für sich die Bedingung

$$\sigma_{vorhanden} \leq \sigma_{zul} \quad \text{und} \quad \tau_{vorhanden} \leq \tau_{zul}$$

erfüllen! Da man nicht für beliebige Kombinationen mehrachsiger Spannungszustände experimentelle Untersuchungen machen kann, muss eine andere Lösung zur Einschätzung des Spannungszustandes gefunden werden.

Aus dem mehrachsigen Spannungszustand wird mit Hilfe von *Spannungshypothesen* (siehe *Kapitel 2.7.3*) eine so genannte *Vergleichsspannung* σ_V berechnet, die dann mit der im Zugversuch ermittelten zulässigen Spannung σ_{zul} verglichen wird. Für den Spannungsnachweis eines mehrachsigen Spannungszustandes muss dann die folgende Bedingung erfüllt sein:

$$\sigma_V \leq \sigma_{zul} \tag{2.77}$$

Im Folgenden beschränken wir uns auf den *ebenen (zweiachsigen) Spannungszustand*, der wie folgt gekennzeichnet werden kann:

Beim ebenen Spannungszustand gibt es nur Spannungen in einer Ebene (z. B. in der (x,y)-Ebene die Spannungen σ_x, σ_y, τ_{xy}, τ_{yx} - vgl. *Bild 2.75*).

Eine kleine Auswahl typischer Bauteile, in denen näherungsweise ein ebener Spannungszustand bei entsprechender Belastungen und Geometrie entsteht, ist in *Bild 2.74* dargestellt.

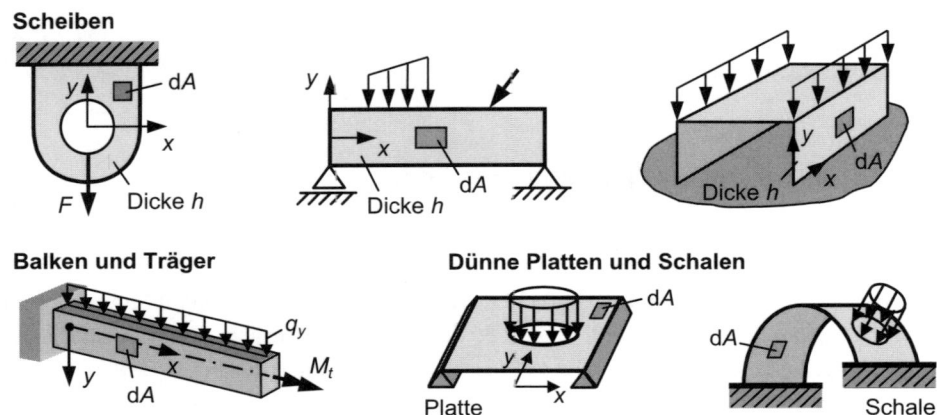

Bild 2.74 Bauteile mit näherungsweise ebenen Spannungszuständen

Wir betrachten von den Bauteilen mit einem ebenen Spannungszustand ein differentielles Flächenelement dA (siehe Flächenelemente dA in den Beispielen von *Bild 2.74*) und der Dicke h. Die an diesem Element angreifenden Schnittgrößen und Belastungen sind für den ebenen Spannungszustand im folgenden *Bild 2.75* dargestellt.

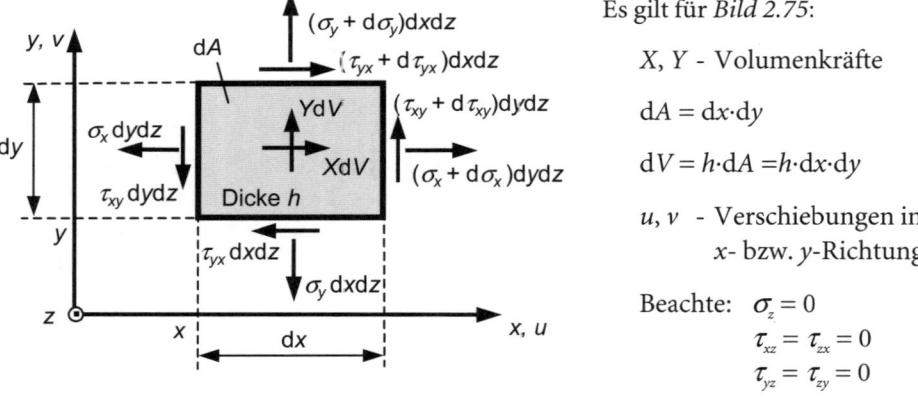

Es gilt für *Bild 2.75*:

X, Y - Volumenkräfte

$dA = dx \cdot dy$

$dV = h \cdot dA = h \cdot dx \cdot dy$

u, v - Verschiebungen in
 x- bzw. y-Richtung

Beachte: $\sigma_z = 0$
 $\tau_{xz} = \tau_{zx} = 0$
 $\tau_{yz} = \tau_{zy} = 0$

Bild 2.75 Ebener Spannungszustand

Schreiben wir an dem Element dA von *Bild 2.75* das Momentengleichgewicht um die zur z-Achse parallele Achse durch den Mittelpunkt des Elements auf, so erhalten wir auch für den ebenen Spannungszustand (bei Vernachlässigung der Größen, die von höherer Ordnung klein sind) das bereits bekannte Gesetz von der Gleichheit der zugeordneten Schubspannungen (siehe *Kapitel 2.4.1, Gleichung (2.49)*)

$\tau_{xy} = \tau_{yx}$ *Gesetz von der Gleichheit der zugeordneten Schubspannungen* (2.78)

Durch weitere Gleichgewichts- und Verformungsbetrachtungen am differentiellen Element lassen sich die Differentialgleichungen des ebenen Spannungszustandes ableiten. Aus diesen lassen sich dann unter Beachtung der Randbedingungen

$$\mathbf{u} = \begin{bmatrix} u \\ v \end{bmatrix} \qquad \sigma = \begin{bmatrix} \sigma_x \\ \sigma_y \\ \tau_{xy} \end{bmatrix} \qquad \text{und} \qquad \varepsilon = \begin{bmatrix} \varepsilon_x \\ \varepsilon_y \\ \gamma_{xy} \end{bmatrix}$$

berechnen[18].

> *Hinweis:* Für unterschiedliche Lagen des Bezugssystems (x,y) in *Bild 2.75* ergeben sich unterschiedliche Spannungen für σ_x, σ_y und τ_{xy}. Es wird aber in allen Fällen dadurch der gleiche Spannungszustand beschrieben!

Wenn unterschiedliche Lagen des Bezugssystems unterschiedliche Spannungen ergeben, dann stellt sich sofort die Frage, wie groß die Spannungen unter einem beliebigen Winkel φ sind und für welchen Winkel φ die Spannungen Maximalwerte annehmen? Diese Frage soll zunächst an einem einfachen Beispiel – dem Zugversuch mit einem einachsigen Spannungszustand (*Bild 2.76*) – geklärt werden.

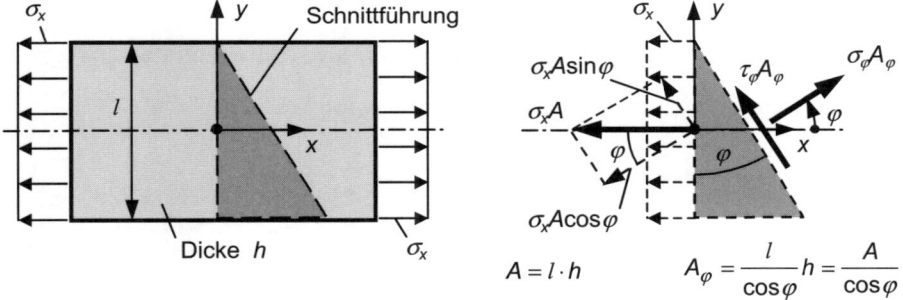

Bild 2.76 Zugstab mit herausgeschnittenem Element

Dazu schneiden wir aus einem Zugstab ein keilförmiges Element heraus und schreiben dafür die Kraftgleichgewichtsbedingungen auf. Wir erhalten:

$$\nearrow: \quad \sigma_x A \cdot \cos\varphi - \sigma_\varphi A_\varphi = 0 \quad \Rightarrow \quad \sigma_\varphi = \sigma_x \cos^2\varphi = \frac{1}{2}\sigma_x(1 + \cos 2\varphi) \tag{2.79}$$

---

[18] Die konkrete Berechnung und der damit verbundene Aufwand wird wesentlich vom dem zu untersuchenden Modell (Balken, Scheibe, Platte, Schale, usw.) bestimmt. Im Rahmen dieses Buches beschränken wir uns auf balkenförmige Bauteile, für die die Berechnung von Spannungen und Verformungen in den vorangegangenen Kapiteln vorgestellt wurde.

$$\nwarrow: \quad \sigma_x A \cdot \sin\varphi + \tau_\varphi A_\varphi = 0 \quad \Rightarrow \quad \tau_\varphi = -\sigma_x \sin\varphi \cdot \cos\varphi = -\frac{1}{2}\sigma_x \sin 2\varphi \quad (2.80)$$

Aus den *Gleichungen (2.79)* und *(2.80)* lassen sich für jede Winkellage φ die Normalspannung σ_φ und die Schubspannung τ_φ berechnen. Die Maximalwerte dieser Spannungen ergeben sich aus den Bedingungen für Extremwerte dieser Spannungen

$$\frac{d\sigma_\varphi(\varphi)}{d\varphi} = 0 \quad \text{und} \quad \frac{d\tau_\varphi(\varphi)}{d\varphi} = 0$$

Aus der ersten Bedingung für die Normalspannung folgt mit *Gleichung (2.79)*

$$\frac{d\sigma_\varphi(\varphi)}{d\varphi} = \frac{1}{2}\sigma_x(-2 \cdot \sin 2\varphi) = 0 \quad \Rightarrow \quad \varphi_1 = 0$$

$$\Rightarrow \quad \varphi_2 = \frac{\pi}{2}$$

Die beiden Lösungen in *(2.79)* eingesetzt liefern für $\varphi_1 = 0$ die maximale Normalspannung und für $\varphi_2 = \pi/2$ die minimale Normalspannung σ_φ:

$$\sigma_{\varphi,max} = \sigma_\varphi(\varphi=0) = \sigma_x \quad \text{und} \quad \sigma_{\varphi,min} = \sigma_\varphi\left(\varphi=\frac{\pi}{2}\right) = 0$$

Für diese Winkel ($\varphi_1 = 0$, $\varphi_2 = \pi/2$) wird nach *(2.80)* die Schubspannung $\tau_\varphi = 0$.

Aus der zweiten Bedingung für die Schubspannung folgt mit *Gleichung (2.80)*

$$\frac{d\tau_\varphi(\varphi)}{d\varphi} = -\frac{1}{2}\sigma_x \cdot 2 \cdot \cos 2\varphi = 0 \quad \Rightarrow \quad \varphi_{1,2} = \pm\frac{\pi}{4} = \pm 45°$$

Die beiden Lösungen in *(2.80)* eingesetzt liefern für $\varphi_1 = +\pi/4$ und für $\varphi_2 = -\pi/4$ bis auf das Vorzeichen die gleiche Schubspannung τ_φ. Es ergibt sich:

$$\tau_{\varphi,max} = \tau_\varphi\left(\varphi=-\frac{\pi}{4}\right) = +\frac{1}{2}\sigma_x \quad \text{und} \quad \tau_{\varphi,min} = \tau_\varphi\left(\varphi=+\frac{\pi}{4}\right) = -\frac{1}{2}\sigma_x$$

An diesem einfachen Beispiel können wir folgende Zusammenhänge feststellen:

- Die maximale Schubspannung tritt unter einem Winkel von 45° gegenüber der maximalen Normalspannung auf.
- Wo die Normalspannung einen Extremwert hat, ist die Schubspannung null.
- Die obigen zwei Feststellungen gelten allgemein auch für den mehrachsigen Spannungszustand (siehe nachfolgende Verallgemeinerung auf den ebenen Spannungszustand).

Verallgemeinerung auf den ebenen (zweiachsigen) Spannungszustand:

Wir betrachten für den ebenen Spannungszustand zwei keilförmige Elemente (*Bild 2.77*) mit einer um den Winkel φ (bzw. $\varphi + \pi/2$) geneigten Schnittebene und schreiben für beide Elemente wieder zwei Kraftgleichgewichtsbedingungen auf, um daraus die Spannungen in den geneigten Schnittebenen zu ermitteln.

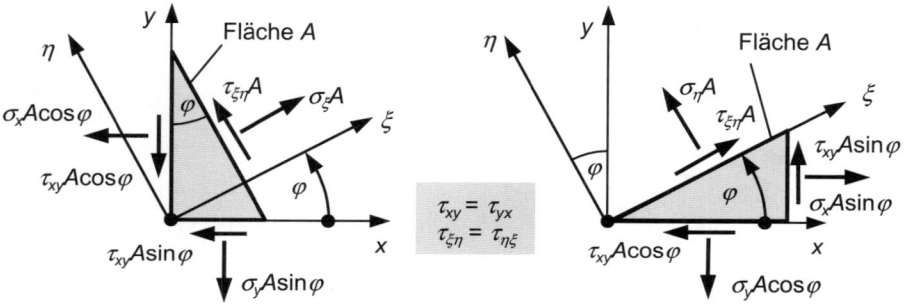

Bild 2.77 Spannungstransformation für den ebenen Spannungszustand

Es folgt (die Rechnung sollte der Leser zur Übung selbst einmal durchführen):

$$\sigma_\xi = \frac{\sigma_x + \sigma_y}{2} + \frac{\sigma_x - \sigma_y}{2}\cos 2\varphi + \tau_{xy}\sin 2\varphi \tag{2.81}$$

$$\sigma_\eta = \frac{\sigma_x + \sigma_y}{2} - \frac{\sigma_x - \sigma_y}{2}\cos 2\varphi - \tau_{xy}\sin 2\varphi \tag{2.82}$$

$$\tau_{\xi\eta} = \tau_{\eta\xi} = -\frac{\sigma_x - \sigma_y}{2}\sin 2\varphi + \tau_{xy}\cos 2\varphi \tag{2.83}$$

Auch hier wollen wir wieder die Frage stellen, für welchen Winkel φ die Spannungen Extremwerte annehmen und wie groß diese sind? Die Extremwerte für die Spannungen σ_ξ, σ_η und $\tau_{\xi\eta}$ können formal mit Hilfe ihrer ersten Ableitungen

$$\frac{d\sigma_\xi(\varphi)}{d\varphi} = 0 \qquad \frac{d\sigma_\eta(\varphi)}{d\varphi} = 0 \qquad \frac{d\tau_{\xi\eta}(\varphi)}{d\varphi} = 0$$

aus den *Gleichungen (2.81)* bis *(2.83)* berechnet werden. Wir wollen hier die Lösung des Problems vereinfachen, indem wir den nachfolgenden Hinweis ausnutzen.

Hinweis: Die Transformationsformeln *(2.81)* bis *(2.83)* für die Spannungen sowie die Extremwertbedingungen entsprechen genau denen für die Flächenmomente 2. Grades. Deshalb können die dort gewonnenen Ergebnisse analog übertragen werden (vgl. *Kapitel 1.11.4*).

Wir erhalten als Extremwerte der Spannungen die so genannten *Hauptspannungen* (*Hauptnormalspannungen*) σ_1 und σ_2 in Richtung der *Hauptspannungsachsen* „1" und „2", die gegenüber dem Ausgangssystem (*x*,*y*) um φ_{01} bzw. φ_{02} gedreht sind und die *Hauptschubspannungen* τ_1 und τ_{II} in Richtung der *Hauptschubspannungsachsen* „I" und „II" (vgl. *Gleichungen* (2.84) bis (2.89) und *Bild 2.78* sowie *Bild 2.79*).

Hauptspannungen σ_1 und σ_2:

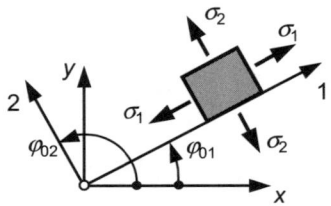

$$\sigma_1 = \sigma_{max} = \frac{\sigma_x + \sigma_y}{2} + \sqrt{\left(\frac{\sigma_x - \sigma_y}{2}\right)^2 + \tau_{xy}^2} \qquad (2.84)$$

$$\sigma_2 = \sigma_{min} = \frac{\sigma_x + \sigma_y}{2} - \sqrt{\left(\frac{\sigma_x - \sigma_y}{2}\right)^2 + \tau_{xy}^2} \qquad (2.85)$$

Bild 2.78 Hauptspannungen

$$\text{mit } \tau_{\xi\eta}(\varphi_{01}) = \tau_{\xi\eta}(\varphi_{02}) = 0$$

> *Beachte:* Da die Spannungen vorzeichenbehaftet sind, ist $\sigma_1 = \sigma_{max}$ nicht automatisch der vom Betrag maximale Spannungswert, sondern der nach der reellen Zahlenfolge größte Wert (z. B.: $\sigma_1 = \sigma_{max} = -50 \text{ N/mm}^2$, $\sigma_2 = \sigma_{min} = -90 \text{ N/mm}^2$)!

Richtungen φ_{01} und φ_{02} der Hauptspannungen:

$$\tan\varphi_{01} = \frac{\sigma_1 - \sigma_x}{\tau_{xy}} = \frac{\sigma_y - \sigma_2}{\tau_{xy}} = \frac{\tau_{xy}}{\sigma_1 - \sigma_y} = \frac{\tau_{xy}}{\sigma_x - \sigma_2} \qquad (2.86)$$

$$\varphi_{02} = \varphi_{01} + \frac{\pi}{2} \qquad (2.87)$$

Hauptschubspannungen τ_1 und τ_{II}:

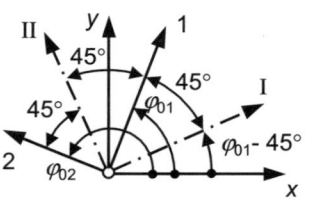

$$\tau_{I,II} = \tau_{max,min} = \tau_{\xi\eta}\left(\varphi_{01} \mp \frac{\pi}{4}\right)$$

$$\tau_I = \tau_{max} = +\sqrt{\left(\frac{\sigma_x - \sigma_y}{2}\right)^2 + \tau_{xy}^2} = +\frac{\sigma_1 - \sigma_2}{2} \qquad (2.88)$$

$$\tau_{II} = \tau_{min} = -\sqrt{\left(\frac{\sigma_x - \sigma_y}{2}\right)^2 + \tau_{xy}^2} = -\frac{\sigma_1 - \sigma_2}{2} \qquad (2.89)$$

Bild 2.79 Hauptschubachsenlage

> *Beachte:* Die Hauptschubspannungen treten in Schnitten auf, die um die Winkel $-45°$ bzw. $+45°$ gegenüber der Hauptspannungsrichtungsachse „1" gedreht sind (*Bild 2.79*) und unterscheiden sich nur im Vorzeichen.

2.7.3 Spannungshypothesen

Der mehrachsige Spannungszustand wird mit Hilfe der folgenden *Spannungshypothesen* (*Festigkeitshypothesen*) auf eine so genannte *Vergleichsspannung* σ_V zurückgeführt, die dann mit der im Zugversuch ermittelten zulässigen Spannung σ_{zul} verglichen werden kann (vgl. einführende Bemerkungen zum *Kapitel 2.7.2*).

Nachfolgend wird die Berechnung der Vergleichsspannung σ_V für drei der bekanntesten Hypothesen vorgestellt. Dabei beschränken wir uns auf den ebenen (zweiachsigen) Spannungszustand.

Hauptspannungshypothese:

Es wird angenommen, dass der Bruch des Materials eintritt, wenn die vom Betrag größte Hauptnormalspannung (deshalb wird die Hypothese mitunter auch als Normalspannungshypothese bezeichnet) die zulässige Normalspannung σ_{zul} überschreitet. Diese Annahme ist naheliegend und deshalb ist die Hauptspannungshypothese auch die älteste Hypothese von den nachfolgend noch vorgestellten Hypothesen. Mit den Hauptnormalspannungen nach den *Gleichungen (2.84)* und *(2.85)* gilt für die Vergleichsspannung nach der Hauptspannungshypothese:

$$\sigma_{V1} = \text{Maximum}\left(\left|\sigma_1\right|, \left|\sigma_2\right|\right) \leq \sigma_{zul} \tag{2.90}$$

Anwendungsbereich: Für Spröde Werkstoffe (z. B. Grauguss)

Nachteil: Für zähe Werkstoffe liefert die Hauptspannungshypothese im Allgemeinen zu kleine Werte, d. h. man liegt auf der „unsicheren" Seite!

Schubspannungshypothese:

Es wird angenommen, dass die größte Schubspannung für den Bruch verantwortlich ist. Die größte Schubspannung für einen ebenen Spannungszustand ist nach *(2.88)*

$$\tau_{max} = \sqrt{\left(\frac{\sigma_x - \sigma_y}{2}\right)^2 + \tau_{xy}^2} = \frac{\sigma_1 - \sigma_2}{2}$$

Um diese maximale Schubspannung mit einer zulässigen Normalspannung – ermittelt im Zugversuch – vergleichen zu können, ermitteln wir die maximale Schubspannung für einen Zugstab, der nur durch die Normalspannung $\sigma_x = \sigma_{V2}$ belastet ist. Den Zusammenhang zwischen σ_x und τ_{max} haben wir bereits im *Kapitel 2.7.2* am Beispiel des Zugversuchs kennen gelernt. Er folgt natürlich auch aus der allgemeinen *Gleichung (2.88)* für den ebenen Spannungszustand mit $\sigma_y = 0$ und $\tau_{xy} = 0$. Es wird:

$$\tau_{max} = \frac{\sigma_x}{2} = \frac{\sigma_{V2}}{2}$$

bzw.

$$\sigma_{V2} = 2\tau_{max}$$

Setzen wir hier die maximale Schubspannung für den ebenen Spannungszustand ein, so folgt für die Vergleichsspannung nach der Schubspannungshypothese:

$$\sigma_{V2} = \sqrt{\left(\sigma_x - \sigma_y\right)^2 + 4\tau_{xy}^2} = \sigma_1 - \sigma_2 \leq \sigma_{zul} \qquad (2.91)$$

Anwendungsbereich: - Für spröde Werkstoffe bei überwiegender Druckbelastung,
                          - in der Bodenmechanik (Sand),
                          - für sehr zähe metallische Werkstoffe mit ausgeprägtem Fließ-
                          verhalten.

Nachteil: Liefert oft zu große Werte!

Gestaltänderungshypothese (nach R. VON MISES):

Bei dieser Hypothese geht man davon aus, dass der Bruch von der Größe der Gestaltänderungsenergie abhängig ist. Ohne Herleitung[19] soll hier das Ergebnis für die Vergleichsspannung nach der Gestaltänderungshypothese angegeben werden:

$$\sigma_{V3} = \sqrt{\sigma_x^2 + \sigma_y^2 - \sigma_x\sigma_y + 3\tau_{xy}^2} \leq \sigma_{zul} \qquad (2.92)$$

Für Hauptspannungen:

$$\sigma_{V3} = \sqrt{\sigma_1^2 + \sigma_2^2 - \sigma_1 \cdot \sigma_2} \leq \sigma_{zul} \qquad (2.93)$$

Der Spezialfall mit nur einer Normalspannung (z. B. $\sigma_x = \sigma$, $\sigma_y = 0$ und $\tau_{xy} = \tau$) liefert nach *(2.92)* die Vergleichsspannung

$$\sigma_{V3} = \sqrt{\sigma^2 + 3\tau^2} \leq \sigma_{zul} \qquad (2.94)$$

Dieser einfache Spezialfall nach *Gleichung (2.94)* trifft in der Regel für Träger und Balken immer zu, wobei sich die Normalspannung σ aus der Spannungsüberlagerung

---

[19] Siehe z. B. [6]

der gleichartigen Spannungen aus Zug/Druck und zweiachsiger Biegung ergeben kann und die Schubspannung τ ebenfalls die Resultierende der gleichartigen Schubspannungen aus Querkraftschub und Torsion sein kann (vgl. *Kapitel 2.7.1*).

Anwendungsbereich: - Für zähe Werkstoffe mit ausgeprägter Fließgrenze
                         (z. B. Stahl),
                    - auch für Nichteisenmetalle,
                    - auch anwendbar bei dynamischer und wechselnder Beanspruchung,
                    - hat auch Bedeutung in der Plastizitätstheorie.

Beachte: Die Gestaltänderungshypothese hat die größte Bedeutung von allen Hypothesen erlangt. Sie liefert in der Regel die besten Ergebnisse für die gebräuchlichsten Materialien im Maschinenbau (siehe Anwendungsbereiche oben und nachfolgenden Vergleich der Spannungshypothesen).

Vergleich der Spannungshypothesen

Wir wollen für den Spezialfall

$$\sigma_x = \sigma, \ \sigma_y = 0 \ \text{und} \ \tau_{xy} = \tau,$$

der z. B. bei der Überlagerung von Biegung und Torsion in einem Träger auftritt, die Vergleichsspannungen nach den drei oben angegebenen Spannungshypothesen miteinander vergleichen. Es folgt für diesen Spezialfall:

Hauptspannungshypothese nach *(2.90)* mit *(2.84)*: $\sigma_{V1} = \dfrac{1}{2}\left(|\sigma| + \sqrt{\sigma^2 + 4\tau^2} \right)$

Schubspannungshypothese nach *(2.91)*: $\sigma_{V2} = \sqrt{\sigma^2 + 4\tau^2}$

Gestaltänderungshypothese nach *(2.94)*: $\sigma_{V3} = \sqrt{\sigma^2 + 3\tau^2}$

Allgemein gilt in diesem Spezialfall für $\tau \neq 0$: $\sigma_{V1} \leq \sigma_{V3} \leq \sigma_{V2}$

und natürlich für $\tau = 0$: $\sigma_{V1} = \sigma_{V2} = \sigma_{V3}$

Feststellung: Die Vergleichsspannung σ_{V3} nach der Gestaltänderungshypothese liegt zwischen den beiden anderen Hypothesen. Sie stimmt für die meisten Werkstoffe am besten mit den praktischen Erfahrungen überein.

$\Rightarrow$ Die Gestaltänderungshypothese ist die am häufigsten benutzte Hypothese!

Beispiel 2.20 Getriebewelle mit einem schrägverzahnten Zahnrad

Gegeben: $a = 80$ mm, $b = 120$ mm, $r = 40$ mm

$M_0 = 120$ N m, $\sigma_{zul} = 120$ N/mm^2

Verzahnungsgeometrie:

$F_a = F_u \tan\beta$, $F_r = (F_u \tan\alpha)/\cos\beta$

$\alpha = 20°$, $\beta = 10°$

Annahme:

Die Querkraftschubspannungen seien vernachlässigbar klein!

Gesucht: Durchmesser d der Welle nach der Gestaltänderungshypothese

Zunächst müssen die fünf Lagerreaktionen und die noch unbekannte Umfangskraft F_u am Zahnrad aus sechs Gleichgewichtsbedingungen für dieses allgemeine räumliche Kraftsystem berechnet werden. Damit lassen sich dann die Schnittgrößenverläufe berechnen, die in *Bild 2.80* bereits grafisch dargestellt sind. Für den interessierten Leser, der die Berechnung nachvollziehen möchte, werden die Ergebnisse für die Lagerreaktionen und die Umfangskraft F_u nachfolgend angegeben:

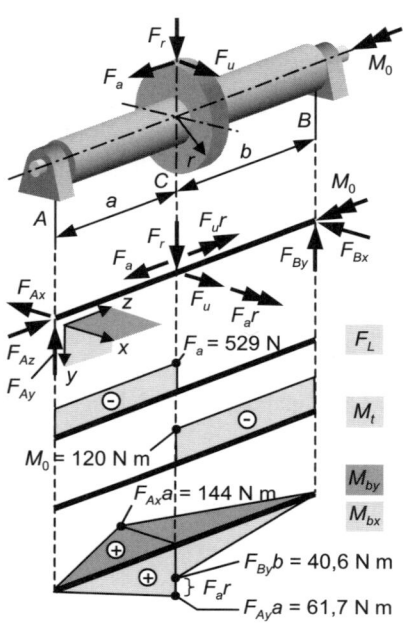

Bild 2.80 Getriebewelle mit Zahnrad

$$F_u = \frac{M_0}{r} = 3000 \text{ N} \qquad\qquad F_{Az} = F_a = 529 \text{ N}$$

$$F_{Ax} = \frac{b}{a+b} F_u = 1800 \text{ N} \qquad F_{Ay} = \frac{bF_r + rF_a}{a+b} = 771 \text{ N}$$

$$F_{Bx} = \frac{a}{a+b} F_u = 1200 \text{ N} \qquad F_{By} = \frac{aF_r - rF_a}{a+b} = 338 \text{ N}$$

Aus dem Schnittgrößenverlauf in *Bild 2.80* können wir zwei gefährdete Querschnitte in der Getriebewelle erkennen:

- rechts von C (Maximum für M_{by}, M_t und großes M_{bx}) und
- links von C (Maximum für F_L, M_{bx}, M_{by}).

Beachte: Da es zwei gefährdete Querschnitte gibt, müssen wir zunächst für beide Querschnitte eine Dimensionierung durchführen. Mit den Ergebnissen kann dann entschieden werden, welcher Durchmesser d gewählt werden muss, damit in keinem der beiden Querschnitten die Vergleichsspannung die zulässige Spannung σ_{zul} überschreitet.

Dimensionierung für den Querschnitt rechts von C:

Mit den Schnittgrößen unmittelbar rechts von *C* (vgl. *Bild 2.80*) und dem resultierenden Biegemoment nach *Gleichung (2.46)*

$$\left.\begin{array}{l} M_t = -120\,\text{N\,m} \\ M_{bx} = 40{,}6\,\text{N\,m} \\ M_{by} = 144\,\text{N\,m} \end{array}\right\} \quad M_{bres} = \sqrt{M_{bx}^2 + M_{by}^2} = 149{,}6\,\text{N\,m}$$

ergebenden sich die maximalen Spannungen, die in zwei Punkten auf dem Umfang des Querschnitts auftreten aus den *Gleichungen (2.47)* bzw. *(2.65)* und *(2.66)* zu:

$$\sigma_{max} = \frac{M_{bres}}{W_b} \qquad \text{mit} \qquad W_b = \frac{\pi d^3}{32} \qquad (1)$$

$$\tau_{max} = \frac{|M_t|}{W_t} \qquad \text{mit} \qquad W_t = \frac{\pi d^3}{16} = 2W_b \qquad (2)$$

Die Bedingung, dass die Vergleichsspannung nach der Gestaltänderungshypothese *(2.94)* kleiner als die zulässige Spannung σ_{zul} sein soll, führt auf eine Berechnungsgleichung für den gesuchten Durchmesser *d*. Mit *(1)* und *(2)* ergibt sich:

$$\sigma_{V3} = \sqrt{\sigma_{max}^2 + 3\tau_{max}^2} \le \sigma_{zul}$$

$$\sigma_{V3} = \frac{1}{W_b}\sqrt{M_{bres}^2 + \frac{3}{4}M_t^2} \le \sigma_{zul}$$

$$\sigma_{V3} = \frac{M_{V3}}{W_b} \le \sigma_{zul} \qquad \text{mit} \qquad M_{V3} = \sqrt{M_{bres}^2 + \frac{3}{4}M_t^2} \qquad (2.95)$$

> **Hinweis:** Das Zwischenergebnis in Form von *Gleichung (2.95)* ist eine nützliche allgemeine Formel für die Berechnung von Wellen nach der Gestaltänderungshypothese unter Biege- und Torsionsbelastung.

Die *Gleichung (2.95)* können wir nun nach dem Widerstandsmoment, welches wir bei Dimensionierungsproblemen als erforderliches Widerstandsmoment bezeichnen, auflösen. Mit W_b nach *(1)* folgt:

$$W_{berf} = \frac{\pi}{32}d_{erf}^3 \ge \frac{M_{V3}}{\sigma_{zul}}$$

Die Auflösung nach d_{erf} liefert:

$$\underline{d_{erf} \ge \sqrt[3]{\frac{32 M_{V3}}{\pi \sigma_{zul}}} = 24{,}9\,\text{mm}}$$

Dimensionierung für den Querschnitt links von C:

Mit den Schnittgrößen unmittelbar links von C (vgl. *Bild 2.80*) und dem resultierenden Biegemoment nach *Gleichung (2.46)*

$$F_L = -529 \,\text{N}$$

$$\left.\begin{array}{l} M_{bx} = 61{,}7 \,\text{N m} \\ M_{by} = 144 \,\text{N m} \end{array}\right\} \quad M_{bres} = \sqrt{M_{bx}^2 + M_{by}^2} = 156{,}7 \,\text{N m}$$

erhalten wir eine maximalen Normalspannung aus der Überlagerung der Zug/Druck- und der Biegespannung nach *(2.76)* mit *(2.19)* und *(2.47)* zu:

$$\sigma_{max} = \frac{|F_L|}{A} + \frac{M_{bres}}{W_b} \qquad \text{mit} \qquad A = \frac{\pi d^2}{4} \qquad \text{und} \qquad W_b = \frac{\pi d^3}{32} \qquad (3)$$

Schubspannungen treten an dieser Stelle nicht auf, da das Torsionsmoment M_t null ist.

Die Bedingung, dass die Vergleichsspannung nach der Gestaltänderungshypothese *(2.94)* kleiner als die zulässige Spannung σ_{zul} sein soll, führt wegen der hier fehlenden Schubspannung auf die einfache Bedingung

$$\sigma_{V3} = \sqrt{\sigma_{max}^2 + 3\tau_{max}^2} = \sigma_{max} = \frac{|F_L|}{A_{erf}} + \frac{M_{bres}}{W_{berf}} \le \sigma_{zul}$$

Mit A und W_b aus *(3)* ergibt sich eine kubische Gleichung für den Durchmesser d_{erf}:

$$\frac{4|F_L|}{\pi d_{erf}^2} + \frac{32 M_{bres}}{\pi d_{erf}^3} \le \sigma_{zul} \qquad \Rightarrow \qquad d_{erf}^3 - \frac{4|F_L|}{\pi \sigma_{zul}} d_{erf} - \frac{32 M_{bres}}{\pi \sigma_{zul}} \ge 0 \qquad (4)$$

Aus der *Gleichung (4)* erhält man die reelle Lösung[20]

$$d_{erf} \ge 23{,}77 \,\text{mm}$$

Schlussfolgerung: Da d_{erf} rechts von C größer ist als links von C, muss die Getriebewelle nach dem größeren Durchmesser $d_{erf} \ge 24{,}9$ mm dimensioniert werden.

Den Durchmesser, mit dem man die Getriebewelle tatsächlich fertigt, wird man in der Praxis nach bestimmten Gesichtspunkten (Vorzugsdurchmesser, einzuhaltende Normen, verfügbare Materialabmessungen, Sicherheiten usw.) etwas größer wählen, z. B.

$$d_{gew} = 25 \,\text{mm} \,.$$

---

[20] Die Lösung einer kubischen Gleichung kann nach der Cardanischen Lösungsformel (siehe [2]) oder näherungsweise erfolgen.

Hinweis: Will man die etwas aufwendigere Lösung der kubischen *Gleichung (3)* für d_{erf} vermeiden, so kann man auch einen Spannungsnachweis nach der Gestaltänderungshypothese mit einem angenommenen Durchmesser führen. Wählt man zweckmäßig den rechts von *C* ermittelten erforderlichen Durchmesser $d_{gew} = d_{erf} = 24,9$ mm, so liefert der Spannungsnachweis für die Stelle links von C:

$$\sigma_{V3,vorh} = \sigma_{max,vorh} = \frac{|F_L|}{A_{gew}} + \frac{M_{bres}}{W_{b,gew}} = \frac{|F_L|}{\dfrac{\pi d_{gew}^2}{4}} + \frac{M_{bres}}{\dfrac{\pi d_{gew}^3}{32}} \le \sigma_{zul} = 120 \frac{N}{mm^2}$$

$$\sigma_{V3,vorh} = \frac{529\,N}{\dfrac{\pi \cdot 24,9^2\ mm^2}{4}} + \frac{156,7 \cdot 10^3\ Nmm}{\dfrac{\pi \cdot 24,9^3\ mm^3}{32}}$$

$$\sigma_{V3,vorh} = (1,09 + 102,91)\frac{N}{mm^2} = 104,0\frac{N}{mm^2} \le \sigma_{zul} = 120\frac{N}{mm^2} \qquad (5)$$

Das Ergebnis *(5)* des Spannungsnachweises besagt, dass die Welle links von *C* immer kleinere Spannungswerte nach der Gestaltänderungshypothese haben wird als rechts von *C*. Die Stelle rechts von *C* ist somit für die Dimensionierung maßgeblich, wie wir es mit der exakten Berechnung oben bereits festgestellt hatten.

Hinweis: Der Anteil der Längskraft (in *(5)* der erste Summand in der Klammer) ist in diesem Beispiel sehr klein. Diese Feststellung kann dahingehend verallgemeinert werden, dass die Spannungen aus der Längskraft in vielen Fällen vernachlässigt werden können. Der hier nicht berücksichtigte Einfluss der Querkraftschubspannungen ist ebenfalls klein. Die Vernachlässigung dieser beiden Anteile wird durch das Wählen von $d_{gew} > d_{erf}$ in der Regel „abgefangen".

2.8 Stabilität

2.8.1 Einführung

Ein auf Druck belasteter gerader Stab *Bild 2.81* kann seine Funktion (Gleichgewicht mit gerader Stabachse) verlieren, auch wenn die im Stab vorhandene Druckspannung σ_d noch wesentlich kleiner als die zulässige Druckspannung ist, d. h. wenn gilt

$$\sigma_d < \sigma_{d\ zul}$$

Der Stab verliert seine Funktion, indem er bei einer bestimmten **kritischen Kraft** $F = F_K$ plötzlich **instabil** wird und eine neue Gleichgewichtslage mit gekrümmter Stabachse annimmt. Wir bezeichnen diesen Vorgang als das *Knicken* eines Stabes oder kurz als *Stabknickung*.

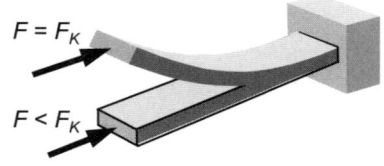

Bild 2.81 Stabknickung

Solche Instabilitäten treten auch bei anderen Tragwerken unter Druckbelastungen auf und sind sehr gefährlich! Einige Beispiele für weitere typische Instabilitäten mit den dabei auftretenden plötzlichen Verformungen sind im *Bild 2.82* zusammengestellt.

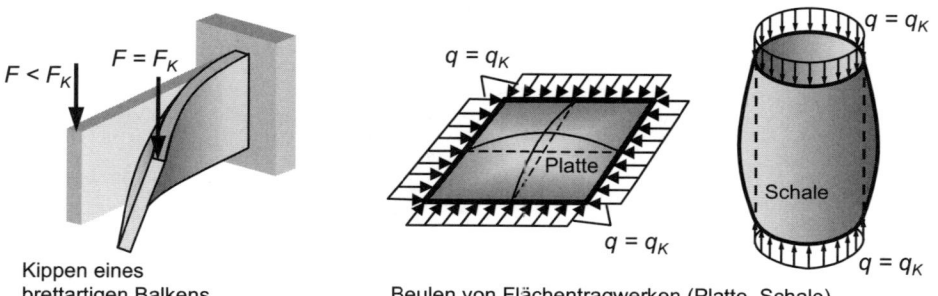

Kippen eines brettartigen Balkens

Beulen von Flächentragwerken (Platte, Schale)

Bild 2.82 Kippen und Beulen

Die beim Stabilitätsverlust eintretenden Verformungen können auch wesentlich komplexere Formen haben, wie z. B. in *Bild 2.83* dargestellt.

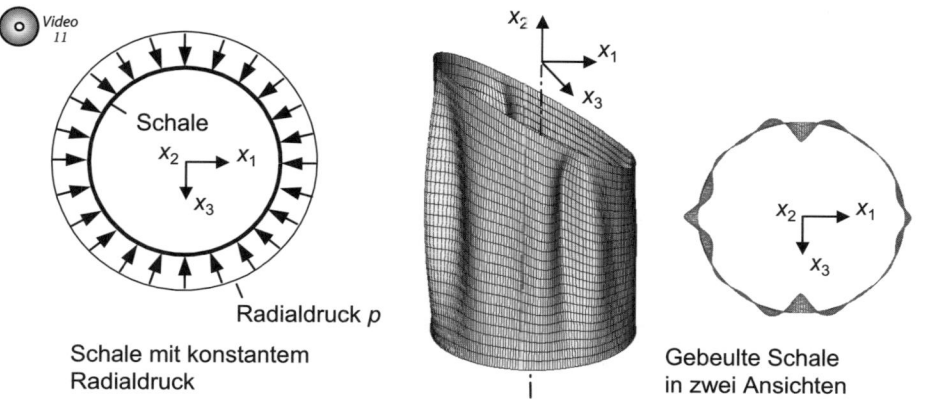

Schale mit konstantem Radialdruck

Gebeulte Schale in zwei Ansichten

Bild 2.83 Beulen einer schräg abgeschnittenen Schale (konstanter radialer Druck *p* von Außen)

Die Stabilität komplexer Bauwerke, z. B. von Brücken, Kränen, Dachkonstruktionen usw. aus Fachwerkstäben, ist durch eine ausreichende Sicherheit gegen Knicken der auf Druck belasteten Stäbe zu gewährleisten. Das Versagen (Knicken) eines Druckstabes (vgl. *Bild 2.84*) kann zum Versagen der gesamten Konstruktion führen.

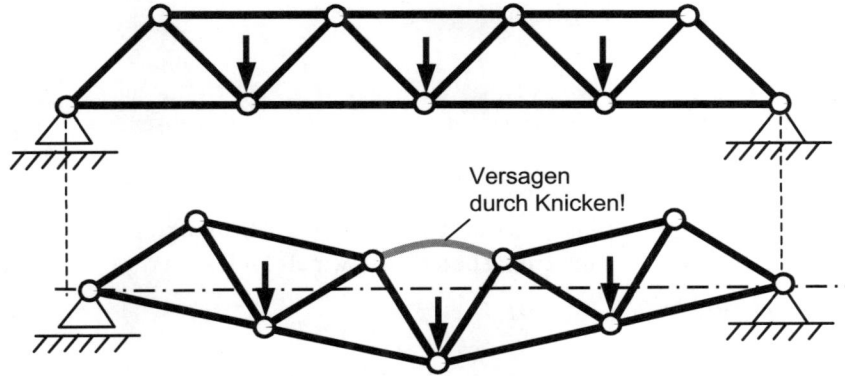

Bild 2.84 Versagen einer komplexen Struktur (Fachwerkbrücke) durch Knicken eines Stabes

Das Nichtbeachten von Stabilitätsproblemen hat schon zu großen Katastrophen geführt! So stürzte die Québec-Brücke in Kanada (längste Auslegerbrücke der Welt mit einer Spannweite von 549 m) in der Bauphase gleich zweimal (1907 und 1916) ein. Sie konnte dadurch erst 1917 dem Verkehr übergeben werden.

Die große Bedeutung der Stabilität wird dadurch unterstrichen, dass der Nachweis der Stabilität für viele Bereiche der Technik durch Normen und Vorschriften verbindlich geregelt ist!

2.8.2 Ein einfaches Stabilitätsproblem

Wir betrachten einen auf Druck belasteten Stab, der an seinem Fußpunkt gelenkig gelagert ist und durch eine Spiralfeder im Gleichgewicht gehalten wird (*Bild 2.85*, links). Wir wollen untersuchen, bei welcher Belastung $F = F_K$ (richtungstreue Kraft F vorausgesetzt) die Gleichgewichtslage mit vertikaler Stabachse in eine um den Winkel φ ausgelenkte Stabachse übergeht (*Bild 2.85*, rechts). Für derartige Untersuchungen ist das Aufschreiben der Gleichgewichtsbedingungen am ausgelenkten System erforder-

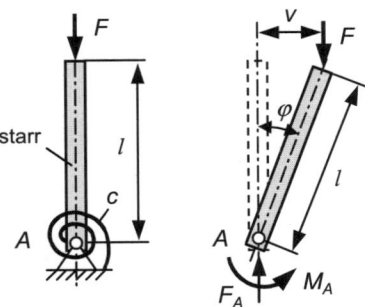

Bild 2.85 Ein einfaches Stabilitätsproblem

lich, wobei die Auslenkungen noch als klein angenommen werden dürfen (Theorie 2. Ordnung).

Aus der Momentengleichgewichtsbedingung

$$\curvearrowright A : \quad F \cdot v - M_A = 0 \qquad \text{mit} \quad M_A = c \cdot \varphi \quad \text{und} \quad v = l \cdot \sin \varphi$$

folgt die Bedingung für das Gleichgewicht mit ausgelenkter Stabachse:

$$F \cdot l \cdot \sin \varphi - c \cdot \varphi = 0 \tag{2.96}$$

Wir wollen nur kleine Winkel φ betrachten (Theorie 2. Ordnung), d. h. wir dürfen $\sin \varphi \approx \varphi$ setzen (diese Vereinfachung bezeichnen wir als Linearisierung). Es folgt:

$$F \cdot l \cdot \varphi - c \cdot \varphi = 0 \qquad \text{bzw.} \qquad (F \cdot l - c) \cdot \varphi = 0 \tag{2.97}$$

Gleichung (2.97) ist eine so genannte *Eigenwertgleichung* (homogene Gleichung für die Auslenkung φ), die folgende Lösungen hat:

   a) triviale Lösung für $\varphi = 0$ (also mit senkrechter Stabachse) und
   b) nichttriviale Lösung für $(F \cdot l - c) = 0$.

Aus der nichttrivialen Lösung b) folgt die so genannte *kritische Kraft*

$$F_K = \frac{c}{l}$$

bei der das System plötzlich eine Gleichgewichtslage mit ausgelenkter Stabachse annimmt, wobei die Größe der Auslenkung wegen der Linearisierung $\sin \varphi \approx \varphi$ unbestimmt bleibt.

Hinweis: Will man wissen, welche Auslenkung das System für Kräfte $F > F_K$ besitzt, so muss die nicht linearisierte *Gleichung (2.96)* ausgewertet werden.

Aus der grafischen Darstellung von *Gleichung (2.96)* in der Form

$$\frac{F \cdot l}{c} = \frac{\varphi}{\sin(\varphi)}$$

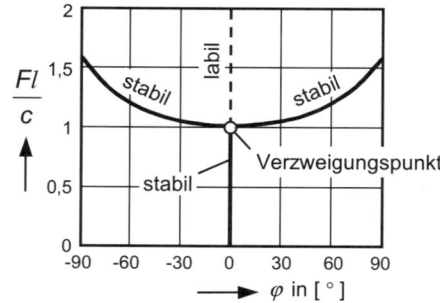

Bild 2.86 Gleichgewichtslagen

folgen anschaulich für beliebige Winkel φ die möglichen Gleichgewichtslagen dieses Systems (vgl. *Bild 2.86*). Für $F < F_K$ (bzw. $Fl/c < 1$) liegt immer *stabiles Gleichgewicht* vor. Vom so genannten *Verzweigungspunkt* (kritischer Punkt, $F = F_K$ bzw. $Fl/c = 1$)

an kann das Gleichgewicht *labil* sein, wenn $\varphi = 0$ ist oder *stabil* mit einer Auslenkung nach rechts oder links, wobei schon kleine Lasterhöhungen große Ausschläge hervorrufen, wie man aus *Bild 2.86* ablesen kann. Die labile Gleichgewichtslage mit $\varphi = 0$ (gestrichelte Kurve in *Bild 2.86*) ist praktisch nicht von Bedeutung, da immer kleine Störungen vorhanden sind, so dass das System im Verzweigungspunkt bei einer weiteren Laststeigerung in eine stabile Gleichgewichtslagen mit ausgelenkter Stabachse (ausgezogenen Zweige in *Bild 2.86*) übergehen wird.

2.8.3   EULER-Fälle

Typische Stabilitätsprobleme stellen auf Druck belastete Stäbe dar. Wir wollen zunächst einen beidseitig gelenkig gelagerten Stab mit einer richtungstreuen Druckkraft F betrachten (*Bild 2.87*) und die kritische Kraft ermitteln, bei der der Stab instabil wird (ausknickt).

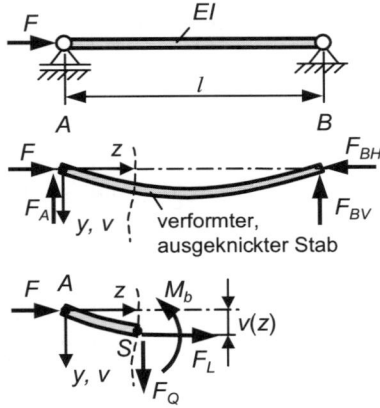

Beachte: Bei allen Stabilitätsuntersuchungen müssen die Gleichgewichtsbetrachtungen am verformten System aufgeschrieben werden. Soll nur die kritische Belastung ermittelt werden, so darf linearisiert werden (Theorie 2. Ordnung, siehe auch *Kapitel 2.8.2*).

Bild 2.87 Knickstab (2. EULER-Fall), Gleichgewicht am verformten System

Das Gleichgewicht am verformten Gesamtsystem liefert zunächst die Lagerreaktionen:

$$F_{BH} = F \qquad \text{und} \qquad F_A = F_{BV} = 0$$

Das Gleichgewicht am freigeschnittenen verformten Teilsystem liefert das Biegemoment

$$M_b(z) = F \cdot v(z)$$

Unter der Voraussetzung kleiner Verformungen in der (y,z)-Ebene folgt nach der Differentialgleichung 2. Ordnung *(2.37)* mit diesem Biegemoment

$$EI \cdot v''(z) = -M_b(z) = -F \cdot v(z)$$

$$v''(z) + \frac{F}{EI} \cdot v(z) = 0 \qquad\qquad (2.98)$$

In *Gleichung (2.98)* führen wir die Abkürzung

$$\kappa^2 = \frac{F}{EI} \tag{2.99}$$

ein und erhalten damit:

$$v''(z)+\kappa^2 v(z)=0 \tag{2.100}$$

Diese homogene Differentialgleichung hat die Lösung[21]

$$v(z)=c_1 \cos(\kappa \cdot z)+c_2 \sin(\kappa \cdot z) \tag{2.101}$$

Von der Richtigkeit dieser Lösung überzeugt man sich am schnellsten durch Einsetzen in die Differentialgleichung *(2.100)*. Die Integrationskonstanten folgen aus den Randbedingungen:

1. $v(0) = 0 \quad \Rightarrow \quad c_1 = 0$
2. $v(l) = 0 \quad \Rightarrow \quad c_2 \sin(\kappa \cdot l) = 0$

Die 2. Randbedingung liefert zum einen die triviale Lösung $c_2 = 0$, die hier nicht interessiert, da daraus mit $c_1 = 0$ die Gesamtlösung $v(z) = 0$ (gerade Balkenachse) gehört. Die 2. Randbedingung wird aber auch für $c_2 \neq 0$ (d. h. für eine gekrümmte Stabachse) für

$$\sin(\kappa \cdot l) = 0 \tag{2.102}$$

erfüllt. Die *Gleichung (2.102)* ist die so genannte *Eigenwertgleichung* dieses Stabilitätsproblems mit den *Eigenwerten* ($\kappa \cdot l$):

$$\kappa \cdot l = 0, \pi, 2\pi, 3\pi, \ldots \tag{2.103}$$

Mit der Abkürzung *(2.99)* erkennen wir, dass die Lösung ($\kappa \cdot l$) = 0 gleichbedeutend mit $F = 0$ ist und somit auch ausscheidet. Die kleinste von null verschiedene Lösung ($\kappa \cdot l$) = π von *(2.103)* liefert die kleinste kritische Kraft F_K, bei der es eine Gleichgewichtslage mit gekrümmter Stabachse gibt. Diese **kritische Kraft** wird mit *(2.99)*

$$F_K = \frac{\pi^2 EI}{l^2} \tag{2.104}$$

Der Stab wird beim Erreichen dieser Druckkraft plötzlich ausknicken, wobei die Biegelinie nach Gleichung *(2.101)* mit $c_1 = 0$ und $\kappa = \pi/l$ die Form einer sin-Funktion annimmt (vgl. *Bild 2.87*). Die Größe der maximalen Auslenkung, die durch die

---

[21] Zur Lösung dieser Differentialgleichung siehe *Kapitel 3.5.3* (Lösung für $D = 0$)

Integrationskonstante c_2 bestimmt wird, bleibt unbestimmt. Wir erhalten für die Biegelinie des ausgeknickten Stabes

$$v(z) = c_2 \sin\frac{\pi}{l} z$$

Verallgemeinerung

 Video 12

Der oben vorgestellte Lösungsweg kann analog für andere Lagervarianten angewandt werden. Für drei weitere, in der Praxis häufig anzutreffende Lagerungen von Knickstäben lassen sich die Ergebnisse für die dazugehörenden kritischen Kräfte einheitlich darstellen. Diese insgesamt vier Lagerungsarten werden auch *EULER-Fälle*[22] genannt. Für die kritische Kraft dieser vier EULER-Fälle gilt mit EI = konst. als Biegesteifigkeit bezüglich der Biegeachse beim Knicken:

$$F_K = \frac{\pi^2 EI}{l_K^2} \qquad \text{mit} \qquad l_K = \textit{Knicklänge nach Bild 2.88} \tag{2.105}$$

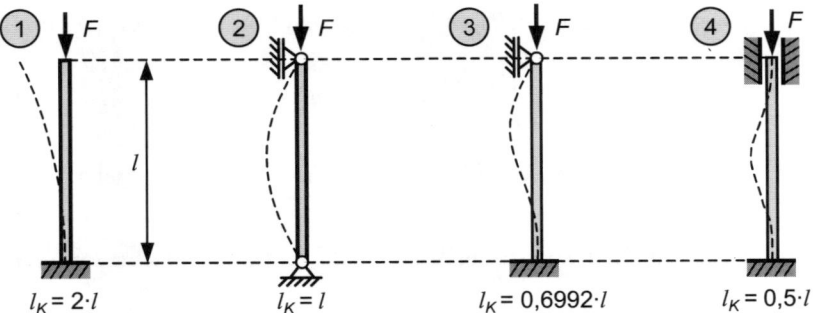

Bild 2.88 Knicklängen l_K für die vier EULER-Fälle mit Biegelinie für die kritische Kraft

Knickspannung

Kurz bevor ein Stab ausknickt, ist die Stabachse noch gerade. Es herrscht daher im Moment des Ausknickens eine reine Druckbeanspruchung im Stab und für die kritische Druckspannung gilt:

$$\sigma_K = \frac{|F_L|}{A} = \frac{F_K}{A} = \frac{\pi^2 EI}{l_K^2 \cdot A} \tag{2.106}$$

---

[22] EULER-Fälle: Nach LEONHARD EULER (1707 – 1783), schweizerischer Mathematiker

Bei der Berechnung der kritischen Kraft F_K nach EULER haben wir elastisches Materialverhalten vorausgesetzt (Anwendung der Differentialgleichung 2. Ordnung). Das bedeutet:

Die EULER-Formeln gelten nur für elastisches Knicken! Die Bedingung dafür ist:

$$\sigma_K = \frac{\pi^2 EI}{l_K^2 \cdot A} \le |\sigma_P| \tag{2.107}$$

mit σ_P = Proportionalitätsgrenze im Druckbereich.

Diese Bedingung *(2.107)* für elastisches Knicken wird auch oft wie folgt umgeformt:

$$\frac{\pi^2 EI}{l_K^2 \cdot A} \le |\sigma_P| \qquad \Rightarrow \quad l_K^2 \ge \frac{\pi^2 EI}{|\sigma_P| \cdot A} \qquad \Rightarrow \quad l_K \sqrt{\frac{A}{I}} \ge \pi \sqrt{\frac{E}{|\sigma_P|}}$$

Mit den Abkürzungen

$$\lambda = l_K \sqrt{\frac{A}{I}} = \frac{l_K}{i} \qquad \textit{Schlankheitsgrad} \text{ (reine geometrische Größe)} \tag{2.108}$$

$$\text{mit } i = \sqrt{\frac{I}{A}} \qquad \textit{Trägheitsradius} \tag{2.109}$$

$$\lambda_P = \pi \sqrt{\frac{E}{|\sigma_P|}} \qquad \textit{Grenzschlankheitsgrad} \text{ (reiner Materialparameter)} \tag{2.110}$$

nimmt die Bedingung für das elastische Knicken die folgende einfache Form an:

$$\lambda \ge \lambda_P \tag{2.111}$$

Hinweis: Der Vorteil der *Gleichung* (2.111) liegt darin, dass mit der geometrischen Größe des Schlankheitsgrades λ sofort entschieden werden kann, ob elastisches Knicken eintritt oder nicht, da die Grenzschlankheitsgrade λ_p für die gebräuchlichen Materialien in Tabellen verfügbar sind.

Falls die Bedingung für elastisches Knicken nicht erfüllt ist, muss geprüft werden, ob eventuell ein Knicken im plastischen Bereich auftritt. Dafür gelten die so genannten TETMAJER[23]-Formeln, die hier aber nicht behandelt werden sollen.[24]

---

[23] LUDWIG VON TETMAJER (1850 – 1905), österreichischer Techniker und Pionier des Materialprüfungswesens
[24] Zum Knicken im plastischen Bereich siehe z. B. [6]

Beispiel 2.21 Gelenkig gelagerter Druckstab

Video 13

Ein Stab wird über einen Hebel auf Druck beansprucht. Gesucht wird die kritische Last $F = F_{krit}$, bei der der vertikale Stab knickt. Die gelenkige Lagerung des Stabes sei so konstruiert, dass sie für jede Biegeachse gilt.

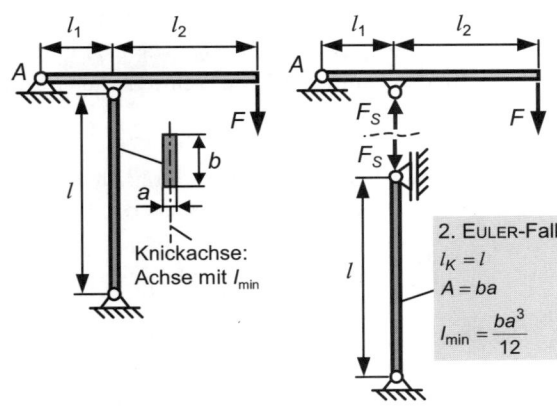

Gegeben: $l = 400$ mm
$l_1 = 115$ mm
$l_2 = 230$ mm
$a = 1{,}48$ mm
$b = 17{,}85$ mm
$E = 2 \cdot 10^5$ N/mm^2
$\lambda_p = 92$

Bild 2.89 Gelenkig gelagerter Druckstab

Aus dem Momentengleichgewicht um den Punkt A des freigeschnittenen Hebels (*Bild 2.89*) folgt zunächst der Zusammenhang zwischen der äußeren Kraft F und der Druckkraft F_s des Stabes zu:

$$\overset{\curvearrowleft}{A} : \quad F(l_1 + l_2) - F_S l_1 = 0 \quad \Rightarrow \quad F = \frac{l_1}{l_1 + l_2} F_S \qquad (1)$$

Bei gelenkiger Lagerung für jede Biegeachse wird das Ausknicken des Stabes zuerst um die Achse mit dem kleinsten Flächenmoment 2. Grades I_{min} (Knickachse und I_{min} siehe *Bild 2.89*) erfolgen. Zuerst prüfen wir, ob elastisches Knicken eintreten wird, denn nur dann darf die EULER-Formel angewandt werden. Mit der Knicklänge $l_K = l$ (2. EULER-Fall) wird der vorhandene Schlankheitsgrad nach *(2.108)*

$$\lambda_{vorh} = l_K \sqrt{\frac{A}{I_{min}}} = l \sqrt{\frac{12ba}{ba^3}} = 936{,}2 > \lambda_p = 92 \qquad (2)$$

Das Ergebnis von *Gleichung (2)* zeigt, dass Knicken im elastischen Bereich eintreten wird und wir deshalb die EULER-Formel *(2.105)* anwenden dürfen. Aus dieser folgt die kritische Druckbelastung des Stabes

$$F_{S\,krit} = \frac{\pi^2 E I_{min}}{l_k^2} = \frac{\pi^2 E \cdot ba^3}{12 \cdot l^2} = \frac{\pi^2 \cdot 2 \cdot 10^5 \cdot 17{,}85 \cdot 1{,}48^3}{12 \cdot 400^2} \, \text{N} = 59{,}5 \, \text{N} \qquad (3)$$

Aus *(1)* folgt mit $F_s = F_{S\,krit}$ nach *(3)* die gesuchte kritische Belastung zu:

$$\underline{\underline{F_{krit}}} = \frac{l_1}{l_1 + l_2} F_{S\,krit} = \frac{115}{115 + 230} \cdot 59{,}5 \, \text{N} = \underline{\underline{19{,}8 \, \text{N}}}$$

Beispiel 2.22 Dimensionierung von Fachwerkstäben bezüglich der Stabilität

Das Fachwerk in *Beispiel 1.13, Seite 54*, das aus einheitlichen Stäben mit T-Querschnitt (DIN EN 10055, vgl. *Tabelle 2.6, Seite 151*) bestehen soll, ist so zu dimensionieren, dass keine Knickgefahr besteht. Die Fachwerkknoten seien ideale räumliche Gelenke.

Gegeben: $F = 50$ kN, $a = 2$ m, $\alpha = 30\,°$, $E = 2{,}1 \cdot 10^5$ N/mm^2, $\sigma_p = 240$ N/mm^2

Die Stabkräfte liegen für dieses Fachwerk in der *Tabelle 1.1, Seite 56* bereits vor. Die knick-gefährdeten Druckstäbe sind die Stäbe 1, 4, 5, 8, 9 und 12. Für alle Druckstäbe gilt hier:

Stablänge: $l_S = a/\cos\alpha$
Knicklänge: $l_k = l_s = a/\cos\alpha$ (2. EULER-Fall für das Knicken in jeder Richtung)

Die Druckstäbe werden bei einer Belastung $F_{Si} > F_K$ zuerst um die Achse ihres kleinsten Flächenmomentes 2. Grades ausknicken, wobei natürlich der Stab mit der größten Druck-belastung zuerst ausknickt. Das ist der Stab 1 mit der Stabkraft (vgl. *Tabelle 1.1*)

$$F_{S1} = -\frac{7F}{4\sin\alpha}$$

Um ein Ausknicken dieses Stabes zu vermeiden, muss nach *Gleichung (2.105)* gelten (wir setzen dabei stillschweigend zunächst elastischen Knicken voraus, was wir aber erst nach Festlegung des Querschnitts prüfen können):

$$|F_{S1}| = \frac{7F}{4\sin\alpha} \le F_K = \frac{\pi^2 EI}{l_K^2} = \frac{\pi^2 EI_{min}}{l_S^2} = \frac{\pi^2 EI_{min}\cos^2\alpha}{a^2}$$

Diese Ungleichung lösen wir nach der Querschnittsgröße I_{min} auf und erhalten

$$I_{min} \ge \frac{7Fa^2}{4\pi^2 E\sin\alpha\cdot\cos^2\alpha} = \frac{7\cdot 50\cdot 10^3\,\text{N}\cdot 4\cdot 10^6\,\text{mm}^2}{4\pi^2\,2{,}1\cdot 10^5\,\text{Nmm}^{-2}\sin 30°\cos^2 30°} = 45{,}0\cdot 10^4\,\text{mm}^4$$

Der gesuchte T-Querschnitt muss diese Bedingung erfüllen. Aus *Tabelle 2.6, Seite 151* folgt, dass der Querschnitt T90 (grau unterlegt) mit $I_{min} = I_y = 58{,}5$ cm^4 = $58{,}5\cdot 10^4$ mm^4 und der Querschnittsfläche $A = 17{,}1$ cm^2 diese Bedingung erfüllt. Es muss jedoch für diesen Quer-schnitt auch die Bedingung für elastisches Knicken *(2.111)* erfüllt sein, denn nur dann war unsere Rechnung zulässig. Es folgt mit dem vorhandenen Schlankheitsgrad λ nach *(2.108)* und dem Grenzschlankheitsgrad λ_p nach *(2.110)* aus der Bedingung *(2.111)* $\lambda \ge \lambda_p$:

$$\lambda = \frac{a}{\cos\alpha}\sqrt{\frac{A}{I_{min}}} = \frac{2\cdot 10^3\,\text{mm}}{\cos 30°}\sqrt{\frac{17{,}1\cdot 10^2\,\text{mm}^2}{58{,}5\cdot 10^4\,\text{mm}^4}} = 124{,}9 \ge \lambda_p = \pi\sqrt{\frac{E}{|\sigma_P|}} = 92{,}9$$

Die Bedingung für elastisches Knicken ist erfüllt, d. h. die obige Berechnung war zulässig, und der Querschnitt T90 ist insofern geeignet, dass damit ein Ausknicken der Fachwerk-stäbe vermieden wird.

3 Dynamik

Ziel der Dynamik

In den *Kapiteln 1 Statik* und *2 Festigkeitslehre* wurden mechanische Systeme im Zustand der Ruhe behandelt. In der *Dynamik* werden bewegte Systeme untersucht. Zunächst befassen wir uns im Teilgebiet *Kinematik* mit den Bewegungen von Punkten und starren Körpern, ohne nach der Ursache der Bewegung zu fragen. Danach beziehen wir Kräfte als Ursache oder Wirkung von Bewegungen von Massen in die Betrachtung ein. Dieses zweite Teilgebiet der Dynamik wird als *Kinetik* bezeichnet.

Die Unterteilung der *Dynamik* in *Kinematik* und *Kinetik* ist eine zweckmäßige und übliche Vorgehensweise in der Technischen Mechanik (*Bild 3.1*).

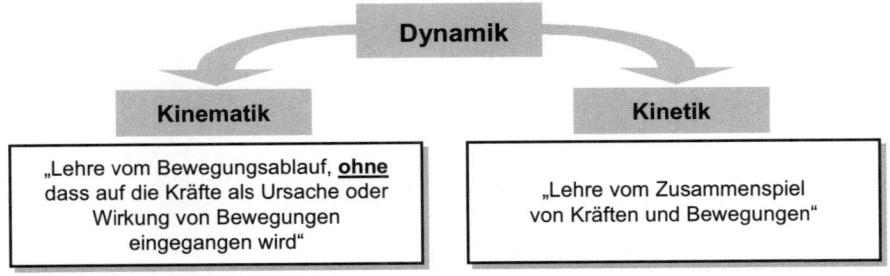

Bild 3.1 Übliche Unterteilung der Dynamik

Mit den folgenden Namen sind wichtige Beiträge zur Entwicklung der Dynamik verbunden:[1]

GALILEO GALILEI	(1564 – 1642)	Fall- und Wurfgesetze
JOHANNES KEPLER	(1571 – 1630)	KEPLER'sche Gesetze (Planetenbewegung)
ISAAC NEWTON	(1643 – 1727)	NEWTON'sche Grundgesetze (Bewegungsgesetze)
JEAN D'ALEMBERT	(1717 – 1783)	D'ALEMBERT'sches Prinzip
JOSEPH LOUIS LAGRANGE	(1736 – 1813)	LAGRANGE'sche Bewegungsgleichungen
WILLIAM ROWAN HAMILTON	(1805 – 1865)	HAMILTON'sches Prinzip

---

[1] Weitere Informationen zur historischen Entwicklung der Mechanik findet man z. B. in [6]

3.1   Kinematik des Punktes

3.1.1   Definitionen

Der Bewegungszustand eines Punktes P auf einer
vorgegebenen Bahnkurve wird in der Kinematik
durch seine Lage (Ort, Weg) auf der Bahnkurve,
seine Geschwindigkeit und seine Beschleunigung
bezogen auf ein Koordinatensystem in Abhängigkeit von der Zeit beschrieben (*Bild 3.2*). Diese
drei Größen sind nicht unabhängig voneinander.
Die allgemeinen Definitionen dieser Größen und
ihre Zusammenhänge untereinander werden im
Folgenden angegeben.

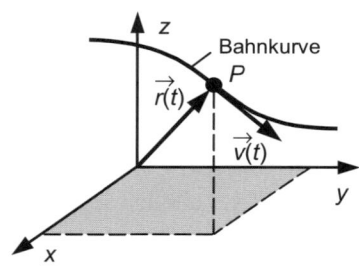

Bild 3.2 Lagebeschreibung eines
Punktes auf einer Bahnkurve

a) Die **Lage (*der Ort, der Weg*)** des Punktes P auf der Bahnkurve ist durch den so
    genannten **Ortsvektor** $\vec{r}(t)$ bestimmt (*Bild 3.2*).

b) Die **Geschwindigkeit** des Punktes P ist definiert als

$$\vec{v} = \frac{\mathrm{d}\vec{r}}{\mathrm{d}t} \equiv \dot{\vec{r}} \qquad\qquad \text{Einheit:} \quad \frac{\mathrm{m}}{\mathrm{s}} \qquad\qquad (3.1)$$

   Betrag: $\qquad |\vec{v}| = v$

   Richtung: $\qquad$ tangential zur Bahnkurve

c) Die **Beschleunigung** des Punktes P ist definiert als

$$\vec{a} = \frac{\mathrm{d}\vec{v}}{\mathrm{d}t} \equiv \dot{\vec{v}} = \ddot{\vec{r}} = \frac{\mathrm{d}^2\vec{r}}{\mathrm{d}t^2} \qquad \text{Einheit:} \quad \frac{\mathrm{m}}{\mathrm{s}^2} \qquad\qquad (3.2)$$

   Betrag: $\qquad |\vec{a}| = a$

   Richtung: $\qquad$ keine allgemeine Aussage möglich

Ein Bewegungsablauf kann völlig gleichwertig mit unterschiedlichen Koordinatensystemen dargestellt werden. Die Wahl eines zweckmäßigen Koordinatensystems kann
aber den Rechenweg deutlich vereinfachen und wesentliche Bewegungsvorgänge
klarer erkennen lassen. Deshalb haben wir nachfolgend die gebräuchlichsten
Koordinatendarstellungen aufgeführt.

3.1.2 Weg, Geschwindigkeit und Beschleunigung in kartesischen Koordinaten

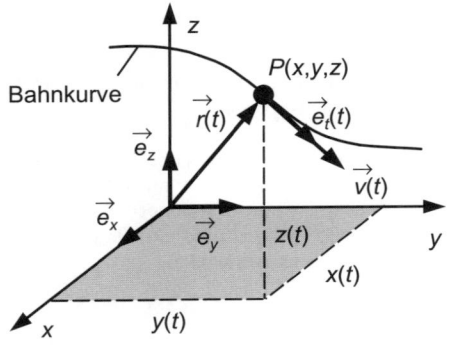

Bild 3.3 Lagebeschreibung eines Punktes in kartesischen Koordinaten

$\vec{e}_x, \vec{e}_y, \vec{e}_z$ Einheitsvektoren in Richtung x, y, z

$$\Rightarrow \left|\vec{e}_x\right| = \left|\vec{e}_y\right| = \left|\vec{e}_z\right| = 1$$

$\vec{e}_t(t)$ Tangenteneinheitsvektor (zeitabhängige Richtung!)

$$\Rightarrow \left|\vec{e}_t\right| = 1$$

a) Lage von P

Ortsvektor:
$$\vec{r} = x(t)\cdot\vec{e}_x + y(t)\cdot\vec{e}_y + z(t)\cdot\vec{e}_z = \begin{bmatrix} x(t) \\ y(t) \\ z(t) \end{bmatrix}$$

$\Rightarrow$ Parameterdarstellung mit der Zeit t als Parameter

b) Geschwindigkeit
$$\vec{v} = \dot{\vec{r}} = \dot{x}(t)\cdot\vec{e}_x + \dot{y}(t)\cdot\vec{e}_y + \dot{z}(t)\cdot e_z = \begin{bmatrix} \dot{x}(t) \\ \dot{y}(t) \\ \dot{z}(t) \end{bmatrix} = \begin{bmatrix} v_x(t) \\ v_y(t) \\ v_z(t) \end{bmatrix}$$

Betrag:
$$\left|\vec{v}\right| = v(t) = \sqrt{\dot{x}^2 + \dot{y}^2 + \dot{z}^2} = \sqrt{v_x^2 + v_y^2 + v_z^2} \tag{3.3}$$

oder: $\vec{v}(t) = v(t)\cdot\vec{e}_t(t)$

Beachte: Sowohl der Betrag der Geschwindigkeit als auch der Tangenteneinheitsvektor sind zeitlich veränderlich!

c) Beschleunigung
$$\vec{a} = \dot{\vec{v}} = \ddot{\vec{r}} = \ddot{x}(t)\cdot\vec{e}_x + \ddot{y}(t)\cdot\vec{e}_y + \ddot{z}(t)\cdot\vec{e}_z = \begin{bmatrix} \ddot{x}(t) \\ \ddot{y}(t) \\ \ddot{z}(t) \end{bmatrix} = \begin{bmatrix} a_x(t) \\ a_y(t) \\ a_z(t) \end{bmatrix}$$

Betrag:
$$\left|\vec{a}\right| = a(t) = \sqrt{\ddot{x}^2 + \ddot{y}^2 + \ddot{z}^2} = \sqrt{a_x^2 + a_y^2 + a_z^2} \tag{3.4}$$

3.1.3   Weg, Geschwindigkeit und Beschleunigung in Bahnkoordinaten

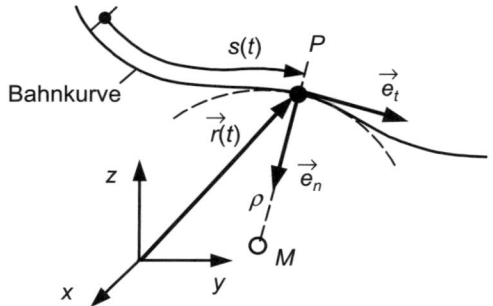

Bild 3.4 Lagebeschreibung eines Punktes in Bahnkoordinaten

$s(t)$ Bahnkoordinate
M Hauptkrümmungsmittelpunkt
ρ Hauptkrümmungsradius
$\vec{e}_n(t)$ Normaleneinheitsvektor (zeitabhängig!)

a) Lage von P

Ortsvektor: $\vec{r} = \vec{r}(s(t))$

b) Geschwindigkeit $\vec{v} = \dot{\vec{r}} = \dfrac{\mathrm{d}\vec{r}(s(t))}{\mathrm{d}t} = \dfrac{\mathrm{d}\vec{r}}{\mathrm{d}s} \cdot \dfrac{\mathrm{d}s}{\mathrm{d}t} = \dfrac{\mathrm{d}\vec{r}}{\mathrm{d}s} \cdot v$ (3.5)

mit der Bahngeschwindigkeit

$$v = \frac{\mathrm{d}s}{\mathrm{d}t} = \dot{s} \tag{3.6}$$

Frage: Was bedeutet $\dfrac{\mathrm{d}\vec{r}}{\mathrm{d}s}$ in der *Gleichung (3.5)*?

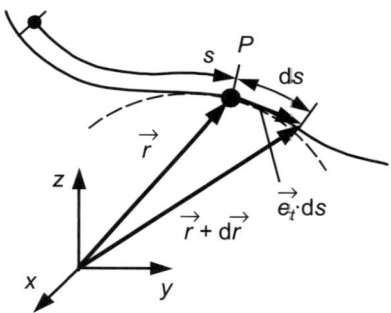

Bild 3.5 Differentielle Änderung des Ortsvektors

Aus *Bild 3.5* folgt

$$\vec{r} + \mathrm{d}\vec{r} = \vec{r} + \vec{e}_t \cdot \mathrm{d}s \quad \Rightarrow \quad \mathrm{d}\vec{r} = \vec{e}_t \cdot \mathrm{d}s$$

$$\frac{\mathrm{d}\vec{r}}{\mathrm{d}s} = \vec{e}_t \tag{3.7}$$

Damit folgt aus (3.5) bis (3.7) die Geschwindigkeit von P zu

$$\vec{v} = \dot{\vec{r}} = \frac{\mathrm{d}\vec{r}}{\mathrm{d}s} \cdot v = v \cdot \vec{e}_t = \dot{s} \cdot \vec{e}_t$$

Betrag: $\qquad\qquad |\vec{v}| = v(t) = \dot{s}(t)$

Hinweis: Das ist der Beweis, dass der Geschwindigkeitsvektor in Richtung der Bahntangente weist!

c) Beschleunigung $\qquad \vec{a} = \dot{\vec{v}} = \frac{\mathrm{d}(v \cdot \vec{e}_t)}{\mathrm{d}t} = \dot{v} \cdot \vec{e}_t + v \cdot \dot{\vec{e}}_t$ $\qquad\qquad$ (3.8)

Frage: Was bedeutet $\dot{\vec{e}}_t$ in *Gleichung (3.8)*?

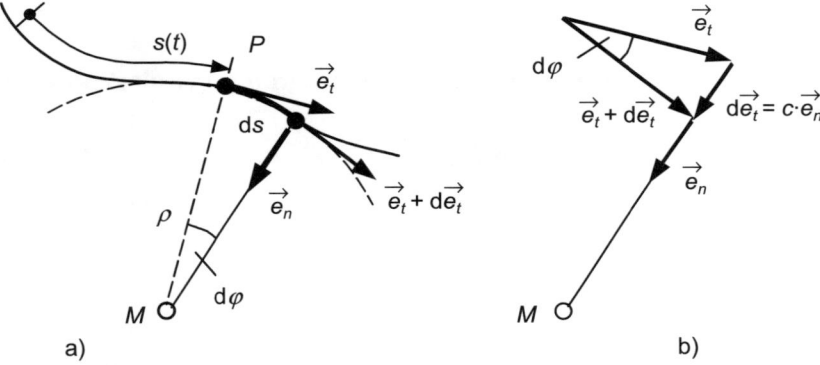

Bild 3.6 Differentielle Änderung des Tangenteneinheitsvektors

Wegen $\qquad\qquad \vec{e}_t = \vec{e}_t \{\varphi[s(t)]\}$

und mit (*Bild 3.6 a*) $\mathrm{d}s = \rho\, \mathrm{d}\varphi$ $\qquad\qquad \Rightarrow \quad \dfrac{\mathrm{d}\varphi}{\mathrm{d}s} = \dfrac{1}{\rho}$

wird $\qquad\qquad \dot{\vec{e}}_t = \dfrac{\mathrm{d}\vec{e}_t\{\varphi[s(t)]\}}{\mathrm{d}t} = \dfrac{\mathrm{d}\vec{e}_t}{\mathrm{d}\varphi} \cdot \dfrac{\mathrm{d}\varphi}{\mathrm{d}s} \cdot \dfrac{\mathrm{d}s}{\mathrm{d}t} = \dfrac{\mathrm{d}\vec{e}_t}{\mathrm{d}\varphi} \cdot \dfrac{1}{\rho} \cdot v$ $\qquad\qquad$ (3.9)

Weiter folgt für differentiell kleine Größen (vgl. *Bild 3.6 b*):

$$\mathrm{d}\varphi \cdot \underbrace{|\vec{e}_t|}_{=1} = c \cdot \underbrace{|\vec{e}_n|}_{=1} \qquad\qquad \Rightarrow \quad c = \mathrm{d}\varphi$$

und $\qquad\qquad \mathrm{d}\vec{e}_t = c \cdot \vec{e}_n = \mathrm{d}\varphi \cdot \vec{e}_n \qquad\qquad \Rightarrow \quad \dfrac{\mathrm{d}\vec{e}_t}{\mathrm{d}\varphi} = \vec{e}_n$ $\qquad\qquad$ (3.10)

Einsetzen von *(3.10)* in *(3.9)* liefert

$$\dot{\vec{e}}_t = \frac{v}{\rho} \cdot \vec{e}_n$$

Damit ergibt sich für die Beschleunigung in Bahnkoordinaten aus *(3.8)*

$$\vec{a} = \dot{v} \cdot \vec{e}_t + \frac{v^2}{\rho} \cdot \vec{e}_n = a_t \cdot \vec{e}_t + a_n \cdot \vec{e}_n \qquad (3.11)$$

mit $\qquad\qquad a_t = \dot{v}$ *Tangentialbeschleunigung* $\qquad\qquad (3.12)$

$$a_n = \frac{v^2}{\rho} \qquad \textit{Normalbeschleunigung} \qquad\qquad (3.13)$$

Betrag: $\qquad\qquad |\vec{a}| = a(t) = \sqrt{a_n^2 + a_t^2}$

3.1.4 Weg, Geschwindigkeit und Beschleunigung in Polarkoordinaten

Für beliebige Bewegungen in der Ebene sind häufig Polarkoordinaten (r, φ) zweckmäßig!

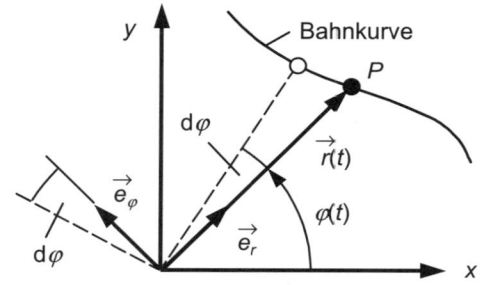

Bahnkurve

Bild 3.7 Lagebeschreibung eines Punktes in Polarkoordinaten

$\vec{e}_r(t), \vec{e}_\varphi(t)$ Einheitsvektoren in Richtung r und „φ" (zeitabhängig!)

$$\Rightarrow \quad |\vec{e}_r| = |\vec{e}_\varphi| = 1$$

a) Lage von P

Ortsvektor: $\qquad \vec{r} = r(t) \cdot \vec{e}_r(t)$

b) Geschwindigkeit $\quad \vec{v} = \dfrac{\mathrm{d}\vec{r}(t)}{\mathrm{d}t} = \dfrac{\mathrm{d}(r(t) \cdot \vec{e}_r(t))}{\mathrm{d}t} = \dot{r}(t) \cdot \vec{e}_r + r(t) \cdot \dot{\vec{e}}_r \qquad (3.14)$

Frage: Was bedeutet $\dot{\vec{e}}_r$ in der *Gleichung (3.14)*?

$$\dot{\vec{e}}_r = \frac{\mathrm{d}\vec{e}_r}{\mathrm{d}t} = \frac{\mathrm{d}\vec{e}_r}{\mathrm{d}\varphi} \cdot \frac{\mathrm{d}\varphi}{\mathrm{d}t} = \dot{\varphi} \frac{\mathrm{d}\vec{e}_r}{\mathrm{d}\varphi} \qquad (3.15)$$

Aus dem *Bild 3.8* liest man ab, dass $\mathrm{d}\vec{e}_r$ in die Richtung von $\vec{e}_\varphi$ weist! Analog zur Herleitung der *Gleichung (3.10)* erhält man

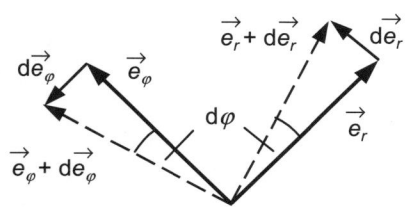

$$\frac{\mathrm{d}\vec{e}_r}{\mathrm{d}\varphi} = \vec{e}_\varphi$$

und aus *(3.15)* folgt

Bild 3.8 Differentielle Änderung der Einheitsvektoren

$$\dot{\vec{e}}_r = \dot{\varphi}\cdot\vec{e}_\varphi$$

Die Geschwindigkeit in ebenen Polarkoordinaten wird damit nach *(3.14)*

$$\vec{v} = \dot{r}\cdot\vec{e}_r + r\cdot\dot{\varphi}\cdot\vec{e}_\varphi \tag{3.16}$$

Betrag:
$$|\vec{v}| = v(t) = \sqrt{\dot{r}^2 + (r\cdot\dot{\varphi})^2} = \sqrt{v_r^2 + v_\varphi^2}$$

c) Beschleunigung

Die Zeitableitung der Geschwindigkeit $\vec{v} = \dot{r}\cdot\vec{e}_r + r\cdot\dot{\varphi}\cdot\vec{e}_\varphi$ liefert:

$$\vec{a} = \dot{\vec{v}} = \ddot{r}\cdot\vec{e}_r + \dot{r}\cdot\dot{\vec{e}}_r + \dot{r}\dot{\varphi}\cdot\vec{e}_\varphi + r\ddot{\varphi}\cdot\vec{e}_\varphi + r\dot{\varphi}\cdot\dot{\vec{e}}_\varphi \tag{3.17}$$

Frage: Was bedeutet $\dot{\vec{e}}_\varphi$ in der *Gleichung (3.17)*?

$$\dot{\vec{e}}_\varphi = \frac{\mathrm{d}\vec{e}_\varphi}{\mathrm{d}t} = \frac{\mathrm{d}\vec{e}_\varphi}{\mathrm{d}\varphi}\cdot\frac{\mathrm{d}\varphi}{\mathrm{d}t} = \dot{\varphi}\frac{\mathrm{d}\vec{e}_\varphi}{\mathrm{d}\varphi} \tag{3.18}$$

Aus dem *Bild 3.8* liest man ab, dass $\mathrm{d}\vec{e}_\varphi$ entgegengesetzt zu $\vec{e}_r$ weist! Analog zur Herleitung von *(3.10)* erhält man

$$\frac{\mathrm{d}\vec{e}_\varphi}{\mathrm{d}\varphi} = -\vec{e}_r$$

und aus *(3.18)* folgt

$$\dot{\vec{e}}_\varphi = -\dot{\varphi}\cdot\vec{e}_r$$

Damit erhält man für die Beschleunigung in ebenen Polarkoordinaten nach *(3.17)*

$$\vec{a} = \ddot{r}\cdot\vec{e}_r + \dot{r}\dot{\varphi}\cdot\vec{e}_\varphi + \dot{r}\dot{\varphi}\cdot\vec{e}_\varphi + r\ddot{\varphi}\cdot\vec{e}_\varphi - r\dot{\varphi}\cdot\dot{\varphi}\cdot\vec{e}_r$$

oder nach Zusammenfassen

$$\vec{a} = \left(\ddot{r} - r\dot{\varphi}^2\right)\vec{e}_r + (r\ddot{\varphi} + 2\dot{r}\dot{\varphi})\vec{e}_\varphi \tag{3.19}$$

Mit $\qquad \dot{\varphi} = \dfrac{d\varphi}{dt} = \omega \qquad$ *Winkelgeschwindigkeit* (in s^{-1}) $\tag{3.20}$

wird $\qquad \vec{a} = \left(\ddot{r} - r\omega^2\right)\cdot\vec{e}_r + (r\dot{\omega} + 2\dot{r}\omega)\cdot\vec{e}_\varphi \tag{3.21}$

Betrag: $\qquad |\vec{a}| = a(t) = \sqrt{\left(\ddot{r} - r\omega^2\right)^2 + (r\dot{\omega} + 2\dot{r}\omega)^2} = \sqrt{a_r^2 + a_\varphi^2}$

3.1.5 Bewegung auf einer Kreisbahn

> Die Bewegung auf einer Kreisbahn ist der Sonderfall der Bewegung in Bahnkoordinaten ($\rho = R$ = konst.) bzw. in Polarkoordinaten ($r(t) = R$ = konst.)!

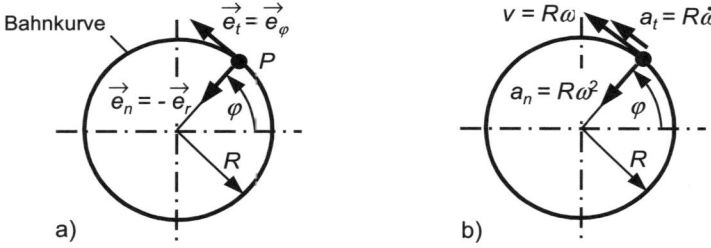

Bild 3.9 Bewegung eines Punktes auf einer Kreisbahn

a) Lage von P: Kreisbahn mit dem Radius R

Die Geschwindigkeit und die Beschleunigung ergeben sich aus *(3.16)* und *(3.21)*, wenn man $r(t) = R$ = konstant setzt.

b) Geschwindigkeit: $\qquad \vec{v} = R\dot{\varphi}\cdot\vec{e}_\varphi = R\omega\cdot\vec{e}_\varphi \tag{3.22}$

Betrag: $\qquad |\vec{v}| = v(t) = R\dot{\varphi} = R\omega$

c) Beschleunigung: $\qquad \vec{a} = -R\omega^2\vec{e}_r + R\dot{\omega}\vec{e}_\varphi = a_r\vec{e}_r + a_\varphi\vec{e}_\varphi = a_n\vec{e}_n + a_t\vec{e}_t \tag{3.23}$

mit $\qquad a_n = -a_r = \dfrac{v^2}{R} = R\dot{\varphi}^2 = R\omega^2 \qquad$ *Normalbeschleunigung* $\tag{3.24}$

$\qquad\qquad a_t = a_\varphi = \dot{v} = R\ddot{\varphi} = R\dot{\omega} = R\alpha \qquad$ *Tangentialbeschleunigung* $\tag{3.25}$

$\qquad\qquad \alpha = \dot{\omega} \qquad\qquad\qquad\qquad$ *Winkelbeschleunigung* (in s^{-2}) $\tag{3.26}$

Betrag: $\quad |\vec{a}| = a(t) = \sqrt{a_n^2 + a_t^2}$

Ist die Winkelgeschwindigkeit $\omega=$ konstant, dann gilt:

Zeit für einen Umlauf: $\qquad T=\dfrac{2\pi}{\omega}$ (in s)

Anzahl der Umläufe in einer Sekunde (*Frequenz f*): $f=\dfrac{1}{T}=\dfrac{\omega}{2\pi}$ (in s^{-1} bzw. *Hertz*)

Anzahl der Umläufe pro Zeiteinheit (*Drehzahl n*): $n=\dfrac{1}{T}=f=\dfrac{\omega}{2\pi}$ $\left[\dfrac{\text{Umläufe}}{\text{Zeiteinheit}}\right]$

Hinweis: Für technische Anwendungen wird die Drehzahl meistens in Anzahl der Umläufe pro Minute angegeben: $\qquad n=60\cdot f=\dfrac{30\cdot\omega}{\pi}$ mit ω in s^{-1}

3.1.6 Grundaufgaben der Kinematik

Erfolgt die Bewegung auf einer bekannten Bahn, so können bei Kenntnis *nur eines* Bewegungsgesetzes für die Bahnkoordinate s, die Bahngeschwindigkeit v oder die Tangentialbeschleunigung a die jeweils fehlenden Gesetze durch Differentiation oder Integration ermittelt werden. *Tabelle 3.1* enthält dafür einige typische Beispiele.

Tabelle 3.1 Grundaufgaben der Kinematik für die Anfangsbedingungen (AB): $s(t=t_0)=s_0$ und $v(t=t_0)=v_0$

Gegeben	Anleitung zur Ermittlung der übrigen Funktionen	
$s=s(t)$	$v(t)=\dfrac{ds}{dt}$	$a(t)=\dfrac{dv}{dt}$
$v=v(t)$	$s(t)=s_0+\displaystyle\int_{t_0}^{t} v(\bar t)\,d\bar t$	$a(t)=\dfrac{dv}{dt}$
$a=a(t)$	$v(t)=v_0+\displaystyle\int_{t_0}^{t} a(\bar t)\,d\bar t$	$s(t)=s_0+\displaystyle\int_{t_0}^{t} v(\bar t)\,d\bar t$
$v=v(s)$	$t(s)=t_0+\displaystyle\int_{s_0}^{s} \dfrac{d\bar s}{v(\bar s)}$	$a(s)=v(s)\dfrac{dv(s)}{ds}$
$a=a(s)$	$v^2(s)=v_0^2+2\displaystyle\int_{s_0}^{s} a(\bar s)\,d\bar s$	$t(s)=t_0+\displaystyle\int_{s_0}^{s} \dfrac{d\bar s}{v(\bar s)}$
$a=a(v)$	$t(v)=t_0+\displaystyle\int_{v_0}^{v} \dfrac{d\bar v}{a(\bar v)}$	$s(v)=s_0+\displaystyle\int_{v_0}^{v} \dfrac{\bar v}{a(\bar v)}\,d\bar v$

Die Größen s, v und a in *Tabelle 3.1* können bei der Beschreibung einer Bewegung in kartesischen Koordinaten auch symbolisch für x, v_x, a_x bzw. x, v_y, a_y und bei einer Kreisbewegung für φ, ω, α stehen (vgl. auch die folgenden drei Beispiele).

Beispiel 3.1 Freier Fall (ohne Luftwiderstand)

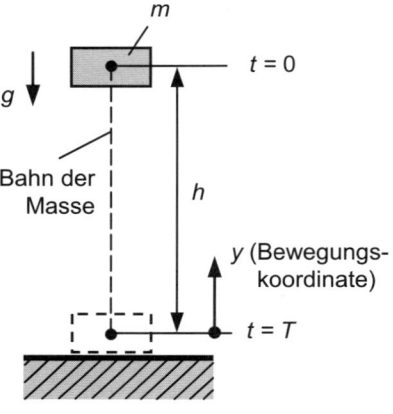

Eine Masse m fällt aus der Höhe h auf den Boden. Gesucht ist die Auftreffgeschwindigkeit v_A und die Zeit T bis zum Auftreffen auf den Boden.

Was ist von der Bewegung bekannt? Bekannt ist die auf m wirkende Beschleunigung in y-Richtung (Bewegungskoordinate):

$$a_y = \ddot{y}(t) = -g$$

Die Integration liefert:

$$\dot{y} = -g \cdot t + c_1 \qquad (1)$$

$$y = -\frac{1}{2}gt^2 + c_1 t + c_2 \qquad (2)$$

Bild 3.10 Freier Fall einer Masse

c_1 und c_2 sind noch unbekannte Integrationskonstanten. Sie lassen sich aus bekannten Bedingungen für bestimmte Bewegungsgrößen am Anfang der Bewegung (*Anfangsbedingungen*, oder kurz AB) ermitteln.

Anfangsbedingungen (AB):

    1. $v_y(t=0) = \dot{y}(t=0) = 0$ 2. $y(t=0) = h$

Aus 1. folgt mit (1) $\Rightarrow$ $c_1 = 0$

Aus 2. folgt mit (2) $\Rightarrow$ $c_2 = h$

Mit diesen Integrationskonstanten erhalten wir aus *(1)* und *(2)* die Bewegungsgesetze

$$v_y = \dot{y}(t) = -g \cdot t \qquad \text{Geschwindigkeits-Zeit-Gesetz dieser Bewegung}$$

$$y(t) = -\frac{1}{2}gt^2 + h \qquad \text{Weg-Zeit-Gesetz dieser Bewegung}$$

Mit diesen beiden Gleichungen ergeben sich die gesuchten Größen aus den Endbedingungen der Bewegung.

Endbedingungen:

    3. $y(t=T) = 0$ 4. $v_y(t=T) = \dot{y}(t=T) = v_A$

Aus 3. folgt mit dem Weg-Zeit-Gesetz:

$$-\frac{1}{2}gT^2+h=0 \qquad\qquad \Rightarrow \quad \underline{\underline{T=\sqrt{\frac{2h}{g}}}} \qquad \textit{Fallzeit}$$

Aus 4. folgt mit dem Geschwindigkeits-Zeit-Gesetz:

$$-g\cdot T=v_A$$

$$v_A=-g\cdot T=-g\cdot\sqrt{\frac{2h}{g}} \qquad\qquad \Rightarrow \quad \underline{\underline{v_A=-\sqrt{2hg}}} \qquad \textit{Auftreffgeschwindigkeit}$$

Beachte: Bei Vernachlässigung des Luftwiderstandes sind die Fallzeit T und die Auftreffgeschwindigkeit v_A unabhängig von der Größe der Masse m und auch unabhängig von der geometrischen Gestalt der Masse m!

Beispiel 3.2 Flug einer Kanonenkugel (ohne Luftwiderstand)

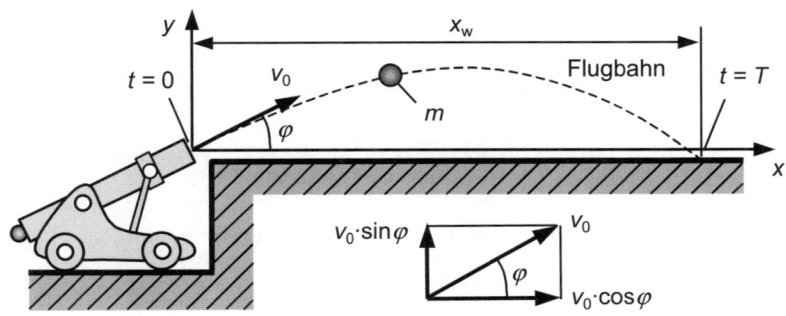

Bild 3.11 Flug einer Kanonenkugel

Gegeben: m, v_0, φ, g

Gesucht: Flugweite x_w, Flugdauer T, Winkel φ_{max} für maximale Flugweite

Was ist über die Bewegung der Kugel bekannt? Bekannt sind die während der Flugphase auf die Masse m wirkenden Beschleunigungen in x- und y-Richtung:

$$\ddot{x}=0 \qquad \text{und} \qquad \ddot{y}=-g$$

Die Integration der beiden Gleichungen liefert

$$\dot{x}=c_1 \qquad\qquad \dot{y}=-gt+c_3 \qquad\qquad (1)$$

$$x=c_1t+c_2 \qquad\qquad y=-\frac{1}{2}gt^2+c_3t+c_4 \qquad\qquad (2)$$

Die Integrationskonstanten c_1 bis c_4 lassen sich aus vier bekannten Anfangsbedingungen berechnen:

1. $x(t=0)=0$ $\Rightarrow$ $c_2=0$

2. $y(t=0)=0$ $\Rightarrow$ $c_4=0$

3. $\dot{x}(t=0)=v_0\cdot\cos\varphi$ $\Rightarrow$ $c_1=v_0\cdot\cos\varphi$

4. $\dot{y}(t=0)=v_0\cdot\sin\varphi$ $\Rightarrow$ $c_3=v_0\cdot\sin\varphi$

Damit folgen aus *(1)* und *(2)* die Bewegungsgesetze in x- und y-Richtung zu

$$\dot{x}=v_0\cdot\cos\varphi \qquad \dot{y}=-gt+v_0\sin\varphi \qquad \text{Geschwindigkeits-Zeit-Gesetze}$$

$$x=v_0 t\cdot\cos\varphi \qquad y=-\frac{1}{2}gt^2+v_0 t\cdot\sin\varphi \qquad \text{Weg-Zeit-Gesetze}$$

Die Flugweite und die Flugdauer folgen aus den Endbedingungen der Bewegung:

5. $y(t=T)=0$

6. $x(t=T)=x_W$

Mit dem Weg-Zeit-Gesetz für die y-Richtung folgt aus der Endbedingung 5.:

$$-\frac{1}{2}gT^2+v_0 T\sin\varphi=0 \qquad \Rightarrow \qquad \underline{\underline{T=\frac{2v_0}{g}\sin\varphi}} \qquad \textit{Flugdauer}$$

Mit dem Weg-Zeit-Gesetz für die x-Richtung folgt aus der Endbedingung 6.:

$$v_0 T\cdot\cos\varphi=x_W$$

$$v_0\frac{2v_0}{g}\sin\varphi\cdot\cos\varphi=x_W \qquad \Rightarrow \qquad \underline{\underline{x_W=\frac{v_0^2}{g}\sin 2\varphi}} \qquad \textit{Flugweite}$$

Der Winkel für die maximale Flugweite ergibt sich aus der Extremwertaufgabe:

$$\frac{dx_W}{d\varphi}=0 \quad \Rightarrow \quad \frac{dx_W}{d\varphi}=\frac{v_0^2}{g}2\cos 2\varphi=0 \quad \Rightarrow \quad \cos 2\varphi=0 \quad \Rightarrow \quad 2\varphi=\frac{\pi}{2}$$

Winkel für maximale Flugweite: $\qquad\qquad\qquad\qquad \underline{\underline{\varphi_{max}=\frac{\pi}{4}}}$

Maximale Flugweite: $\qquad\qquad x_W(\varphi=\varphi_{max})=\underline{\underline{x_{W\,max}=\frac{v_0^2}{g}}}$

Beispiel 3.3 Bewegung auf einer Kreisbahn

Ein Punkt P bewegt sich auf einer Kreisbahn (*Bild 3.12*) mit einem bekannten Zusammenhang zwischen der Bahngeschwindigkeit v und der Bahnkoordinate s.

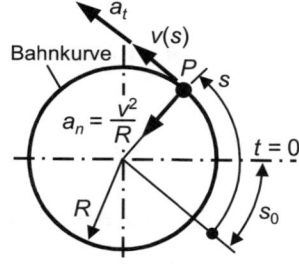

Gegeben: $v(s) = 3 \cdot \sqrt[3]{K \cdot s^2}$, K (Konstante in $m \cdot s^{-3}$),

             Bewegungskoordinate s und die Anfangsbe-
             dingung $s(t = t_0 = 0) = s_0$

Gesucht: Bewegungsgesetze $t(s)$, $a_t(s)$, $a_t(t)$, $a_n(t)$, $v(t)$
             und $s(t)$

Bild 3.12 Kreisbewegung

Aus $v(s)$ kann zunächst nach *Tabelle 3.1* (4. Zeile, 2. Spalte) $t(s)$ ermittelt werden. Es wird:

$$t(s) = t_0 + \int_{s_0}^{s} \frac{\mathrm{d}\bar{s}}{v(\bar{s})} = 0 + \int_{s_0}^{s} \frac{\mathrm{d}\bar{s}}{3 \cdot \sqrt[3]{K \cdot s^2}} = \frac{1}{3 \cdot \sqrt[3]{K}} \int_{s_0}^{s} s^{-\frac{2}{3}} \mathrm{d}\bar{s} = \frac{3}{3 \cdot \sqrt[3]{K}} s^{\frac{1}{3}} \Bigg|_{s_0}^{s} = \sqrt[3]{\frac{s}{K}} \Bigg|_{s_0}^{s}$$

$$t(s) = \sqrt[3]{\frac{s}{K}} - \sqrt[3]{\frac{s_0}{K}} \qquad\qquad (1)$$

Aus *Gleichung (1)* kann durch Auflösen nach s das Weg-Zeit-Gesetz und daraus durch Differentiation nach der Zeit t das Geschwindigkeits-Zeit-Gesetz ermittelt werden. Es wird:

$$s(t) = K \cdot \left(t + \sqrt[3]{\frac{s_0}{K}} \right)^3 \qquad (2) \qquad v(t) = \frac{\mathrm{d}s(t)}{\mathrm{d}t} = 3K \cdot \left(t + \sqrt[3]{\frac{s_0}{K}} \right)^2 \qquad (3)$$

Aus *(3)* folgt durch Differentiation das Beschleunigungs-Zeit-Gesetz für die Tangentialbeschleunigung und aus *Gleichung (3.24)* erhalten wir mit *(3)* die Normalbeschleunigung.

$$a_t(t) = \frac{\mathrm{d}v(t)}{\mathrm{d}t} = 6K \cdot \left(t + \sqrt[3]{\frac{s_0}{K}} \right) \qquad (4) \qquad a_n(t) = \frac{v(t)^2}{R} = \frac{9K^2}{R} \cdot \left(t + \sqrt[3]{\frac{s_0}{K}} \right)^4 \qquad (5)$$

Mit den *Gleichungen (1)* bis *(5)* sind bis auf $a_t(s)$ alle gesuchten Zusammenhänge bekannt. $a_t(s)$ könnte mit Hilfe von *(1)* durch Elimination der Zeit t aus *(4)* berechnet werden. Es soll hier jedoch gezeigt werden, dass auch ohne Kenntnis der *Gleichungen (1)* bis *(4)* die Tangentialbeschleunigung $a_t(s)$ aus der gegebenen Geschwindigkeit $v(s)$ direkt berechenbar ist. Aus *Tabelle 3.1* (4. Zeile, 3. Spalte) folgt

$$a_t(s) = v(s) \frac{\mathrm{d}v(s)}{\mathrm{d}s} = 3 \cdot \sqrt[3]{K \cdot s^2} \cdot 3 \cdot \frac{1}{3} \cdot \left(K \cdot s^2 \right)^{-\frac{2}{3}} \cdot 2 \cdot K \cdot s = 6 \cdot \sqrt[3]{K^2 \cdot s} \qquad (6)$$

Hinweis: Man erkennt an *Gleichung (4)*, dass es sich um eine linear von der Zeit t abhängige beschleunigte Kreisbewegung handelt.

3.2   Kinematik der ebenen Bewegung des starren Körpers

3.2.1   Grundlagen

Bisher haben wir nur die Bewegung von Massenpunkten behandelt. Im Folgenden wollen wir die allgemeine Bewegung von starren Körpern betrachten.

Starrer Körper in der Ebene (2D–Fall):

Die Lage, die Lageänderungen und die Bewegungen eines starren Körpers in der Ebene (2-dimensionaler Fall) können durch drei geeignete Koordinaten eindeutig beschrieben werden (*Bild 3.13*).

⇒ Ein starrer Körper in der Ebene hat daher *drei Freiheitsgrade*:

- zwei Translationen (x_A, y_A) eines beliebigen Punktes A in x- und y-Richtung
- eine Rotation (φ) um diesen Punkt A

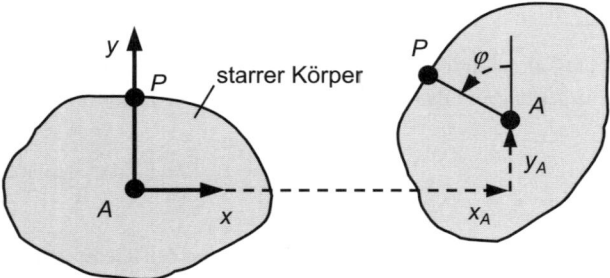

Bild 3.13 Lagebeschreibung eines starren Körpers in der Ebene

Starrer Körper im Raum (3D–Fall):

Ein starrer Körper im Raum (3-dimensionaler Fall) hat *sechs Freiheitsgrade* (z. B. die drei Translationen in Richtung der drei Raumachsen x, y, z und drei Rotationen um diese Achsen).

Feststellung: Jede allgemeine Bewegung eines starren Körpers lässt sich aus der Translation eines körperfesten Punktes (im Allgemeinen wählt man zweckmäßig den Schwerpunkt) und einer Rotation um diesen Punkt zusammensetzen (die Reihenfolge ist beliebig)!

3.2.2   Momentanpol

Satz: Bei der ebenen Bewegung eines starren Körpers gibt es stets einen Punkt, der sich für einen Moment in Ruhe ($v = 0$) befindet. Das ist der *Momentanpol P* der Geschwindigkeit.

Es stellt sich die Frage, wo der Momentanpol P eines starren Körpers bei einer allgemeinen Bewegung liegt? Diese Frage soll am 2D-Fall (*Bild 3.14*) untersucht werden.

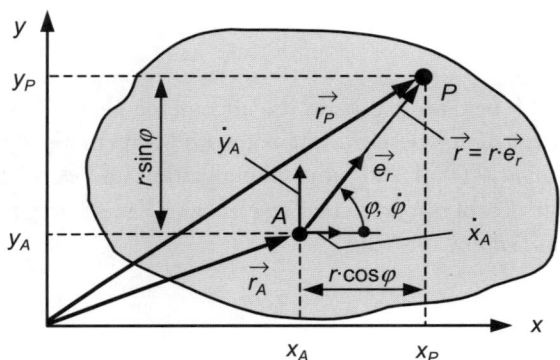

$\dot{x}_A, \dot{y}_A$ - Translationsgeschwindigkeit von A
$\dot{\varphi}$ - Winkelgeschwindigkeit

Bild 3.14 Berechnung des Momentanpols P

Aus dem *Bild 3.14* folgt mit $r = $ konst.

$$\vec{r}_p = \vec{r}_A + \vec{r} = \vec{r}_A + r \cdot \vec{e}_r$$

$$x_p = x_A + r\cos\varphi \qquad\qquad y_p = y_A + r\sin\varphi$$

Wir differenzieren und erhalten die Geschwindigkeiten des Punktes P

$$\dot{x}_p = \dot{x}_A - r \cdot \dot{\varphi}\sin\varphi \qquad\qquad \dot{y}_p = \dot{y}_A + r \cdot \dot{\varphi}\cos\varphi \qquad\qquad (3.27)$$

Wenn P der Momentanpol sein soll, muss $\dot{x}_p = \dot{y}_p = 0$ gelten und man erhält aus (*3.27*) ein System mit zwei Gleichungen für r und φ:

$$\dot{x}_A - r\dot{\varphi}\sin\varphi = 0 \qquad\qquad \dot{y}_A + r\dot{\varphi}\cos\varphi = 0 \qquad\qquad (3.28)$$

Aus dem *Bild 3.14* liest man ab:

$$\sin\varphi = \frac{y_p - y_A}{r} \qquad \text{und} \qquad \cos\varphi = \frac{x_p - x_A}{r}$$

Einsetzen in *Gleichung (3.28)* liefert:

$$\dot{x}_A - \dot{\varphi}\left(y_p - y_A\right) = 0 \quad \text{und} \quad \dot{y}_A + \dot{\varphi}\left(x_p - x_A\right) = 0$$

Daraus folgen die *Koordinaten des Momentanpols* zu:

$$x_p = x_A - \frac{\dot{y}_A}{\dot{\varphi}}$$

$$y_p = y_A + \frac{\dot{x}_A}{\dot{\varphi}}$$

(3.29)

Bedeutung des Momentanpols

> Ist die Lage des Momentanpols P bekannt, so kann die allgemeine ebene Bewegung eines starren Körpers bezüglich der Geschwindigkeiten im Moment als *reine Rotation um diesen Momentanpol P* (*Bild 3.15*) angesehen werden und es gelten für die Geschwindigkeiten der Körperpunkte die Gesetze der Kreisbewegung (siehe *Kapitel 3.1.5 Bewegung auf einer* Kreisbahn).

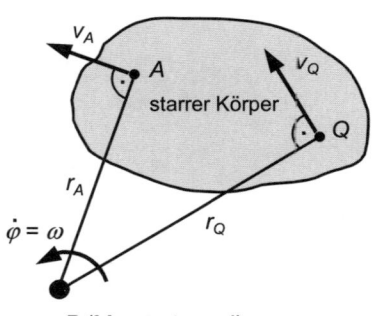

P (Momentanpol)

Bild 3.15 Rotation um den Momentanpol

Nach *Kapitel 3.1.5* ergeben sich bei Betrachtung der allgemeinen ebenen Bewegung des starren Körpers in *Bild 3.15* als reine Rotation um den Momentanpol P für die Punkte A und Q die folgenden Geschwindigkeiten (siehe *Gleichung (3.22)*).

Punkt A:

    Geschwindigkeit: $\quad v_A = r_A \cdot \dot{\varphi} = r_A \omega$

Punkt Q:

    Geschwindigkeit: $\quad v_Q = r_Q \cdot \dot{\varphi} = r_Q \omega$

Die Geschwindigkeitsvektoren v_A und v_Q stehen dabei nach den Gesetzen der Kreisbewegung im betrachteten Moment senkrecht auf den Radiusstrahlen vom Momentanpol P zu den Punkten A bzw. Q (vgl. *Bild 3.15*).

Hinweis: Die Geschwindigkeit v des Momentanpols P ist im betrachteten Moment Null, aber seine Beschleunigung ist im Allgemeinen ungleich Null! Das bedeutet, dass sich die Lage des Momentanpols in der Zeit ändern kann!

Beispiel 3.4 Rollendes Rad

Ein Rad rollt ohne zu gleiten. Der Mittelpunkt S bewegt sich dabei mit der Geschwindigkeit v_s, und das Rad dreht sich mit der Winkelgeschwindigkeit ω (*Bild 3.16 a*).

Geg.: v_s, R, a, α

Ges.: Geschwindigkeit v_K eines beliebigen Punktes K

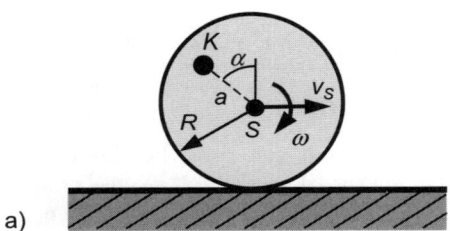

a)

Rollbedingung (ohne zu gleiten):

Der abrollende Bogen PQ und der vom Schwerpunktes S zurückgelegte Weg x (bzw. die Strecke PQ) müssen gleich groß sein, wenn kein Gleiten zwischen dem Rad und der Unterlage eintritt! Nach *Bild 3.16 b)* folgt als Rollbedingung

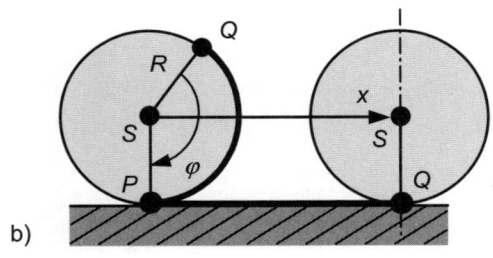

b)

Bild 3.16 Rollendes Rad

$$x = R \cdot \varphi$$

und daraus durch Differentiation nach der Zeit

$$\left. \begin{aligned} \dot{x} &= R \cdot \dot{\varphi} \\ v_S &= R \cdot \omega \end{aligned} \right\} \qquad (3.30)$$

Wir wollen dieses Beispiel nach zwei Varianten lösen.

1. Lösungsvariante:

Die Lösung des Beispiels soll durch Überlagerung der Translation des Schwerpunktes S mit der Rotation um den Schwerpunkt S erfolgen. Der Punkt K hat die gleiche Translationsgeschwindigkeit v_s wie der Schwerpunkt S. Zu dieser Geschwindigkeit addiert sich vektoriell die Rotationsgeschwindigkeit $a\omega$ des Punktes K infolge der Drehung um den Schwerpunkt S.

Die Rotationsgeschwindigkeit steht senkrecht zum Radiusstrahl von S nach K (*Bild 3.17*). Nach dem Kosinussatz (vgl. markiertes Dreieck in *Bild 3.17*) folgt:

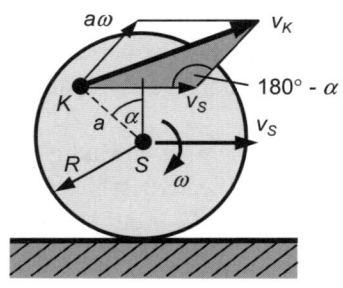

$$v_K^2 = v_S^2 + (a\omega)^2 - 2v_s a\omega \cdot \cos(180° - \alpha)$$

$$v_K = \sqrt{v_S^2 + (a\omega)^2 + 2v_s a\omega \cdot \cos\alpha}$$

Mit der Rollbedingung $v_s = R \cdot \omega$ *(3.30)* ergibt sich die Geschwindigkeit v_K des Punktes K zu

Bild 3.17 Überlagerung: Translation und Rotation

$$\underline{\underline{v_K = \omega\sqrt{R^2 + a^2 + 2Ra \cdot \cos\alpha}}}$$

2. Lösungsvariante:

Die Lösung soll jetzt durch Betrachtung der reinen Rotation um den Momentanpol P erfolgen. Zunächst wird die Lage des Momentanpols P ermittelt. Dazu definieren wir ein Bezugssystem (x,y) im Auflagepunkt der Rolle (*Bild 3.18*).

Wenn in *Gleichung (3.29)* der Punkt A der Schwerpunkt S ist, ergibt sich

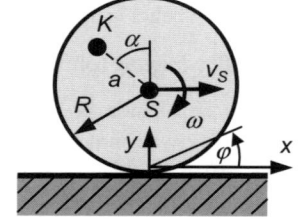

$$x_p = x_S - \frac{\dot{y}_S}{\dot{\varphi}} \qquad\qquad (1)$$

$$y_p = y_S + \frac{\dot{x}_S}{\dot{\varphi}} \qquad\qquad (2)$$

Mit den Koordinaten des Schwerpunkts S im definierten Bezugssystem (x, y)

Bild 3.18

$$x_S = 0, \qquad\qquad y_S = R$$

der Rollbedingung *(3.30)*, der Winkelgeschwindigkeit $\dot{\varphi} = -\omega$ (man beachte die positive Definition von φ und $\dot{\varphi}$; vgl. dazu auch *Bild 3.14*) und den Geschwindigkeitskomponenten des Schwerpunktes S in x- und y-Richtung

$$\dot{x}_S = v_S = R \cdot \omega, \qquad \dot{y}_S = 0$$

folgt die Lage des Momentanpols P aus *(1)* und *(2)* zu

$$x_p = 0 - \frac{0}{-\omega} = 0 \quad\Bigg\|$$

$$y_p = R + \frac{R\omega}{-\omega} = 0 \quad\Bigg\|$$

Beachte: Der Momentanpol ist der aktuelle Auflagepunkt!

Für eine reine Rotation um den jetzt bekannten Momentanpol P (vgl. *Bild 3.19*) wird die Geschwindigkeit des Punktes K

$$v_K = r_K \cdot \omega \tag{3}$$

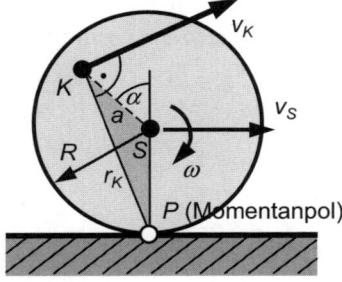

Der Abstand r_K vom Momentanpol P zum Punkt K folgt aus dem Kosinussatz im markierten Dreieck des *Bild 3.19* zu

$$r_K^2 = R^2 + a^2 - 2Ra \cdot \cos(180° - \alpha)$$

$$r_K = \sqrt{R^2 + a^2 + 2Ra \cdot \cos\alpha}$$

Damit erhält man aus *(3)* für die Geschwindigkeit des Punktes K erwartungsgemäß das gleiche Ergebnis wie nach der Variante 1.

Bild 3.19

$$\underline{\underline{v_K = \omega\sqrt{R^2 + a^2 + 2Ra \cdot \cos\alpha}}}$$

Weitere Hinweise zur Bestimmung des Momentanpols:

- Bei einem rollenden Rad (es wird reines Rollen ohne Gleiten vorausgesetzt) auf einer ruhenden Unterlage ist der Momentanpol P immer der Berührungspunkt (*Bild 3.20 a*).
- Eine lose Rolle mit einem festen Seilende kann als ein an dem festen Seilende abrollendes Rad angesehen werden (z. B. ein Jo-Jo). Der Momentanpol P liegt somit immer dort, wo das feste Seilende die Rolle verlässt (*Bild 3.20 b*).

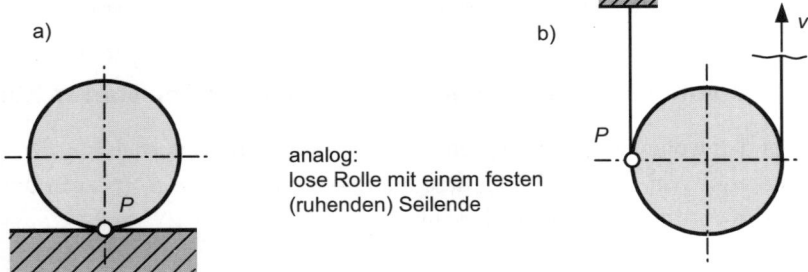

Bild 3.20 Lage des Momentanpols *P* beim rollenden Rad und bei einer losen Rolle mit festem Seilende

- Sind die Bewegungsrichtungen zweier Punkte A und B eines starren Körpers bekannt und nicht parallel, so kann der Momentanpol P als Schnittpunkt der Senkrechten auf die Geschwindigkeitsrichtungen in diesen zwei Punkten bestimmt werden (*Bild 3.21 a*).

- Sind die Bewegungsrichtungen zweier Punkte A und B parallel, so liegt der Momentanpol P auf der Verbindungslinie dieser zwei Punkte (*Bild 3.21 b*). Die Lage des Momentanpols auf dieser Linie kann bei bekannten Geschwindigkeiten aus der folgenden Grundbeziehung berechnet werden:

$$\omega = \frac{v_A}{r_A} = \frac{v_B}{r_B} \qquad \text{mit} \qquad r_B = 2r + r_A$$

Es ergibt sich

$$r_A = 2r \cdot \frac{v_A}{v_B - v_A} \qquad\qquad r_B = 2r \cdot \frac{v_B}{v_B - v_A}$$

Sonderfall: Bei parallelen, gleich gerichteten und gleich großen Geschwindigkeiten zweier Punkte ($v_A = v_B$; Translation des Körpers) liegt der Momentanpol im Unendlichen!

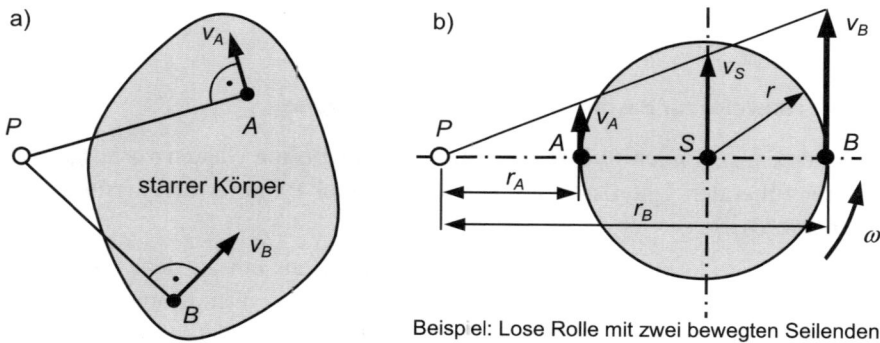

Beispiel: Lose Rolle mit zwei bewegten Seilenden

Bild 3.21 Lage des Momentanpols bei Kenntnis der Geschwindigkeiten zweier Punkte

3.2.3   Kinematik von Systemen aus Punktmassen und starren Körpern

Im Folgenden wollen wir die Betrachtungen nur in der Ebene vornehmen. Wir hatten bereits erkannt (vgl. *Kapitel 3.2.1*), dass die Lage *eines starren Körpers* in der Ebene durch drei Koordinaten eindeutig beschrieben ist.

Beispiel (Bild 3.22)

Die drei Koordinaten, welche die Lage des starren Körpers eindeutig beschreiben sind

- x, y - Koordinaten eines Punktes (zweckmäßig der Schwerpunkt S)
- φ - Winkelkoordinate

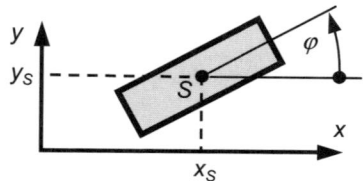

Bild 3.22 Lagebeschreibung eines Körpers

Bei einem *System aus Punktmassen* und/oder *starren Körpern* können auch mehr Koordinaten zur Lagebeschreibung zweckmäßig sein. Das hängt von der Anzahl der Punktmassen und starren Körper und der Art ihrer Kopplungen ab.

Satz: Die Anzahl der zur eindeutigen Beschreibung der Lage eines Systems aus Punktmassen und starren Körpern notwendigen Koordinaten nennt man die Anzahl der *Freiheitsgrade f.*

Das *Bild 3.23* zeigt einige Beispiele für Systeme aus Massen bzw. starren Körpern. Für jedes System sind die zur eindeutigen Lagebeschreibung notwendigen Koordinaten (eine von mehreren Möglichkeiten) und die Anzahl der Freiheitsgrade *f* angegeben.

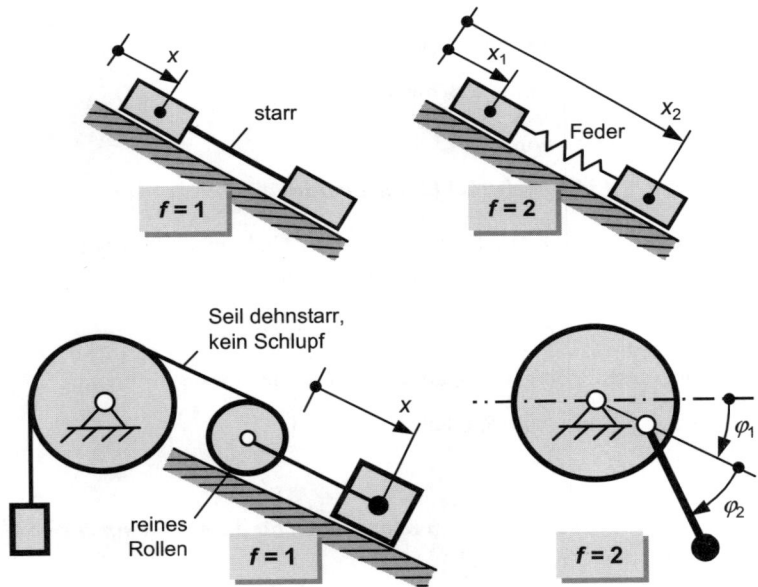

Bild 3.23 Freiheitsgrade von Systemen

Häufig ist es zweckmäßig, mehr Koordinaten einzuführen, als das System Freiheitsgrade *f* hat. Dann bestehen zwischen den Koordinaten (bzw. den Ableitungen der Koordinaten nach der Zeit, den Geschwindigkeiten) bekannte Abhängigkeiten, die so genannten *Zwangsbedingungen* (*ZB*), und es muss folgende Bedingung erfüllt sein:

$$f = n - z \tag{3.31}$$

mit n - Anzahl der eingeführten Koordinaten

       z - Anzahl der Zwangsbedingungen

Beispiel 3.5 Rollendes Rad (Koordinaten, Freiheitsgrad, Zwangsbedingungen)

Die Bewegung eines rollenden Rades (ohne gleiten) wird zunächst durch zwei Bewegungskoordinaten x und φ beschrieben (*Bild 3.24*). Damit gilt:

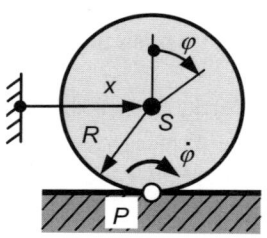

    Anzahl der eingeführten Koordinaten: $n = 2$
    Reines Rollen eines Rades: $f = 1$

Aus *(3.31)* folgt $z = 1$, d. h. es muss *eine Zwangsbedingung* geben. Die Zwangsbedingung kann aus der Rotation des Rades um den Momentanpol P, die mit der Winkelgeschwindigkeit $\dot{\varphi}$ erfolgt, gefunden werden (vgl. *Kapitel 3.2.2*).

Bild 3.24 Rollendes Rad

Für die Geschwindigkeit v_S des Schwerpunktes S gilt

$$v_S = \dot{x} = R\dot{\varphi} \qquad \textit{ZB für die Geschwindigkeiten} \qquad (1)$$

Daraus folgt durch Integration

$$x = R\varphi + c \qquad \textit{allgemeine ZB für die Koordinaten} \qquad (2)$$

Die Integrationskonstante c hängt von der Lage der Nullpunkte der Koordinaten x und φ ab. Wählt man die Nullpunkte zweckmäßig so, dass für $\varphi = 0$ auch $x = 0$ ist, also

$$x(\varphi = 0) = 0 \qquad (3)$$

gilt, so folgt mit dieser Bedingung *(3)* aus der allgemeinen Zwangsbedingung *(2)*

$$x = R\varphi + c \qquad \Rightarrow \qquad 0 = R \cdot 0 + c \qquad \Rightarrow \qquad c = 0$$

und damit aus *(2)*

$$\underline{\underline{x = R\varphi}} \qquad \textit{ZB zwischen den Koordinaten für die angenommenen Nullpunkte}$$

Beispiel 3.6 System starrer Körper

Für das System nach *Bild 3.25* mit den dort eingetragenen Bewegungskoordinaten werden die ZB zwischen den Koordinaten gesucht. Reines Rollen und ein dehnstarres Seil ohne Schlupf werden vorausgesetzt. Es gilt zunächst:

    Anzahl der eingeführten Koordinaten: $n = 4$ $(x_1, \varphi_1, \varphi_2, x_2)$
    Anzahl der Freiheitsgrade des Systems: $f = 1$

Aus *(3.31)* folgt $z = 3$, d. h. es muss *drei Zwangsbedingungen* geben. Für die Ermittlung der ZB betrachten wir die Rotation des rollenden Rades mit der Winkelgeschwindigkeit $\dot{\varphi}_1$ um den Momentanpol P_1 (vgl. *Bild 3.26*, bzw. auch *Beispiel 3.5*) und die Rotation der Umlenkrolle mit der Winkelgeschwindigkeit $\dot{\varphi}_2$ um den Momentanpol P_2.

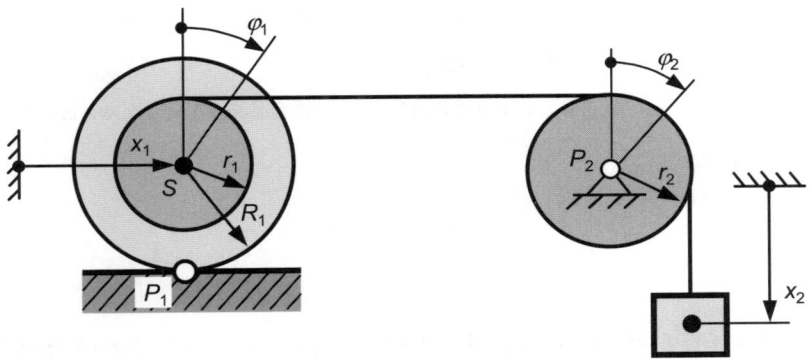

Bild 3.25 System aus starren Körpern

Die Zwangsbedingungen für die Geschwindigkeiten am rollenden Rad und an der Umlenkrolle lassen sich anschaulich aus *Bild 3.26* ableiten.

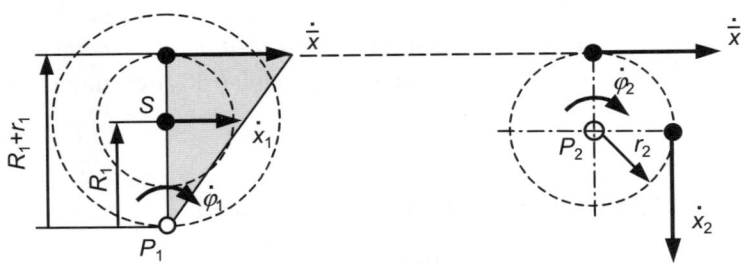

Bild 3.26 Geschwindigkeiten am rollenden Rad und an der Umlenkrolle

Es folgt:

$$\dot{x}_1 = R_1 \cdot \dot{\varphi}_1 \qquad \text{(Rollbedingung; vgl. \textit{Beispiel 3.4} und \textit{Beispiel 3.5})}$$

$$\dot{\bar{x}} = (R_1 + r_1) \cdot \dot{\varphi}_1 \qquad \text{(Seilgeschwindigkeit am rollenden Rad)}$$

$$\dot{x}_2 = \dot{\bar{x}} = r_2 \cdot \dot{\varphi}_2 \qquad (\dot{x}_2 = \text{Seilgeschwindigkeit, } \dot{\bar{x}} = \text{Tangentialgeschwindigkeit der Umlenkrolle; da kein Schlupf vorhanden ist und ein dehnstarres Seil angenommen wird, gilt } \dot{x}_2 = \dot{\bar{x}})$$

Die Integration dieser ZB für die Geschwindigkeiten liefert die allgemeinen ZB für die Bewegungskoordinaten, die noch unbekannte Integrationskonstanten enthalten.

$$x_1 = R_1 \cdot \varphi_1 + c_1$$

$$\bar{x} = (R_1 + r_1) \cdot \varphi_1 + c_2$$

$$x_2 = \bar{x} = r_2 \cdot \varphi_2 + c_3$$

Mit den angenommenen Bedingungen für die Lage der Nullpunkte der Koordinaten

$$x_1(\varphi_1 = 0) = 0, \quad x_2(\varphi_2 = 0) = 0, \quad \overline{x}(\varphi_1 = 0) = 0$$

werden die Konstanten c_1 bis c_3 in den ZB null (vgl. auch *Beispiel 3.5*) und wir erhalten

$$\left.\begin{aligned} x_1 &= R_1 \cdot \varphi_1 \\ x_2 &= (R_1 + r_1) \cdot \varphi_1 \\ x_2 &= r_2 \cdot \varphi_2 \end{aligned}\right\|$$

3.3 Kinetik der ebenen Bewegung von Punktmassen und starren Körpern

Die bisherige kinematische Betrachtungsweise (*Kapitel 3.1* und *3.2*) reichte aus, um die Bewegungen von Körpern zu beschreiben. Die Kräfte als Ursache oder Wirkung von Bewegungen wurden dabei nicht mit einbezogen. Wir verlassen hier deshalb das Teilgebiet der *Kinematik* und gehen zum Teilgebiet *Kinetik*, indem die Zusammenhänge zwischen den kinematischen Größen (Weg, Zeit, Geschwindigkeit, Beschleunigung) und den während der Bewegung auftretenden Kräften untersucht werden (vgl. auch *Bild 3.1*).

3.3.1 D'ALEMBERTsches Prinzip für Punktmassen

Die bisher in der Statik angenommenen Axiome werden um ein weiteres Axiom, das so genannte *NEWTON'sche Grundgesetz der Dynamik* (1687), ergänzt:

$$\vec{F} = \frac{\mathrm{d}(m\vec{v})}{\mathrm{d}t} \qquad \text{und für } m = \text{konst.}$$

$$\vec{F} = m \cdot \frac{\mathrm{d}\vec{v}}{\mathrm{d}t} = m \cdot \vec{a} \tag{3.32}$$

Das NEWTON'sche Grundgesetz in seiner ursprünglichen Form gilt nur für freie[2] Punktmassen und setzt Folgendes voraus:

- Die Geschwindigkeit v ist sehr viel kleiner als die Lichtgeschwindigkeit.
- Das Bezugssystem wird als beschleunigungsfrei angenommen (Inertialsystem)[3]

---

[2] Ist eine Bewegung nicht durch Bindungen (z. B. bei geführten Bewegungen) behindert, so spricht man von einer freien Bewegung.
[3] Raum-Zeit-Bezugssystem, in dem die NEWTON'schen Axiome gelten. In der Technischen Mechanik kann ein fest mit der Erde verbundenes Bezugssystem als Inertialsystem angesehen werden.

Häufig sind Systeme der Technischen Mechanik durch Lager und Führungen (oft mit Reibung) mit der Umgebung verbunden. Zur Behandlung solcher gebundener Systeme dient das D'ALEMBERT'sche Prinzip, das wir nachfolgend einführen wollen.

Die auf eine Masse wirkenden Kräfte lassen sich wie folgt einteilen:

- Äußere eingeprägte Kräfte $\vec{F}_e$
- Reaktionskräfte $\vec{F}_R$
- Trägheitskräfte (Massenträgheitskräfte) $m \cdot \vec{a}$

Bei gebundenen (z. B. gelagerten) Systemen gehen durch die Bindungen Kräfte verloren, die somit nicht für die Beschleunigung des Systems zur Verfügung stehen. Es gibt also noch die so genannten

- *„verlorenen Kräfte"* $\vec{F}_V$

Für eine freie Masse sind die Kräfte $\vec{F}$ im NEWTON'schen Grundgesetz *(3.32)* gleich den eingeprägten Kräften $\vec{F}_e$. Bei gebundenen Systemen vermindern sich die für die Beschleunigung wirksamen Kräfte um die verlorenen Kräfte. Für $\vec{F}$ gilt dann

$$\vec{F} = \vec{F}_e - \vec{F}_V$$

Setzt man diese Kräfte in *(3.32)* ein, so folgen daraus die *„verlorenen Kräfte"*

$$\vec{F}_V = \vec{F}_e - m\vec{a}$$

Die *„verlorenen Kräfte"* $\vec{F}_V$ stehen mit den Reaktionskräften (z. B. Lagerkräften) $\vec{F}_R$ im Gleichgewicht, d. h. es gilt

$$\vec{F}_R + \vec{F}_V = 0$$

Einsetzen der *„verlorenen Kräfte"* $\vec{F}_V$ liefert

$$\vec{F}_R + \vec{F}_e - m \cdot \vec{a} = 0 \qquad \text{und mit} \qquad \vec{F} = \vec{F}_R + \vec{F}_e$$

erhält man

$$\vec{F} - m \cdot \vec{a} = 0 \tag{3.33}$$

Die *Gleichung (3.33)* ist das NEWTON'sche Grundgesetz in der D'ALEMBERT'schen Form. Damit wird folgende prinzipielle Aussage beschrieben:

Das kinetische Problem wird formal auf ein statisches Problem zurückgeführt, indem zu den eingeprägten Kräften und den Reaktionskräften die Massenträgheitskräfte $-m \cdot \vec{a}$ (auch D'ALEMBERT'sche Kräfte genannt) hinzugefügt werden.

Mit dieser Aussage kann man für Massenpunktsysteme die folgende Vorgehensweise bei der Lösung praktischer kinetischer Problemstellungen formulieren.

Vorgehensweise bei der Anwendung des D'ALEMBERT'schen Prinzips:

- Einführung von Bewegungskoordinaten (gegebenenfalls Zwangsbedingungen zwischen den Koordinaten ermitteln)
- Freischneiden der bewegten Massenpunkte in einer allgemeinen Lage
- Antragen aller eingeprägten Kräfte und aller Reaktionskräfte
- Antragen aller Massenträgheitskräfte $m \cdot \vec{a}$ (D'ALEMBERT'sche Kräfte)

> *Beachte:* Die Massenträgheitskräfte (D'ALEMBERT'sche Kräfte) sind wegen des negativen Vorzeichens in der *Gleichung (3.33)* immer entgegengesetzt zu den positiven Koordinatenrichtungen ($\equiv$ positive Beschleunigungsrichtungen) anzutragen!

- Aufschreiben der Gleichgewichtsbedingungen wie in der Statik
- Berechnung der gesuchten Größen (Beschleunigungen, Bewegungsgesetze, Kräfte usw.) aus den Gleichgewichtsbedingungen und Zwangsbedingungen

Beispiel 3.7 Masse auf schiefer Ebene

Gegeben: $m = 20$ kg; $l = 0,6$ m; $\alpha = 45°$
Haftungskoeffizient $\mu_0 = 0,15$; Gleitreibungskoeffizient $\mu = 0,1$

Gesucht: Wie lange braucht die Masse im *Bild 3.27*, um aus der Ruhelage den Weg l zurückzulegen?

a) Zuerst definieren wir eine Bewegungskoordinate x vom Ausgangspunkt der Bewegung in Richtung der schiefen Ebene abwärts (*Bild 3.27 a*). In einer allgemeinen Lage x (*Bild 3.27 b*) wird die Masse von ihren Bindungen freigeschnitten und alle Kräfte (eingeprägte Kräfte, Reaktionskräfte und D'ALEMBERT'sche Kräfte) antragen.

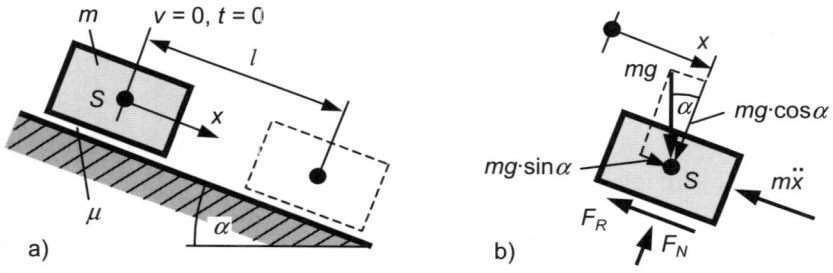

Bild 3.27 Masse auf schiefer Ebene

Beachte: Der Richtungssinn der Reibkraft F_R gilt nur für die Abwärtsbewegung!

b) An der freigeschnittenen Masse wird das Kräftegleichgewicht in Normalenrichtung zur schiefen Ebene und in x-Richtung aufgeschrieben.

$$\nearrow : \quad F_N - mg \cdot \cos\alpha = 0 \qquad \Rightarrow \quad F_N = mg \cdot \cos\alpha$$

$$\searrow : \quad mg \cdot \sin\alpha - F_R - m\ddot{x} = 0 \qquad (1)$$

Mit der Normalkraft F_N und dem COULOMB'schen Gleitreibungsgesetz (vgl. *Kapitel 1.9.2*)

$$F_R = \mu F_N = \mu \cdot mg \cdot \cos\alpha$$

folgt aus *(1)*

$$mg \cdot \sin\alpha - \mu mg \cdot \cos\alpha - m\ddot{x} = 0$$

$$\ddot{x} = g(\sin\alpha - \mu \cdot \cos\alpha) = a \qquad (2)$$

Die *Gleichung (2)* ist die Beschleunigung der Masse für die Abwärtsbewegung (oder was gleichbedeutend ist für $\dot{x} \geq 0$).

c) Damit eine Abwärtsbewegung der Masse aus der Ruhe heraus überhaupt eintreten kann, muss am Beginn der Bewegung die Bedingung

$$\ddot{x} > 0$$

erfüllt sein. Aus *(2)* folgt damit (Beachte: Für μ ist μ_0 einzusetzen, da die Masse noch ruht!)

$$\sin\alpha - \mu_0 \cdot \cos\alpha > 0 \qquad \Rightarrow \quad \mu_0 < \tan\alpha$$

und mit den gegebenen Zahlenwerten:

$$\Rightarrow \quad 0{,}15 < \tan 45° = 1 \qquad \text{Bedingung erfüllt!}$$

Da $\mu < \mu_0$ gilt, ist eine Abwärtsbewegung mit positiver Beschleunigung gesichert und damit garantiert, dass die Masse nicht vor dem Zurücklegen des Weges l zur Ruhe kommt.

d) Nachfolgend berechnen wir die Zeit $t = T$, die die Masse benötigt, um den Weg l zurückzulegen. Aus der Beschleunigung *(2)* erhalten wir durch Integration die Geschwindigkeit und den Weg in Abhängigkeit von der Zeit:

$$\ddot{x} = a$$

$$\dot{x} = at + c_1$$

$$x = \frac{1}{2}at^2 + c_1 t + c_2$$

Neben den Integrationskonstanten c_1 und c_2 ist auch noch die Zeit T unbekannt. Für diese drei unbekannten Größen benötigen wir drei Zusatzgleichungen. Diese erhalten wir aus den Anfangsbedingungen und der Endbedingung der Bewegung.

Aus den Anfangsbedingungen folgt

1. $x(t=0)=0$ $\Rightarrow$ $c_2 = 0$
2. $\dot{x}(t=0)=0$ $\Rightarrow$ $c_1 = 0$

Aus der Endbedingung der Bewegung ergibt sich schließlich die Zeit T für den Weg l

$$x(t=T)=l \qquad \Rightarrow \quad \frac{1}{2}aT^2 = l \qquad \Rightarrow \quad T = \sqrt{\frac{2l}{a}}$$

Die Beschleunigung a nach (2) in die Gleichung für T eingesetzt, liefert das allgemeine Ergebnis für die gesuchte Zeit T

$$T = \sqrt{\frac{2l}{g(\sin\alpha - \mu\cos\alpha)}}$$

Mit den gegebenen Zahlenwerten folgt daraus

$$\underline{T} = \sqrt{\frac{2 \cdot 0{,}6\,\text{m}}{9{,}81\,\text{m}\cdot\text{s}^{-2}\left(\sin 45° - 0{,}1 \cdot \cos 45°\right)}} = \underline{\underline{0{,}438\,\text{s}}}$$

Beispiel 3.8 Zwei-Massen-System mit Umlenkrolle

Gegeben: $M, m_1 = 2M, m_2 = M, R$
Gesucht: Beschleunigung der Masse m_1

a) Bewegungskoordinaten, Freischneiden:
Zur Beschreibung der Bewegung der zwei Massen und der Umlenkrolle werden drei Bewegungskoordinaten (x_1, x_2, φ) einge-führt (*Bild 3.28*). In einer allgemeinen La-ge werden die zwei Massen von ihren Bin-dungen, den Seilen und der Erdgravitation sowie die Umlenkrolle vom Lager A und den Seilen freigeschnitten und alle Kräfte (eingeprägte Kräfte, Reaktionskräfte und D´ALEMBERT'sche Kräfte) angetragen (*Bild 3.29*).

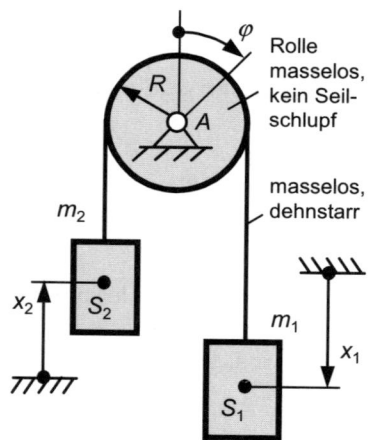

Bild 3.28 2-Massen-System mit Umlenkrolle

b) Gleichgewichtsbedingungen:
Für jedes der drei freigeschnittenen Teilsysteme (*Bild 3.29*) müssen die Gleichge-wichtsbedingungen erfüllt sein. Da hier keine Lagerreaktionen bei A gesucht sind und

an m_1 und m_2 nur vertikale Kräfte auftreten, benötigen wir nur die folgenden drei Gleichgewichtsbedingungen.

Momentengleichgewicht an der Umlenkrolle (masselos)[4] um den Punkt A:

$$\curvearrowright A : \quad F_{S1}R - F_{S2}R = 0$$

$$F_{S1} = F_{S2} \qquad (1)$$

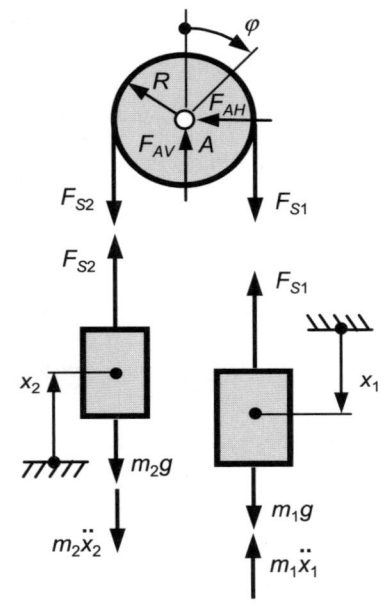

Kraftgleichgewicht an der Masse m_1:

$$\uparrow : \quad F_{S1} - m_1 g + m_1 \ddot{x}_1 = 0$$

$$F_{S1} = m_1 g - m_1 \ddot{x}_1 \qquad (2)$$

Kraftgleichgewicht an der Masse m_2:

$$\uparrow : \quad F_{S2} - m_2 \ddot{x}_2 - m_2 g = 0$$

$$F_{S2} = m_2 g + m_2 \ddot{x}_2 \qquad (3)$$

c) Zwangsbedingungen:
Da wir bei diesem System mehr Koordinaten eingeführt haben, als das System Freiheitsgrade besitzt, müssen noch Zwangsbedingungen (ZB) zwischen den Koordinaten aufgestellt werden.

Bild 3.29 Freigeschnittenes System (*Bild 3.28*)

Es gilt zunächst:

Anzahl der eingeführten Koordinaten: $n = 3$
Anzahl der Freiheitsgrade des Systems: $f = 1$

Aus $f = n - z$ *Gleichung (3.31)* folgt $z = 2$, d. h. es gibt noch **zwei Zwangsbedingungen**. Da das Seil als dehnstarr angenommen werden kann und kein Seilschlupf auftreten soll, ergeben sich zunächst zwei ZB für die Geschwindigkeiten, aus denen die ZB für die Beschleunigungen durch Differentiation und für die Koordinaten durch Integration ermittelt werden können. Wählt man für die Koordinaten zweckmäßig $\varphi(x_1=0)=0$ und $\varphi(x_2=0)=0$, dann werden alle Integrationskonstanten null (vgl. auch Zwangsbedingungen zu *Beispiel 3.5* und *Beispiel 3.6*).

$$R \cdot \dot{\varphi} = \dot{x}_1 \quad \Rightarrow \quad R \cdot \ddot{\varphi} = \ddot{x}_1 \qquad \text{bzw.} \qquad R \cdot \varphi = x_1 \qquad (4)$$

$$R \cdot \dot{\varphi} = \dot{x}_2 \quad \Rightarrow \quad R \cdot \ddot{\varphi} = \ddot{x}_2 \qquad \text{bzw.} \qquad R \cdot \varphi = x_2 \qquad (5)$$

---

[4] Natürlich gibt es keine masselose Umlenkrolle, sondern wir nehmen hier an, dass die Masse der Umlenkrolle im Vergleich zu den anderen Massen vernachlässigbar klein ist und damit einen für die Bewegung vernachlässigbaren Einfluss hat. Auch die Reibung im Rollenlager wird hier vernachlässigt (sehr gut geschmiertes Kugellager). Ob diese Annahmen in einem konkreten Fall zutreffen, muss natürlich überprüft werden.

In den *Gleichungen (1)* bis *(5)* sind genau fünf Unbekannte (F_{s_1}, F_{s_2}, $\ddot{x}_1$, $\ddot{x}_2$, $\ddot{\varphi}$) enthalten. Damit kann durch entsprechendes Auflösen jede Unbekannte berechnet werden. Wir suchen hier nur die Beschleunigung $\ddot{x}_1$ der Masse m_1.

d) Berechnung der Beschleunigung der Masse m_1:

Einsetzen von *(2)* und *(3)* in *(1)* liefert

$$m_1 g - m_1 \ddot{x}_1 = m_2 g + m_2 \ddot{x}_2$$

Aus den Zwangsbedingungen *(4)* und *(5)* folgt

$$\ddot{x}_2 = \ddot{x}_1$$

und es kann damit $\ddot{x}_2$ eliminiert werden. Es folgt

$$\left(m_1 + m_2\right)\ddot{x}_1 = m_1 g - m_2 g \qquad \Rightarrow \qquad \ddot{x}_1 = \frac{\left(m_1 - m_2\right)g}{m_1 + m_2}$$

Für die gegebenen Werte $m_1 = 2M$; $m_2 = M$ ergibt sich

$$\ddot{x}_1 = \frac{1}{3}g$$

3.3.2   Ebene Bewegungen von starren Körpern

Zur Beschreibung der ebenen Bewegung eines starren Körpers führen wir ein körperfestes Koordinatensystem ein, dessen Ursprung stets im Schwerpunkt S des Körpers mit der Masse m liegen soll.

> Wir wollen jetzt die Gesamtheit der Massenbeschleunigungskräfte, die auf ein differentielles Massenelement dm wirken, zu äquivalenten Größen zusammenfassen und auf den Schwerpunkt S der Masse m reduzieren (*Bild 3.30*).

Wir fassen dafür die Bewegung des Körpers als Überlagerung von Translation des Schwerpunktes S (mit den Geschwindigkeits- und Beschleunigungskomponenten in x- und y-Richtung: $\dot{x}_S$, $\ddot{x}_S$ und $\dot{y}_S$, $\ddot{y}_S$) und Rotation um den Schwerpunkt (mit der Winkelgeschwindigkeit $\dot{\varphi}$ und der Winkelbeschleunigung $\ddot{\varphi}$) auf.

Die Massenbeschleunigungskräfte des Massenelements dm in *Bild 3.30* müssen nach dem D'ALEMBERTschen Prinzip entgegengesetzt zu den positiven Beschleunigungen angetragen werden. Für die Translation somit entgegen der positiven x- und y-Koordinate und für die Rotation entgegen der positiven Normal- und Tangentialbeschleunigung (vgl. *Kapitel 3.1.5, Bild 3.9 b*).

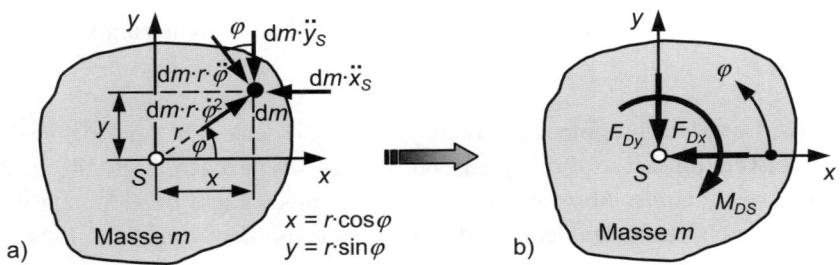

Bild 3.30 Reduktion der Massenkräfte auf den Schwerpunkt

Äquivalenzbedingungen zwischen den auf den Schwerpunkt S bezogenen Größen (*Bild 3.30 b*) und den auf das Massenelement dm wirkenden und über die gesamte Masse m integrierten Massenkräfte (*Bild 3.30 a*) liefern:

$$\leftarrow: \quad F_{Dx} = \int\limits_{(m)} \ddot{x}_S\, dm - \int\limits_{(m)} r\ddot{\varphi}\sin\varphi\, dm - \int\limits_{(m)} r\dot{\varphi}^2\cos\varphi\, dm$$

$$F_{Dx} = \ddot{x}_S \int\limits_{(m)} dm - \ddot{\varphi}\int\limits_{(m)} y\, dm - \dot{\varphi}^2 \int\limits_{(m)} x\, dm \tag{3.34}$$

$$\downarrow: \quad F_{Dy} = \int\limits_{(m)} \ddot{y}_S\, dm + \int\limits_{(m)} r\ddot{\varphi}\cos\varphi\, dm - \int\limits_{(m)} r\dot{\varphi}^2\sin\varphi\, dm$$

$$F_{Dy} = \ddot{y}_S \int\limits_{(m)} dm + \ddot{\varphi}\int\limits_{(m)} x\, dm - \dot{\varphi}^2 \int\limits_{(m)} y\, dm \tag{3.35}$$

$$\overset{\curvearrowright}{S}: \quad M_{DS} = \int\limits_{(m)} \ddot{y}_S x\, dm - \int\limits_{(m)} \ddot{x}_S y\, dm + \int\limits_{(m)} r\ddot{\varphi}\cdot r\, dm$$

$$M_{DS} = \ddot{y}_S \int\limits_{(m)} x\, dm - \ddot{x}_S \int\limits_{(m)} y\, dm + \ddot{\varphi}\int\limits_{(m)} r^2 dm \tag{3.36}$$

Für die Integrale in *(3.34)* bis *(3.36)* führen wir folgende Abkürzungen ein:

$$m = \int\limits_{(m)} dm \qquad\qquad \textit{Masse} \tag{3.37}$$

$$\left.\begin{array}{l} S_y = \int\limits_{(m)} x\, dm \\[2.5em] S_x = \int\limits_{(m)} y\, dm \end{array}\right\} \qquad \textit{Statische Momente} \tag{3.38}$$

Beachte: Statische Momente für Achsen durch den Schwerpunkt sind stets null (vgl. *Kapitel 1.10.3*)!

$$J_S = \int\limits_{(m)} r^2 \mathrm{d}m \qquad \textbf{\textit{Massenmoment 2. Grades}} \text{ oder kurz } \textbf{\textit{Trägheitsmoment}} \qquad (3.39)$$

Hinweis: Das Massenmoment 2. Grades J_S ist auf die senkrecht zur Zeichenebene liegende Rotationsachse durch den Schwerpunkt S bezogen. Deshalb wird es mitunter auch **axiales Massenmoment** bezeichnet. Als ältere Bezeichnung findet man auch noch häufig den Begriff „Massenträgheitsmoment" (vgl. DIN 1304).

Mit der Abkürzung *(3.39)* und $S_x = S_y = 0$ für Schwerpunktachsen folgt aus *(3.34)* bis *(3.36)*

$$\begin{aligned} F_{Dx} &= m\ddot{x}_S \\ F_{Dy} &= m\ddot{y}_S \\ M_{DS} &= J_S\ddot{\varphi} \end{aligned} \qquad (3.40)$$

Die *Gleichungen (3.40)* lassen sich wie folgt interpretieren:

* Die Gesamtheit der Massenbeschleunigungskräfte der ebenen Bewegung eines starren Körpers kann durch drei auf den Schwerpunkt S bezogenen Trägheitsgrößen $m\ddot{x}_S$, $m\ddot{y}_S$ und $J_S\ddot{\varphi}$ ersetzt werden.
* Diese Trägheitsgrößen sind bei positiven Beschleunigungen entgegengesetzt zu den positiven Koordinaten x, y und φ gerichtet (vgl. *Bild 3.30 b*).
* Mit diesen Trägheitsgrößen kann das D'ALEMBERT'sche Prinzip für Punktmassen *(Kapitel 3.3.1)* auf starre Körper erweitert werden, indem als dritte Trägheitsgröße $J_S\ddot{\varphi}$ hinzugefügt wird.

D'ALEMBERTsches Prinzip für die ebene Bewegung starre Körper

Schnittprinzip und Gleichgewichtsbedingungen können wie in der Statik benutzt werden, wenn man im Schwerpunkt S des starren Körpers die Kräfte

$$\left.\begin{aligned} m\ddot{x}_S \\ m\ddot{y}_S \end{aligned}\right\} \qquad \text{D'ALEMBERT'sche Kräfte}$$

sowie das Moment

$$J_S\ddot{\varphi} \qquad \text{D'ALEMBERT'sches Moment}$$

entgegengesetzt zu den positiven Beschleunigungsrichtungen (bzw. was gleichbedeutend ist, entgegengesetzt zu den positiven Koordinatenrichtungen, da in diesen Richtungen auch immer die positiven Beschleunigungen definiert sind) hinzugefügt!

Hinweis zur Ermittlung des Massenmomentes 2. Grades J_s

J_s ist das (axiale) Massenmoment 2. Grades für eine Bezugsachse senkrecht zur Zeichenebene durch den Punkt S. Es gilt allgemein (vgl. *Gleichung (3.39)* und *Bild 3.31*)

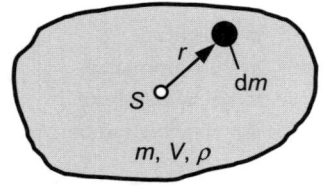

$$J_S = \int\limits_{(m)} r^2 dm$$

Bild 3.31 Berechnung von J_s

und mit $dm = \rho \cdot dV$ folgt

$$J_S = \int\limits_{(V)} r^2 \rho dV \qquad (3.41)$$

Falls ρ = konstant ist, wird

$$J_S = \rho \int\limits_{(V)} r^2 dV \qquad (3.42)$$

Im Folgenden wird die Berechnung von J_s nach *Gleichung (3.42)* für zwei typische Körper gezeigt.[5]

Beispiel 3.9 Dünner homogener Stab (Querschnittsabmessungen << Stablänge)

Es sei (vgl. *Bild 3.32*)

ρ - Dichte
m - Gesamtmasse
l - Gesamtlänge
A - Querschnittsfläche

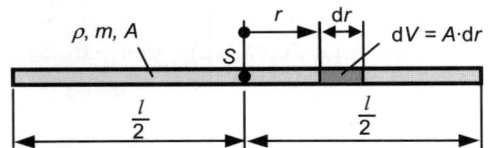

Bild 3.32 Dünner homogener Stab

Damit folgt aus *Gleichung (3.42)*

$$J_S = \rho \int\limits_{(V)} r^2 dV = \rho \int\limits_{-\frac{l}{2}}^{\frac{l}{2}} r^2 A dr = \rho A \frac{1}{3} r^3 \Big|_{-\frac{l}{2}}^{\frac{l}{2}} = \frac{1}{3}\rho A \left[\left(\frac{l}{2}\right)^3 - \left(-\frac{l}{2}\right)^3 \right]$$

$$J_S = \frac{1}{12}\rho A l^3 = \frac{1}{12}\underbrace{(\rho A l)}_{=m}l^2$$

$$\underline{\underline{J_S = \frac{1}{12}ml^2}} \qquad (3.43)$$

---

[5] Für viele weitere Körper findet man Lösungen für das Massenmoment 2. Grades in [1], [3], [4]

Beispiel 3.10 Homogene Kreisscheibe (bzw. Vollzylinder)

Es sei

ρ - Dichte
m - Gesamtmasse
h - Scheibendicke
R - Scheibenradius

Mit *Bild 3.33* folgt aus *Gleichung (3.42)*

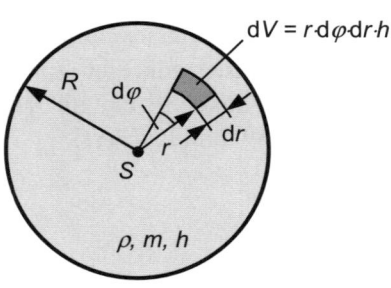

$$J_S = \rho \int\limits_{(V)} r^2 dV = \rho h \int\limits_0^R \int\limits_0^{2\pi} r^3 d\varphi\, dr$$

$$J_S = \rho h\, 2\pi \frac{1}{4} r^4 \Big|_0^R$$

$$J_S = \frac{1}{2}\rho h\pi R^4 = \frac{1}{2}\underbrace{\left(\rho\pi R^2 \cdot h\right)}_{m}\cdot R^2$$

$$J_S = \frac{1}{2}mR^2 \tag{3.44}$$

Bild 3.33 Homogene Kreisscheibe

Der STEINERsche Satz für Massenmomente 2. Grades

Ziel der folgenden Betrachtungen ist die Berechnung eines Zusammenhangs zwischen den Massenmomenten 2. Grades für parallele Achsen (senkrecht zur Zeichenebene) durch A und den Schwerpunkt S (*Bild 3.34*).

Voraussetzung:

- x und y sind Achsen durch den Schwerpunkt S
- $\bar{x}$ und $\bar{y}$ sind parallele Achsen zu x und y durch den Punkt A

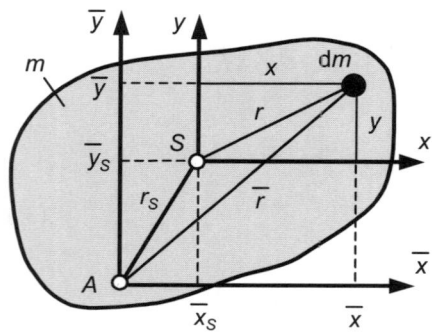

Bild 3.34 Definition der Bezugssysteme für den STEINER'schenSatz

Für das Massenmoment bezogen auf die Achse durch A folgt nach *Gleichung (3.39)* und *Bild 3.34*

$$J_A = \int_{(m)} \bar{r}^2 dm = \int_{(m)} \left[(\bar{x}_S + x)^2 + (\bar{y}_S + y)^2 \right] dm = \int_{(m)} \left(\bar{x}_S^2 + 2\bar{x}_S x + x^2 + \bar{y}_S^2 + 2\bar{y}_S y + y^2 \right) dm$$

$$J_A = \int_{(m)} \left(\bar{x}_S^2 + \bar{y}_S^2 \right) dm + \int_{(m)} \left(x^2 + y^2 \right) dm + 2\bar{x}_S \underbrace{\int_{(m)} x\, dm}_{=0} + 2\bar{y}_S \underbrace{\int_{(m)} y\, dm}_{=0}$$

Die beiden letzten Integrale werden null, da es sich um statische Momente bezogen auf Schwerpunktachsen handelt (*Kapitel 1.10.3*).

Aus dem *Bild 3.34* können folgende geometrischen Zusammenhänge abgelesen werden:

$$r^2 = x^2 + y^2$$
$$r_S^2 = \bar{x}_S^2 + \bar{y}_S^2$$

Mit diesen Ausdrücken vereinfacht sich das Massenmoment 2. Grades J_A zu

$$J_A = \int_{(m)} r^2 dm + \int_{(m)} r_S^2\, dm$$

$$J_A = J_s + r_S^2\, m \qquad\qquad \textit{STEINER'scher Satz} \qquad\qquad (3.45)$$

Beachte: S muss der Schwerpunkt des Körpers sein! A ist ein beliebiger Punkt. Die beiden Achsen durch S und A, auf die sich J_s und J_A beziehen, müssen parallel zueinander sein und haben den Abstand r_S.

Die große Ähnlichkeit der Definitionsformel *(3.39)* für das Massenmoment 2. Grades J_s mit denen der Flächenmomente 2. Grades I_{xx}, I_{yy} und der für sie geltenden STEINER'-schen Sätze erlaubt die Übertragung einiger Aussagen zu den Flächenmomenten (vgl. *Kapitel 1.11*) auf die Massenmomente. So gilt z. B. für die Berechnung von Massenmomenten 2. Grades zusammengesetzter Körper der folgende Satz (vgl. *Kapitel 1.11.5*):

Satz: Massenmomente 2. Grades können addiert werden, wenn sie auf gleiche Achsen bezogen sind. Sind sie nicht auf gleiche Achsen, aber ansonsten parallele Achsen, bezogen, so lassen sie sich mit Hilfe des STEINER'schen Satzes *(3.45)* auf eine der parallelen Achsen umrechnen.

Beispiel 3.11 Dünner homogener Stab (vgl. **Beispiel 3.9**)

Gesucht: Massenmoment 2. Grades
           bezogen auf eine Achse
           durch A

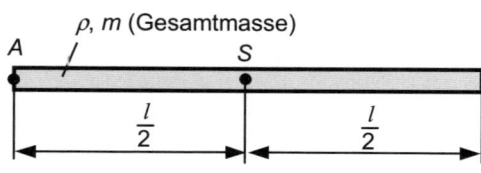

Mit dem STEINER'schen Satz

$$J_A = J_S + r_S^2\, m$$

und

Bild 3.35 Dünner homogener Stab; Massenmoment 2. Grades für parallele Achsen

$$r_S = \frac{l}{2} \qquad \text{(vgl. } Bild\ 3.35)$$

$$J_S = \frac{1}{12}ml^2 \qquad \text{(siehe } Beispiel\ 3.9,\ Gleichung\ (3.43))$$

folgt

$$J_A = \frac{1}{12}ml^2 + \left(\frac{l}{2}\right)^2 m$$

$$\underline{\underline{J_A = \frac{1}{3}ml^2}} \tag{3.46}$$

Beispiel 3.12 Homogene Kreisscheibe mit exzentrischem Kreisloch

Gesucht: Massenmoment 2. Grades bezogen auf die Achsen durch S_1 und durch A

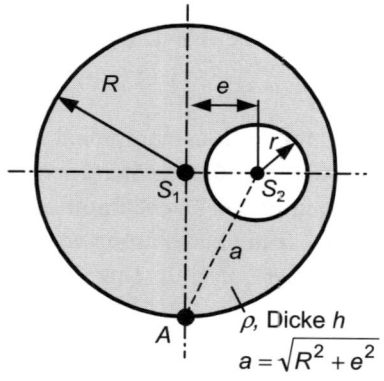

Geometrische Voraussetzung:

$e \le R$ und $r \le R - e$

Bild 3.36 Kreisscheibe mit Kreisloch

Lösungshinweis:

Die Massenmomente werden durch Subtraktion des Massenmomentes des „Lochs" von dem der Vollscheibe berechnet, wobei beide auf die Achse durch S_1 bzw. A bezogen sein müssen!

Massenmoment 2. Grades bezogen auf Achse durch S_1:

Mit dem Massenmoment für eine Vollscheibe *(3.44)* und dem STEINER'schen Satz *(3.45)* folgt

$$J_{S_1} = J_{S_1,\text{Vollscheibe}} - J_{S_1,\text{Loch}} = \frac{1}{2} m_{\text{Vollscheibe}} R^2 - \left(\frac{1}{2} m_{\text{Loch}} r^2 + e^2 m_{\text{Loch}} \right)$$

$$J_{S_1} = \frac{1}{2} \rho h \pi R^2 R^2 - \left(\frac{1}{2} \rho h \pi r^2 r^2 + e^2 \rho h \pi r^2 \right)$$

$$J_{S_1} = \frac{1}{2} \rho h \pi \left(R^4 - r^4 - 2e^2 r^2 \right) \tag{3.47}$$

Massenmoment 2. Grades bezogen auf Achse durch A:

$$J_A = J_{A,\text{Vollscheibe}} - J_{A,\text{Loch}}$$

$$J_A = \frac{1}{2} m_{\text{Vollscheibe}} R^2 + R^2 m_{\text{Vollscheibe}} - \left(\frac{1}{2} m_{\text{Loch}} r^2 + a^2 m_{\text{Loch}} \right)$$

$$J_A = \frac{1}{2} \rho h \pi R^2 R^2 + R^2 \rho h \pi R^2 - \left(\frac{1}{2} \rho h \pi r^2 r^2 + a^2 \rho h \pi r^2 \right)$$

$$J_A = \frac{1}{2} \rho h \pi \left(3R^4 - r^4 - 2a^2 r^2 \right) \qquad \text{mit} \qquad a^2 = R^2 + e^2 \tag{3.48}$$

Aus den Ergebnissen für die Kreisscheibe mit einem exzentrischen Kreisloch folgen weitere Sonderfälle, wie z. B. die Massenmomente 2. Grades für die homogene Kreisringscheibe (bzw. Hohlzylinder) und die homogene Kreisscheibe (bzw. Vollzylinder).

Homogene Kreisringscheibe (Hohlzylinder):

Für eine homogene Kreisringscheibe *(Bild 3.37)* folgt aus *(3.47)* mit $e = 0$ und

$$m = \rho h \pi \left(R^2 - r^2 \right) \qquad \text{(Masse der Kreisringscheibe)}$$

$$J_S = \frac{1}{2} \rho h \pi \left(R^4 - r^4 \right) = \frac{1}{2} \rho h \pi \left(R^2 - r^2 \right) \left(R^2 + r^2 \right)$$

$$J_S = \frac{1}{2} m \left(R^2 + r^2 \right) \tag{3.49}$$

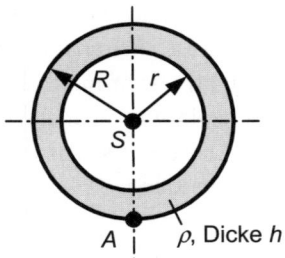

Bild 3.37 Kreisringscheibe

Aus *(3.48)* folgt mit $e = 0$, $a = R$

$$J_A = \frac{1}{2} \rho h \pi \left(3R^4 - r^4 - 2R^2 r^2 \right) = \frac{1}{2} \rho h \pi \left(3R^2 R^2 - r^2 r^2 - 3R^2 r^2 + R^2 r^2 \right)$$

$$J_A = \frac{1}{2} \rho h \pi \left[3R^2 \left(R^2 - r^2 \right) + r^2 \left(R^2 - r^2 \right) \right]$$

$$J_A = \frac{1}{2} m \left(3R^2 + r^2 \right) \qquad\qquad (3.50)$$

Hinweis: Das Massenmoment 2. Grades J_A kann für die Kreisringscheibe ($e = 0$, $a = R$) auch aus J_S mit dem STEINER'schen Satz direkt berechnet werden:

$$J_A = J_S + R^2 m = \frac{1}{2} m \left(R^2 + r^2 \right) + R^2 m = \frac{1}{2} m \left(3R^2 + r^2 \right)$$

Homogene Kreisscheibe (Vollzylinder):

Die Ergebnisse für die Kreisringscheibe enthalten für $r = 0$ den Sonderfall der homogenen Kreisscheibe (bzw. für den Vollzylinder). Das Massenmoment J_s für die Schwerpunktachse wurde bereits im *Beispiel 3.10* berechnet. Aus *Gleichung (3.49)* erhalten wir natürlich das gleiche Ergebnis:

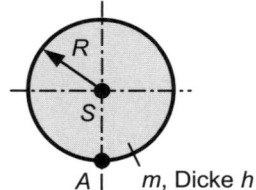

Bild 3.38 Homogene Kreisscheibe

$$J_S = \frac{1}{2} mR^2$$

Die *Gleichung (3.50)* liefert das auf A bezogene Massenmoment 2. Grades (*Bild 3.38*):

$$J_A = \frac{3}{2} mR^2 \qquad\qquad (3.51)$$

3.3.3 Aufstellung von Bewegungsgleichungen

Eine Grundaufgabe der Kinetik ist das Aufstellen von Bewegungsgleichungen. Im *Kapitel 3.3.1* (*Beispiel 3.7* und *Beispiel 3.8*) hatten wir bereits Bewegungsgleichungen für Punktmassen mit Hilfe des D'ALEMBERT'schen Prinzips aufgestellt. Hier soll die typische, immer in analoger Weise ablaufende, Vorgehensweise bei der Anwendung des D'ALEMBERT'schen Prinzips für Systeme aus Punktmassen und starren Körpern gezeigt werden.

Berechnungsablauf:

1. Definition von n Bewegungskoordinaten für eine allgemeine ausgelenkte Lage des Systems. Es können mehr Koordinaten eingeführt werden, als das System Freiheitsgrade hat.
2. Bestimmung der Anzahl der Freiheitsgrade f.
3. Gegebenenfalls Ermittlung der Zwangsbedingungen zwischen den Koordinaten, wobei sich die erforderliche Anzahl der Zwangsbedingungen z aus $z = n - f$ ergibt.

4. Freischneiden der Massenpunkte und der Körper in einer ausgelenkten Lage und Antragen aller Kräfte und Momente:
   - eingeprägte Kräfte und Momente sowie Reaktionskräfte,
   - Reibungskräfte und -momente entgegen der wirklichen Bewegungsrichtung,
   - D´ALEMBERT'schen Kräfte $m\,\vec{a}$ und Momente $J\ddot{\varphi}$ *entgegengesetzt zu den positiven Beschleunigungsrichtungen* (bzw. Koordinatenrichtungen).
5. Aufstellen der Gleichgewichtsbedingungen.
6. Einarbeiten der Zwangsbedingungen.
7. Auflösen der Gleichgewichtsbedingungen nach den unbekannten Beschleunigungen, Kräften und Momenten.
8. Integration der Bewegungsgleichungen (wenn erforderlich).

> *Hinweis:* Die Anzahl der unabhängigen Bewegungsgleichungen eines Systems stimmt mit der Anzahl der Freiheitsgrade des Systems überein.

Beispiel 3.13 Reines Rollen einer homogenen Kreisscheibe

Gegeben: $m, R, \alpha, g, \mu_0, J_S = 1/2 \cdot mR^2$

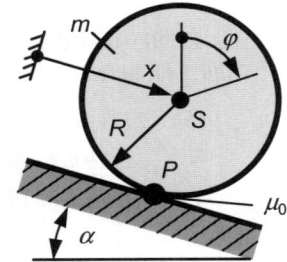

Gesucht: a) Bewegungsgleichung für reines Rollen
           b) Bedingung für reines Rollen (kein Gleiten an der Kontaktstelle P)

Bild 3.39 Rollen einer Kreisscheibe

a) Bewegungsgleichung für reines Rollen (Berechnungsablauf vgl. oben)

1. Bewegungskoordinaten: x - beschreibt die Lage des Schwerpunktes S
                           φ - beschreibt den Drehwinkel der Kreisscheibe

   Es wurden also $n = 2$ Bewegungskoordinaten eingeführt.

2. Anzahl der Freiheitsgrade: $f = 1$

3. Anzahl der Zwangsbedingungen: $z = n - f = 2 - 1 = 1$

   Zwangsbedingung für eine rollende Kreisscheibe (vgl. dazu *Beispiel 3.5*):

   $$\dot{x} = R\dot{\varphi}$$

4. Freischneiden, Kräfte und Momente antragen (*Bild 3.40*)

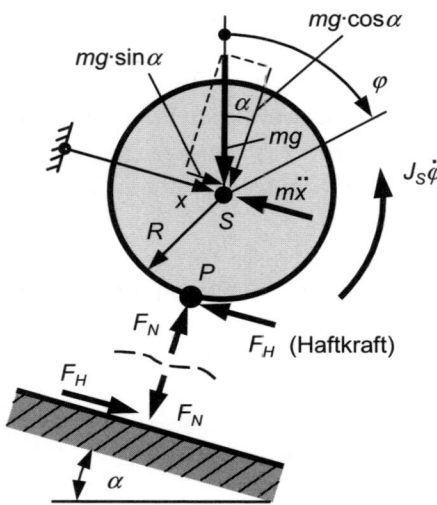

Bild 3.40 Freigeschnittene Kreisscheibe (allgemeine Lage) mit
eingeprägter Kraft (mg), Reaktionskräften (F_N, F_H) und D'ALEMBERTschen
Trägheitsgrößen

5. Aufstellen der Gleichgewichtsbedingungen

   Das Kräfte- und das Momentengleichgewicht an der freigeschnittenen Kreisscheibe (*Bild 3.40*) liefert

   ↗ : $F_N - mg\cos\alpha = 0$ $\Rightarrow$ $F_N = mg\cos\alpha$

   ↖ : $F_H + m\ddot{x} - mg\sin\alpha = 0$ $\Rightarrow$ $F_H = mg\sin\alpha - m\ddot{x}$

   ↶P : $J_S\ddot{\varphi} + (m\ddot{x})R - (mg\sin\alpha)R = 0$ (1)

6. Einarbeiten der Zwangsbedingungen

   Wir wollen die Bewegungsgleichung für die Bewegungskoordinate x aufstellen. Deshalb eliminieren wir die Koordinate φ und deren Ableitungen mit Hilfe der Zwangsbedingung

$$\dot{x} = R\dot{\varphi} \qquad \text{bzw.} \qquad \dot{\varphi} = \frac{\dot{x}}{R} \;\Rightarrow\; \ddot{\varphi} = \frac{\ddot{x}}{R}$$

   aus den Gleichgewichtsbedingungen. Es folgt aus *(1)* mit $J_s = 1/2 \cdot mR^2$:

$$\frac{1}{2}mR^2\frac{\ddot{x}}{R} + (m\ddot{x})R - (mg\sin\alpha)R = 0$$

$$\ddot{x} - \frac{2}{3}g\cdot\sin\alpha = 0 \qquad\qquad (2)$$

7. Auflösen von *(2)* nach $\ddot{x}$ liefert die Bewegungsgleichung für die Beschleunigung des Schwerpunktes der Kreisscheibe:

$$\underline{\underline{\ddot{x} = \frac{2}{3} g \cdot \sin \alpha}} \qquad \textit{Bewegungsgleichung}$$

Hinweis: Durch Integration kann man aus der Beschleunigung $\ddot{x}$ die Geschwindigkeit $\dot{x}(t)$ und den Weg $x(t)$ gewinnen. Mit der Zwangsbedingung lässt sich damit auch die Winkelbeschleunigung $\ddot{\varphi}$, die Winkelgeschwindigkeit $\dot{\varphi}(t)$ und der Winkel $\varphi(t)$ berechnen.

b) Bedingung für reines Rollen

Damit reines Rollen (kein Gleiten an der Kontaktstelle) stattfindet, muss die während der Bewegung auftretende Haftkraft F_H stets kleiner oder gleich der maximal möglichen Haftkraft sein. Das bedeutet

$$|F_H| \le F_{H \max} = \mu_0 |F_N|$$

Mit F_H und F_N sowie der Beschleunigung $\ddot{x}$ (siehe oben) folgt daraus (die Betragstriche dürfen wir weglassen, da F_H und F_N in unserem Fall größer null sind):

$$mg \sin \alpha - m\ddot{x} \le \mu_0 mg \cos \alpha$$

$$mg \sin \alpha - m\frac{2}{3} g \sin \alpha \le \mu_0 mg \cos \alpha$$

$$\frac{1}{3} mg \sin \alpha \le \mu_0 mg \cos \alpha$$

$$\underline{\underline{\mu_0 \ge \frac{1}{3} \tan \alpha}} \qquad \textit{Bedingung für reines Rollen}$$

Beispiel 3.14 System aus drei Massen

Gegeben: $m_1 = 1000$ kg, $m_2 = 40$ kg
$R_1 = 0{,}2$ m, $R_2 = 0{,}4$ m
$J_S = 1$ kg m^2, $\mu = 0{,}2$

Gesucht: Bewegungsgleichung von m_1
(Abwärtsbewegung)
und von m_2

1. Bewegungskoordinaten:

$x_1, x_2, \varphi \quad \Rightarrow \quad n = 3$

2. Anzahl der Freiheitsgrade:

$\Rightarrow \quad f = 1$

3. Anzahl der Zwangsbedingungen:

$\Rightarrow \quad z = n - f = 2$

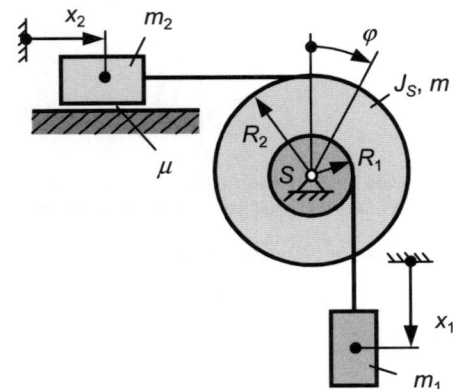

Bild 3.41 System aus drei Massen

Die zwei noch benötigten Zwangsbedingungen lassen sich zweckmäßig an der Umlenkrolle ableiten (siehe *Bild 3.42*).

Es wird (vgl. hierzu auch *Kapitel 3.2.3, Beispiel 3.5* und *Beispiel 3.6*)

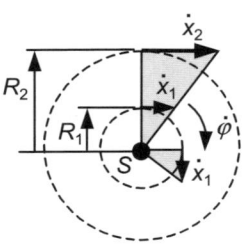

$$\dot{x}_1 = R_1 \cdot \dot{\varphi} \qquad \Rightarrow \quad \dot{\varphi} = \frac{\dot{x}_1}{R_1} \qquad (1)$$

$$\dot{x}_2 = R_2 \cdot \dot{\varphi} \qquad \Rightarrow \quad \dot{x}_2 = \frac{R_2}{R_1}\dot{x}_1 \qquad (2)$$

Bild 3.42 Zwangsbedingungen an der Umlenkrolle

4. (bis 7.) Freischneiden (*Bild 3.43*) / Aufschreiben der Gleichgewichtsbedingungen an allen drei Teilsystemen / Einarbeiten der Zwangsbedingungen / Auflösen nach $\ddot{x}_1$:

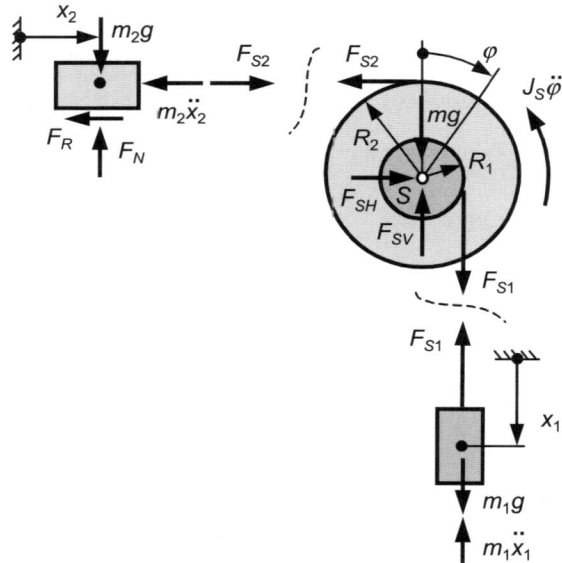

Bild 3.43 Freigeschnittenes Massensystem (allgemeine Lage) mit eingeprägten Kräften, Reaktionskräften und D'ALEMBERTschen Trägheitsgrößen

Kräftegleichgewicht an der Masse m_2:

$$\uparrow : \quad F_N - m_2 g = 0 \qquad\qquad \Rightarrow \quad F_N = m_2 g$$

$$\rightarrow : \quad -F_R + F_{S2} - m_2 \ddot{x}_2 = 0 \qquad \Rightarrow \quad F_{S2} = F_R + m_2 \ddot{x}_2$$

Mit dem COULOMBschen Reibgesetz

$$F_R = \mu |F_N| = \mu \cdot m_2 g$$

und der Zwangsbedingung *(2)* wird die Seilkraft F_{S2}

$$F_{S2} = m_2 \frac{R_2}{R_1} \ddot{x}_1 + \mu \cdot m_2 g \qquad (3)$$

Das Momentengleichgewicht um den Lagerpunkt S der Umlenkrolle liefert:

$$\overset{\curvearrowright}{S}: \quad F_{S1} \cdot R_1 - J_s \ddot{\varphi} - F_{S2} \cdot R_2 = 0$$

Mit der Zwangsbedingung *(1)* und F_{S2} *(3)* folgt

$$F_{S1} = \frac{R_2}{R_1} F_{S2} + \frac{J_S}{R_1^2} \ddot{x}_1$$

$$F_{S1} = \left(\frac{R_2}{R_1}\right)^2 m_2 \ddot{x}_1 + \frac{R_2}{R_1} \mu m_2 g + \frac{J_S}{R_1^2} \ddot{x}_1 \qquad (4)$$

Das Kräftegleichgewicht an der Masse m_1 liefert:

$$\uparrow: \quad F_{S1} - m_1 g + m_1 \ddot{x}_1 = 0$$

$$F_{S1} = m_1 g - m_1 \ddot{x}_1 \qquad (5)$$

Aus *(4)* und *(5)* folgt schließlich die Bewegungsgleichung für die Masse m_1

$$\left(\frac{R_2}{R_1}\right)^2 m_2 \ddot{x}_1 + \frac{R_2}{R_1} \mu m_2 g + \frac{J_S}{R_1^2} \ddot{x}_1 = m_1 g - m_1 \ddot{x}_1 \ \bigg| \cdot R_1^2$$

$$\left(R_2^2 m_2 + R_1^2 m_1 + J_s\right) \ddot{x}_1 = R_1^2 m_1 g - R_1 R_2 \mu \cdot m_2 g$$

$$\ddot{x}_1 = \frac{m_1 R_1^2 - \mu m_2 R_1 R_2}{m_1 R_1^2 + m_2 R_2^2 + J_s} g \qquad (6)$$

Für die gegebenen Zahlenwerte wird die Beschleunigung der Masse m_1

$$\ddot{x}_1 = 8{,}14 \frac{\mathrm{m}}{\mathrm{s}^2}$$

Die Beschleunigung der Masse m_2 folgt mit *(6)* aus der Zwangsbedingung *(2)* zu

$$\ddot{x}_2 = \frac{R_2}{R_1} \ddot{x}_1 = \frac{m_1 R_1 R_2 - \mu m_2 R_2^2}{m_1 R_1^2 + m_2 R_2^2 + J_s} g$$

$$\ddot{x}_2 = 2 \ddot{x}_1 = 16{,}28 \frac{\mathrm{m}}{\mathrm{s}^2}$$

Mit der Beschleunigung $\ddot{x}_1$ können jetzt auch $\ddot{\varphi}$, F_{S2} und F_{S1} aus den *Gleichungen (1)*, *(3)* und *(5)* berechnet werden.

3.4 Energiebetrachtungen

Das D'ALEMBERT'sche Prinzip zur Ermittlung von Bewegungsgleichungen ist in der Regel für alle praktischen Aufgaben der Technischen Mechanik anwendbar und liefert neben den Bewegungsgesetzen auch die dabei auftretenden Kräfte und Momente. Bei bestimmten Problemstellungen kann aber die Anwendung von Energiemethoden zweckmäßiger sein und zu einer wesentlichen Verkürzung des Rechenganges führen. Deshalb sollen im Folgenden dafür die Grundlagen vermittelt werden.

3.4.1 Arbeit, Energie, Leistung

3.4.1.1 Arbeit

Wir betrachten zunächst einen Massenpunkt auf einer bekannten Bahnkurve (*Bild 3.44*). Die differentielle Arbeit dW, die von der Kraft $\vec{F}$ auf dem Weg $d\vec{r}$ verrichtet wird, ist

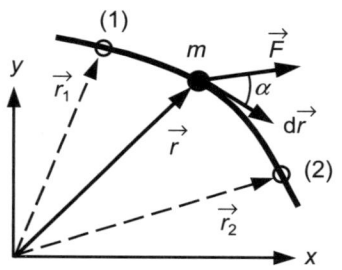

$$dW = \vec{F} \cdot d\vec{r} = \left| \vec{F} \right| \left| d\vec{r} \right| \cos\alpha$$

> *Beachte:* Die Arbeit ist eine *skalare* Größe!

Bild 3.44 Definition der Arbeit

Die zwischen den zwei Bahnpunkten (1) und (2) von der Kraft $\vec{F}$ insgesamt geleistete Arbeit ergibt sich aus der Integration über den Weg von (1) nach (2) und wird somit

$$W = \int_{r_1}^{r_2} \vec{F} d\vec{r} \tag{3.52}$$

Wir setzen jetzt für $\vec{F}$ das NEWTON'sche Grundgesetz $\vec{F} = \dfrac{d(m\vec{v})}{dt}$ ein (siehe *Gleichung (3.32)*) und erhalten

$$W = \int_{r_1}^{r_2} \frac{d(m\vec{v})}{dt} d\vec{r}$$

Für $m = konstant$ und mit $\dfrac{d\vec{r}}{dt} = \vec{v}$ erhalten wir

$$W = m \int_{r_1}^{r_2} \frac{d\vec{v}}{dt} d\vec{r} = m \int_{v_1}^{v_2} \vec{v} \, d\vec{v} = m \frac{1}{2} v^2 \Big|_{v_1}^{v_2}$$

$$W = \frac{1}{2} m v_2^2 - \frac{1}{2} m v_1^2$$

Wir definieren die so genannte *kinetische Energie* als

$$T = \frac{1}{2} m v^2 \tag{3.53}$$

und erhalten damit für die Arbeit der Kraft $\vec{F}$ von (1) nach (2)

$$W = T_2 - T_1$$

Diese Gleichung ist der so genannte *Arbeitssatz*, der wie folgt interpretiert werden kann.

Arbeitssatz: Die längs einer Bahn zwischen zwei Bahnpunkten (1) und (2) geleistete Arbeit der Kraft $\vec{F}$ ist gleich der Änderung der kinetischen Energie zwischen den beiden Punkten:

$$W = \int_{r_2}^{r_2} \vec{F} d\vec{r} = T_2 - T_1 = \frac{1}{2} m v_2^2 - \frac{1}{2} m v_1^2 \tag{3.54}$$

Einheit der Arbeit: N m, J (*Joule*) $1 \, J = 1 \, N \, m$

Hinweis: Da die Zwangskräfte (Bindungs- und Führungskräfte) bei Systemen mit starren Bindungen keine Arbeit leisten, gilt der Arbeitssatz auch für Systeme aus Massenpunkten!

In kartesischen Koordinaten x, y und z kann man den Arbeitssatz auch wie folgt aufschreiben:

$$W = \int_{(1)}^{(2)} \vec{F} d\vec{r} = \int_{(1)}^{(2)} \left(F_x dx + F_y dy + F_z dz \right) = T_2 - T_1 = \frac{1}{2} m v_2^2 - \frac{1}{2} m v_1^2 \tag{3.55}$$

wobei F_x, F_y und F_z die Projektion von $\vec{F}$ auf die Koordinatenachsen x, y und z sind.

Ein Sonderfall liegt vor, wenn die Arbeit W unabhängig vom Integrationsweg zwischen den Punkten (1) und (2) ist. Der Integrationsweg ist in diesem Fall beliebig und das Ergebnis nur vom Anfangs- und Endpunkt abhängig. Diesen wichtigen Sonderfall wollen wir nachfolgend näher betrachten.

3.4.1.2   Potentielle Energie

Das Integral in *Gleichung (3.55)*

$$W = \int_{(1)}^{(2)} \vec{F} d\vec{r} = \int_{(1)}^{(2)} \left(F_x dx + F_y dy + F_z dz \right) \tag{3.56}$$

ist nur dann wegunabhängig (vgl. Sonderfall oben), wenn der Integrand ein *vollständiges Differential* ist! Wir wollen dieses Differential mit $-dU$ bezeichnen, wobei das Minuszeichen aus Zweckmäßigkeitsgründen eingeführt wurde. Dann gilt

$$-dU = F_x dx + F_y dy + F_z dz \tag{3.57}$$

Ein vollständiges Differential kann folgendermaßen geschrieben werden[6]

$$dU = \frac{\partial U}{\partial x} dx + \frac{\partial U}{\partial y} dy + \frac{\partial U}{\partial z} dz \tag{3.58}$$

Aus dem Vergleich von *(3.57)* mit *(3.58)* folgt

$$F_x = -\frac{\partial U}{\partial x} \qquad F_y = -\frac{\partial U}{\partial y} \qquad F_z = -\frac{\partial U}{\partial z} \tag{3.59}$$

Ob eine Kraft wirklich eine Potentialkraft[7] ist, kann man durch Differentiation von *(3.59)* überprüfen, was zu folgenden Bedingungsgleichungen führt:

$$\frac{\partial F_x}{\partial y} = \frac{\partial F_y}{\partial x} \qquad \frac{\partial F_y}{\partial z} = \frac{\partial F_z}{\partial y} \qquad \frac{\partial F_z}{\partial x} = \frac{\partial F_x}{\partial z} \tag{3.60}$$

Nur wenn für eine Kraft die *Gleichungen (3.60)* erfüllt sind, haben wir es mit einer Potentialkraft zu tun.

Setzen wir *Gleichung (3.57)* in *(3.56)* ein, so erhalten wir für Potentialkräfte

$$W = -\int_{(1)}^{(2)} dU = U_1 - U_2 \tag{3.61}$$

> Die Funktion U bezeichnet man als **Potential** bzw. als *potentielle Energie*. Die *Gleichung (3.61)* drückt aus, dass bei Potentialkräften nur dann Arbeit frei wird, wenn eine Änderung des Potentials, d. h. eine Lageänderung stattfindet.

---

[6] Siehe z. B. [2]
[7] Typische Potentialkräfte sind beispielsweise: Schwerkräfte, Federkräfte, Magnetkräfte usw.

Beispiel 3.15 Potential der Schwerkraft

Die Schwerkraft einer Masse m kann in einem Bezugs- system mit der y-Achse entgegen dem Gravitations- vektor $\vec{g}$ (*Bild 3.45*) wie folgt dargestellt werden

$$\vec{F} = \begin{bmatrix} F_x \\ F_y \\ F_z \end{bmatrix} = \begin{bmatrix} 0 \\ -mg \\ 0 \end{bmatrix}$$

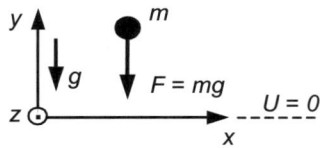

Bild 3.45 Potential der Schwerkraft

Aus *Gleichung (3.59)* folgt durch Vergleich

$$F_x = 0 \qquad F_y = -\frac{\partial U}{\partial y} = -mg \qquad F_z = 0$$

Die y-Komponente von $\vec{F}$ gestattet die Berechnung des Potentials (potentielle Energie) U, indem über y integriert wird. Da die x- und die z-Komponenten der Schwerkraft bei dieser Wahl des Bezugssystems null sind, wird U unabhängig von x und z und die partielle Differentiation geht in eine gewöhnliche über. Es gilt

$$-\frac{dU}{dy} = -mg \qquad \Rightarrow \quad dU = mg \cdot dy \qquad \Rightarrow \quad \int dU = \int mg \cdot dy$$

und nach der Integration

$$U = mg \cdot y + C \tag{3.62}$$

Die potentielle Energie ist also bis auf eine Konstante C bestimmbar. Durch Festlegung einer horizontalen Bezugslinie – dem *Nullpotential* – mit $U(y = 0) = 0$ ergibt sich $C = 0$, und das Potential der Schwerkraft wird

$$U = mg \cdot y \tag{3.63}$$

Hinweis: Die Ergebnisse, die mit Hilfe des Potentials gewonnen wurden, sind natürlich von der willkürlichen Lage des Nullpotentials unabhängig!

Beispiel 3.16 Potential einer Feder

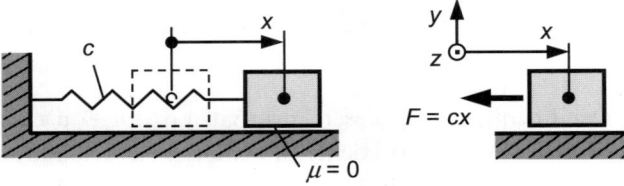

Bild 3.46 Definition der Federkraft

Annahme: Die Feder ist bei $x = 0$ entspannt!

Die Federkraft wird für das so definierte Bezugssystem (*Bild 3.46*)

$$\vec{F} = \begin{bmatrix} F_x \\ F_y \\ F_z \end{bmatrix} = \begin{bmatrix} -cx \\ 0 \\ 0 \end{bmatrix}$$

Aus (3.59) folgt durch Vergleich

$$F_x = -\frac{\partial U}{\partial x} = -cx \qquad F_y = 0 \qquad F_z = 0$$

Daraus folgt analog zu dem vorhergehenden *Beispiel 3.15*

$$-\frac{\mathrm{d}U}{\mathrm{d}x} = -cx \qquad \Rightarrow \quad \mathrm{d}U = cx \cdot \mathrm{d}x \qquad \Rightarrow \quad \int \mathrm{d}U = \int cx \cdot \mathrm{d}x$$

und nach der Integration ergibt sich

$$U = \frac{1}{2}cx^2 + C$$

Wegen der Annahme, dass die Feder bei $x = 0$ entspannt ist, gilt $U(x = 0) = 0$ und $C = 0$. Das Potential der Feder wird damit

$$U = \frac{1}{2}cx^2 \tag{3.64}$$

Hinweis: Die potentielle Energie der Feder ist mit der Formänderungsarbeit identisch!

3.4.1.3   Energieerhaltungssatz

Für Potentialkräfte folgt aus den *Gleichungen (3.55)* und *(3.61)*

$$U_1 - U_2 = T_2 - T_1$$

bzw.

$$U_1 + T_1 = U_2 + T_2 = konst. \qquad\qquad \textit{Energiesatz} \tag{3.65}$$

Energiesatz: Die Summe aus potentieller und kinetischer Energie ist konstant!

Achtung: • Der Energiesatz in dieser Form gilt nur für konservative Systeme (d.h. für Systeme, bei denen alle Kräfte Potentialkräfte sind!).
• Sind im System Kräfte zu berücksichtigen, die kein Potential haben (z. B. Reibkräfte, Antriebskräfte usw.), so muss der Energiesatz noch ergänzt werden (siehe hierzu *Kapitel 3.4.2*)!

Mit Hilfe des Energiesatzes lassen sich häufig bei speziellen Aufgabenklassen und Fragestellungen die Lösungen einfach ermitteln (siehe die nachfolgend aufgeführten Beispiele).

Hinweis: Ist beim Aufschreiben des Energiesatzes eine der zwei Lagen eine allgemeine von der Zeit *t* abhängige Lage, so liefert der Energiesatz den Zusammenhang zwischen der Zeitfunktion der Geschwindigkeit und der des Weges. Bei Systemen mit einem Freiheitsgrad kann aus diesem Zusammenhang durch Differenzieren nach der Zeit die Bewegungsdifferentialgleichung ermittelt werden (vgl. hierzu *Beispiel 3.19* und *Beispiel 3.20*).

Beispiel 3.17 Masse auf schiefer Ebene mit Pufferfeder

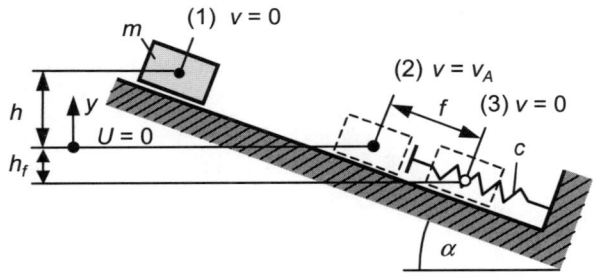

Bild 3.47 Masse auf schiefer Ebene mit Pufferfeder

Gegeben: $m, h, c, g, \alpha, \mu = 0$, Anfangsgeschwindigkeit $v = 0$

Gesucht: a) Geschwindigkeit v_A der Masse beim Auftreffen auf die Feder
b) Maximale Zusammendrückung *f* der Feder

Nach dem Energiesatz *(3.65)* gilt für jede der drei ausgezeichneten Lagen, (1) – Ausgangslage, (2) – Auftreffen auf die Feder und (3) - maximal zusammengedrückte Feder

$$U_1 + T_1 = U_2 + T_2 = U_3 + T_3 = konstant \qquad (1)$$

Zum Aufschreiben der potentiellen Energie benötigen wir ein *Nullpotential* (vgl. *Beispiel 3.15*). Wir legen das Nullpotential durch den Schwerpunkt der Masse *m* in der Lage (2) und definieren die *y*-Achse nach oben (*Bild 3.47*). Mit diesen Festlegungen kann die potentielle Energie aus *(3.63)* berechnet werden.

a) Berechnung der Geschwindigkeit v_A

Nach *Gleichung (1)* gilt

$$U_1 + T_1 = U_2 + T_2 \qquad (2)$$

Für die einzelnen Energieanteile gilt (vgl. die *Gleichungen (3.53), (3.63)* und *Bild 3.47*)

$$U_1 = mgh \qquad\qquad T_1 = 0 \quad \text{(Geschwindigkeit der Masse = 0)}$$

$$U_2 = 0 \qquad\qquad T_2 = \frac{1}{2}mv_A^2$$

Einsetzen in *(2)* liefert

$$mgh + 0 = 0 + \frac{1}{2}mv_A^2$$

$$\underline{\underline{v_A = \sqrt{2gh}}}$$

b) Maximale Zusammendrückung f der Feder

Nach *(1)* gilt jetzt

$$U_1 + T_1 = U_3 + T_3 \qquad\qquad (3)$$

Für die einzelnen Energieanteile gilt mit dem Potential einer Feder nach *Gleichung (3.64)*

$$U_1 = mgh \qquad\qquad T_1 = 0$$

$$U_3 = mg(-h_f) + \frac{1}{2}cf^2 \qquad T_3 = 0 \quad \text{(Geschwindigkeit der Masse = 0)}$$

$$U_3 = -mgf\sin\alpha + \frac{1}{2}cf^2$$

Einsetzen in *(3)* liefert

$$mgh + 0 = -mgf\sin\alpha + \frac{1}{2}cf^2 + 0$$

$$f^2 - 2\left(\frac{mg}{c}\sin\alpha\right)\cdot f - 2\frac{mgh}{c} = 0$$

$$f_{1,2} = \frac{mg}{c}\sin\alpha \pm \sqrt{\left(\frac{mg}{c}\sin\alpha\right)^2 + 2\frac{mgh}{c}}$$

Hinweis: Das negative Vorzeichen ist mechanisch nicht sinnvoll (*f* negativ).

$$\underline{\underline{f = \frac{mg}{c}\sin\alpha\left(1 + \sqrt{1 + \frac{2hc}{mg\cdot\sin^2\alpha}}\right)}}$$

Hinweis: Da mit der Lösung von *a)* die Geschwindigkeit v_A bekannt ist, hätte der Energiesatz zur Berechnung von *f* auch in der Form

$$U_2 + T_2 = U_3 + T_3$$

aufgeschrieben werden können.

Beispiel 3.18 Fall einer Masse auf einen elastischen Balken

Gegeben: m, h, g, E, a, b, l

Hinweis: Beim Auftreffen soll die Masse auf dem Balken liegen bleiben, wobei kein Energieverlust eintreten soll.

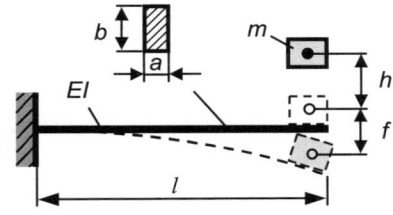

Gesucht:
a) Maximale Verschiebung f
b) Betrag der maximalen Normalspannung im Balken

Bild 3.48 Fall einer Masse auf einen Balken

a) Maximale Verschiebung des Balkens

Die Lösung kann analog zum *Beispiel 3.17* erfolgen, wenn die Federsteifigkeit des Balkens bekannt ist!

Ermittlung der Federsteifigkeit des Balkens:

Die Verschiebung eines Kragbalkens (*Bild 3.49*) mit einer Kraft F am freien Ende wird an der Lastangriffstelle (siehe *Kapitel 2.3.3*, Hinweis zum *Beispiel 2.9*)

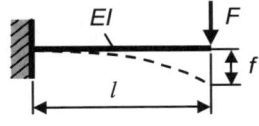

$$f = \frac{Fl^3}{3EI} \qquad \text{mit} \qquad I = \frac{ab^3}{12}$$

Bild 3.49 Kragbalken

Aus

$$F = c_{\text{ers}} \cdot f \qquad \text{folgt} \qquad c_{\text{ers}} = \frac{F}{f} = \frac{3EI}{l^3}$$

Der Energiesatz kann jetzt auf das Ersatzsystem nach *Bild 3.50* angewandt werden:

$$U_1 + T_1 = U_2 + T_2$$

Mit $T_1 = 0$ und $T_2 = 0$ (die Masse befindet sich in der Ausgangslage (1) und im Moment der maximalen Auslenkung (2) in Ruhe) folgt

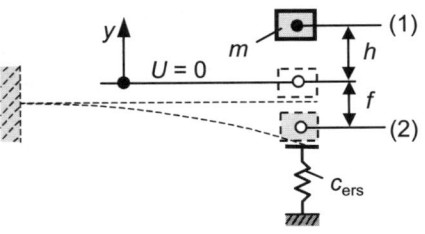

$$mgh = mg(-f) + \frac{1}{2} c_{\text{ers}} f^2$$

$$f^2 - \frac{2mg}{c_{\text{ers}}} f - \frac{2mgh}{c_{\text{ers}}} = 0$$

$$f^2_{1,2} = \frac{mg}{c_{\text{ers}}} \pm \sqrt{\left(\frac{mg}{c_{\text{ers}}}\right)^2 + 2\frac{mgh}{c_{\text{ers}}}}$$

Bild 3.50 Ersatzsystem für Kragbalken *Bild 3.48*

Hinweis: Das negative Vorzeichen ist mechanisch nicht sinnvoll (*f* negativ).

Die maximale Verschiebung des Balkens wird

$$f = \frac{mg}{c_{\text{ers}}}\left(1+\sqrt{1+\frac{2hc_{\text{ers}}}{mg}}\right)$$

Dieses Ergebnis für die maximale Verschiebung enthält für $h = 0$ einen interessanten Spezialfall, der im Folgenden betrachtet wird.

Spezialfall: $h = 0$

$$f(h=0) = \frac{mg}{c_{\text{ers}}}(1+1) = 2\frac{mg}{c_{\text{ers}}} = 2\frac{mg \cdot l^3}{3EI}$$

Mit der Verschiebung für eine „statische" Belastung durch $F = mg$

$$f_{\text{statisch}} = \frac{Fl^3}{3EI} = \frac{mg \cdot l^3}{3EI}$$

wird für den Spezialfall $h = 0$

$$f(h=0) = 2\frac{mg \cdot l^3}{3EI} = 2 \cdot f_{\text{statisch}}$$

Schlussfolgerung: Eine aus der Höhe $h = 0$ plötzlich losgelassene Masse verursacht im Vergleich zu einer „unendlich langsam" auf den Balken abgesetzten Masse eine doppelt so große Verformung.

b) Betrag der maximalen Normalspannung

Aus dem Federgesetz ergibt sich die am Balkenende wirkende maximale Kraft zu

$$F_{\max} = c_{\text{ers}} \cdot f$$

Der Betrag der maximalen Normalspannung tritt an der Stelle des maximalen Biegemomentes (Einspannstelle des Balkens) auf. Mit dem Betrag des maximalen Biegemomentes $M_{b\max} = F_{\max} \cdot l$ wird der Betrag der maximalen Spannung an der Einspannstelle

$$\sigma_{\max} = \frac{M_{b\max}}{W_b} = \frac{F_{\max} \cdot l}{W_b} \quad \text{mit} \quad W_b = \frac{1}{6}ab^2 \quad \text{(für den Rechteckquerschnitt)}$$

$$\sigma_{\max} = \frac{6F_{\max} \cdot l}{ab^2}$$

Mit $F_{\max} = c_{\text{ers}} \cdot f$ folgt daraus

$$\sigma_{\max} = \frac{6c_{\text{ers}} \cdot f \cdot l}{ab^2}$$

In die Gleichung für σ_{max} kann für f sowohl das allgemeine Ergebnis, als auch das für den Spezialfall $h = 0$ eingesetzt werden. Es ist offensichtlich, dass für die maximale Normalspannung im Spezialfall $h = 0$ ein analoger Zusammenhang wie für die Verschiebung gilt:

$$\sigma_{max}(h=0) = 2 \cdot \sigma_{statisch}$$

Beispiel 3.19 Reines Rollen einer homogenen Kreisscheibe

Für das reine Rollen einer homogenen Kreisscheibe soll mit Hilfe des Energiesatzes die Bewegungsdifferentialgleichung ermittelt werden (vgl. *Beispiel 3.13*, dort wurde das D'ALEMBERT'sche Prinzip angewandt).

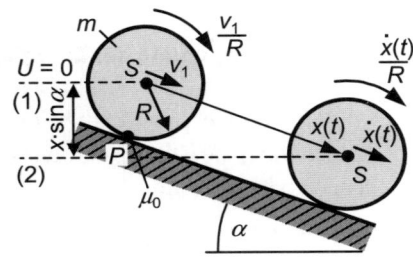

Gegeben: $m, R, \alpha, g, \mu_0, J_S = 1/2 \cdot mR^2$
Lage (1): v_1, (damit ist die Winkelgeschwindigkeit v_1/R)

Gesucht: Bewegungsdifferentialgleichung

Bild 3.51 Rollen einer Kreisscheibe

Mit dem Nullpotential durch S in der Lage (1) und der allgemeinen Lage (2) zu einem beliebigen Zeitpunkt t (siehe *Bild 3.51*) folgt aus dem Energiesatz *(3.65)*:

$$\frac{1}{2}mv_1^2 + \frac{1}{2}J_s\left(\frac{v_1}{R}\right)^2 = -mgx\sin\alpha + \frac{1}{2}m\dot{x}^2 + \frac{1}{2}J_s\left(\frac{\dot{x}}{R}\right)^2 \qquad (1)$$

Wir differenzieren den Energiesatz *(1)* nach der Zeit, setzen J_s ein und stellen nach $\ddot{x}$ um

$$0 = -mg\sin\alpha \cdot \dot{x} + m\dot{x} \cdot \ddot{x} + J_s\frac{\dot{x}}{R}\frac{\ddot{x}}{R} \qquad \Rightarrow \qquad \underline{\underline{\ddot{x} = \frac{2}{3}g\sin\alpha}} \qquad (2)$$

Die Bewegungsdifferentialgleichung *(2)* ist identisch mit der Lösung von *Beispiel 3.13*.

Beachte: Die Bewegungsdifferentialgleichung ist unabhängig von der Wahl des Nullpotentials und von den Anfangsbedingungen in der Lage (1).

Beispiel 3.20 Ein-Masse-Schwinger (ohne Reibung)

Für das Feder-Masse-System nach *Bild 3.52* soll die Bewegungsdifferentialgleichung mit Hilfe des Energiesatzes ermittelt werden. Wir nehmen an, dass in der Lage (1) die Feder entspannt sei und die Masse m die Geschwindigkeit v_1 habe. Aus dem Energiesatz *(3.65)* folgt dann

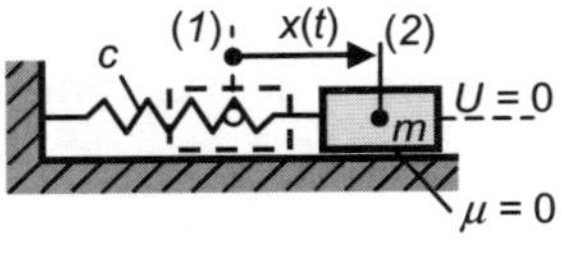

Bild 3.52 Feder-Masse-System

$$\frac{1}{2}mv_1^2 = \frac{1}{2}cx^2 + \frac{1}{2}m\dot{x}^2$$

Differenzieren des Energiesatzes nach der Zeit liefert

$$0 = cx \cdot \dot{x} + m\dot{x} \cdot \ddot{x} \qquad \Rightarrow \qquad \underline{\underline{\ddot{x} + \frac{c}{m} x = 0}} \qquad (1)$$

Gleichung *(1)* ist eine typische Schwingungsdifferentialgleichung. Die Herleitung dieser Gleichung nach dem D'ALEMBERT'schen Prinzip und den LAGRANGE'schen Bewegungsgleichungen 2. Art sowie deren Lösung erfolgt im *Kapitel 3.5.2, Beispiel 3.30, Seite 285.*

Wann ist die Anwendung des Energiesatzes vorteilhaft?

- Wenn eine Geschwindigkeit oder ein Weg für eine von zwei ausgezeichneten Lagen einer Bewegung gesucht wird und alle anderen Größen in diesen beiden Lagen bekannt sind.

- Wenn alle Geschwindigkeiten und Wege für zwei ausgezeichneten Lagen einer Bewegung bekannt sind und eine Größe in den Energieausdrücken (z. B. Masse, Federzahl, Winkel usw.) gesucht wird.

3.4.1.4   Leistung

Wir haben gesehen, dass der Arbeitsbegriff keine Angabe über die Zeit enthält, in der eine Arbeit verrichtet wird. Oft braucht man jedoch diese Angabe. Wir führen dazu die *Leistung* als die pro Zeiteinheit verrichtete Arbeit ein:

$$P = \frac{dW}{dt} \qquad (3.66)$$

Mit $dW = \vec{F} \cdot d\vec{r}$ (siehe *Kapitel 3.4.1.1*) folgt daraus

$$P = \frac{\vec{F} d\vec{r}}{dt} \qquad \text{und mit} \qquad \frac{d\vec{r}}{dt} = \vec{v}$$

kann die *Leistung* auch in folgender Form angegeben werden

$$P = \vec{F} \cdot \vec{v} \qquad (3.67)$$

Die Einheit der Leistung ist das *Watt:* $\qquad 1\,W = 1\,\dfrac{N\,m}{s}$

Häufig findet man noch Leistungsangaben in PS. Diese Leistungsangabe ist veraltet und entspricht nicht den verbindlichen SI-Einheiten. Für die Umrechnung gilt:

$$1\,PS = 735,5\,W$$

Beispiel 3.21[8] Berechnung des Fahrwiderstandes eines PKWs

Ein PKW erreicht bei der Leistung von 150 PS eine maximale Geschwindigkeit von 200 km/h. Wie groß ist die am Auto angreifende Widerstandskraft F_W?

Die in der Aufgabenstellung veraltete Angabe der Leistung rechnen wir zunächst in eine Leistung mit der verbindlichen SI-Einheit Watt um.

$$P = 150 \, \text{PS} = 150 \cdot 735,5 \, \text{W} = 110,3 \cdot 10^3 \, \text{W} = 110,3 \, \text{kW}$$

Für die Leistung gilt nach *Gleichung (3.67)*

$$P = F_W \cdot v_{max}$$

und daraus folgt

$$F_W = \frac{P}{v_{max}} = \frac{110,3 \cdot 10^3 \, \text{W}}{200 \cdot \dfrac{1000 \, \text{m}}{3600 \, \text{s}}}$$

$$\underline{\underline{F_W = 1985 \, \text{N}}}$$

Beispiel 3.22[8] Leistung eines Pumpspeicherwerkes

Welche Leistung hat ein Pumpspeicherwerk, wenn zwischen 19.00 Uhr und 22.30 Uhr ein Wasservolumen von $V_W = 250.000 \, \text{m}^3$ in den Rohren nach unten fließt und dabei einen Höhenunterschied von $h = 120 \, \text{m}$ überwindet? Der Wirkungsgrad der Anlage beträgt $\eta = 0,86$ (Aufgabe zur Abschlussprüfung 10-Klassenschule, 1972).

Die *Gleichung (3.66)* liefert in diesem Fall

$$P = \frac{dW}{dt} \qquad \Rightarrow \qquad P = \frac{W_{ges}}{t_{ges}} \qquad \text{mit } t_{ges} = 3,5 \text{ Stunden}$$

Die Arbeit W_{ges} ermitteln wir mit Hilfe des Energiesatzes. Im Ausgangszustand (1) befindet sich die gesamte Wassermasse m_W im Oberbecken mit der Geschwindigkeit null. Über 3,5 Stunden ergießt sich die Wassermasse in den Endzustand (2) ins Unterbecken, wobei insgesamt die kinetische Energie T_2 zur Verfügung steht (vgl. *Bild 3.53*). Nach dem Energiesatz *(3.62)* gilt

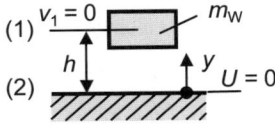

Bild 3.53

$$U_1 + T_1 = U_2 + T_2$$

$$m_W g h + 0 = 0 + T_2 \quad \Rightarrow \quad T_2 = m_W g h$$

---

[8] Aus [6]

Die kinetische Energie T_2 ist gleich der gesamten vom Wasser geleisteten Arbeit W_{ges}

$$W_{ges} = T_2 = m_w g h$$

Die Leistung bei Berücksichtigung des Wirkungsgrades wird

$$P = \frac{\eta \cdot W_{ges}}{t_{ges}} = \frac{\eta \cdot m_w g h}{t_{ges}} = \frac{\eta \cdot V_w \rho_w g h}{t_{ges}}$$

$$P = \frac{0,86 \cdot \left(2,5 \cdot 10^5\right) \cdot \left(1 \cdot 10^3\right) \cdot 9,81 \cdot 120}{3,5 \cdot 3600} \cdot \frac{N\,m}{s} = 20,1 \cdot 10^6 \frac{N\,m}{s}$$

$$\underline{\underline{P = 20,1\,MW}}$$

3.4.1.5   Kinetische Energie für die ebene Bewegung eines starren Körpers

Wir betrachten (wie bereits im *Kapitel 3.3.2, Seite 242*) von einem ebenen starren Körper einen differentiellen Massepunkt dm.

Die Geschwindigkeit von dm kann zusammengesetzt werden aus *(Bild 3.54)*

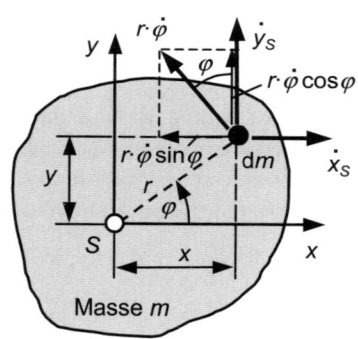

- den Translationsgeschwindigkeiten: $\dot{x}_S$, $\dot{y}_S$ (wie der Schwerpunkt S) und
- der Rotationsgeschwindigkeit: $r \cdot \dot{\varphi}$ (um den Schwerpunkt S).

Die resultierende Geschwindigkeit von dm folgt aus der Überlagerung der Geschwindigkeitskomponenten in x- und in y-Richtung und anschließender geometrischer Addition dieser Komponenten. Die Geschwindigkeitskomponenten werden:

Bild 3.54 Ebene Bewegung eines Körpers

$$\dot{x} = \dot{x}_S - r\dot{\varphi}\sin\varphi$$
$$\dot{y} = \dot{y}_S + r\dot{\varphi}\cos\varphi$$

Damit folgt für das Quadrat der resultierenden Geschwindigkeit:

$$v_{res}^2 = \dot{x}^2 + \dot{y}^2$$
$$v_{res}^2 = \left(\dot{x}_S - r\dot{\varphi}\sin\varphi\right)^2 + \left(\dot{y}_S + r\dot{\varphi}\cos\varphi\right)^2$$

Die kinetische Energie des starren Körpers erhalten wir aus der kinetischen Energie des Massenpunktes dm durch Integration über die gesamte Masse m.

$$\mathrm{d}T = \frac{1}{2}v_{\mathrm{res}}^2\,\mathrm{d}m$$

$$T = \frac{1}{2}\int\limits_{(m)} v_{\mathrm{res}}^2\,\mathrm{d}m = \frac{1}{2}\int\limits_{(m)}\left[(\dot{x}_S - r\dot{\varphi}\sin\varphi)^2 + (\dot{y}_S + r\dot{\varphi}\cos\varphi)^2\right]\mathrm{d}m$$

$$T = \frac{1}{2}\int\limits_{(m)}\left[\dot{x}_S^2 - 2\dot{x}_S r\dot{\varphi}\sin\varphi + r^2\dot{\varphi}^2\sin^2\varphi + \dot{y}_S^2 + 2\dot{y}_S r\dot{\varphi}\cos\varphi + r^2\dot{\varphi}^2\cos^2\varphi\right]\mathrm{d}m$$

$$T = \frac{1}{2}\left(\dot{x}_S^2 + \dot{y}_S^2\right)\underbrace{\int\limits_{(m)}\mathrm{d}m}_{=m} + \left(-\dot{x}_S\dot{\varphi}\sin\varphi + \dot{y}_S\dot{\varphi}\cos\varphi\right)\underbrace{\int\limits_{(m)} r\,\mathrm{d}m}_{=0} + \frac{1}{2}\dot{\varphi}^2\underbrace{\left(\sin^2\varphi + \cos^2\varphi\right)}_{1}\underbrace{\int\limits_{(m)} r^2\,\mathrm{d}m}_{=J_S}$$

Von den Integralen in der obigen Gleichung ist das erste Integral die Gesamtmasse m (siehe (3.37), Seite 243) und das dritte Integral ist das Massenmoment 2. Grades bezogen auf eine Achse durch den Schwerpunkt S (siehe (3.39), Seite 244). Das zweite Integral ist ein statisches Moment (vgl. *Kapitel 1.10.2* und *1.10.3*) bezogen auf eine Achse durch den Schwerpunkt S (r ist der Abstand von dieser Achse zum Massepunkt $\mathrm{d}m$, vgl. *Bild 3.54*) und wird deshalb null. Damit verbleibt

$$T = \frac{1}{2}m\left(\dot{x}_S^2 + \dot{y}_S^2\right) + \frac{1}{2}J_S\dot{\varphi}^2$$

Mit

$$v_S^2 = \dot{x}_S^2 + \dot{y}_S^2 \qquad\qquad v_S\text{ - resultierende Geschwindigkeit des Schwerpunktes}$$

$$\dot{\varphi} = \omega \qquad\qquad\qquad \text{Winkelgeschwindigkeit}$$

wird die kinetische Energie eines starren Körpers

$$T = \frac{1}{2}mv_S^2 + \frac{1}{2}J_S\omega^2 \tag{3.68}$$

Man bezeichnet die zwei Anteile der kinetischen Energie auch als

$$T_{tr} = \frac{1}{2}mv_S^2 \qquad\qquad \textit{Translationsenergie}$$

$$T_{rot} = \frac{1}{2}J_S\omega^2 \qquad\qquad \textit{Rotationsenergie}$$

Beachte: Die kinetische Energie eines starren Körpers, der eine allgemeine Bewegung in der Ebene ausführt, kann in dieser Form nur aufgeschrieben werden, wenn als Bezugspunkt für die Translation und die Rotation der Schwerpunkt S gewählt wird.

Beispiel 3.23 Rollendes Rad

Gegeben: m, R, v_0 (Annahme: Das Rad soll als eine homo-
                  gene Scheibe angesehen werden)

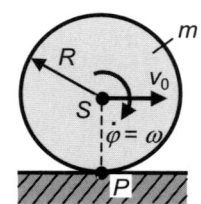

Gesucht: Kinetische Energie des rollenden Rades bei der
                  Geschwindigkeit v_0 des Schwerpunktes

Zwangsbedingung (siehe *Beispiel 3.5, Seite 234*):

$$v_0 = R \cdot \dot{\varphi} = R \cdot \omega \qquad \Rightarrow \qquad \omega = \frac{v_0}{R}$$

Bild 3.55 Rollendes Rad

Massenmoment 2. Grades des Rades (homogene Scheibe, siehe *Beispiel 3.10, Seite 246*):

$$J_S = \frac{1}{2}mR^2$$

Damit wird die kinetische Energie nach *Gleichung (3.68)*

$$T = \frac{1}{2}mv_0^2 + \frac{1}{2}J_s \cdot \omega^2$$

$$T = \frac{1}{2}mv_0^2 + \frac{1}{2} \cdot \frac{1}{2}mR^2 \cdot \left(\frac{v_0}{R}\right)^2$$

$$\underline{\underline{T = \frac{3}{4}mv_0^2}}$$

Beispiel 3.24 Homogenes Stabpendel

Gegeben: m, l, $\dot{\varphi} = \omega$

Gesucht: Kinetische Energie des Pendels

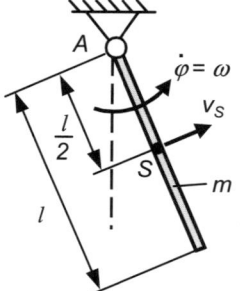

Für die Lösung dieses Beispiels wollen wir zwei Lösungs-
möglichkeiten betrachten.

1. Lösungsmöglichkeit:

Die Bewegung des Pendels wird als Überlagerung von

- Translation des Schwerpunktes mit $v_S = \dfrac{l}{2}\dot{\varphi}$
- und Rotation um den Schwerpunkt mit $\dot{\varphi} = \omega$

Bild 3.56 Stabpendel

aufgefasst. Mit

$$J_s = \frac{1}{12}ml^2$$

für einen dünnen homogenen Stab (siehe *Beispiel 3.9, Seite 245*) wird die kinetische Energie nach *Gleichung (3.68)*

$$T = \frac{1}{2}mv_s^2 + \frac{1}{2}J_s \cdot \dot{\varphi}^2$$

$$T = \frac{1}{2}m\left(\frac{l}{2}\dot{\varphi}\right)^2 + \frac{1}{2} \cdot \frac{1}{12}ml^2 \cdot \dot{\varphi}^2 = \frac{4}{24}ml^2\dot{\varphi}^2$$

$$\underline{\underline{T = \frac{1}{6}ml^2\dot{\varphi}^2}}$$

2. Lösungsmöglichkeit:

Die Bewegung des Pendels wird jetzt als reine Drehung eines starren Körpers um den Punkt A (der auch der Momentanpol ist) aufgefasst. Das Massenmoment 2. Grades muss dann auf den Punkt A bezogen werden. Mit dem STEINER'schen Satz (*Kapitel 3.3.2, Gleichung (3.45), Seite 247*)

$$J_A = J_S + \left(\frac{l}{2}\right)^2 m = \frac{1}{12}ml^2 + \frac{1}{4}ml^2 = \frac{1}{3}ml^2$$

wird die kinetische Energie nach *Gleichung (3.68)* (Beachte: Der Punkt A ist in Ruhe, so dass die Translationsenergie des Körpers mit der Geschwindigkeit des Punktes A null ist)

$$T = \frac{1}{2}J_A\dot{\varphi}^2$$

$$\underline{\underline{T = \frac{1}{6}ml^2\dot{\varphi}^2}}$$

Wie erwartet liefert die 2. Lösungsmöglichkeit das gleiche Ergebnis.

Hinweis: Diese 2. Lösungsmöglichkeit könnte auch auf das *Beispiel 3.23 Rollendes Rad* angewandt werden, indem die Bewegung als reine Rotation um den Momentanpol P angesehen wird. Für J_A ist dann das Massenmoment 2. Grades bezogen auf den Momentanpol (*Gleichung (3.51)*) einzusetzen.

3.4.2 Verallgemeinerung des Energiesatzes

Der in *Kapitel 3.4.1.3* auf *Seite 260* angegebene Energieerhaltungssatz

$$U_1 + T_1 = U_2 + T_2 = konst.$$

gilt nur, wenn sich alle Kräfte aus einem Potential herleiten lassen. Wir haben dann von **konservativen Systemen** gesprochen. Die Potentialkräfte wollen wir mit $\vec{F}_P$ bezeichnen. Es können natürlich in einem System auch Kräfte auftreten, die keine

Potentialkräfte sind (z. B. Reibkräfte, Antriebskräfte usw.). Diese sollen mit $\vec{F}^*$ bezeichnet werden.

Mit der verallgemeinerten Kraft $\qquad\qquad\qquad\qquad \vec{F} = \vec{F}_P + \vec{F}^*$

und dem Arbeitssatz (siehe *(3.54), Seite 257*) $\qquad W = \int\limits_{(1)}^{(2)} \vec{F}\,\mathrm{d}\vec{r} = T_2 - T_1$

folgt für die verrichtete Arbeit der verallgemeinerten Kraft $\vec{F}$

$$W = \int\limits_{(1)}^{(2)} \left(\vec{F}_P + \vec{F}^*\right)\mathrm{d}\vec{r} = \int\limits_{(1)}^{(2)} \vec{F}_P\,\mathrm{d}\vec{r} + \int\limits_{(1)}^{(2)} \vec{F}^*\,\mathrm{d}\vec{r} = T_2 - T_1 \qquad\qquad (1)$$

Mit

$$\int\limits_{(1)}^{(2)} \vec{F}_P\,\mathrm{d}\vec{r} = U_1 - U_2 \qquad\qquad \text{(aus *Gleichung (3.56)* und *(3.61), Seite 258*)}$$

und

$$W^* = \int\limits_{(1)}^{(2)} \vec{F}^*\,\mathrm{d}\vec{r} \qquad\qquad \textbf{\textit{Arbeit der Kräfte, die kein Potential haben!}} \qquad (3.69)$$

folgt aus *(1)*

$$U_1 - U_2 + W^* = T_2 - T_1$$
$$U_1 + T_1 + W^* = U_2 + T_2 \qquad\qquad\qquad\qquad\qquad\qquad\qquad\qquad (3.70)$$

Mit dieser Verallgemeinerung des Energiesatzes durch die Erweiterung mit der Arbeit der Kräfte, die kein Potential haben, sind wir in der Lage, Systeme zu berechnen, bei denen z. B. so typische Nichtpotentialkräfte wie Reibkräfte und Antriebskräfte auftreten.

Hinweis: Treten z. B. Antriebs- oder Reibmomenten auf, die ebenfalls kein Potential besitzen, so muss W* um die Arbeit dieser Momente ergänzt werden.

$$W^* = \int\limits_{(1)}^{(2)} \vec{M}^*\,\mathrm{d}\vec{\varphi} \qquad \textbf{\textit{Arbeit der Momente, die kein Potential haben!}}$$

Im Folgenden werden zwei Beispiele behandelt, bei denen Kräfte (Reibkraft bzw. Antriebskraft) auftreten, die kein Potential besitzen.

Beispiel 3.25 Gleitende Masse mit Reibung

Gegeben: m, v_0, g, μ

Gesucht: Nach welcher Strecke l kommt die Masse zur Ruhe?

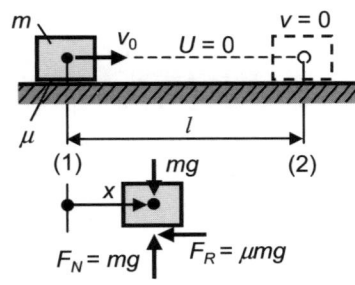

Beachte: Von den während der Bewegung auf m wirkenden Kräften sind F_N und F_R keine Potentialkräfte. Da die Führungskraft F_N senkrecht zur Bewegungsrichtung x steht, verrichtet sie keine Arbeit (vgl. auch Hinweis *Seite 257*). Die Arbeit der Reibkraft F_R fließt über W^* in den Energiesatz ein.

Bild 3.57 Gleitende Masse mit Reibung

Mit der Arbeit der Reibkraft F_R nach *Gleichung (3.69)*

$$W^* = \int_{(1)}^{(2)} \vec{F}^* \mathrm{d}\vec{r} = \int_{x=0}^{x=l} (-F_R)\mathrm{d}x = \int_{x=0}^{x=l}(-\mu mg)\mathrm{d}x = -\mu mgl$$

und $U_1 = 0$, $\qquad U_2 = 0$

$\qquad T_1 = \dfrac{1}{2}mv_0^2$, $\qquad T_2 = 0$

folgt aus dem Energiesatz *Gleichung (3.70)*

$$U_1 + T_1 + W^* = U_2 + T_2$$

$$\frac{1}{2}mv_0^2 - \mu mgl = 0$$

$$\underline{\underline{l = \frac{v_0^2}{2\mu g}}}$$

Beispiel 3.26 Bewegung eines Handwagens aus der Ruhe heraus

Gegeben: $m_W, m_R, F, R, h_W, \alpha,$
$\qquad v(x=0) = 0, J_R = 1/2 \cdot m_R R^2$
$\qquad$ (das Rad wird als eine homogene Scheibe angenommen)

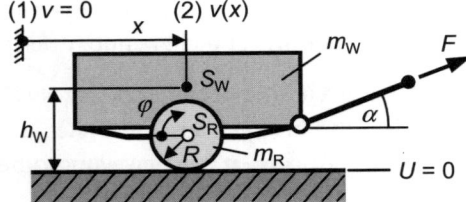

Gesucht: Geschwindigkeit $v(x)$

Es gilt der Energiesatz in der Form

$$U_1 + T_1 + W^* = U_2 + T_2$$

Bild 3.58 Bewegung eines Handwagens

W^*, die Arbeit der Kraft F, die kein Potential hat, wird nach *Gleichung (3.69)* berechnet.

$$W^* = \int_{(1)}^{(2)} \vec{F}^* \mathrm{d}\vec{r} = \int_{\bar{x}=0}^{\bar{x}=x} (F\cos\alpha)\mathrm{d}\bar{x} = (F\cdot\cos\alpha)x$$

Mit

$$U_1 = m_\mathrm{W}gh_\mathrm{W} + m_\mathrm{R}gR \qquad\qquad U_2 = U_1$$

$$T_1 = 0 \qquad\qquad T_2 = \frac{1}{2}m_\mathrm{W}v^2 + \frac{1}{2}m_\mathrm{R}v^2 + \frac{1}{2}J_\mathrm{R}\cdot\dot{\varphi}^2$$

sowie der Zwangsbedingung für reines Rollen $v = R\cdot\dot{\varphi} \;\Rightarrow\; \dot{\varphi} = \dfrac{v}{R}$ und mit J_R wird

$$T_2 = \frac{1}{2}m_\mathrm{W}v^2 + \frac{1}{2}m_\mathrm{R}v^2 + \frac{1}{4}m_\mathrm{R}R^2\cdot\frac{v^2}{R^2} = \frac{1}{2}\left(m_\mathrm{W} + \frac{3}{2}m_\mathrm{R}\right)v^2$$

Durch Einsetzen in den Energiesatz $U_1 + T_1 + W^* = U_2 + T_2$ folgt

$$m_\mathrm{W}gh_\mathrm{W} + m_\mathrm{R}gR + (F\cdot\cos\alpha)x = m_\mathrm{W}gh_\mathrm{W} + m_\mathrm{R}gR + \frac{1}{2}\left(m_\mathrm{W} + \frac{3}{2}m_\mathrm{R}\right)v^2$$

$$\underline{\underline{v(x) = \sqrt{\frac{2F\cdot x\cdot\cos\alpha}{m_\mathrm{W} + \dfrac{3}{2}m_\mathrm{R}}}}}$$

> *Hinweis:* Es wäre auch möglich gewesen, für jede Masse ein eigenes Nullpotential (z. B. durch die Schwerpunkte S_W und S_R) zu definieren. Damit vereinfacht sich die Rechnung, da dann $U_1 = U_2 = 0$ gilt.

3.4.3   LAGRANGE'sche Bewegungsgleichungen 2. Art

Für das Aufstellen der Bewegungsgleichungen kann immer das D'ALEMBERT'sche Prinzip benutzt werden (*Kapitel 3.3.3*). Dieses erfordert Schnittbetrachtungen, das Aufschreiben der Gleichgewichtsbedingungen und die Elimination der Schnittreaktionen, um die Bewegungsgleichungen zu erhalten. Gerade die Ermittlung der Schnittreaktionen an den Teilsystemen und deren spätere Elimination sind aufwendig, obwohl sie oft gar nicht benötigt werden.

Bei der Anwendung des Energiesatzes (*Kapitel 3.4.1.3* und *3.4.2*) kamen wir bereits ohne Schnittführungen aus. Für Systeme mit mehreren Freiheitsgraden ist er jedoch – z. B. für das Aufstellen von Bewegungsdifferentialgleichungen – nicht geeignet.

Für Systeme mit beliebig vielen Freiheitsgraden führt die Anwendung der LAGRANGE'-schen Bewegungsgleichungen 2. Art, ebenfalls ohne Schnittführung, nur unter

Verwendung von Energieausdrücken T und U (die oft leicht anzugeben sind) und eventuell einer *„generalisierten Kraft"*, auf die Bewegungsdifferentialgleichungen.

Ohne Herleitung geben wir nachfolgend die LAGRANGE'schen Bewegungsgleichungen 2. Art an:

$$\frac{\mathrm{d}}{\mathrm{d}t}\left(\frac{\partial L}{\partial \dot{q}_k}\right) - \frac{\partial L}{\partial q_k} = Q_k^* \quad \text{mit} \quad k = 1, 2, \dots f \tag{3.71}$$

Es bedeuten:

$L = T - U$ *LAGRANGE'sche Funktion*

f Anzahl der Freiheitsgrade

q_k *generalisierte (verallgemeinerte) Koordinaten*, $k = 1, 2, \dots f$
        (f voneinander unabhängige Längen- oder Winkelkoordinaten)

Q_k^* *generalisierte (verallgemeinerte) Kräfte* aus eingeprägten, nichtkon-
        servativen Kräften (Kräfte, die kein Potential haben)

Die *generalisierte Kraft* Q_k^* in *Gleichung (3.71)* ist eine neue Größe, deren Berechnung hier ohne Herleitung nur angegeben werden soll.

Ermittlung der *generalisierten Kraft* Q_k^*:

Die Ermittlung von Q_k^* führt über die virtuelle Arbeit aller eingeprägten, nichtkonservativen Kräfte $\vec{F}_{e,i}^*$ und Momente $\vec{M}_{e,j}^*$ auf die allgemeine Berechnungsvorschrift

$$Q_k^* = \sum_{(i)} \vec{F}_{e,i}^* \frac{\partial \vec{r}_i}{\partial q_k} + \sum_{(j)} \vec{M}_{e,j}^* \frac{\partial \vec{\varphi}_j}{\partial q_k} \tag{3.72}$$

Vorgehensweise bei der Anwendung der LAGRANGE'schen Bewegungsgleichungen

1. Beschreibung einer allgemeinen ausgelenkten Lage des Systems durch die Definition von n Koordinaten ($n \geq f$).

2. Ermittlung der Anzahl der Freiheitsgrade f des Systems; bei $n > f$ müssen $z = n - f$ Zwangsbedingungen aufgestellt werden.

3. Festlegung der generalisierten Koordinaten q_k und Ersetzen aller anderen Koordinaten durch diese mit Hilfe der Zwangsbedingungen.

4. Aufschreiben von U und T und Elimination der überzähligen Koordinaten, so dass nur noch die generalisierten Koordinaten q_k (mit $k = 1, 2, \dots, f$) bzw. deren Ableitungen nach der Zeit in U und T verbleiben.

5. Aufschreiben der LAGRANGE'schen Funktion $L = T - U$.

6. Sind nichtkonservative eingeprägte Kräfte vorhanden, so können aus *(3.72)* die generalisierten Kräfte bestimmt werden.

7. Aufschreiben der LAGRANGE'schen Gleichungen *(3.71)* für $k = 1, ..., f$.

Nachfolgend werden drei Beispiele zur Anwendung der LAGRANGE'schen Bewegungsgleichungen 2. Art vorgestellt. Als erstes Beispiel wählen wir zum Vergleich der Methoden bewusst das *Beispiel 3.14 (Seite 253)*, welches wir bereits mit dem D'ALEMBERT'schen Prinzip gelöst haben.

Beispiel 3.27 System aus drei Massen (vgl. *Beispiel 3.14, Seite 253*)

Gegeben: $m_1, m_2, R_1, R_2, J_S, \mu$

Gesucht: Bewegungsgleichung für
m_1 (Abwärtsbewegung)

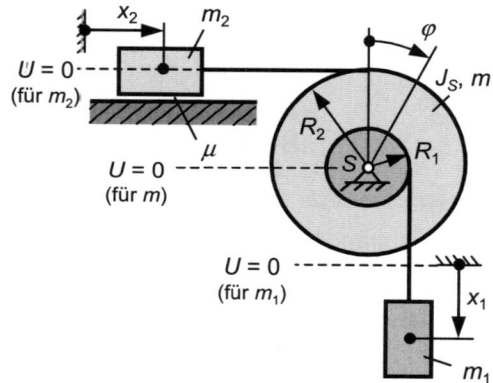

Bild 3.59 System aus drei Massen

1. Bewegungskoordinaten:

   $x_1, x_2, \varphi \quad \Rightarrow \quad n = 3$

2. Anzahl der Freiheitsgrade:

   $\Rightarrow \quad f = 1$

   Anzahl der Zwangsbedingungen:

   $\Rightarrow \quad z = n - f = 2$

Die zwei benötigten Zwangsbedingungen übernehmen wir vom *Beispiel 3.14, Seite 253*:

$$\dot{x}_1 = R_1 \cdot \dot{\varphi} \qquad \Rightarrow \quad \dot{\varphi} = \frac{\dot{x}_1}{R_1} \tag{1}$$

$$\dot{x}_2 = R_2 \cdot \dot{\varphi} \qquad \Rightarrow \quad \dot{x}_2 = \frac{R_2}{R_1} \dot{x}_1 \quad \text{und mit } x_2(x_1{=}0){=}0 \quad \Rightarrow \quad x_2 = \frac{R_2}{R_1} x_1 \tag{2}$$

3. Festlegung der generalisierten Koordinaten q_k:

   Wegen $f = 1$ gibt es nur eine generalisierte Koordinate! Von den drei eingeführten Koordinaten wählen wir als generalisierte Koordinate $q_1 \equiv x_1$

4. Aufschreiben von U und T:

   Mit dem Nullpotential für U durch den Schwerpunkt der Massen, wenn die Koordinaten null sind (vgl. *Bild 3.59*), folgt für die dargestellte allgemeine Lage

$$U = -m_1 g \cdot x_1 \qquad\qquad T = \frac{1}{2}m_1\dot{x}_1^2 + \frac{1}{2}m_2\dot{x}_2^2 + \frac{1}{2}J_s\dot{\varphi}^2$$

Mit den Zwangsbedingungen (1) und (2) können wir die kinetische Energie allein durch die generalisierte Koordinate ausdrücken und weiter vereinfachen:

$$T = \frac{1}{2}m_1\dot{x}_1^2 + \frac{1}{2}m_2\left(\frac{R_2}{R_1}\right)^2\dot{x}_1^2 + \frac{1}{2}J_s\frac{1}{R_1^2}\dot{x}_1^2$$

$$T = \frac{1}{2}\underbrace{\left[m_1 + m_2\left(\frac{R_2}{R_1}\right)^2 + \frac{1}{R_1^2}J_s\right]}_{\overline{m}}\dot{x}_1^2 = \frac{1}{2}\overline{m}\cdot\dot{x}_1^2$$

5. Damit wird die LAGRANGE'sche Funktion

$$L = T - U = \frac{1}{2}\overline{m}\dot{x}_1^2 + m_1 g \cdot x_1 \qquad\qquad (3)$$

6. Die während der Bewegung auf die Masse m_2 wirkende Reibkraft F_R ist eine nichtkonservative Kraft, die eine Arbeit verrichtet (auch F_N ist eine nichtkonservative Kraft, verrichtet aber keine Arbeit, da sie senkrecht zur Bewegungskoordinate x_2 steht). Wir müssen nach *Gleichung (3.72)* $Q_k^* = Q_1^*$ (wegen $f = 1$ ist $k = 1$) berechnen. Aus *Gleichung (3.72)* folgt

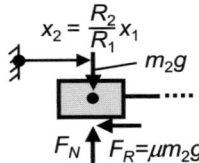

Bild 3.60 Kontaktkräfte an m_2

$$Q_1^* = \vec{F}_{e,1}^*\frac{\partial\vec{r}_1}{\partial q_1} = (-F_R)\frac{\partial x_2}{\partial x_1} = (-F_R)\frac{\partial\left(\frac{R_2}{R_1}x_1\right)}{\partial x_1} = -\mu m_2 g\frac{R_2}{R_1} \qquad (4)$$

7. Aufschreiben der LAGRANGE'schen Gleichung für $k = 1$:

Aus *Gleichung (3.71)* für $k = 1$

$$\frac{\mathrm{d}}{\mathrm{d}t}\left(\frac{\partial L}{\partial\dot{x}_1}\right) - \frac{\partial L}{\partial x_1} = Q_1^*$$

folgt mit den Ableitungen von *(3)*

$$\frac{\partial L}{\partial x_1} = m_1 g \qquad\qquad \frac{\partial L}{\partial\dot{x}_1} = \overline{m}\dot{x}_1 \qquad\qquad \frac{\mathrm{d}}{\mathrm{d}t}\left(\frac{\partial L}{\partial\dot{x}_1}\right) = \frac{\mathrm{d}}{\mathrm{d}t}(\overline{m}\dot{x}_1) = \overline{m}\ddot{x}_1$$

und mit Q_1^* nach *(4)* schließlich das Ergebnis

$$\overline{m}\ddot{x}_1 - m_1 g = -\mu m_2 g \frac{R_2}{R_1} \qquad\qquad \Rightarrow \quad \ddot{x}_1 = \frac{m_1 - \mu m_2 \dfrac{R_2}{R_1}}{\overline{m}} g$$

Einsetzen der oben eingeführten Abkürzung $\overline{m}$ liefert

$$\underline{\underline{\ddot{x}_1 = \frac{m_1 R_1^2 - \mu m_2 R_1 R_2}{m_1 R_1^2 + m_2 R_2^2 + J_s} g}}$$

Dieses Ergebnis ist identisch mit dem allgemeinen Ergebnis von *Beispiel 3.14, Seite 253*.

Beispiel 3.28 Zwei-Massen-Schwinger (ohne Reibung)

Gegeben: m_1, m_2, c_1, c_2, c_3

Gesucht: Bewegungsgleichungen

1. Bewegungskoordinaten:

   $x_1, x_2 \qquad \Rightarrow \quad n = 2$

2. Anzahl der Freiheitsgrade:

   $\Rightarrow \quad f = 2$

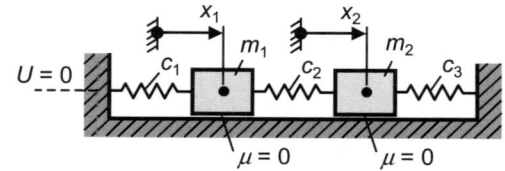

Bild 3.61 Zwei-Massen-Schwinger (ohne Reibung)

   Anzahl der Zwangsbedingungen:

   $\Rightarrow \quad z = n - f = 0$

3. Festlegung der generalisierten Koordinaten q_k:

   Wegen $f = 2$ und $z = 0$ gibt es zwei generalisierte Koordinate. Diese sind identisch mit den Bewegungskoordinaten, also $q_1 \equiv x_1$ und $q_2 \equiv x_2$.

4. Aufschreiben von U und T:

   Mit der Annahme, dass für $x_1 = x_2 = 0$ alle Federn entspannt sind und das Nullpotential für U durch den Schwerpunkt der Massen (vgl. *Bild 3.61*) geht, folgt für die dargestellte allgemeine Lage

   $$U = \frac{1}{2}c_1 x_1^2 + \frac{1}{2}c_2 (x_2 - x_1)^2 + \frac{1}{2}c_3 x_2^2 \qquad\qquad T = \frac{1}{2}m_1 \dot{x}_1^2 + \frac{1}{2}m_2 \dot{x}_2^2$$

5. Lagrange'sche Funktion:

   $$L = T - U = \frac{1}{2}m_1 \dot{x}_1^2 + \frac{1}{2}m_2 \dot{x}_2^2 - \frac{1}{2}c_1 x_1^2 - \frac{1}{2}c_2 (x_2 - x_1)^2 - \frac{1}{2}c_3 x_2^2$$

   $$L = \frac{1}{2}m_1 \dot{x}_1^2 + \frac{1}{2}m_2 \dot{x}_2^2 - \frac{1}{2}(c_1 + c_2) x_1^2 + c_2 x_1 x_2 - \frac{1}{2}(c_2 + c_3) x_2^2 \qquad (1)$$

6. Generalisierte Kräfte: Da bei diesem Beispiel keine Reibung berücksichtigt wird und es auch keine weiteren Antriebskräfte gibt, ist $Q_k^* = 0$.

7. Aufschreiben der LAGRANGE'schen *Gleichungen (3.71)*:

$$\frac{\mathrm{d}}{\mathrm{dt}}\left(\frac{\partial L}{\partial \dot{q}_k}\right) - \frac{\partial L}{\partial q_k} = 0 \qquad \text{für } k = 1, 2 \qquad (2)$$

Mit der LAGRANGE'schen Funktion L nach *(1)* folgt aus *(2)*:

$k = 1$ und $q_1 \equiv x_1$:
$$\frac{\partial L}{\partial x_1} = -(c_1 + c_2)x_1 + c_2 x_2, \qquad \frac{\partial L}{\partial \dot{x}_1} = m_1 \dot{x}_1, \qquad \frac{\mathrm{d}}{\mathrm{dt}}\left(\frac{\partial L}{\partial \dot{x}_1}\right) = m_1 \ddot{x}_1$$

Einsetzen in *(2)* liefert die erste Bewegungsgleichung

$$\underline{m_1 \ddot{x}_1 + (c_1 + c_2)x_1 - c_2 x_2 = 0} \qquad (3)$$

$k = 2$ und $q_2 \equiv x_2$:
$$\frac{\partial L}{\partial x_2} = c_2 x_1 - (c_2 + c_3)x_2, \qquad \frac{\partial L}{\partial \dot{x}_2} = m_2 \dot{x}_2, \qquad \frac{\mathrm{d}}{\mathrm{dt}}\left(\frac{\partial L}{\partial \dot{x}_2}\right) = m_2 \ddot{x}_2$$

Einsetzen in *(2)* liefert die zweite Bewegungsgleichung

$$\underline{m_2 \ddot{x}_2 - c_2 x_1 + (c_2 + c_3)x_2 = 0} \qquad (4)$$

Die beiden Bewegungsgleichungen *(3)* und *(4)* lassen sich übersichtlich in Matrizenschreibweise angeben:

$$\begin{bmatrix} m_1 & 0 \\ 0 & m_2 \end{bmatrix} \begin{bmatrix} \ddot{x}_1 \\ \ddot{x}_2 \end{bmatrix} + \begin{bmatrix} c_1 + c_2 & -c_2 \\ -c_2 & c_2 + c_3 \end{bmatrix} \begin{bmatrix} x_1 \\ x_2 \end{bmatrix} = \begin{bmatrix} 0 \\ 0 \end{bmatrix} = \mathbf{0}$$

bzw. in verkürzter Form

$$\mathbf{M} \cdot \ddot{\mathbf{x}} + \mathbf{K} \cdot \mathbf{x} = \mathbf{0} \qquad \text{mit}$$

$\mathbf{M}$ - Massenmatrix

$\mathbf{K}$ - Steifigkeitsmatrix

$\mathbf{x}$ - Vektor der Bewegungskoordinaten

$\ddot{\mathbf{x}}$ - Vektor der Beschleunigungen

Die beiden Bewegungsgleichungen bzw. ihre verkürzte Form als Matrizengleichung sind ein homogenes System gewöhnlicher Differentialgleichungen. Die Lösung derartiger Gleichungssysteme wird in der Schwingungslehre *(Kapitel 3.5.5)* behandelt.

Beispiel 3.29 Elastisch gebundene Masse mit mathematischem Pendel Video 14

Gegeben: m_1, m_2, c, l

Gesucht: Bewegungsgleichungen

1. Bewegungskoordinaten (vgl. *Bild 3.62*): $x, \varphi \qquad \Rightarrow \qquad n = 2$

2. Anzahl der Freiheitsgrade:

$$\Rightarrow \quad f = 2$$

Anzahl der Zwangsbedingungen:

$$\Rightarrow \quad z = n - f = 0$$

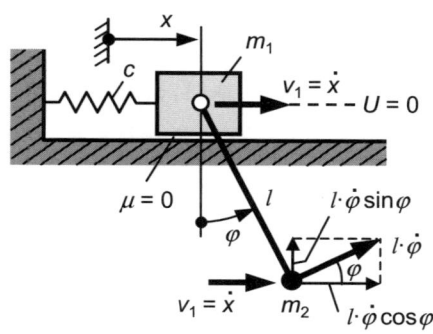

3. Festlegung der generalisierten Koordinaten q_k:

Wegen $f = 2$ und $z = 0$ gibt es zwei generalisierte Koordinate, die deshalb identisch mit den Bewegungskoordinaten sind, also $q_1 \equiv x$ und $q_2 \equiv \varphi$.

Bild 3.62 Elastisch gebundene Masse mit Pendel

4. Aufschreiben von U und T (siehe dazu auch *Bild 3.62*):

Die potentielle Energie wird

$$U = \frac{1}{2}cx^2 - m_2 gl \cos\varphi$$

Mit der Geschwindigkeit der Masse m_1: $v_1 = \dot{x}$

und der Geschwindigkeit der Masse m_2: $v_2 = \sqrt{(\dot{x} + l \cdot \dot{\varphi}\cos\varphi)^2 + (l \cdot \dot{\varphi}\sin\varphi)^2}$

wird die kinetische Energie

$$T = \frac{1}{2}m_1 v_1^2 + \frac{1}{2}m_2 v_2^2 = \frac{1}{2}m_1 \dot{x}^2 + \frac{1}{2}m_2\left[(\dot{x} + l\dot{\varphi}\cos\varphi)^2 + (l\dot{\varphi}\sin\varphi)^2\right]$$

$$T = \frac{1}{2}(m_1 + m_2)\dot{x}^2 + \frac{1}{2}m_2\left(2\dot{x}l\dot{\varphi}\cos\varphi + l^2\dot{\varphi}^2\right)$$

5. LAGRANGEsche Funktion:

$$L = T - U = \frac{1}{2}(m_1 + m_2)\dot{x}^2 + \frac{1}{2}m_2\left(2\dot{x}l\dot{\varphi}\cos\varphi + l^2\dot{\varphi}^2\right) - \frac{1}{2}cx^2 + m_2 gl \cos\varphi \qquad (1)$$

6. Generalisierte Kräfte: Da bei diesem Beispiel keine Reibung ($\mu = 0$) berücksichtigt wird und es auch keine weiteren Antriebskräfte gibt, ist $Q_k^* = 0$.

7. Aufschreiben der LAGRANGE'schen *Gleichung (3.71)*:

$$\frac{\mathrm{d}}{\mathrm{d}t}\left(\frac{\partial L}{\partial \dot{q}_k}\right) - \frac{\partial L}{\partial q_k} = 0 \qquad\qquad \text{für } k = 1,2 \qquad (2)$$

Mit der LAGRANGE'schen Funktion L nach *(1)* folgt mit *(2)*:

$k = 1$ und $q_1 \equiv x$: $\qquad \dfrac{\partial L}{\partial x} = -cx, \qquad \dfrac{\partial L}{\partial \dot{x}} = (m_1 + m_2)\dot{x} + m_2 l\dot{\varphi}\cos\varphi$

$$\frac{\mathrm{d}}{\mathrm{d}t}\left(\frac{\partial L}{\partial \dot{x}}\right)=\left(m_1+m_2\right)\ddot{x}+m_2 l\ddot{\varphi}\cos\varphi - m_2 l\dot{\varphi}^2\sin\varphi$$

Einsetzen in *(2)* liefert die erste Bewegungsgleichung

$$\left(m_1+m_2\right)\ddot{x}+m_2 l\ddot{\varphi}\cos\varphi - m_2 l\dot{\varphi}^2\sin\varphi + cx = 0 \qquad (3)$$

$k = 2$ und $q_2 \equiv \varphi$.

$$\frac{\partial L}{\partial \varphi}=-m_2\dot{x}l\dot{\varphi}\sin\varphi - m_2 gl\sin\varphi, \qquad \frac{\partial L}{\partial \dot{\varphi}}=m_2\dot{x}l\cos\varphi + m_2 l^2\dot{\varphi}$$

$$\frac{\mathrm{d}}{\mathrm{d}t}\left(\frac{\partial L}{\partial \dot{\varphi}}\right)=m_2\ddot{x}l\cos\varphi - m_2\dot{x}l\cdot\dot{\varphi}\sin\varphi + m_2 l^2\ddot{\varphi}$$

Einsetzen in *(2)* liefert die zweite Bewegungsgleichung

$$m_2\ddot{x}l\cos\varphi + m_2 l^2\ddot{\varphi}+m_2 gl\sin\varphi = 0 \qquad (4)$$

Hinweis: Die beiden Ergebnisse *(3)* und *(4)* sind gekoppelte nichtlineare Differentialgleichungen. Die Lösung kann auf numerischem Wege erfolgen (z. B. durch Integration mit dem RUNGE-KUTTA-Verfahren).

3.5 Schwingungen

3.5.1 Einführung

Vorgänge, bei denen eine Zustandsgröße (Weg, Geschwindigkeit, elektrische Spannung, Druck, Lichtstärke usw.) zeitlichen Schwankungen unterliegt, nennt man *Schwingungen*.

Diese zeitlichen Schwankungen der Zustandsgröße (wir wollen sie allgemein durch eine Funktion $q(t)$ beschreiben) können entsprechend ihrer charakteristischen Eigenschaften näher klassifiziert werden. Zwei typische Schwingungen werden nachfolgend angegeben.

Periodische Schwingung:

Der Verlauf einer Größe $q(t)$ wiederholt sich nach einer Zeit T (*Bild 3.63*), d.h. es gilt

$q(t + T) = q(t)$

$q(t + 2T) = q(t)$

$q(t + kT) = q(t)$ für $k = 1, 2, \ldots$

Wir bezeichnen mit

T	– die Zeit für eine Periode der Schwingung ≡ *Schwingungsdauer*
$f = \dfrac{1}{T}$	– die *Frequenz* der Schwingung
	Einheit: s^{-1} bzw. *Hertz*

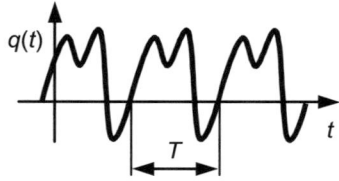

Bild 3.63 Periodische Schwingung

Harmonische Schwingung:

Die harmonische Schwingung ist der Sonderfall einer periodischen Schwingung, bei der sich die Zustandsgrößen nach sin- und/oder cos-Funktionen ändern.

Es gilt allgemein

$$q(t) = C_1 \cdot \cos(\omega t) + C_2 \cdot \sin(\omega t) = A \cdot \sin(\omega t + \varphi) \qquad (3.73)$$

mit den Zusammenhängen (siehe auch *Kapitel 3.5.2*)

$$\left. \begin{aligned} A^2 &= C_1^2 + C_2^2 \\ C_1 &= A \cdot \sin \varphi \\ C_2 &= A \cdot \cos \varphi \end{aligned} \right\} \quad \tan \varphi = \frac{C_1}{C_2} \qquad (3.74)$$

Wir bezeichnen mit (vgl. *Bild 3.64*)

A	– die *Amplitude* der Schwingung
ω	– die *Kreisfrequenz* $\omega = \dfrac{2\pi}{T} = 2\pi \cdot f$

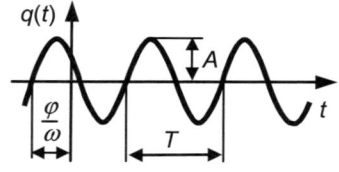

Bild 3.64 Harmonische Schwingung

Beachte: Analogie zur Winkelgeschwindigkeit $\omega = 2\pi n$ einer Kreisbewegung, wobei n die Drehzahl ist (vgl. *Kapitel 3.1.5*)

φ – den *Nullphasenwinkel*

Weitere Charakterisierungen von Schwingungen nach:

- der Art der Schwingung (ungedämpfte, gedämpfte oder angefachte)
- der Anzahl der Freiheitsgrade der Schwinger
- dem Typ der Schwinger (lineare oder nichtlineare)
- der Entstehung der Schwingung (freie oder erzwungene)

Im Folgenden sollen dazu einige typische Beispiele angegeben werden.

Freie ungedämpfte, freie gedämpfte, angefachte Schwingung

- freie ungedämpfte Schwingung, *Bild 3.65 a)*

  ⇒ Amplitude bleibt konstant
  (kein Energieverlust)

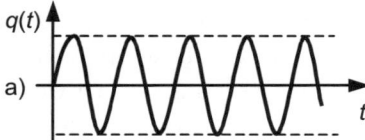

- freie gedämpfte Schwingung, *Bild 3.65 b)*

  ⇒ Amplitude verkleinert sich
  (Energieverlust)

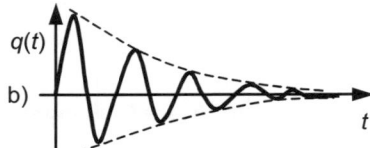

- angefachte Schwingung, *Bild 3.65 c)*

  ⇒ Amplitude vergrößert sich
  (Energiezufuhr)

 Video 1

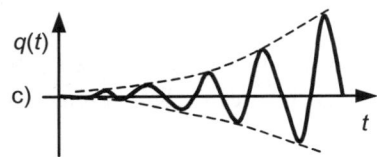

Bild 3.65 a) freie ungedämpfte- b) freie gedämpfte- c) angefachte Schwingung

Anzahl der Freiheitsgrade der Schwinger

- Schwinger mit einem Freiheitsgrad

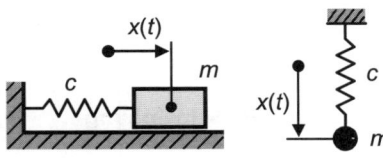

Bild 3.66 Schwinger mit einem Freiheitsgrad

- Schwinger mit 2, 3, ..., n-Freiheitsgraden

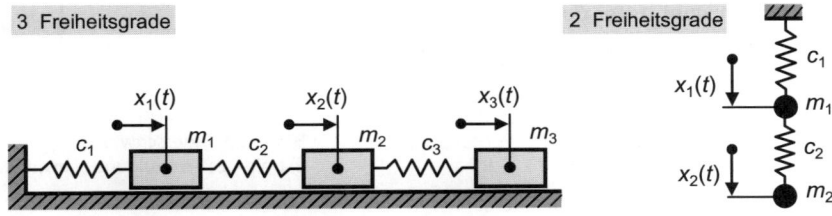

Bild 3.67 Schwinger mit 3 Freiheitsgraden (links) und mit 2 Freiheitsgraden (rechts)

- Schwinger mit unendlich vielen Freiheitsgraden

  Hinweis: Bei kontinuierlich angenommener Masseverteilung (Kon-
  tinua) gibt es unendlich viele differentielle Massenelemente, d.h. es
  gibt unendlich viele Schwingformen
  (Biege-, Torsions-, Längsschwin-
  gungen usw.).

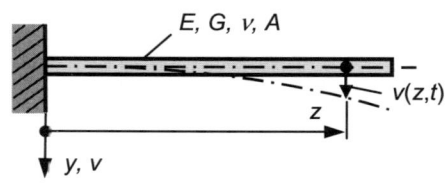

Bild 3.68 Schwinger mit unendlich vielen
Freiheitsgraden

Lineare- / nichtlineare Schwinger

Die Differentialgleichung, die den Schwingungsvorgang beschreibt, kann *linear* oder
nichtlinear sein! Ob eine Schwingungsdifferentialgleichung linear oder nichtlinear
wird, hängt häufig von der Größe der Bewegungskoordinaten ab (*Bild 3.69*) und/oder
ob vorhandene elastische Elemente (Federn) des Schwingers für die Schwingungsaus-
schläge lineares Verhalten zeigen oder nicht.

- *Linearer Schwinger* für kleine Winkel φ (d. h. $\sin\varphi \approx \varphi$)

  Differentialgleichung wird linear! $\Rightarrow$ $\ddot{\varphi} + \dfrac{g}{l}\varphi = 0$

- *Nichtlinearer Schwinger* für große Winkel o

  Differentialgleichung ist nichtlinear! $\Rightarrow$ $\ddot{\varphi} + \dfrac{g}{l}\sin\varphi = 0$

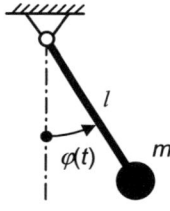

Bild 3.69 Pendel

Entstehung der Schwingung

- *Freie Schwingung (Eigenschwingung)*
  Es wirken keine äußeren Erregerkräfte auf das
  System ein (*Bild 3.70 a*).

- *Erzwungene Schwingungen*
  Das System steht unter der Wirkung von
  zeitabhängigen äußeren Belastungen (*Bild
  3.70 b*).

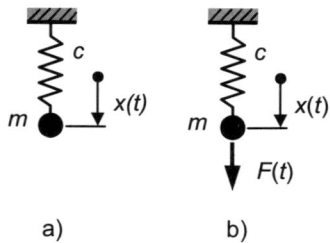

a)   b)

 Video
1

Bild 3.70 Federschwinger
a) freie -, b) erzwungene Schwingung

Wir wollen uns nachfolgend zunächst mit freien ungedämpften Systemen mit einem
Freiheitsgrad befassen.

3.5.2 Freie ungedämpfte Schwingungen mit einem Freiheitsgrad

Wir wollen die Lösung für freie ungedämpfte Schwingungen mit einem Freiheitsgrad an Hand von Beispielen kennen lernen.

Beispiel 3.30 Feder-Masse-Schwinger (reibungsfrei auf horizontaler Unterlage)

Gegeben: m, c, x_0, v_0
(für $x = 0$ sei die Feder entspannt!)
Anfangsbedingungen:
$x(t = 0) = x_0$
$\dot{x}(t = 0) = v_0$

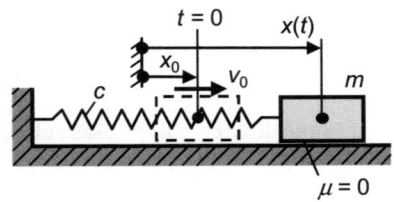

Gesucht: Weg-Zeit-Gesetz $x(t)$ und
Geschwindigkeits-Zeit-Gesetz $\dot{x}(t)$

Bild 3.71 Feder-Masse-Schwinger

Aufstellen der Bewegungsdifferentialgleichung:

Das Aufstellen der Bewegungsdifferentialgleichung soll nach zwei Möglichkeiten gezeigt werden.

1. Lösungsmöglichkeit: Prinzip von D'ALEMBERT

Aus der Summe aller Kräfte in horizontaler Richtung an der in einer allgemeinen Lage freigeschnittenen Masse (*Bild 3.72*) folgt

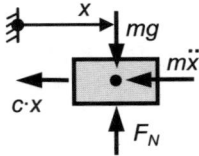

$\leftarrow: \quad m\ddot{x} + cx = 0$

$$\ddot{x} + \frac{c}{m}x = 0$$

Bild 3.72 Freischnitt

$$\ddot{x} + \omega_0^2 x = 0 \qquad \text{mit} \qquad \omega_0 = \sqrt{\frac{c}{m}} \qquad \textit{Eigenkreisfrequenz, Kennkreisfrequenz}$$

Das ist eine homogene lineare Differentialgleichung 2. Ordnung mit konstanten Koeffizienten für das gesuchte Weg-Zeit-Gesetz $x(t)$. Der Lösung dieser Differentialgleichung wenden wir uns zu, wenn die 2. Lösungsmöglichkeit besprochen wurde.

2. Lösungsmöglichkeit: LAGRANGE'sche Bewegungsgleichungen

Aus der Lagrangeschen Bewegungsgleichung (siehe *Gleichung (3.71), Seite 275*)

$$\frac{\mathrm{d}}{\mathrm{d}t}\left(\frac{\partial L}{\partial \dot{q}_k}\right) - \frac{\partial L}{\partial q_k} = Q_k^* \qquad \text{mit } k = 1, 2, ..., f$$

folgt mit $f = 1$, $q_1 \equiv x$, $Q_k^* = 0$, dem Nullpotential im Massenschwerpunkt und mit

$$L = T - U = \frac{1}{2}m\dot{x}^2 - \frac{1}{2}cx^2$$

$$\frac{\mathrm{d}}{\mathrm{d}t}\left(\frac{\partial L}{\partial \dot{x}}\right)-\frac{\partial L}{\partial x}=m\ddot{x}+cx=0$$

$$\ddot{x}+\frac{c}{m}x=0$$

$$\ddot{x}+\omega_0^2 x=0 \qquad \text{mit} \qquad \omega_0=\sqrt{\frac{c}{m}}$$

Das ist die gleiche Lösung für die Bewegungsdifferentialgleichung wie nach dem Prinzip von D'ALEMBERT (1. Lösungsmöglichkeit).

Lösung der Bewegungsdifferentialgleichung:

Die Differentialgleichung

$$\ddot{x}+\omega_0^2 x=0 \tag{3.75}$$

hat die allgemeine Lösung *(3.73)* (vgl. auch Herleitung der Lösung *(3.90)* auf den *Seiten 295* bis *297* für $D = 0$)

$$x(t)=C_1\cos(\omega_0 t)+C_2\sin(\omega_0 t) \tag{3.76}$$

Wir wollen zeigen, dass die *Gleichung (3.76)* auch wirklich eine Lösung von *Gleichung (3.75)* ist, und setzen dazu die Lösung in die Differentialgleichung ein. Wir bilden zunächst von der Lösung *(3.76)* die Ableitungen

$$\dot{x}=-C_1\omega\sin(\omega_0 t)+C_2\omega_0\cos(\omega_0 t) \quad \text{und} \quad \ddot{x}=-C_1\omega_0^2\cos(\omega_0 t)-C_2\omega_0^2\sin(\omega_0 t)$$

und setzen x und $\ddot{x}$ in die *Gleichung (3.75)* ein. Wir erhalten:

$$-C_1\omega_0^2\cos(\omega_0 t)-C_2\omega_0^2\sin(\omega_0 t)$$
$$+\omega_0^2[C_1\cdot\cos(\omega_0 t)+C_2\cdot\sin(\omega_0 t)]=0$$
$$0=0$$

Die Lösung *(3.76)* erfüllt die Differentialgleichung *(3.75)*!

Die allgemeine Lösung *(3.76)* enthält noch die Integrationskonstanten C_1 und C_2. Diese müssen so bestimmt werden, dass die *Anfangsbedingungen* des konkreten Problems erfüllt werden.

Die *Anfangsbedingungen* lauten in unserem Beispiel:

1. $x(t=0)=x_0$ Anfangsauslenkung
2. $\dot{x}(t=0)=v_0$ Anfangsgeschwindigkeit

Aus der 1. Anfangsbedingung folgt mit *Gleichung (3.76)*

$$C_1\cos(0)+C_2\sin(0)=x_0 \qquad \Rightarrow \qquad \underline{C_1=x_0}$$

Aus der 2. Anfangsbedingung folgt mit der ersten Ableitung von *Gleichung (3.76)* nach der Zeit

$$-C_1\omega_0\sin(0)+C_2\omega_0\cos(0)=v_0 \quad \Rightarrow \quad C_2=\frac{v_0}{\omega_0}$$

Einsetzen von C_1 und C_2 in die Lösung *(3.76)* und in die erste Ableitung nach der Zeit liefert das gesuchte Weg-Zeit-Gesetz und das gesuchte Geschwindigkeits-Zeit-Gesetz

$$x(t)=x_0\cos(\omega_0 t)+\frac{v_0}{\omega_0}\sin(\omega_0 t) \quad \text{mit} \quad \omega_0=\sqrt{\frac{c}{m}} \tag{3.77}$$

$$\dot{x}(t)=-x_0\omega_0\sin(\omega_0 t)+v_0\cos(\omega_0 t) \tag{3.78}$$

Wir nehmen jetzt für die gegebenen Größen folgende Werte an

$$m = 1\,\text{kg}, \quad c = 0{,}05\,\text{N/mm}, \quad x_0 = 1\,\text{mm}, \quad v_0 = 10\,\text{mm/s}.$$

Die typischen Systemparameter werden damit:

Eigenkreisfrequenz $\qquad \omega_0=\sqrt{\frac{c}{m}}=\sqrt{\frac{0{,}05\cdot\text{N}}{1\cdot\text{kg}\cdot\text{mm}}}=\sqrt{\frac{0{,}05\cdot\text{kg}\cdot10^3\,\text{mm}}{\text{kg}\cdot\text{mm}\cdot\text{s}^2}}=7{,}071\frac{1}{\text{s}}$

Eigenfrequenz, Kennfrequenz $\quad f_0=\frac{\omega_0}{2\pi}=1{,}125\frac{1}{\text{s}}=1{,}125\,\text{Hz}$

Schwingungsdauer $\qquad\qquad T_0=\frac{1}{f_0}=0{,}889\,\text{s}$

Der Verlauf des Weg-Zeit-Gesetzes *(3.77)* und des Geschwindigkeits-Zeit-Gesetzes *(3.78)* ist für diese Werte im *Bild 3.73* grafisch dargestellt.

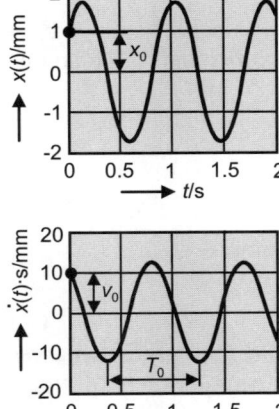

Bild 3.73 Weg- und Geschwindigkeits-Zeit-Gesetze $x(t)$ und $\dot{x}(t)$
Hinweis: Wegen des allgemeinen Zusammenhangs, dass die Geschwindigkeit die erste Ableitung des Weges nach der Zeit ist, gilt immer (vgl. die beiden Diagramme dieses Bildes):
a) Extremwert der Wegfunktion $x(t)$ $\Rightarrow$ Nullstelle in der Geschwindigkeits-funktion $\dot{x}(t)$
b) Wendepunkt der Wegfunktion $x(t)$ $\Rightarrow$ Extremwert in der Geschwindigkeits-funktion $\dot{x}(t)$

Hinweis zur Lösung der Differentialgleichung $\ddot{x} + \omega_0^2 x = 0$:

Folgende allgemeinen Lösungen der Bewegungsdifferentialgleichung *(3.75)* sind gleichwertig (vgl. auch *Kapitel 3.5.1, Gleichungen (3.73)* und *(3.74), Seite 282*):

$$x(t) = C_1 \cdot \cos(\omega_0 t) + C_2 \cdot \sin(\omega_0 t) \quad \Leftarrow \text{gleichwertig} \Rightarrow \quad x(t) = A \cdot \sin(\omega_0 t + \varphi) \quad (3.79)$$

In den gleichwertigen Lösungen *(3.79)* sind A und φ ebenfalls wie C_1 und C_2 Integrationskonstanten mit folgender Bedeutung (siehe auch *Bild 3.74*)

> A - **Amplitude** der Schwingung
> φ - **Nullphasenwinkel**

Im Folgenden soll der Beweis für die Gleichwertigkeit der beiden Lösungen *(3.79)* erbracht werden. Mit Hilfe des Additionstheorems für die sin-Funktion kann folgende Umformung vorgenommen werden:

$$x(t) = A \cdot \sin(\omega_0 t + \varphi) = A \cdot [\sin(\omega_0 t) \cdot \cos\varphi + \cos(\omega_0 t)\sin\varphi]$$
$$= \underbrace{(A \cdot \cos\varphi)}_{C_2} \cdot \sin(\omega_0 t) + \underbrace{(A \cdot \sin\varphi)}_{C_1}\cos(\omega_0 t)$$

$$x(t) = A \cdot \sin(\omega_0 t + \varphi) = C_1 \cos(\omega_0 t) + C_2 \cdot \sin(\omega_0 t)$$
mit

$$\left.\begin{array}{ll} C_1 = A \cdot \sin\varphi & \text{bzw.} \quad A = \sqrt{C_1^2 + C_2^2} \\[2mm] C_2 = A \cdot \cos\varphi & \qquad \varphi = \arctan\dfrac{C_1}{C_2} \end{array}\right\} \qquad (3.80)$$

Die *Gleichungen (3.80)* gestatten eine wechselseitige Umrechnung der beiden gleichwertigen Lösungen der Bewegungsdifferentialgleichung *(3.75)* je nach den Erfordernissen.

Mit den Zahlenwerten für den Feder-Masse-Schwinger von *Beispiel 3.30* folgt aus der Lösung *(3.77)* die gleichwertige Lösung

$$x(t) = A \cdot \sin(\omega_0 t + \varphi)$$

mit den Integrationskonstanten A und φ, die sich nach *(3.80)* wie folgt ergeben

$$\omega_0 = 7,071 \text{ s}^{-1}, \quad C_1 = x_0 = 1 \text{ mm}, \quad C_2 = v_0 / \omega_0 = 1,414 \text{ mm}$$

$$A = 1,732 \text{ mm}, \quad \varphi = 0,615$$

Die gleichwertige Funktion $x(t) = A \cdot \sin(\omega_0 t + \varphi)$ ist in *Bild 3.74* grafisch dargestellt und natürlich mit der entsprechenden Funktion der Lösung *(3.77)* in *Bild 3.73* identisch.

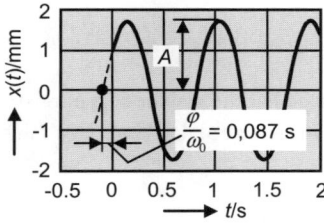

Bild 3.74 Funktion $x(t) = A \cdot \sin(\omega_0 t + \varphi)$

Beispiel 3.31 Feder-Masse-Schwinger (Masse hängt an der Feder)

Durch die Gewichtskraft $F_G = mg$ erfährt die Feder eine statische Auslenkung um x_{st}. Danach befindet sich das System in der statischen Ruhelage (*Bild 3.75 b*).

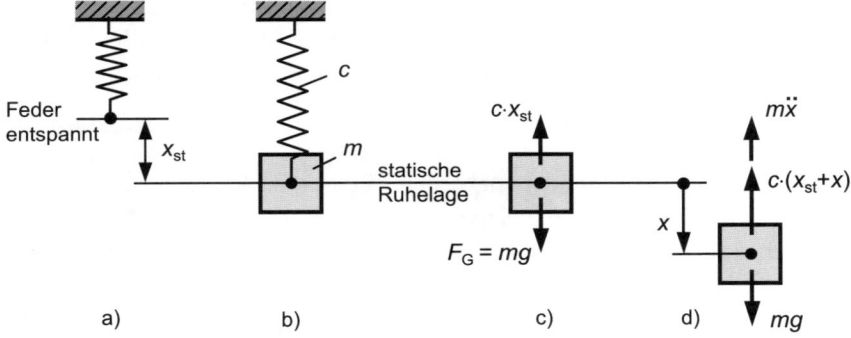

Bild 3.75 Feder-Masse-Schwinger (Masse hängt an der Feder)

Die Größe der statischen Auslenkung folgt aus dem Kräftegleichgewicht an der in der statischen Ruhelage freigeschnittenen Masse (*Bild 3.75 c*)):

$$\uparrow : \quad c x_{st} - mg = 0$$

$$x_{st} = \frac{m}{c} g$$

Die Koordinate x legen wir mit ihrem Ursprung in die statische Ruhelage. Wir lenken das System weiter aus und lassen es Schwingen. Das D'ALEMBERT'sche Prinzip liefert mit dem Kräftegleichgewicht an der in einer allgemeinen Lage freigeschnittenen Masse (*Bild 3.75 d*) die folgende Bewegungsdifferentialgleichung:

$$\uparrow : \quad c(x_{st} + x) - mg + m\ddot{x} = 0$$

$$m\ddot{x} + cx + \underbrace{c x_{st} - mg}_{0} = 0$$

$$m\ddot{x} + cx = 0$$

$$\ddot{x} + \omega_0^2 x = 0 \qquad \text{mit} \qquad \omega_0 = \sqrt{\frac{c}{m}}$$

Beachte: Der Feder-Masse-Schwinger mit hängender Masse hat die gleiche Eigenkreisfrequenz ω_0 wie der reibungsfreie Feder-Masse-Schwinger auf horizontaler Unterlage (siehe *Beispiel 3.30, Seite 285*).

Aus dem *Beispiel 3.31* lässt sich die folgende Feststellung ableiten.

Feststellung: Das Gewicht $F_G = mg$ der Masse und die dadurch hervorgerufene statische Vorspannung $c \cdot x_{st}$ der Feder haben keinen Einfluss auf die Schwingung dieses Feder-Masse-Systems und brauchen daher bei solchen Systemen nicht berücksichtigt zu werden, wenn die Bewegungskoordinate von der statischen Ruhelage aus eingeführt wird! Das Gewicht bestimmt lediglich die statische Ruhelage, um die dann die Schwingung erfolgt. Diese Feststellung gilt auch für das Aufstellen der Bewegungsgleichungen mit Hilfe von Energiemethoden!

Beachte:

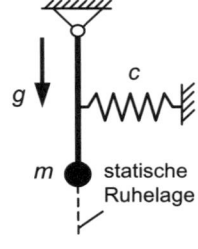

Bild 3.76

- *Das gilt nur*, wenn in der statischen Ruhelage alle elastischen Glieder des Schwingers bereits durch die Gewichtskräfte vorgespannt sind (Gegenbeispiel: Schwinger in *Bild 3.76*).
- *Das gilt nur*, wenn das System ein linearer Schwinger ist.
- *Das gilt nicht*, wenn die Gewichtskraft die alleinige Rückstellkraft ist (z. B. Schwinger *Bild 3.76* ohne Feder).
- *Das gilt nicht*, wenn durch die Gewichtskraft in der Bewegungsdifferentialgleichung nichtkonstante Anteile entstehen (z. B. bei einer schrägen Lage des Schwingers im *Bild 3.76*).

Hinweis: Wenn man für das obige *Beispiel 3.31* die Eigenkreisfrequenz ω_0 experimentell bestimmen möchte, folgt aus

$$\omega_0 = \sqrt{\frac{c}{m}}$$

dass man die Masse „m" und die Federsteifigkeit „c" messen müsste. Die experimentelle Bestimmung von ω ist aber auch ohne die Ermittlung von c und m möglich. Man muss lediglich die statische Auslenkung x_{st} messen, und erhält aus

$$x_{st} = \frac{m}{c} g = \frac{1}{\omega_0^2} g \qquad \Rightarrow \qquad \omega_0 = \sqrt{\frac{g}{x_{st}}}$$

In dem *Beispiel 3.30* und dem *Beispiel 3.31* wurde jeweils eine Feder mit der Federmasse null angenommen. Im Folgenden wollen wir noch die Fragen untersuchen:

- Hat die Federmasse einen Einfluss auf die Eigenkreisfrequenz des Schwingers?
- Wie kann man die Masse der Feder berücksichtigen?
- Wie berücksichtigt man spezielle Anordnungen von Federn (Parallel- und Reihenschaltung von Federn)?

Näherungsweise Berücksichtigung der Federmasse (für kleine Ausschläge):

Da durch die Federmasse die schwingende Masse insgesamt größer wird, ist zu erwarten, dass die Eigenkreisfrequenz sinkt! Wir betrachten Schwingungen um die neue statische Ruhelage (infolge der zusätzlichen Federmasse m_F)

$$x_{st} = \frac{m + \frac{1}{2}m_F}{c} g$$

und nehme an, dass sich die Geschwindigkeit längs der Feder mit der Länge l und der Gesamtmasse m_F linear verändert (*Bild 3.77*).

Ermittelt man die Bewegungsgleichung, z. B. mit den LAGRANGE'schen Gleichungen 2. Art und wählt x von der statischen Ruhelage aus, so können die Massenkräfte aus m und m_F sowie die durch diese in der Feder gespeicherte potentielle Energie weggelassen werden (Begründung siehe *Beispiel 3.31*). Die Federmasse m_F geht nur noch in die kinetische Energie T ein! Diese wird

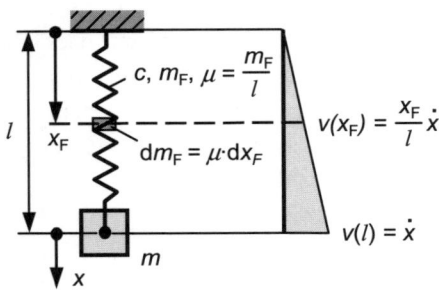

Bild 3.77 Berücksichtigung der Federmasse

$$T = \frac{1}{2}m\dot{x}^2 + \frac{1}{2}\int_0^l v^2(x_F)\,dm_F = \frac{1}{2}m\dot{x}^2 + \frac{1}{2}\left(\frac{\dot{x}}{l}\right)^2 \mu \int_0^l x_F^2\,dx_F$$

$$T = \frac{1}{2}m\dot{x}^2 + \frac{1}{2}\left(\frac{\dot{x}}{l}\right)^2 \mu \cdot \frac{1}{3}l^3 = \frac{1}{2}m\dot{x}^2 + \frac{1}{6}\dot{x}^2 \underbrace{\mu \cdot l}_{m_F} = \frac{1}{2}\left(m + \frac{1}{3}m_F\right)\dot{x}^2$$

$$T = \frac{1}{2}M \cdot \dot{x}^2 \quad \text{mit} \quad M = m + \frac{1}{3}m_F$$

Die kinetische Energie des Feder-Masse-Schwingers mit Berücksichtigung der Federmasse erhalten wir also, indem zur Einzelmasse m noch 1/3 der Federmasse m_F hinzugefügt wird. Mit dieser Ersatzmasse M kann dann die Eigenkreisfrequenz berechnet werden, die durch die Erhöhung der Masse, wie bereits vermutet, kleiner wird.

$$\omega_0 = \sqrt{\frac{c}{M}} \qquad \text{mit} \qquad M = m + \frac{1}{3}m_F$$

Ermittlung von Ersatzfederzahlen für Parallel- und Reihenschaltung von Federn:

Federn können in vielfältiger Weise untereinander und mit einem Körper verbunden sein. Sie lassen sich unter der Voraussetzung eines linearen Federgesetzes ($F_c = c \cdot x$, vgl. *Bild 3.78*) zu einer Ersatzfeder mit einer Ersatzfederzahl c_{ers} zusammenfassen. Die Ersatzfederzahl c_{ers} wird so bestimmt, dass bei gleichen Belastungen die Ersatzfeder den gleichen Federweg aufweist wie das Ausgangssystem.

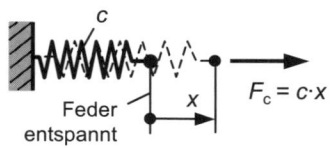

Bild 3.78 Federgesetz

Parallelschaltung von Federn (Federwege aller Federn sind gleich groß)

Ein Ausgangssystem von Federn (*Bild 3.79, links*) ist so geartet, dass alle Federn die gleiche Auslenkung erfahren. Aus diesem Federsystem soll ein Ersatzsystem mit nur einer Ersatzfederzahl (*Bild 3.79, rechts*) gebildet werden.

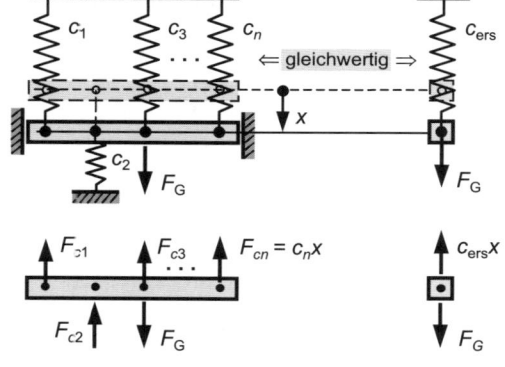

Bild 3.79 Parallelschaltung von Federn (Ausgangssystem links und Ersatzsystem rechts)

Ausgangssystem:

$$\uparrow: F_G = F_{c1} + F_{c2} + \ldots F_{cn}$$
$$F_G = c_1 x + c_2 x + \ldots + c_n x$$
$$F_G = (c_1 + c_2 + \ldots + c_n) \cdot x \qquad (1)$$

Ersatzsystem:

$$\uparrow: F_G = c_{ers} \cdot x \qquad (2)$$

Gleichsetzen von *(1)* und *(2)* liefert die Ersatzfederzahl für die Parallelschaltung

$$c_{ers} = c_1 + c_2 + \ldots + c_n = \sum_{i=1}^{n} c_i \qquad (3.81)$$

Reihenschaltung von Federn (Federkräfte aller Federn sind gleich groß)

Für jede Feder c_i des Ausgangssystems kann aus dem Kräftegleichgewicht (*Bild 3.80*, Schnittbild links) und dem Federgesetz die Federverlängerung x_i der i-ten Feder berechnet werden.

Ausgangssystem:

$$\uparrow:\ F_{ci} = F_{G} = c_i \cdot x_i$$

$$x_i = \frac{F_{G}}{c_i}$$

Der Federweg am Ende der Federkette wird damit

$$x = x_1 + x_2 + \ldots + x_n = \sum_{i=1}^{n} x_i$$

$$x = \frac{F_{G}}{c_1} + \frac{F_{G}}{c_2} + \ldots \frac{F_{G}}{c_n}$$

$$x = \left(\frac{1}{c_1} + \frac{1}{c_2} + \ldots \frac{1}{c_n} \right) F_{G} \qquad (1)$$

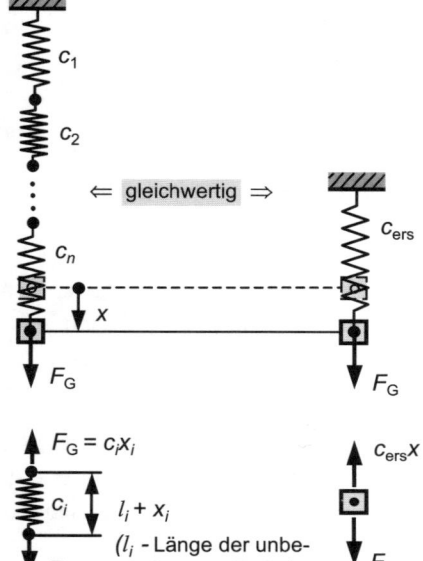

Bild 3.80 Reihenschaltung von Federn (Ausgangssystem links und Ersatzsystem rechts)

Ersatzsystem:

Für das Ersatzsystem gilt (siehe *Bild 3.80*, Schnittbild rechts)

$$\uparrow:\ F_{G} = c_{\text{ers}} \cdot x \qquad \Rightarrow \qquad x = \frac{F_{G}}{c_{\text{ers}}} \qquad (2)$$

Gleichsetzen von *(1)* und *(2)* liefert die Ersatzfederzahl für die Reihenschaltung

$$c_{\text{ers}} = \frac{1}{\dfrac{1}{c_1} + \dfrac{1}{c_2} + \ldots \dfrac{1}{c_n}} = \frac{1}{\displaystyle\sum_{i=1}^{n} \dfrac{1}{c_i}} \qquad (3.82)$$

Hinweis: Mit den Beziehungen für die Parallelschaltung *Gleichung (3.81)* und für die Reihenschaltung *Gleichung (3.82)* von Federn kann auch für kompliziertere Federsysteme, die Kombinationen beider Arten enthalten, durch schrittweise Bildung von Ersatzfedern eine einzige Ersatzfeder für das gesamte System ermittelt werden.

3.5.3   Freie gedämpfte Schwingungen mit einem Freiheitsgrad

Aus der Erfahrung wissen wir, dass freie Schwingungen mit einer konstanten Amplitude (ungedämpfte Schwingungen) nicht auftreten. Die Amplituden werden mit zunehmender Zeit kleiner (gedämpft) und werden irgendwann null. Das *Bild 3.81* zeigt einen typischen gedämpften Schwingungsverlauf im Vergleich mit einem ungedämpften Verlauf. Ursache für die Dämpfung ist z. B.

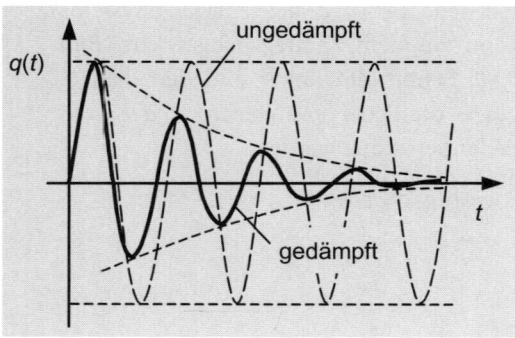

Bild 3.81 Freie gedämpfte Schwingung

der durch Dissipation[9] eintretende Energieverlust im schwingenden System infolge

*   Umwandlung von Bewegungsenergie in Wärme (z. B. infolge Reibung)
*   Umwandlung von Bewegungsenergie in bleibende Verformung
*   Umwandlung von Bewegungsenergie in Luft- oder Flüssigkeitsbewegung
*   usw.

> *Hinweis:* Ideale (ungedämpfte) Systeme – so genannte konservative Systeme – gibt es in der Realität nicht.

Trotzdem lassen sich auch unter der Voraussetzung idealer (ungedämpfter) Systeme viele brauchbare Aussagen (oft sehr einfach) gewinnen. Dabei ist immer zu prüfen, ob die getroffenen Annahmen zulässig sind!

Um uns mit wichtigen Grundlagen vertraut zu machen, wollen wir als Modellbeispiel einen geschwindigkeitsproportional gedämpften Feder-Masse-Schwinger betrachten.

Geschwindigkeitsproportional gedämpfter Feder-Masse-Schwinger

Ein geschwindigkeitsproportionaler Dämpfer mit der *Dämpfungskonstanten b* bewirkt eine der Geschwindigkeit v entgegengesetzt wirkende Kraft der Größe $F_{\mathrm{W}} = b \cdot v$. Das Symbol für einen geschwindigkeitsproportionalen Dämpfer ist einem Fahrzeugstoßdämpfer nachempfunden.

---

[9] Dissipation (Energiedissipation): irreversibler physikalischer Prozess beim Übergang einer Energieform in eine andere Energieform

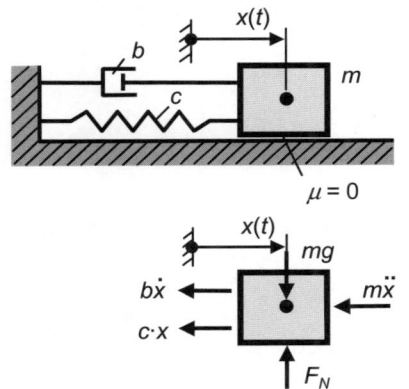

Symbol für einen Dämpfer:

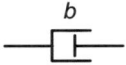

Maßeinheit der
Dämpfungskonstanten b:

$$N \cdot s \cdot m^{-1} = kg \cdot s^{-1}$$

Bild 3.82 Geschwindigkeitsproportional gedämpfter Feder-Masse-Schwinger

Bei Anwendung des D'ALEMBERT'schen Prinzips für den Feder-Masse-Schwinger in *Bild 3.82* erhält man aus dem Kräftegleichgewicht in horizontaler Richtung an der freigeschnittenen Masse m

$$\leftarrow : \quad m\ddot{x} + b\dot{x} + cx = 0$$

$$\ddot{x} + \frac{b}{m}\dot{x} + \frac{c}{m}x = 0 \tag{3.83}$$

Das ist die typische Bewegungsdifferentialgleichung eines proportional zur Geschwindigkeit gedämpften Systems. Häufig wird diese Form der Differentialgleichung noch mit den folgenden Abkürzungen umgeformt.

$$\omega_0 = \sqrt{\frac{c}{m}} \quad \left[s^{-1}\right] \qquad \textit{Eigenkreisfrequenz} \text{ des ungedämpften Schwingers} \tag{3.84}$$

$$\delta = \frac{b}{2m} \quad \left[s^{-1}\right] \qquad \textit{Abklingkonstante} \tag{3.85}$$

$$D = \frac{\delta}{\omega_0} = \frac{b}{2\sqrt{c \cdot m}} \quad [-] \qquad \textit{LEHR'sches Dämpfungsmaß (Dämpfungsgrad)} \tag{3.86}$$

Einsetzen der Abkürzungen in die Differentialgleichung *(3.83)* liefert

$$\ddot{x} + 2\delta \cdot \dot{x} + \omega_0^2 x = 0 \qquad \text{bzw.} \qquad \ddot{x} + 2D \cdot \omega_0 \dot{x} + \omega_0^2 x = 0 \tag{3.87}$$

Das ist, wie auch die Differentialgleichung für den ungedämpften Schwinger *(3.75)*, eine lineare homogene Differentialgleichung 2. Ordnung mit konstanten Koeffizienten. Die Lösung der beiden Differentialgleichungen *(3.87)* beschreibt in Abhängigkeit von den Systemparametern (speziell in Abhängigkeit vom Dämpfungsgrad D) sehr unterschiedliche Bewegungen. Diese wollen wir im Folgenden untersuchen.

Zur Lösung der Differentialgleichung *(3.87)* wird folgender Lösungsansatz gemacht:

$$x = \widetilde{C} \cdot e^{\lambda t} \tag{3.88}$$

Differenzieren dieses Ansatzes liefert

$$\dot{x} = \widetilde{C} \cdot \lambda e^{\lambda t} \qquad \ddot{x} = \widetilde{C} \cdot \lambda^2 e^{\lambda t}$$

Einsetzen des Ansatzes *(3.88)* und dessen Ableitungen in *Gleichung (3.87)* liefert

$$\left(\lambda^2 + 2 \lambda D \omega_0 + \omega_0^2 \right) \widetilde{C} \cdot e^{\lambda t} = 0$$

Wegen $\widetilde{C} \cdot e^{\lambda t} \neq 0$ muss zur Erfüllung dieser Gleichung der Klammerausdruck null werden. Damit ergibt sich

$$\lambda^2 + 2 \lambda D \omega_0 + \omega_0^2 = 0$$

Das ist die so genannte *charakteristische Gleichung*. Die Lösung der charakteristischen Gleichung (quadratische Gleichung für λ) wird

$$\lambda_{1,2} = -D\omega_0 \pm \sqrt{(D\omega_0)^2 - \omega_0^2}$$
$$\lambda_{1,2} = \omega_0 \left(-D \pm \sqrt{D^2 - 1} \right) \tag{3.89}$$

In Abhängigkeit vom Dämpfungsgrad D zeigt die Lösung sehr unterschiedliches Verhalten! Wir betrachten im Folgenden unterschiedliche Größenordnungen des Dämpfungsgrades D.

$D = 0$: Ungedämpftes System

Aus der Lösung *(3.89)* der charakteristischen Gleichung folgen für $D = 0$ die zwei Lösungen

$$\lambda_{1,2} = \pm \omega_0 \sqrt{-1} = \pm i \cdot \omega_0$$

Einsetzen dieser beiden Lösungen in den Lösungsansatz *(3.88)* liefert

$$x = \widetilde{C}_1 e^{+i \cdot \omega_0 t} + \widetilde{C}_2 e^{-i \cdot \omega_0 t}$$

Mit der EULER'schen[10] Formel $e^{\pm i \varphi} = \cos\varphi \pm i \cdot \sin\varphi$ folgt

$$x = \widetilde{C}_1 \left[\cos(\omega_0 t) + i \sin(\omega_0 t) \right] + \widetilde{C}_2 \left[\cos(\omega_0 t) - i \sin(\omega_0 t) \right]$$

---

[10] LEONHARD EULER, 1707–1783, bedeutender Mathematiker und Physiker

$$x = \underbrace{\left(\tilde{C}_1 + \tilde{C}_2\right)}_{C_1}\cos(\omega_0 t) + \underbrace{\left(\tilde{C}_1 - \tilde{C}_2\right)}_{C_2}i\sin(\omega_0 t)$$

$$x = C_1\cos(\omega_0 t) + C_2\sin(\omega_0 t) \qquad \text{oder} \qquad x = A\sin(\omega_0 t + \varphi) \tag{3.90}$$

Diese Lösung für ungedämpfte Systeme haben wir bereits im *Kapitel 3.5.2 (Gleichung (3.76) bzw. (3.79))* ohne Herleitung kennen gelernt. Der Verlauf der Schwingung nach *Gleichung (3.90)* für $D = 0$ (ungedämpft) ist in *Bild 3.83* dargestellt.

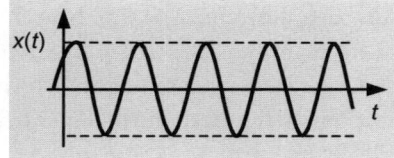

Bild 3.83 Ungedämpfte Schwingung ($D = 0$)

$D < 1$: Schwach gedämpftes System

In der Lösung *(3.89)* der charakteristischen Gleichung wird für $D < 1$ der Wurzelradikand negativ. Deshalb formen wir sie wie folgt um:

$$\lambda_{1,2} = \omega_0\left[-D \pm \sqrt{-1 \cdot \left(1 - D^2\right)}\,\right]$$

$$\lambda_{1,2} = -\omega_0 D \pm i \cdot \omega_0 \sqrt{1 - D^2}$$

Mit D nach *Gleichung (3.86)* und einer neuen Abkürzung

$$\omega_d = \omega_0\sqrt{1 - D^2} \tag{3.91}$$

folgt für die umgeformten Lösungen der charakteristischen Gleichung

$$\lambda_{1,2} = -\delta \pm i \cdot \omega_d$$

Einsetzen dieser beiden Lösungen in den Lösungsansatz *(3.88)* liefert

$$x = \tilde{C}_1\, e^{(-\delta + i \cdot \omega_d)t} + \tilde{C}_2\, e^{(-\delta - i \cdot \omega_d)t}$$

$$x = e^{-\delta t}\left(\tilde{C}_1\, e^{i \cdot \omega_d t} + \tilde{C}_2\, e^{-i \cdot \omega_d t}\right)$$

Auf den Klammerausdruck wenden wir nun wieder die EULER'sche Formel an, und erhalten

$$x = e^{-\delta t}\left(C_1\cos\omega_d t + C_2\sin\omega_d t\right) \tag{3.92}$$

oder mit *Gleichung (3.79)*

$$x = e^{-\delta t}\, A\sin(\omega_d t + \varphi) \tag{3.93}$$

Der typischen Verlauf dieser schwach gedämpften Schwingung ($D < 1$) nach *Gleichung (3.92)* bzw. *(3.93)* ist in *Bild 3.84* dargestellt.

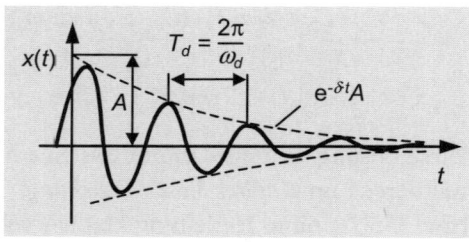

Aus den Lösungen *(3.92)* bzw. *(3.93)* kann man typische Eigenschaften für den schwach gedämpften Schwinger ableiten (siehe dazu auch *Bild 3.84*). Es gilt allgemein:

Bild 3.84 Schwach gedämpfte Schwingung ($D < 1$)

- Die Amplitude A der Schwingung nimmt mit der Zeit t um den Faktor $e^{-\delta t}$ ab.
- Die mit *Gleichung (3.91)* eingeführte Abkürzung ω_d ist die *Eigenkreisfrequenz der gedämpften Schwingung*.

$$\omega_d = \omega_0\sqrt{1-D^2} = \omega_0\sqrt{1-\left(\frac{\delta}{\omega_0}\right)^2} = \sqrt{\omega_0^2 - \delta^2} \quad \text{mit} \quad \omega_0 = \sqrt{\frac{c}{m}} \tag{3.94}$$

Beachte: ω_0 ist die Eigenkreisfrequenz des ungedämpften Schwingers.

- Die Eigenkreisfrequenz ω_d der gedämpften Schwingung ist konstant. Sie ist kleiner als die Eigenkreisfrequenz ω_0 des ungedämpften Schwingers.

- Die Schwingungsdauer T_d ist
$$T_d = \frac{2\pi}{\omega_d}$$

- Die Frequenz f_d wird
$$f_d = \frac{1}{T_d} = \frac{\omega_d}{2\pi}$$

Die das Dämpfungsverhalten eines Schwingers bestimmenden Parameter sind nicht immer bekannt oder können nicht immer einfach experimentell ermittelt werden. Mit den *Gleichungen (3.84)* bis *(3.86)* ist man aber in der Lage, bei der Kenntnis eines typischen Dämpfungsparameters (b, δ oder D), die jeweils benötigten anderen Parameter zu berechnen. Für eine experimentelle Bestimmung von Dämpfungsparametern soll im Folgenden die recht einfache Bestimmung des LEHR'schen Dämpfungsmaßes D gezeigt werden.

Experimentelle Bestimmung des LEHRschen Dämpfungsmaßes D

Wir betrachten zwei aufeinanderfolgende Ausschläge des Schwingers im Abstand einer Periode T_d (siehe *Bild 3.84*) und bilden das Verhältnis dieser Ausschläge

$$\frac{x(t)}{x(t+T_d)} = \frac{e^{-\delta t}\,A\sin(\omega_d t + \varphi)}{e^{-\delta(t+T_d)}\,A\sin(\omega_d[t+T_d]+\varphi)} = \frac{e^{-\delta t}}{e^{-\delta t}e^{-\delta T_d}} = e^{\delta T_d}$$

wobei auf Grund der Periodizität der sin-Funktion $\sin(\omega_d[t+T_d]+\varphi) = \sin(\omega_d t+\varphi)$ gesetzt werden konnte.

Logarithmieren beider Seiten liefert

$$\Lambda = \ln\left(\frac{x(t)}{x(t+T_d)}\right) = \delta \cdot T_d = \delta \cdot \frac{2\pi}{\omega_d} \qquad \Lambda = \textit{logarithmisches Dekrement}$$

Mit $\delta = D \cdot \omega_0$ aus *Gleichung (3.86)* und $\omega_d = \omega_0\sqrt{1-D^2}$ nach *Gleichung (3.94)* ergibt sich

$$\Lambda = 2\pi\frac{D}{\sqrt{1-D^2}}$$

und nach D umgestellt

$$D = \frac{\Lambda}{\sqrt{4\pi^2 + \Lambda^2}} \qquad \text{mit} \qquad \Lambda = \ln\left(\frac{x(t)}{x(t+T_d)}\right) \qquad (3.95)$$

Das LEHR'sche Dämpfungsmaß kann also aus zwei experimentell ermittelten aufeinanderfolgenden Ausschlägen im Abstand T_d (zweckmäßig die maximalen Ausschläge, da sich diese am genauesten messen lassen) über das logarithmische Dekrement Λ berechnet werden.

Beispiel 3.32 Ermittlung des LEHR'schen Dämpfungsmaßes

Um uns eine Vorstellung von der Größe des LEHR'schen Dämpfungsmaßes machen zu können, betrachten wir nachfolgend eine Schwingung, bei der sich die Amplitude nach jeder Periode T_d um die Hälfte verringert.

$$x(t+T_d) = \frac{1}{2}x(t)$$

Das logarithmische Dekrement Λ wird dafür nach *Gleichung (3.95)*

$$\Lambda = \ln\left(\frac{x(t)}{x(t+T_d)}\right) = \ln 2 = 0{,}6932$$

Damit ergibt sich aus *Gleichung (3.95)* für das LEHR'sche Dämpfungsmaß

$$D = \frac{\Lambda}{\sqrt{4\pi^2 + \Lambda^2}} = \frac{0{,}6932}{\sqrt{4\pi^2 + 0{,}6932^2}} = \underline{\underline{0{,}1097}}$$

Dieses Dämpfungsmaß ist relativ groß, da bereits nach wenigen Schwingungsperioden die Schwingung als praktisch abgeklungen angesehen sein wird.

Frage: Wie groß ist in diesem Fall der relativ großen Dämpfung mit $D = 0,1097$ die Eigenkreisfrequenz der gedämpften Schwingung?

Nach *Gleichung (3.94)* gilt

$$\omega_d = \omega_0 \sqrt{1-D^2} = \omega_0 \sqrt{1-0,1097^2}$$

$$\underline{\underline{\omega_d = 0,994 \cdot \omega_0}}$$

Schlußfolgerung: Auch bei relativ stark gedämpften Systemen ist die Eigenkreisfrequenz ω_0 des ungedämpften Systems eine gute Näherung für die Eigenkreisfrequenz ω_d des gedämpften Systems.

$D > 1$: Stark gedämpftes System

Die Lösung *(3.89)* der charakteristischen Gleichung hat für $D > 1$ zwei reelle Wurzeln. Einsetzen dieser beiden Lösungen in den Lösungsansatz *(3.88)* liefert

$$x = C_1 e^{\lambda_1 t} + C_2 e^{\lambda_2 t} = C_1 e^{\omega_0 \left(-D+\sqrt{D^2-1}\right)t} + C_2 e^{\omega_0 \left(-D-\sqrt{D^2-1}\right)t}$$

$$x = e^{-\omega_0 t D}\left(C_1 e^{\omega_0 t \sqrt{D^2-1}} + C_2 e^{-\omega_0 t \sqrt{D^2-1}}\right) \qquad (3.96)$$

Die Funktion *(3.96)* beschreibt keinen typischen Schwingungsvorgang mehr, sondern einen so genannten *Kriechvorgang* (vgl. *Bild 3.85*).

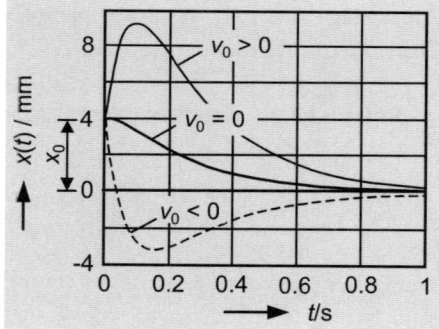

$D = 1$: Aperiodischer Grenzfall

Für den Sonderfall $D = 1$ ergibt sich aus der Lösung *(3.89)* der charakteristischen Gleichung die Doppellösung $\lambda_{1,2} = -\omega_0$. Einsetzen dieser Doppellösung in den Lösungsansatz *(3.88)* liefert

Bild 3.85 Typische Kriechvorgänge für $D = 1,2$; $\omega_0 = 8s^{-1}$; $x(t=0) = x_0 = 4mm$; $\dot{x}(t=0) = v_0 = \pm 150 mm/s$ bzw. $v_0 = 0$

$$x = C_1 e^{-\omega_0 t} + C_2 t e^{-\omega_0 t} = e^{-\omega_0 t}\left(C_1 + C_2 t\right) \qquad (3.97)$$

Gleichung *(3.97)* ist ebenfalls ein Kriechvorgang, der den Verläufen in *Bild 3.85* ähnelt.

Hinweis: Stark gedämpfte Systeme und der aperiodische Grenzfall sind technisch nur für wenige spezielle Anwendungen (z. B. Dämpfung von Zeigerinstrumenten) von Bedeutung.

3.5.4 Erzwungene Schwingungen mit einem Freiheitsgrad

Unter erzwungenen Schwingungen versteht man Schwingungsvorgänge, bei denen dem Schwingungssystem durch zeitabhängige Krafterregung oder Wegerregung Energie zugeführt wird.

Wir betrachten zunächst den praktisch wichtigen Fall, bei dem ein Schwingungssystem durch eine harmonische äußere Kraft

$$F(t) = \hat{F} \sin\Omega t \qquad \textit{Erregerkraft}$$

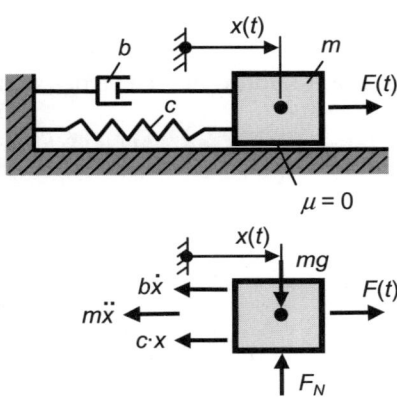

mit der *Erregerkreisfrequenz* Ω zu Schwingungen angeregt wird (*Bild 3.86*). Durch Anwendung des D'ALEMBERT'schen Prinzips für den krafterregten gedämpften Feder-Masse-Schwinger in *Bild 3.86* erhält man aus dem Kräftegleichgewicht in horizontaler Richtung an der freigeschnittenen Masse m

Bild 3.86 Krafterregter Schwinger

$$\leftarrow : \quad m\ddot{x} + b\dot{x} + cx - F(t) = 0$$

Mit den Abkürzungen *(3.84)* bis *(3.86)* und mit $F(t) = \hat{F}\sin\Omega t$ folgt daraus

$$\ddot{x} + 2\delta \cdot \dot{x} + \omega_0^2 x = \frac{\hat{F}}{m}\sin\Omega t \qquad (3.98)$$

Im Unterschied zur Bewegungsgleichung des freien gedämpften Schwingers (*Kapitel 3.5.3, Gleichung (3.87), Seite 295*) haben wir es jetzt mit einer inhomogenen Differentialgleichung zu tun, deren Lösung als Summe aus der homogenen Lösung x_h und einer partikulären Lösung x_p aufgeschrieben werden kann:

$$x = x_h + x_p \qquad \qquad \qquad (3.99)$$

Die homogene Lösung ist mit *Gleichung (3.92)* bzw. *(3.93)* (siehe *Seite 297*) bereits bekannt:

$$x_h = \mathrm{e}^{-\delta t}\left(C_1\cos\omega_d t + C_2\sin\omega_d t\right) \quad \text{bzw.} \quad x_h = \mathrm{e}^{-\delta t}\,A\sin(\omega_d t + \varphi) \qquad (3.100)$$

Für die partikuläre Lösung machen wir einen Lösungsansatz der Form

$$x_p = K\cdot\sin(\Omega t - \psi) \qquad (3.101)$$

Dieser Lösungsansatz muss die vollständige Differentialgleichung *(3.98)* erfüllen.

Mit

$$\dot{x}_p = K \cdot \Omega \cos(\Omega t - \psi) \qquad \text{und} \qquad \ddot{x}_p = -K \cdot \Omega^2 \sin(\Omega t - \psi)$$

folgt nach Einsetzen in die vollständige Differentialgleichung (3.98)

$$\left(-K \cdot \Omega^2 + K \cdot \omega_0^2\right)\sin(\Omega t - \psi) - 2\delta \cdot K \cdot \Omega \cos(\Omega t - \psi) = \frac{\hat{F}}{m}\sin\Omega t$$

Mit den Additionstheoremen der Winkelfunktionen folgt daraus

$$\underbrace{\left[-\left(-K \cdot \Omega^2 + K \cdot \omega_0^2\right)\sin\psi + 2\delta \cdot K \cdot \Omega \cdot \cos\psi\right]}_{=0}\cos\Omega t$$

$$+\underbrace{\left[\left(-K \cdot \Omega^2 + K \cdot \omega_0^2\right)\cos\psi + 2\delta \cdot K \cdot \Omega \cdot \sin\psi - \frac{\hat{F}}{m}\right]}_{=0}\sin\Omega t = 0$$

Diese Gleichung ist für jede beliebige Zeit t genau dann null, wenn jeder Klammerausdruck für sich null wird! Nullsetzen der ersten Klammer liefert

$$\tan\psi = \frac{2D\eta}{1-\eta^2} \qquad \psi - \textit{Nacheilwinkel, Phasenverschiebung} \qquad (3.102)$$

mit

$$\eta = \frac{\Omega}{\omega_0} \qquad \textit{Abstimmverhältnis, Frequenzverhältnis} \qquad (3.103)$$

Nullsetzen der zweiten Klammer liefert mit der Lösung für $\tan\psi$ (Umwandeln der sin- und cos-Funktion in die tan-Funktion) nach kurzer Rechnung die Konstante K

$$K = \frac{\hat{F}}{c} \cdot \frac{1}{\sqrt{\left(1-\eta^2\right)^2 + 4D^2\eta^2}}$$

Die vollständige Lösung der Differentialgleichung (3.98) folgt aus Gleichung (3.99) durch Einsetzen der Gleichungen (3.100) und (3.101) mit der jetzt bekannten Konstanten K zu

$$\left.\begin{array}{l} x = e^{-\delta t}A\sin(\omega_d t + \varphi) + \dfrac{\hat{F}}{c} \cdot \dfrac{1}{\sqrt{\left(1-\eta^2\right)^2 + 4D^2\eta^2}}\sin(\Omega t - \psi) \qquad \text{mit} \\[3ex] \omega_0 = \sqrt{\dfrac{c}{m}}, \;\; \delta = \dfrac{b}{2m}, \;\; D = \dfrac{\delta}{\omega_0}, \;\; \omega_d = \omega_0\sqrt{1-D^2}, \;\; \eta = \dfrac{\Omega}{\omega_0}, \;\; \tan\psi = \dfrac{2D\eta}{1-\eta^2} \end{array}\right\} \quad (3.104)$$

Die Integrationskonstanten A und φ müssen aus den jeweils aktuellen Anfangsbedingungen des konkreten Problems bestimmt werden. Ein typischer Verlauf einer erregten Schwingung ist in *Bild 3.87* dargestellt.

Hinweis: $\hat{F}/c$ in *Gleichung (3.104)* ist die Auslenkung der Masse bei statischer (ruhender) Belastung des Feder-Masse-Systems mit der Kraft $\hat{F}$.

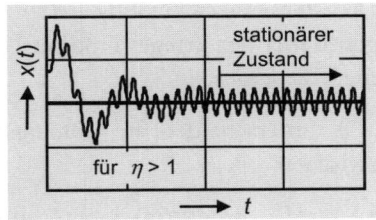

Bild 3.87 Erzwungene Schwingung

In der allgemeinen Lösung *(3.104)* beschreibt der partikuläre Lösungsanteil (zweiter Term) den so genannten **stationären Zustand** (*stationäre Schwingung*) $x_{\text{stationär}}$, da der homogene Lösungsanteil (erster Term) infolge der immer vorhandenen Dämpfung mit der Zeit abklingt (*Bild 3.87*).

$$x_{\text{stationär}} = x_p = K\sin(\Omega t - \psi) = \frac{\hat{F}}{c} \cdot \underbrace{\frac{1}{\sqrt{(1-\eta^2)^2 + 4D^2\eta^2}}}_{V_1(\eta)} \sin(\Omega t - \psi) \qquad (3.105)$$

Für den stationären Zustand gilt:

- der stationäre Zustand ist eine harmonische Schwingung mit einer Kreisfrequenz, die gleich der Erregerkreisfrequenz Ω ist
- die Amplitude K der stationären Schwingung ist konstant
- die stationäre Schwingung hat gegenüber der Erregung $F(t) = \hat{F}\sin\Omega t$ eine Phasenverschiebung um den Winkel ψ

Wir erkennen aus Gleichung *(3.105)*, dass die Amplitude der stationären Schwingung wesentlich vom Abstimmverhältnis η bestimmt wird. Das Verhältnis der Amplitude K der stationären Lösung *(3.105)* zur statischen Auslenkung $\hat{F}/c$, die so genannte *Vergrößerungsfunktion* $V_1(\eta)$, gestattet das typische Verhalten der Schwingungsamplitude zu diskutieren (siehe *Bild 3.88*). Dabei ist besonders die nähere Umgebung von $\eta = 1$ zu beachten, da dort bei geringen Dämpfungen recht große Amplituden auftreten können. Der Zustand $\eta = 1$ ($\Omega = \omega_0$) wird als **Resonanz** bezeichnet.

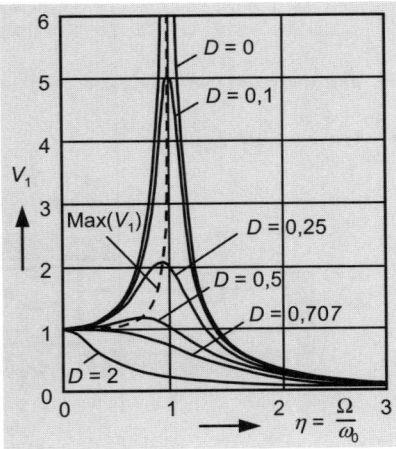

Bild 3.88 Vergrößerungsfunktion V_1

Die Phasenverschiebung $\psi(\eta)$ der stationären Lösung nach *Gleichung (3.102)* gegenüber der Erregerfunktion $F(t)$ ist in *Bild 3.89* für unterschiedliche Dämpfungsmaße D dargestellt.

Wir unterscheiden in Abhängigkeit von η zwischen:

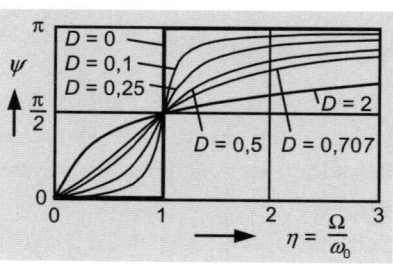

- $\eta < 1$ unterkritische Erregung ($\Omega < \omega_0$)
- $\eta = 1$ *Resonanzfall* ($\Omega = \omega_0$)
- $\eta > 1$ überkritische Erregung ($\Omega > \omega_0$)

Bild 3.89 Phasenverschiebung ψ

Neben der hier behandelten Krafterregung $F(t)$ treten häufig *Stützenerregungen* und *Unwuchterregungen* auf. Die Behandlung dieser erregten Systeme erfolgt analog zur Krafterregung. Als Ergebnis lassen sich neben der vollständigen Lösung wieder für den stationären Schwingungszustand Vergrößerungsfunktion und Phasenverschiebung ermitteln.

- Stützenerregung (Erregung über Feder, über Dämpfer oder über Feder und Dämpfer)

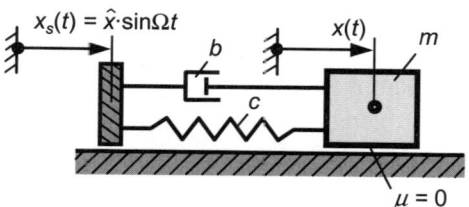

Bild 3.90 Stützenerregung über Feder und Dämpfer

- Unwuchterregung

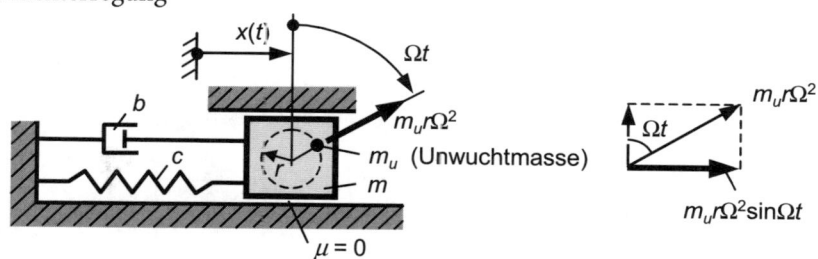

Bild 3.91 Erregung durch die horizontale Kraftkomponente $F(t)=m_u r\Omega^2 \sin\Omega t$ der Fliehkraft $m_u r\Omega^2$

3.5.5 Systeme mit mehreren (*n*) Freiheitsgraden

3.5.5.1 Einführung

Das Aufstellen der Bewegungsgleichungen für ein Schwingungssystem mit *n* Freiheitsgraden kann analog zum Schwinger mit einem Freiheitsgrad, z. B. mit dem D'ALEMBERT'schen Prinzip (*Kapitel 3.3.1 bis 3.3.3*) bzw. den LAGRANGE'schen Bewegungsgleichungen 2. Art (*Kapitel 3.4.3*), vorgenommen werden. Neu ist allerdings jetzt:

- Bei einem linearen Schwingungssystem mit *n*-Freiheitsgraden erhält man ein gekoppeltes Differentialgleichungssystem aus *n* Gleichungen, d. h. die mathematische Behandlung wird aufwendiger.

- Ein lineares Schwingungssystem mit *n* Freiheitsgraden besitzt *n* Eigenkreisfrequenzen ω_i $(i = 1, ..., n)$[11].

Viele Erkenntnisse vom Schwinger mit einem Freiheitsgrad lassen sich auf ein Schwingungssystem mit *n* Freiheitsgraden übertragen, z. B.:

- Die Eigenkreisfrequenzen eines schwach gedämpften Systems unterscheiden sich nur unwesentlich von denen des ungedämpften Systems (vgl. *Kapitel 3.5.3 Freie gedämpfte Schwingungen mit einem Freiheitsgrad*). Deshalb reicht es häufig aus, ungedämpfte Systeme zu untersuchen.

- Bei erregten Systemen reicht im Allgemeinen die Untersuchung des stationären Schwingungszustandes aus. Nur für die Untersuchung des Verhaltens eines Systems in der Anlaufphase bzw. Auslaufphase ist die vollständige Lösung (mit Berücksichtigung der Dämpfung) erforderlich.

- Eine Erregung in der Nähe der Eigenkreisfrequenzen ω_i führt ebenfalls zu großen Schwingungsausschlägen. Bei jeder Eigenkreisfrequenz liegt eine Resonanzstelle.

3.5.5.2 Aufstellen der Bewegungsgleichungen

Am Beispiel eines Zwei-Massen-Schwingers mit Dämpfung und Krafterregung (*Bild 3.92*) soll das Aufstellen der Bewegungsgleichungen exemplarisch gezeigt werden. Im *Kapitel 3.4.3 (Beispiel 3.28, Seite 278)* wurden Bewegungsgleichungen für einen Zwei-Massen-Schwinger (dort ohne Dämpfung und Krafterregung) mit den LAGRANGE'schen Bewegungsgleichungen aufgestellt. Hier wollen wir mit Hilfe des D'ALEMBERT'schen Prinzips die zweite typische Methode anwenden.

---

[11] Dabei kann ω_i für die *n* Eigenkreisfrequenz ω_{0i} eines ungedämpften oder für die *n* Eigenkreisfrequenzen ω_{di} eines gedämpften Systems stehen.

Gegeben: $m_1, m_2, c_1, c_2, b_1, b_2$

$\quad\quad\quad F_1(t) = \hat{F} \sin \Omega t$

Gesucht: Bewegungsgleichungen für die Massen m_1 und m_2

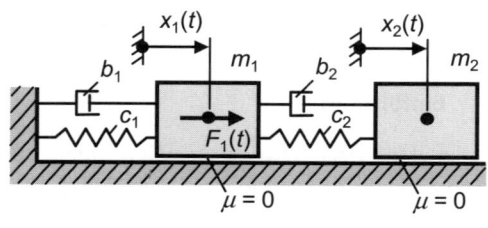

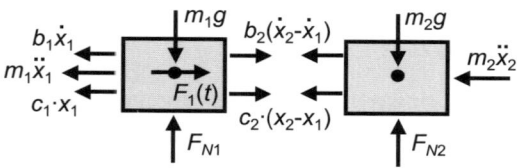

Bild 3.92 Zwei-Massen-Schwinger mit Dämpfung und Erregung

Das Kräftegleichgewicht an den freigeschnittenen Massen liefert

$$\rightarrow:\ m_1 \ddot{x}_1 + b_1 \dot{x}_1 - b_2 (\dot{x}_2 - \dot{x}_1) + c_1 x_1 - c_2 (x_2 - x_1) = F_1(t)$$
$$\rightarrow:\ m_2 \ddot{x}_2 \quad + b_2 (\dot{x}_2 - \dot{x}_1) \quad + c_2 (x_2 - x_1) = 0$$

Nach Umsortierung folgt

$$\left. \begin{array}{l} m_1 \ddot{x}_1 + (b_1 + b_2) \dot{x}_1 - b_2 \dot{x}_2 + (c_1 + c_2) x_1 - c_2 x_2 = F_1(t) \\ m_2 \ddot{x}_2 \quad - b_2 \dot{x}_1 + b_2 \dot{x}_2 \quad - c_2 x_1 + c_2 x_2 = 0 \end{array} \right\} \tag{3.106}$$

bzw. in Matrizenschreibweise

$$\begin{bmatrix} m_1 & 0 \\ 0 & m_2 \end{bmatrix} \cdot \begin{bmatrix} \ddot{x}_1 \\ \ddot{x}_2 \end{bmatrix} + \begin{bmatrix} b_1 + b_2 & -b_2 \\ -b_2 & b_2 \end{bmatrix} \cdot \begin{bmatrix} \dot{x}_1 \\ \dot{x}_2 \end{bmatrix} + \begin{bmatrix} c_1 + c_2 & -c_2 \\ -c_2 & c_2 \end{bmatrix} \cdot \begin{bmatrix} x_1 \\ x_2 \end{bmatrix} = \begin{bmatrix} F_1(t) \\ 0 \end{bmatrix}$$

oder kurz

$$\mathbf{M} \cdot \ddot{\mathbf{x}} + \mathbf{D} \cdot \dot{\mathbf{x}} + \mathbf{K} \cdot \mathbf{x} = \mathbf{F} \tag{3.107}$$

Es bedeuten:

M - Massenmatrix
D - Dämpfungsmatrix
K - Steifigkeitsmatrix
x - Koordinatenvektor
F - Lastvektor

Die Bewegungsgleichungen *(3.106)* bzw. *(3.107)* stellen ein gekoppeltes lineares Differentialgleichungssystem dar. Die Matrizenschreibweise *(3.107)* gilt in dieser allgemeinen Form auch für Schwinger mit mehr als zwei Freiheitsgraden, wobei die

Matrizen und Vektoren in *(3.107)* dann ein Format annehmen, das der Freiheitsgrad-anzahl des Systems entspricht.

Aus den Bewegungsgleichungen *(3.107)* lassen sich schnell die folgenden Sonderfälle ableiten:

System mit Dämpfung und Erregung	$\mathbf{M} \cdot \ddot{\mathbf{x}} + \mathbf{D} \cdot \dot{\mathbf{x}} + \mathbf{K} \cdot \mathbf{x} = \mathbf{F}$	(3.108)
System ohne Dämpfung und mit Erregung	$\mathbf{M} \cdot \ddot{\mathbf{x}} + \mathbf{K} \cdot \mathbf{x} = \mathbf{F}$	(3.109)
System mit Dämpfung und ohne Erregung	$\mathbf{M} \cdot \ddot{\mathbf{x}} + \mathbf{D} \cdot \dot{\mathbf{x}} + \mathbf{K} \cdot \mathbf{x} = 0$	(3.110)
System ohne Dämpfung und ohne Erregung (freie Schwingung)	$\mathbf{M} \cdot \ddot{\mathbf{x}} + \mathbf{K} \cdot \mathbf{x} = 0$	(3.111)

Die Lösung der Differentialgleichungssysteme *(3.108)* und *(3.109)* kann als Summe einer homogenen und einer partikulären Lösung aufgeschrieben werden (bei den *Gleichungen (3.110)* und *(3.111)* entfällt die partikuläre Lösung)

$$\mathbf{x} = \mathbf{x}_h + \mathbf{x}_p$$

Zur Bestimmung der homogenen Lösung macht man zweckmäßig den Ansatz (vgl. auch *Kapitel 3.5.3, Gleichung (3.88), Seite 296*)

$$\mathbf{x}_h = \mathbf{C} \cdot e^{\lambda t}$$

und zur Bestimmung der partikulären Lösung führt ein an F angepasster Störgliedansatz in der Regel zum Ziel. Für das obige Beispiel mit Dämpfung und mit $F(t) = \hat{F}\sin\Omega t$ z. B.:

$$\mathbf{x}_p = \mathbf{A} \cdot \sin\Omega t + \mathbf{B} \cdot \cos\Omega t$$

Einsetzen in *Gleichung (3.107)* und Koeffizientenvergleich liefert ein Gleichungssystem zur Berechnung von **A** und **B**.

Beispiel 3.33 Zwei-Massen-Schwinger mit Krafterregung an einer Masse *Video 16*

Gegeben: $m_1 = m_2 = m, c_1 = c_2 = c$
           $F_1(t) = \hat{F}\sin\Omega t$

Gesucht: Bewegungsgleichungen für
           die Massen m_1 und m_2

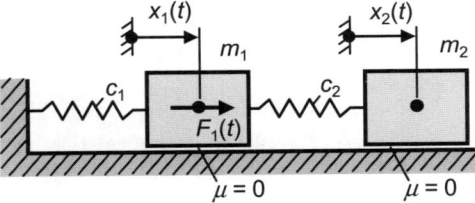

Bild 3.93 Zwei-Massen-Schwinger mit Krafterregung

Es gelten die Bewegungsgleichungen (3.106) bzw. (3.107), wenn in diesen die Dämpfung null gesetzt wird (d. h. $b_1 = b_2 = 0$ bzw. $D = 0$)

$$
\underbrace{\begin{bmatrix} m_1 & 0 \\ 0 & m_2 \end{bmatrix}}_{\mathbf{M}} \cdot \underbrace{\begin{bmatrix} \ddot{x}_1 \\ \ddot{x}_2 \end{bmatrix}}_{\ddot{\mathbf{x}}} + \underbrace{\begin{bmatrix} c_1 + c_2 & -c_2 \\ -c_2 & c_2 \end{bmatrix}}_{\mathbf{K}} \cdot \underbrace{\begin{bmatrix} x_1 \\ x_2 \end{bmatrix}}_{\mathbf{x}} = \underbrace{\begin{bmatrix} \hat{F} \sin \Omega t \\ 0 \end{bmatrix}}_{\mathbf{F}} \tag{3.112}
$$

oder kurz

$$
\mathbf{M} \cdot \ddot{\mathbf{x}} + \mathbf{K} \cdot \mathbf{x} = \mathbf{F} \tag{3.113}
$$

Ermittlung der homogenen Lösung:

Der Ansatz

$$
\mathbf{x}_h = \mathbf{C} \cdot e^{\lambda t} \qquad \text{oder} \qquad \begin{bmatrix} x_{1h} \\ x_{2h} \end{bmatrix} = \begin{bmatrix} C_1 \\ C_2 \end{bmatrix} \cdot e^{\lambda t}
$$

in (3.112) eingesetzt liefert das so genannte *allgemeine Eigenwertproblem*

$$
\left(\lambda^2 \, \mathbf{M} + \mathbf{K} \right) \cdot \mathbf{C} = \mathbf{0} \tag{3.114}
$$

Das allgemeine Eigenwertproblem (3.114) stellt ein homogenes Gleichungssystem für die Amplituden C des Ansatzes dar. Es hat nur dann nichttriviale Lösungen für C, wenn die Determinante der Matrix $(\lambda^2 \mathbf{M} + \mathbf{K})$ null wird.

$$
\det\!\left(\lambda^2 \, \mathbf{M} + \mathbf{K} \right) = 0 \tag{3.115}
$$

Die *Gleichung (3.115)* wird als *charakteristische Gleichung* bezeichnet. Für das konkrete Beispiel wird die charakteristische Gleichung mit (3.112)

$$
\begin{vmatrix} m_1 \lambda^2 + c_1 + c_2 & -c_2 \\ -c_2 & m_2 \lambda^2 + c_2 \end{vmatrix} = 0 \quad \Rightarrow \quad \lambda^4 + \left(\frac{c_1 + c_2}{m_1} + \frac{c_2}{m_2} \right) \lambda^2 + \frac{c_1 c_2}{m_1 m_2} = 0
$$

Die charakteristische Gleichung (biquadratische Gleichung für λ) hat die Lösungen

$$
\lambda^2_{1,2} = -\frac{1}{2} \left(\frac{c_1 + c_2}{m_1} + \frac{c_2}{m_2} \right) \pm \sqrt{ \frac{1}{4} \left(\frac{c_1 + c_2}{m_1} + \frac{c_2}{m_2} \right)^2 - \frac{c_1 c_2}{m_1 m_2} }
$$

Hinweis: Die Lösungen für $\lambda^2_{1,2}$ sind kleiner null. Deshalb führen wir die Substitution $\omega^2_{0\,1,2} = -\lambda^2_{1,2}$ durch. Damit ist $\omega^2_{0\,1,2}$ reell und positiv.

Mit

$$
\omega^2_{0\,1,2} = +\frac{1}{2} \left(\frac{c_1 + c_2}{m_1} + \frac{c_2}{m_2} \right) \pm \sqrt{ \frac{1}{4} \left(\frac{c_1 + c_2}{m_1} + \frac{c_2}{m_2} \right)^2 - \frac{c_1 c_2}{m_1 m_2} } \tag{3.116}
$$

erhält man die Lösungen der charakteristischen Gleichung in der Form

$$\lambda^2_{\ 1,2} = -\omega^2_{0\ 1,2}$$

bzw. daraus die vier Teillösungen

$$
\left.
\begin{array}{l}
\lambda^2_{\ 1} = -\omega^2_{0\ 1} \quad \Rightarrow \quad \lambda_{11} = +i \cdot \omega_{01}, \quad \lambda_{12} = -i \cdot \omega_{01} \\[2mm]
\lambda^2_{\ 2} = -\omega^2_{0\ 2} \quad \Rightarrow \quad \lambda_{21} = +i \cdot \omega_{02}, \quad \lambda_{22} = -i \cdot \omega_{02}
\end{array}
\right\}
\tag{3.117}
$$

mit $\omega_{01} = 0{,}618\sqrt{\dfrac{c}{m}}$ und $\omega_{02} = 1{,}618\sqrt{\dfrac{c}{m}}$ aus *(3.116)* für die gegebenen Werte.

Einsetzen in den Lösungsansatz für x_h und Überlagerung aller Teillösungen mit je zwei Integrationskonstanten liefert

$$
\begin{aligned}
x_{1h} &= C_1 \left(A_{11} e^{i\omega_{01}t} + A_{12} e^{-i\omega_{01}t} + A_{21} e^{i\omega_{02}t} + A_{22} e^{-i\omega_{02}t} \right) \\[2mm]
x_{2h} &= C_2 \left(A_{11} e^{i\omega_{01}t} + A_{12} e^{-i\omega_{01}t} + A_{21} e^{i\omega_{02}t} + A_{22} e^{-i\omega_{02}t} \right)
\end{aligned}
$$

Mit der EULERschen Formel (vgl. auch *Kapitel 3.5.3*) folgt nach kurzer Umformung und Umbenennung der Konstanten

$$
\left.
\begin{aligned}
x_{1h} &= C_{11} \sin(\omega_{01}t + \varphi_1) + C_{12} \sin(\omega_{02}t + \varphi_2) \\[2mm]
x_{2h} &= C_{21} \sin(\omega_{01}t + \varphi_1) + C_{22} \sin(\omega_{02}t + \varphi_2)
\end{aligned}
\right\}
\tag{3.118}
$$

Aus dem homogenen Gleichungssystem *(3.114)* liest man ab, dass es zwischen den Konstanten von C einen Zusammengang geben muss. Mit $\lambda^2 = -\omega_0^2$ nach *(3.117)* folgt aus *(3.114)*

$$
\left(-\omega_0^2 \mathbf{M} + \mathbf{K} \right) \cdot \mathbf{C} = 0 \qquad \Rightarrow \qquad
\begin{bmatrix}
-m_1\omega_0^2 + c_1 + c_2 & -c_2 \\[2mm]
-c_2 & -m_2\omega_0^2 + c_2
\end{bmatrix}
\cdot
\begin{bmatrix}
C_1 \\[2mm]
C_2
\end{bmatrix}
=
\begin{bmatrix}
0 \\[2mm]
0
\end{bmatrix}
$$

Die erste Gleichung dieses homogenen Gleichungssystems liefert einen allgemeinen Zusammenhang zwischen den Konstanten C_1 und C_2

$$
C_2 = \frac{c_1 + c_2 - m_1\omega_0^2}{c_2} \cdot C_1
$$

der für $\omega_0 = \omega_{01}$ und für $\omega_0 = \omega_{02}$ erfüllt sein muss. Zwischen den Konstanten in der *Gleichung (3.118)* muss damit folgender Zusammenhang gelten

$$
C_{21} = \frac{c_1 + c_2 - m_1\omega_{0\ 1}^2}{c_2} C_{11} = \mu_1 C_{11} \qquad \text{und} \qquad C_{22} = \frac{c_1 + c_2 - m_1\omega_{0\ 2}^2}{c_2} C_{12} = \mu_2 C_{12}
$$

mit den Auslenkungsverhältnissen $\mu_1 = +1{,}618$ und $\mu_2 = -0{,}618$ für die gegebenen Werte.

Die homogene Lösung *(3.118)* geht damit in die folgende endgültige Form über

$$
\left.
\begin{aligned}
x_{1h} &= C_{11}\sin(\omega_{01}t+\varphi_1) + C_{12}\sin(\omega_{02}t+\varphi_2) \\
x_{2h} &= \mu_1 C_{11}\sin(\omega_{01}t+\varphi_1) + \mu_2 C_{12}\sin(\omega_{02}t+\varphi_2)
\end{aligned}
\right\}
\qquad (3.119)
$$

Hinweis: C_{11}, C_{12}, φ_1 und φ_2 sind die vier Integrationskonstanten der homogenen Lösung des Ausgangssystems *(3.112)*.

Bevor wir uns der partikulären Lösung zuwenden, soll die homogene Lösung noch kurz diskutiert werden.

Diskussion der homogenen Lösung:

- Die Integrationskonstanten C_{11}, C_{12}, φ_1 und φ_2 werden aus Anfangsbedingungen bestimmt. *Beachte:* Die Anfangsbedingungen müssen bei einem erregten System für die Gesamtlösung aus homogener und partikulärer Lösung aufgeschrieben werden!
- Die homogene Lösung ist im allgemeinen Fall die Überlagerung zweier Schwingungen mit den Eigenkreisfrequenzen ω_{01} und ω_{02}. Sie klingt infolge immer vorhandener Dämpfung (hier nicht berücksichtigt) mit der Zeit ab (vgl. *Kapitel 3.5.3*).
- Es gibt aber immer bestimmte Anfangsbedingungen, für die in *(3.119)* entweder C_{12} oder C_{11} null wird. In diesen Fällen schwingen beide Massen mit der gleichen Eigenkreisfrequenz, entweder mit ω_{01} (*Bild 3.94*) oder mit ω_{02} (*Bild 3.95*). Die dazu gehörenden Schwingformen bezeichnen wir als *Eigenschwingformen* (vgl. folgende Gegenüberstellung für dieses Beispiel).

Eigenschwingform für ω_{01} (1. Eigenschwingform)	Eigenschwingform für ω_{02} (2. Eigenschwingform)
$x_{1h} = C_{11}\sin(\omega_{01}t+\varphi_1)$ $\\$ $x_{2h} = \mu_1 C_{11}\sin(\omega_{01}t+\varphi_1)$	$x_{1h} = C_{12}\sin(\omega_{02}t+\varphi_2)$ $\\$ $x_{2h} = \mu_2 C_{12}\sin(\omega_{02}t+\varphi_2)$
$\Downarrow$	$\Downarrow$
Auslenkungsverhältnis	Auslenkungsverhältnis
$\dfrac{x_{2h}}{x_{1h}} = \mu_1 = 1{,}618$	$\dfrac{x_{2h}}{x_{1h}} = \mu_2 = -0{,}618$
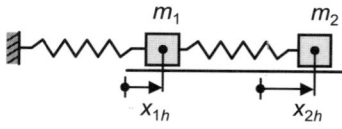	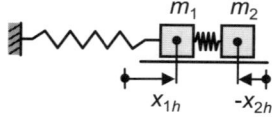
Bild 3.94 Gleichsinnige Schwingung mit ω_{01}	**Bild 3.95** Gegensinnige Schwingung mit ω_{02}

- Das Auslenkungsverhältnis μ der Massen ist ein charakteristischer Wert, der die Schwingform qualitativ beschreibt.

Ermittlung der partikulären Lösung:

Für die partikuläre Lösung wird ein an die Erregerfunktion angepasster Ansatz gewählt:

$$\mathbf{x}_p = \mathbf{A} \cdot \sin\Omega t \qquad \text{bzw.} \qquad \begin{bmatrix} x_{1p} \\ x_{2p} \end{bmatrix} = \begin{bmatrix} A_1 \\ A_2 \end{bmatrix} \cdot \sin\Omega t$$

Einsetzen des Ansatzes in die vollständige Gleichung von *(3.112)* liefert mit

$$\ddot{\mathbf{x}}_p = -\Omega^2 \mathbf{A} \cdot \sin\Omega t$$

das Gleichungssystem

$$\begin{bmatrix} m_1 & 0 \\ 0 & m_2 \end{bmatrix} \cdot \begin{bmatrix} -\Omega^2 A_1 \\ -\Omega^2 A_2 \end{bmatrix} \sin\Omega t + \begin{bmatrix} c_1 + c_2 & -c_2 \\ -c_2 & c_2 \end{bmatrix} \cdot \begin{bmatrix} A_1 \\ A_2 \end{bmatrix} \sin\Omega t = \begin{bmatrix} \hat{F} \\ 0 \end{bmatrix} \sin\Omega t$$

$$\underbrace{\begin{bmatrix} -m_1\Omega^2 + c_1 + c_2 & -c_2 \\ -c_2 & -m_2\Omega^2 + c_2 \end{bmatrix}}_{\mathbf{G}} \cdot \begin{bmatrix} A_1 \\ A_2 \end{bmatrix} = \begin{bmatrix} \hat{F} \\ 0 \end{bmatrix}$$

Das ist ein lineares inhomogenes Gleichungssystem für A_1 und A_2. Die Auflösung, z. B. mit der CRAMERschen Regel,[12] liefert

$$A_1 = \frac{\hat{F}(c_2 - m_2\Omega^2)}{\det(\mathbf{G})} \qquad \text{und} \qquad A_2 = \frac{\hat{F}c_2}{\det(\mathbf{G})}$$

Die Determinante det(G) hat genau für $\Omega = \pm\omega_{01}$ und $\Omega = \pm\omega_{02}$ Nullstellen, da sie analog zur charakteristischen *Gleichung (3.115)* aufgebaut ist! Mit der Produktdarstellung[13] des aus det(G) folgenden Polynoms 4. Grades mit Hilfe der bekannten Nullstellen können die Konstanten des Ansatzes dann wie folgt aufgeschrieben werden

$$A_1 = \frac{\hat{F}(c_2 - m_2\Omega^2)}{m_1 m_2 (\Omega^2 - \omega_{01}^2) \cdot (\Omega^2 - \omega_{02}^2)} \qquad A_2 = \frac{\hat{F}c_2}{m_1 m_2 (\Omega^2 - \omega_{01}^2) \cdot (\Omega^2 - \omega_{02}^2)} \qquad (3.120)$$

Damit wird die partikuläre Lösung

$$\left.\begin{aligned} x_{1p} &= A_1 \cdot \sin\Omega t = \frac{\hat{F}(c_2 - m_2\Omega^2)}{m_1 m_2 (\Omega^2 - \omega_{01}^2) \cdot (\Omega^2 - \omega_{02}^2)} \cdot \sin\Omega t \\[2ex] x_{2p} &= A_2 \cdot \sin\Omega t = \frac{\hat{F}c_2}{m_1 m_2 (\Omega^2 - \omega_{01}^2) \cdot (\Omega^2 - \omega_{02}^2)} \cdot \sin\Omega t \end{aligned}\right\} \qquad (3.121)$$

---

[12] Verfahren zur Berechnung linearer Gleichungssysteme mit Hilfe von Determinanten
[13] Sind $x_1, x_2, \dots x_n$ die Nullstellen eines Polynoms n-ten Grades $p(x) = x^n + a_{n-1}x^{n-1} + \dots + a_1 x + a_0 = 0$, so gilt auch
$p(x) = (x - x_1) \cdot (x - x_2) \cdot \dots \cdot (x - x_n) = 0$

Die Gesamtlösung $x = x_h + x_p$ kann jetzt mit der homogenen Lösung *(3.119)* und der partikulären Lösung *(3.121)* aufgeschrieben werden. Wir wollen jedoch an dieser Stelle darauf verzichten und statt dessen, wie bei der homogenen Lösung, die partikuläre Lösung kurz diskutieren.

Diskussion der partikulären Lösung:

- Nachdem die homogene Lösung infolge der immer vorhandenen Dämpfung abgeklungen ist, schwingt das System mit der partikulären Lösung im so genannten *stationären Zustand* (vgl. auch *Kapitel 3.5.4, Bild 3.87*).
- Die Amplituden A_1 und A_2 der stationären Schwingung sind neben den Systemkenngrößen (Massen, Federzahlen, Eigenkreisfrequenzen ω_{01} und ω_{02}) wesentlich von der Erregung und hier speziell von der Erregerkreisfrequenz Ω abhängig (siehe *Gleichung (3.120)*). Die folgenden Darstellungen der Amplituden in Abhängigkeit von der Erregerkreisfrequenz Ω für das hier behandelte Beispiel mit zwei Massen ohne Dämpfung verdeutlichen dies.

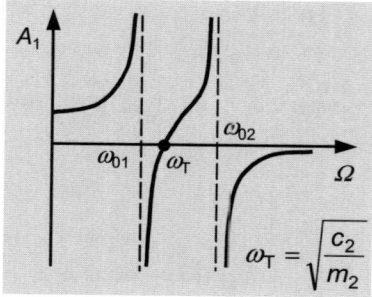 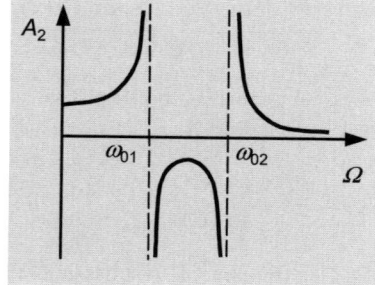

Bild 3.96 Amplituden der stationären Schwingung

- Bei $\Omega = \omega_{01}$ und bei $\Omega = \omega_{02}$ werden die Amplituden A_1 und A_2 theoretisch unendlich groß (für Systeme ohne Dämpfung; aber bei der praktisch immer vorhandenen Dämpfung bleiben die Amplituden endlich). Diese Stellen bezeichnen wir als *Resonanzstellen*.
- Bei der 1. Resonanzstellen ($\Omega = \omega_{01}$) schwingen die Massen gleichsinnig mit der 1. Eigenschwingform und bei der 2. Resonanzstellen ($\Omega = \omega_{02}$) schwingen die Massen gegensinnig mit der 2. Eigenschwingform (vgl. *Bild 3.94* und *Bild 3.95, Seite 310*).
- Bei $\Omega = \omega_T$ ist $A_1 = 0$, d. h. die Masse m_1 bleibt in Ruhe, obwohl dort die Erregerkraft $F(t)$ angreift! Diesen Effekt nennt man *Schwingungstilgung* (hier der Masse m_1). Die Masse m_2 schwingt dabei weiter. Schwingungstilgung wird in der Praxis bewusst zur Unterdrückung von Schwingungen einzelner Massen eingesetzt.

Hinweise zur CD-ROM zum Buch

Die CD enthält den kompletten Buchinhalt in Form einer PowerPoint-
Präsentation, die so aufbereitet wurde, dass sich die Lehrinhalte – wie bei
einer Vorlesung – Schritt für Schritt
auf dem Bildschirm entwickeln, wobei Sie selbst das Tempo bestimmen
können.

Startseite der Datei *TM-Wi-stat.ppt* von der CD-ROM

Vor- und Rücksprünge zu Kapiteln oder zu Gleichungen und Bildern, auf die bei der
Ableitung eines Zusammenhangs oder beim Lösen von Beispielen Bezug genommen
wird, sowie ein einfaches Navigieren auf der CD unter Nutzung des Inhaltsverzeich-
nisses und der auf jeder Seite vorhandenen Symbolleiste (siehe folgende Seite), erleichtern die Arbeit mit der CD.

Zeichnungen, Bilder, zusätzliche Fotos und Animationen in Farbe begleiten die Entwicklung eines Gedankenganges, lassen den Lösungsweg einer Aufgabe klarer hervor-
treten und unterstützen so den nicht immer einfachen Lernprozess und das Verstehen der Zusammenhänge. Allerdings können Sie weder das Buch noch die CD von
der Notwendigkeit entbinden, sich den Stoff mit Bleistift und Papier zu erarbeiten
und selbständig möglichst viele Beispiele zu rechnen. Die Mechanik erschließt sich
nicht einfach nur durch das Lesen eines Buches oder das Abspielen einer CD, son-

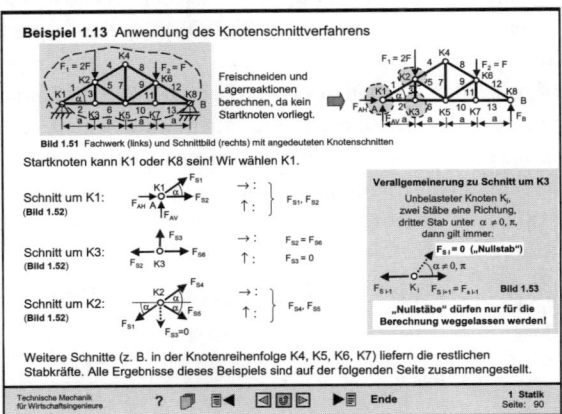

dern erfordert die Bereitschaft
und die Mühe, das Gehörte
und Gelesene zu verstehen und
das Verständnis an Hand von
Beispielen zu überprüfen. Wir
hoffen aber, dass das vorliegende Buch und die beigefügte
CD das Lernen, das Verstehen
und das Anwenden der vermittelten Lehrinhalte erleichtern
und wirkungsvoll unterstützen.

Beispielseite aus der CD-ROM

Systemvoraussetzungen zur Nutzung der CD-ROM

- Personalcomputer ab 486er-Prozessor, CD-ROM Laufwerk, VGA-Grafikkarte oder Grafikkarte mit höherer Auflösung, möglichst Soundkarte, Microsoft Mouse oder kompatibles Zeigegerät, Betriebssystem MS-Windows ab Windows 95, Schriftarten: MT Extra, Symbol, Arial und Times New Roman (werden im Formeleditor verwendet)
- Media-Player zur Wiedergabe der Videos und Animationen im *avi*-Format
- PowerPoint 2000 Programm oder PowerPoint-Viewer (auf CD-ROM zum Buch)
- Speicherbedarf für Präsentation von der Festplatte: 15 MB für 3 PowerPoint-Dateien und 452 MB für die 17 Videos und Animationen

Inhalt der CD-ROM

TM-Wi	Verzeichnis mit folgenden Dateien für die PowerPoint-Präsentation:
	- *Hinweise.doc* (Microsoft-Word-Datei mit Installationshinweisen, Starten der Präsentation, Kontaktadressen und Hilfe)
	- *TM-Wi-stat.ppt*, *TM-Wi-fest.ppt*, *TM-Wi-dyn.ppt* (PowerPoint-Dateien)
	- *xxx.avi* (17 Videos und Animationen im *avi*-Format)
Hinweise.doc	s. o.
Liesmich.txt	Textdatei
PPView97.exe	Installationsprogramm für PowerPoint-Viewer (siehe hierzu auch Hinweis in den Dateien *Hinweise.doc* und *Liesmich.txt*)
wordview_de-de.exe	Installationsprogramm für Word-Viewer

Installation, Ablauf der Präsentation und Hilfefunktionen

Befindet sich ein PowerPoint 2000 Programm oder der PowerPoint-Viewer auf dem Rechner, so ist keine weitere Programminstallation notwendig. Ansonsten installieren Sie den PowerPoint-Viewer von der CD-ROM (Hinweise zur Installation, zum Starten und zum Ablauf befinden sich in den Dateien **Liesmich.text** und **Hinweise.doc**). Die PowerPoint-Präsentation wird durch Starten von PowerPoint 2000 bzw. von PowerPoint-Viewer und Öffnen einer der drei Dateien **TM-Wi-stat.ppt**, **TM-Wi-fest.ppt** bzw. **TM-Wi-dyn.ppt** aus dem Verzeichnis **TM-Wi** der CD-ROM bzw. aus dem Verzeichnis, in welches Sie die CD-ROM-Dateien kopiert haben (siehe Datei **Hinweise.doc**), gestartet.

Die PowerPoint-Präsentation basiert auf den Möglichkeiten des PowerPoint 2000 Programms. Der Ablauf der Präsentation wird durch den Nutzer selbst bestimmt, indem durch einen Tastendruck (oder Mausklick) eine Aktion ausgelöst wird. Die Funktionen der Tasten entsprechen den Tastenbelegungen des PowerPoint 2000 Programms. Darüber hinaus ist auf jeder Seite die folgende Symbolleiste zum Anklicken angeordnet, mit der schnell an bestimmte Stellen der Datei gesprungen werden kann.

?							Ende
Hilfe	Inhalts-verzeichnis	ein Kapitel zurück	Seite zurück	zur letzten angesehenen Seite	Seite vor	ein Kapitel vor	Präsentation beenden

Symbolleiste zum Navigieren

Verzeichnis der Videos auf der CD-ROM zum Buch

Hinweis

Auf der CD-ROM zum Buch sind im Verzeichnis **TM-Wi** 17 Videos und Animationen im *avi*-Format (siehe oben) enthalten, die in der Regel vom Windows-Media-Player abgespielt werden können. In der PowerPoint-Präsentation lassen sich die im **Verzeichnis der Videos** aufgeführten Videos direkt starten bzw. es kann zu der Stelle der PowerPoint-Präsentation gesprungen werden, an der das Video durch einen Klick auf das Videovorschaubild oder auf das Symbol `Video ››››` aufgerufen werden kann.

Im Buch wird auf die Stellen, zu denen es inhaltlich ein passendes Video auf der CD-ROM gibt, mit dem Symbol $\odot$ $^{Video}_{12}$ hingewiesen, wobei die Zahl im Symbol identisch mit der führenden Zahl im Namen des Videos ist. Damit kann das gewünschte Video auch ohne Start der PowerPoint-Präsentation mit Hilfe eines Media-Players angesehen werden.

Literatur

Nachschlagewerke

[1]   *Beitz, W.; Grote K.-H. (Hrsg.):* Dubbel - Taschenbuch für den Maschinenbau. Springer-Verlag Berlin/Heidelberg, 2001

[2]   *Bronstein, I. N.; Semendjajew, K. A.; Musiol, G.; Mühling, H.:* Taschenbuch der Mathematik. Harri Deutsch Verlag Frankfurt am Main, 2000

[3]   *Czichos, H. (Hrsg.):* Hütte - Die Grundlagen der Ingenieurwissenschaften. Springer-Verlag Berlin, VDI, 2000

[4]   *Hering, E.; Modler, K.-H. (Hrsg.):* Grundwissen des Ingenieurs. Fachbuchverlag Leipzig, 2002

Ergänzungsliteratur zur Technischen Mechanik

[5]   *Dankert, H.; Dankert, J.:* Technische Mechanik computergestützt. B.G. Teubner Verlag Stuttgart, 1995

[6]   *Göldner, H.; Holzweißig, F.:* Leitfaden der Technischen Mechanik. Fachbuchverlag Leipzig, 1989

[7]   *Göldner, H.; Witt, D.:* Lehr- und Übungsbuch Technische Mechanik I. Band I: Statik/Festigkeitslehre, Fachbuchverlag Leipzig, 1993

[8]   *Gross, D.; Hauger, W.; Schnell, W.:* Technische Mechanik (4 Bände). Springer-Verlag Berlin/Heidelberg/New York, 1998/2002

[9]   *Hagedorn, P.:* Technische Mechanik (3 Bände). Harri Deutsch Verlag Frankfurt am Main, 1995/1996/2001

[10]   *Hahn, H.:* Technische Mechanik fester Körper. Carl Hanser Verlag München, Wien, 1993

[11]   *Hahn, H.; Barth, F.:* Aufgaben zur Technischen Mechanik. Carl Hanser Verlag München, Wien, 1994

[12]   *Hardtke, H.-J.; Heimann, B.; Sollmann, H.:* Lehr- und Übungsbuch Technische Mechanik II. Band II: Kinematik/Kinetik/ Systemdynamik/ Mechatronik, Fachbuchverlag Leipzig, 1997

[13]   *Holzmann, G.; Meyer, H.; Schumpich, G.:* Technische Mechanik (3 Bände). B.G. Teubner Verlag Stuttgart, 2000/2001

[14]   *Winkler, J.; Aurich, H.:* Taschenbuch der Technischen Mechanik. Fachbuchverlag Leipzig, 2006

Sachwortverzeichnis